教育部高等学校电子信息类专业教学指导委员会规划教材

高等学校电子信息类专业系列教材·新形态教材

信号与通信系统

汪源源 胡蝶 王昕 郭翌 编著

清华大学出版社

北京

内 容 简 介

本书详细地论述了信号与系统的基本概念和基本方法,特别是确定信号和随机信号通过线性时不变系统的求解方法;并以通信系统为例,阐述了信号与系统的分析方法。

全书共 8 章。第 1 章为信号与系统的基本概念;第 2 章为傅里叶级数与傅里叶变换;第 3 章为确定信号通过线性时不变系统;第 4 章为随机信号及其表征;第 5 章为随机信号通过线性时不变系统;第 6 章为模拟信号的数字化;第 7 章为模拟通信系统;第 8 章为数字通信系统。

本书可以作为高等院校电子类、计算机类和生物医学工程等专业的教材或教学参考书,也可以作为广大科技工作者学习信号与系统、信号传输系统的参考读物。

图书在版编目(CIP)数据

信号与通信系统 / 汪源源等编著. -- 北京 : 清华
大学出版社,2024.8. --(高等学校电子信息类专业系
列教材). -- ISBN 978-7-302-66939-5

Ⅰ. TN911-44

中国国家版本馆 CIP 数据核字第 2024AS8996 号

策划编辑:盛东亮
责任编辑:吴彤云
封面设计:李召霞
责任校对:时翠兰
责任印制:沈 露

出版发行:清华大学出版社
   网   址:https://www.tup.com.cn,https://www.wqxuetang.com
   地   址:北京清华大学学研大厦 A 座   邮 编:100084
   社 总 机:010-83470000   邮 购:010-62786544
   投稿与读者服务:010-62776969,c-service@tup.tsinghua.edu.cn
   质量反馈:010-62772015,zhiliang@tup.tsinghua.edu.cn
   课件下载:https://www.tup.com.cn,010-83470236
印 装 者:三河市铭诚印务有限公司
经 销:全国新华书店
开 本:185mm×260mm 印 张:18.75   字 数:458 千字
版 次:2024 年 9 月第 1 版   印 次:2024 年 9 月第 1 次印刷
印 数:1~1500
定 价:59.00 元

产品编号:102599-01

前 言
PREFACE

对于高等院校的电学类、计算机类和生物医学工程等专业的学生，"信号与系统"是一门重要的课程。但在这门课程中，要用较少的学时全面论述信号和系统的内容是很困难的。多年来，复旦大学电子工程系分别在3门课程中讨论"信号和系统"的相关内容。第一门课程为"信号与通信系统"，主要论述连续信号和系统的频域分析，并且讲述信息传输系统；第二门课程为"自控原理"，介绍连续信号和系统的时域分析、复频域分析以及系统的状态变量分析等，并且论述自动控制系统；第三门课程为"数字信号处理"，主要讲述离散时间信号和系统分析以及数字信号处理系统。后两门课程是在前一门课程学完后进行的。这样做的好处是3门课程的内容均衡衔接而不重复，每门课程都能在48～64学时完成，使学生能全面了解信号与系统的相关知识。

1993年，包闻亮、鲍风根据"信号与通信系统"课程体系编著出版了教材《信号和通信系统》；2007年，包闻亮、汪源源、朱谦应清华大学出版社邀请对原书进行修订，出版了《信号和通信系统》(第2版)；2015年，汪源源、朱谦、包闻亮再次应清华大学出版社邀请对第2版进行修订，出版了《信号和通信系统》(第3版)。2013年，汪源源主讲的"信号与通信系统"课程被列入复旦大学精品课程；2015年被列入上海市教委本科重点课程；2017年被列入上海高校市级精品课程；2020年被列入国家级一流本科课程。2022年，汪源源教学团队被学校列入首批"七大系列百本精品教材"项目，团队着手重新编著本课程的教材。

本书先论述信号与系统的基本概念和基本方法，特别是确定信号和随机信号通过线性时不变系统的求解方法；再以通信系统为例，阐述信号与系统的分析方法。全书共8章。第1章为信号与系统的基本概念，主要包括信号的定义及其分类、信号的基本运算与分解、系统的定义与分类、系统的描述与分析。第2章为傅里叶级数与傅里叶变换，主要包括连续时间傅里叶级数、离散时间傅里叶级数、离散频谱、连续时间傅里叶变换、离散时间傅里叶变换、连续频谱、能量谱与功率谱。第3章为确定信号通过线性时不变系统，主要包括连续时间线性时不变系统的时频域分析与微分方程、典型线性时不变系统、离散时间线性时不变系统的时频域分析与差分方程。第4章为随机信号及其表征，主要包括随机信号的基本概念以及随机信号的统计描述。第5章为随机信号通过线性时不变系统，主要包括随机信号通过连续/离散线性时不变系统的表示和统计特性。第6章为模拟信号的数字化，主要包括信号采样的基本原理、脉冲串的采样、信号的量化与量化噪声、信号的编码。第7章为模拟通信系统，主要包括通信系统的基本概念、正弦振幅调制系统、正弦角度调制系统和频分多路复用系统。第 8 章为数字通信系统,主要包括数字通信系统的发展、数字通信系统的基本原理、时分多路复用。

前言、第 1 章和第 2 章由汪源源编写,第 3 章由郭翌编写,第 4 章、第 5 章和第 6 章由胡蝶编写,第 7 章、第 8 章由王昕编写。全书由汪源源审定。

限于编者水平,书中难免存在不足之处,恳请读者批评指正。

编者

2024 年 8 月

教 学 内 容		学习要点及教学要求	课 时 安 排
信号与系统基本概念	第 1 章 信号与系统的基本概念	• 了解信号的定义与分类 • 熟练掌握信号的基本运算与分解 • 了解系统的定义与分类 • 了解系统的描述与分析方法	4
确定信号与系统分析	第 2 章 傅里叶级数与傅里叶变换	• 熟练掌握连续时间傅里叶级数及其性质 • 熟练掌握离散时间傅里叶级数及其性质 • 熟练掌握连续时间傅里叶变换及其性质 • 熟练掌握离散时间傅里叶变换及其性质 • 理解离散频谱与连续频谱的物理意义 • 掌握能量谱与功率谱的计算	6
	第 3 章 确定信号通过线性时不变系统	• 熟练掌握连续时间线性时不变系统的时频域分析 • 熟练掌握离散时间线性时不变系统的时频域分析 • 了解由常系数微分方程或常系数差分方程描述的线性时不变系统 • 了解典型的线性时不变系统	6
随机信号与系统分析	第 4 章 随机信号及其表征	• 了解随机信号的基本概念及表示方法 • 了解随机信号的统计分布描述与平均特征量 • 理解平稳随机信号的概念 • 掌握宽平稳随机信号自相关函数与功率谱的性质 • 了解典型的随机信号	6
	第 5 章 随机信号通过线性时不变系统	• 了解随机信号通过连续时间线性时不变系统的表示 • 掌握随机信号通过连续时间线性时不变系统后统计特性的计算 • 了解随机信号通过离散时间线性时不变系统的表示 • 掌握随机信号通过离散时间线性时不变系统后统计特性的计算	6

教 学 内 容		学习要点及教学要求	课 时 安 排
通信系统基本原理	第 6 章 模拟信号的数字化	• 熟练掌握采样定理 • 理解脉冲串采样的基本原理 • 掌握信号量化的基本方法 • 了解量化噪声的概念 • 理解 PCM 编码的基本原理	6
	第 7 章 模拟通信系统	• 了解通信系统的基本概念 • 理解正弦幅度调制系统的基本原理 • 了解正弦幅度调制系统的抗噪性能 • 理解正弦角度调制系统的基本原理 • 了解正弦角度调制系统的抗噪性能 • 了解频分多路复用的原理	6
	第 8 章 数字通信系统	• 理解 PAM 传输系统的基本原理 • 掌握时分多路复用的方法 • 理解 PCM 传输系统的基本原理 • 理解基带传输的基本原理 • 了解数字信号正弦调制的方法 • 了解数字正弦调制的抗噪性能	8
教学总学时建议			48

说明：

(1) 本教材为电子类、计算机类和生物医学工程等本科专业的"信号与通信系统"课程教材,理论授课学时数为 48 学时,不同专业根据不同的教学要求和计划教学时数可酌情对教材内容进行适当取舍。例如,电子信息科学与技术、通信工程等专业,教材内容原则上全讲；其他专业,可酌情对教材内容进行适当删减。

(2) 本教材理论授课学时数为 48 学时,其中包含习题课、课堂讨论等必要的课内教学环节。

常用符号及基本运算对照表

符 号	符 号 名 称	单 位	单位名称
T	连续时间信号的周期	s	秒
E	信号的能量	J	焦耳
P	信号的功率	W	瓦特
ω	角频率	rad/s	弧度每秒
f	频率	Hz	赫兹
Ω	数字角频率		
F	数字频率		
$\delta(t)$	冲激信号		
$u(t)$	连续时间单位阶跃信号		
$u[n]$	离散时间单位阶跃信号		
rect($\cdot$)	矩形信号		
$r(t)$	斜坡信号		
Sa(t)	抽样信号		
Sgn($\cdot$)	符号信号		
$R(\cdot)$	相关函数		
$*$	卷积运算		
$E[\cdot]$	期望运算		
$F[\cdot]$	傅里叶变换		
$F^{-1}[\cdot]$	傅里叶逆变换		
$H[\cdot]$	希尔伯特变换		

知识图谱
KNOWLEDGE GRAPH

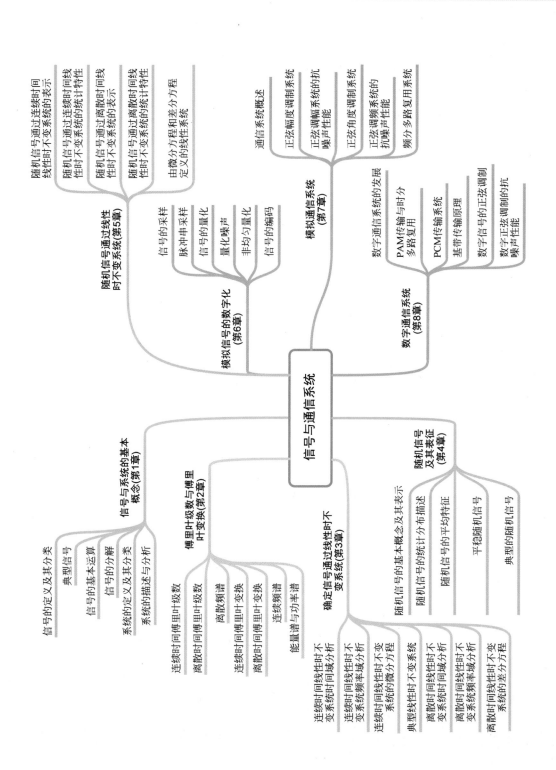

信号与通信系统

信号与系统的基本概念(第1章)
- 信号的定义及其分类
  - 信号的定义及其分类
  - 典型信号
  - 信号的基本运算
  - 信号的分解
- 系统的定义及其分类
  - 系统的描述与分析

傅里叶级数与傅里叶变换(第2章)
- 连续时间傅里叶级数
- 离散时间傅里叶级数
- 离散频谱
- 连续时间傅里叶变换
- 离散时间傅里叶变换
- 连续频谱
- 能量谱与功率谱

确定信号通过线性时不变系统(第3章)
- 连续线性时不变系统的时域分析
- 连续时间线性时不变系统的频率域分析
- 连续时间线性时不变系统的微分方程
- 典型线性时不变系统
- 离散时间线性时不变系统的时间域分析
- 离散时间线性时不变系统的频率域分析
- 离散时间线性时不变系统的差分方程

随机信号及其表征(第4章)
- 随机信号的基本概念及其表示
- 随机信号的统计分布及其描述
- 随机信号平均特征
- 平稳随机信号
- 典型的随机信号

随机信号通过线性时不变系统(第5章)
- 随机信号通过连续时间线性时不变系统时间的表示
- 随机信号通过连续时间线性时不变系统的统计特性
- 随机信号通过离散时间线性时不变系统的表示
- 随机信号通过离散时间线性时不变系统的统计特性
- 由微分方程和差分方程定义的线性系统

模拟信号的数字化(第6章)
- 信号的采样
- 脉冲串采样
- 信号的量化
- 量化噪声
- 非均匀量化
- 信号的编码

模拟通信系统(第7章)
- 通信系统概述
- 正弦幅度调制系统
- 正弦调幅系统的抗噪声性能
- 正弦角度调制系统
- 正弦调频系统的抗噪声性能
- 频分多路复用系统

数字通信系统(第8章)
- 数字通信系统的发展
- PAM传输与时分多路复用
- PCM传输系统
- 基带传输原理
- 数字信号的正弦调制
- 数字信号正弦调制的抗噪声性能

目 录
CONTENTS

视频目录
VIDEO CONTENTS

视 频 名 称	时长/min	位 置
第 1 集 信号定义	16	1.1 节
第 2 集 连续离散时间信号	7	1.1 节
第 3 集 确定随机信号	8	1.1 节
第 4 集 模拟数字信号	3	1.1 节
第 5 集 周期非周期信号	4	1.1 节
第 6 集 能量功率信号	6	1.1 节
第 7 集 典型信号	15	1.2 节
第 8 集 冲激信号	14	1.2 节
第 9 集 信号运算	22	1.3 节
第 10 集 信号卷积	24	1.3 节
第 11 集 相关函数	15	1.3 节
第 12 集 信号分解	16	1.4 节
第 13 集 系统定义	2	1.5 节
第 14 集 连续离散时间系统	2	1.5 节
第 15 集 线性非线性系统	5	1.5 节
第 16 集 时不变时变系统	7	1.5 节
第 17 集 因果非因果	5	1.5 节
第 18 集 稳定不稳定系统	2	1.5 节
第 19 集 周期信号傅里叶级数	18	2.1.1 节
第 20 集 周期信号傅里叶级数性质	30	2.1.2 节
第 21 集 离散频谱	29	2.3 节
第 22 集 傅里叶级数到变换	9	2.4.1 节
第 23 集 傅里叶变换对	6	2.4.1 节
第 24 集 常见信号傅里叶变换	20	2.4.2 节
第 25 集 傅里叶变换性质	48	2.4.3 节
第 26 集 连续频谱	22	2.6 节
第 27 集 能量谱功率谱定义	11	2.7 节
第 28 集 周期信号傅里叶变换及其功率谱	21	2.7 节
第 29 集 系统时间频率表示	27	3.1 节
第 30 集 系统时间域求解	11	3.1 节
第 31 集 系统频率域求解	17	3.2 节
第 32 集 无失真传输系统	12	3.4.1 节
第 33 集 理想滤波器	21	3.4.2 节

续表

视 频 名 称	时长/min	位　　置
第 34 集 H 变换	10	3.4.3 节
第 35 集 H 变换性质	7	3.4.3 节
第 36 集 解析信号	23	3.4.3 节
第 37 集 窄带信号 H 变换	17	3.4.3 节
第 38 集 随机信号一维二维分布	24	4.2 节
第 39 集 随机信号独立与不相关	7	4.2.3 节
第 40 集 样本平均	15	4.3.1 节
第 41 集 时间平均	3	4.3.2 节
第 42 集 平稳随机信号	3	4.4 节
第 43 集 平稳广义平稳随机信号	11	4.4.1 节
第 44 集 各态历经	8	4.4.2 节
第 45 集 随机信号功率谱	6	4.4.4 节
第 46 集 高斯随机信号	13	4.5.1 节
第 47 集 白噪声	22	4.5.2 节
第 48 集 窄带高斯噪声	29	4.5.3 节
第 49 集 随机信号通过系统的求解	17	5.1 节
第 50 集 随机信号输入与输出的互相关	6	5.2 节
第 51 集 采样定理	7	6.1 节
第 52 集 采样信号频谱	17	6.1 节
第 53 集 采样信号重建	16	6.1 节
第 54 集 曲顶 PAM	20	6.2.1 节
第 55 集 平顶 PAM	26	6.2.2 节
第 56 集 信号量化	11	6.3 节
第 57 集 量化噪声	23	6.4 节
第 58 集 非均匀量化	27	6.5 节
第 59 集 线性 PCM	10	6.6.1 节
第 60 集 非线性 PCM	17	6.6.2 节
第 61 集 信息传输系统	5	7.1 节
第 62 集 AM 调制	33	7.2.1 节
第 63 集 双边带调制	34	7.2.2 节
第 64 集 单边带调制	28	7.2.3 节
第 65 集 残留边带调制	27	7.2.4 节
第 66 集 角调制定义	21	7.4.1 节
第 67 集 FM 频谱与带宽	38	7.4.2 节
第 68 集 FM 信号产生	19	7.4.3 节
第 68 集 FM 信号解调	12	7.4.4 节
第 70 集 频分多路复用	10	7.6 节
第 71 集 FDM 电话系统频分多路	18	7.6 节
第 72 集 遥测两次 FM 复用	7	7.6 节
第 73 集 PAM 带宽与传输	13	8.2.2 节
第 74 集 时分多路复用	22	8.2.4 节
第 75 集 E1 系统	12	8.3.1 节

第 1 章

信号与系统的基本概念

1.1 信号的定义及其分类

信号指的是某个随时间变化的物理量。这个物理量可以是光,也可以是声,但电是其中最常见的物理量,因此信号通常也被称为电信号。所谓电信号,指的是随时间变化的电压值或电流值。

由于信号的形式有多种多样,因此可以从不同角度对信号进行分类。常见的信号分类角度有以下几种。

(1) 从信号自变量取值特点的角度来分类,可以将信号分为连续时间信号和离散时间信号。

所谓连续时间信号(Continuous Time Signal),指的是在任意时间点均有确定取值的信号,通常可以表示为 $x(t)$。当然,连续时间信号是可以存在有限个间断点的。图 1-1 给出了两个连续时间信号波形示例。

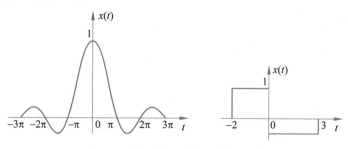

图 1-1 两个连续时间信号波形示例

所谓离散时间信号(Discrete Time Signal),指的是仅在规定的离散时间点有取值的信号。一般而言,离散时间信号可以是对连续时间信号在 T 的整数倍 nT 时间点上的取值,即 $x(t)|_{t=nT} = x(nT)$。为简化起见,离散时间信号通常也表示为 $x[n]$。图 1-2 给出了一个离散时间信号波形示例。

(2) 从信号取值是否存在随机性特点的角度来分类,可以将信号分为确定信号和随机信号。

所谓确定信号(Deterministic Signal),指的是能以确定的时间函数表示的信号。图 1-1 所示的连续时间信号和图 1-2 所示的离散时间都是确定信号。描述确定信号通常有两种方法：写出信号的表达式或画出信号的波形。

随机信号（Stochastic Signal 或 Random Signal）也称为不确定信号。随机信号不是时间的确定函数，即不能用确定的表达式表示信号的取值，也无法直接画出信号的波形。通俗地说，给定某一时间点，信号的取值是随机的，不能用准确的时间函数式来表示。换句话说，随着时间的推移，信号的未来值是随机变化的，无法被准确地预测出。在第4章中将会学习到，随机信号一般只能用概率分布函数或概率密度函数来描述，用统计平均值表征特性，因此随机信号又被称为统计时间信号。现实中经常遇到的语音信号、生物电信号和地震信号等都是随机信号。

随机信号虽然不能用准确的时间函数来表示，也不能直接画出其波形，但是一次记录还是可以观察到随机信号的一个确定波形的。这个确定的波形称为随机信号的一个样本函数。图1-3所示为连续时间随机信号的一个样本函数。

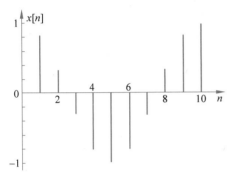

图1-2 离散时间信号波形示例

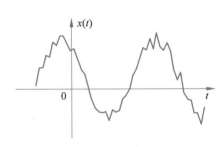

图1-3 连续时间随机信号的一个样本函数

一般而言，随机信号可以用所有可能的样本函数组成的集合来表示。图1-4所示为随机信号的样本集合。

（3）从信号幅度取值特点的角度来分类，可以将信号分为模拟信号和数字信号。

模拟信号（Analogue Signal）指的是连续时间信号或幅度取值连续的离散信号的总称。也就是说，模拟信号的时间取值或幅度取值至少有一项是连续的。

数字信号（Digital Signal）指的是幅度取值为某个量值整数倍的离散时间信号。可见，数字信号是离散时间信号的特殊类型。图1-5给出了一个数字信号波形示例。

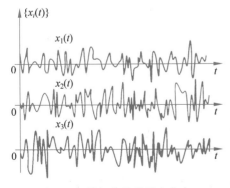

图1-4 随机信号的样本集合

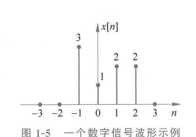

图1-5 一个数字信号波形示例

从时间取值的角度来看,连续时间信号一定是模拟信号,数字信号一定是离散时间信号;模拟信号不一定都是连续时间信号,离散时间信号不一定都是数字信号。从幅度取值的角度来看,数字信号的幅度取值都是离散的,模拟信号的幅度取值不一定是连续的;幅度取值离散的信号不一定是数字信号,幅度取值连续的信号一定是模拟信号。

（4）从信号重复性特点的角度来分类,可以将信号分为周期信号和非周期信号。

连续时间周期信号(Periodic Signal)可以定义为:对于任何一个时间点 t,存在非零实数 T,使 $x(t+kT)=x(t)$ 成立(其中 k 为整数),则 $x(t)$ 称为连续时间周期信号。满足该条件的最小正数 T 称为该信号的周期。

类似地,离散时间周期信号可以定义为:对于任何一个时间点 n,存在非零整数 N,使 $x[n+kN]=x[n]$ 成立(其中 k 为整数),则 $x[n]$ 称为离散时间周期信号。满足该条件的最小正整数 N 称为该信号的周期。

图 1-6 给出了一个连续时间周期信号和一个离散时间周期信号的波形示例。可以看出,周期信号各周期的波形是完全一致的,因此在分析周期信号时,往往只需分析信号在一个周期内的特性即可。

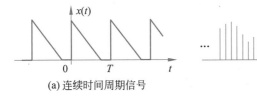

(a) 连续时间周期信号　　　　　　(b) 离散时间周期信号

图 1-6　周期信号波形示例

第 4 集
微课视频

不满足周期信号定义的信号称为非周期信号(Aperiodic Signal)。非周期信号可以是连续时间信号,也可以是离散时间信号。

（5）从信号能量特点的角度来分类,可以将信号分为能量信号和功率信号。

连续时间信号 $x(t)$ 的能量 E 的计算公式可以写为

第 5 集
微课视频

$$E=\int_{-\infty}^{\infty}|x(t)|^2\mathrm{d}t \tag{1-1}$$

如果能量 E 是有限的,则该信号称为能量信号(Energy Signal)。但是,如果能量 E 是无限的,而信号的功率却是有限的,则该信号称为功率信号(Power Signal)。功率信号的功率 P 的计算公式可以写为

第 6 集
微课视频

$$P=\lim_{T\to\infty}\frac{1}{T}\int_{-\frac{T}{2}}^{\frac{T}{2}}|x(t)|^2\mathrm{d}t \tag{1-2}$$

离散时间信号同样可以分为能量信号和功率信号。离散时间能量信号的能量 E 和功率信号的功率 P 的计算公式可以分别写为

$$E=\sum_{n=-\infty}^{\infty}|x[n]|^2 \tag{1-3}$$

$$P=\lim_{N\to\infty}\frac{1}{2N}\sum_{n=-N+1}^{N}|x[n]|^2 \tag{1-4}$$

显而易见,直流信号和周期信号,无论是连续时间的,还是离散时间的,都是功率信号。

1.2 典型信号

下面以连续时间信号为例,介绍一些典型信号。

1. 直流信号

直流信号(Direct Current Signal)指的是在所有时间点上取值均恒等于常数的信号。

对于连续时间信号,直流信号的表达式可以写为

$$x(t) = A$$

其中,常数 A 为直流信号的幅度。

对于离散时间信号,直流信号的表达式可以写为

$$x[n] = A$$

2. 正弦信号和余弦信号

对于连续时间信号,正弦信号(Sinusoidal Signal)的表达式可以写为

$$x(t) = A\sin(\omega_0 t + \varphi)$$

其中,A 为正弦信号的振幅;ω_0 为正弦信号的角频率(单位为弧度/秒,rad/s);φ 为正弦信号的初始相位。图 1-7 给出了一个正弦信号波形示例。

余弦信号(Cosine Signal)的表达式可以写为

$$x(t) = A\cos(\omega_0 t + \varphi)$$

对于离散时间信号,正弦信号、余弦信号的表达式可以分别写为

$$x[n] = A\sin(an + b)$$

$$x[n] = A\cos(an + b)$$

其中,A 为正(余)弦信号的振幅;a 为正(余)弦信号的数字频率;b 为正(余)弦信号的初始相位。

3. 实指数信号

实指数信号(Real Exponential Signal)的表达式可以写为

$$x(t) = A e^{at}$$

其中,A 和 a 为两个确定的常数。如图 1-8 所示,a 的取值可以分为大于 0 和小于 0 两种情况。

第 7 集
微课视频

第 8 集
微课视频

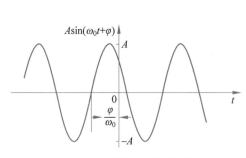

图 1-7 正弦信号波形示例

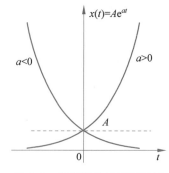

图 1-8 实指数信号波形示例

4. 虚指数信号

对于连续时间信号,虚指数信号(Imaginary Exponential Signal)的表达式可以写为

$$x(t) = e^{j\omega_0 t}$$

其中，ω_0 为虚指数信号的角频率。

很容易证明，连续时间虚指数信号是一个周期信号，其周期为 $T=\dfrac{2\pi}{\omega_0}$。

证明

$$x(t+kT)=\mathrm{e}^{\mathrm{j}\omega_0(t+kT)}=\mathrm{e}^{\mathrm{j}\omega_0\left(t+\frac{2k\pi}{\omega_0}\right)}=\mathrm{e}^{\mathrm{j}\omega_0 t}\mathrm{e}^{\mathrm{j}2k\pi}=\mathrm{e}^{\mathrm{j}\omega_0 t}=x(t)$$

证毕。

连续时间虚指数信号的表达式还可以写为 $x(t)=\cos\omega_0 t+\mathrm{j}\sin\omega_0 t$。

根据欧拉公式，正弦信号和余弦信号分别可以表示为

$$\sin\omega_0 t=\frac{1}{2\mathrm{j}}(\mathrm{e}^{\mathrm{j}\omega_0 t}-\mathrm{e}^{-\mathrm{j}\omega_0 t}) \tag{1-5}$$

$$\cos\omega_0 t=\frac{1}{2}(\mathrm{e}^{\mathrm{j}\omega_0 t}+\mathrm{e}^{-\mathrm{j}\omega_0 t}) \tag{1-6}$$

对于离散时间信号，虚指数信号的表达式可以写为 $x[n]=\mathrm{e}^{\mathrm{j}\Omega_0 n}$。很容易推导出离散时间虚指数信号的特点：$\mathrm{e}^{\mathrm{j}(\Omega_0+2\pi)n}=\mathrm{e}^{\mathrm{j}\Omega_0 n}\mathrm{e}^{\mathrm{j}2\pi n}=\mathrm{e}^{\mathrm{j}\Omega_0 n}$，即对离散时间虚指数信号的数字角频率 Ω_0 而言，只需研究一个 2π 的区间即可，这个区间通常采用$[-\pi,\pi]$或$[0,2\pi]$。

如果离散信号 $x[n]=\mathrm{e}^{\mathrm{j}\Omega_0 n}$ 是周期为 N 的周期信号，那么一定可以找到一个整数 $k>0$，满足 $\dfrac{k}{N}=\dfrac{\Omega_0}{2\pi}$。

证明

由于离散时间信号 $x[n]=\mathrm{e}^{\mathrm{j}\Omega_0 n}$ 是周期为 N 的周期信号，因此有 $\mathrm{e}^{\mathrm{j}\Omega_0(n+N)}=\mathrm{e}^{\mathrm{j}\Omega_0 n}$。而 $\mathrm{e}^{\mathrm{j}\Omega_0(n+N)}=\mathrm{e}^{\mathrm{j}\Omega_0 N}\mathrm{e}^{\mathrm{j}\Omega_0 n}$，于是有 $\mathrm{e}^{\mathrm{j}\Omega_0 N}=1$，因此 $\Omega_0 N=2k\pi$，所以有

$$\frac{k}{N}=\frac{\Omega_0}{2\pi}$$

证毕。

根据上述结论，如果取 $\Omega_0=\dfrac{2k\pi}{N}$，那么离散时间信号 $\mathrm{e}^{\mathrm{j}\frac{2k\pi}{N}n}$ 是周期为 N 的周期信号，其中信号 $\mathrm{e}^{\mathrm{j}\frac{2\pi}{N}n}$ 最常见，它对应于 $k=1$ 的情况。

5. 复指数信号

复指数信号（Complex Exponential Signal）的表达式可写为

$$x(t)=A\mathrm{e}^{st}$$

其中，复数 s 可表示为 $\sigma_0+\mathrm{j}\omega_0$。进一步可写为

$$x(t)=A\mathrm{e}^{(\sigma_0+\mathrm{j}\omega_0)t}=A\mathrm{e}^{\sigma_0 t}\mathrm{e}^{\mathrm{j}\omega_0 t}=A\mathrm{e}^{\sigma_0 t}\cos\omega_0 t+\mathrm{j}A\mathrm{e}^{\sigma_0 t}\sin\omega_0 t$$

σ_0 分为小于 0 和大于 0 两种情况。图 1-9 给出了 σ_0 小于 0 和大于 0 两种情况下复指数信号虚部波形示例。

6. 矩形信号

一个幅度为 A、时间中心为 t_0、时间宽度为 τ 的矩形信号（Rectangular Signal）的表达式可以写为

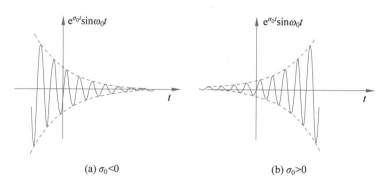

(a) $\sigma_0 < 0$ (b) $\sigma_0 > 0$

图 1-9 复指数信号虚部波形示例

$$x(t) = \begin{cases} A, & |t - t_0| \leqslant \dfrac{\tau}{2} \\[2mm] 0, & |t - t_0| > \dfrac{\tau}{2} \end{cases}$$

如果引入符号 rect(·)表示矩形信号,则其表达式就可以写为

$$x(t) = A\,\mathrm{rect}\left(\frac{t - t_0}{\tau}\right)$$

经常会遇到 $t_0 = 0$ 的特殊情况,此时矩形信号的表达式也可以写为

$$x(t) = A\,\mathrm{rect}\left(\frac{t}{\tau}\right)$$

图 1-10 给出了矩形信号及其特殊情况下的波形示例。

7. 单位阶跃信号

对于连续时间信号,单位阶跃信号(Unit Step Signal)的表达式可以写为

$$x(t) = \begin{cases} 1, & t \geqslant 0 \\ 0, & t < 0 \end{cases}$$

单位阶跃信号通常记为 $u(t)$。图 1-11 给出了单位阶跃信号的波形示例。

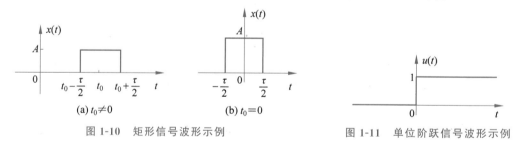

(a) $t_0 \neq 0$ (b) $t_0 = 0$

图 1-10 矩形信号波形示例   图 1-11 单位阶跃信号波形示例

这样,存在时移的单位阶跃信号 $x(t) = \begin{cases} 1, & t \geqslant t_0 \\ 0, & t < t_0 \end{cases}$ 可以记为 $u(t - t_0)$;时间翻转的单

位阶跃信号 $x(t) = \begin{cases} 1, & t \leqslant 0 \\ 0, & t > 0 \end{cases}$ 可以记为 $u(-t)$。

图 1-12 给出了 $u(t - t_0)$ 和 $u(-t)$ 的信号波形。

阶跃信号及其时移信号的差可以用来表示任意的矩形信号,如图 1-13(a)所示的矩形信

号 $x(t) = \mathrm{rect}\left(\dfrac{t - t_0}{\tau}\right)$ 就可以表示为如图 1-13(b)所示的两个时移单位阶跃信号

$u\left[t-\left(t_0-\dfrac{\tau}{2}\right)\right]$ 和 $u\left[t-\left(t_0+\dfrac{\tau}{2}\right)\right]$ 的差。

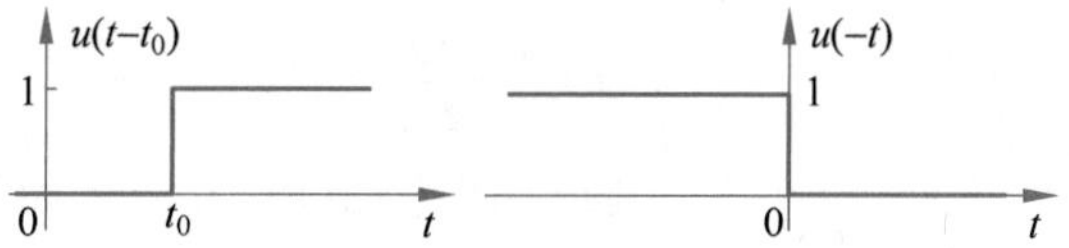

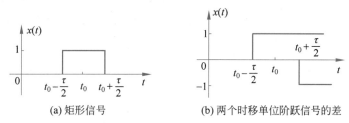

图 1-12　$u(t-t_0)$ 和 $u(-t)$ 的信号波形

图 1-13　矩形信号和两个时移单位阶跃信号的差

（a）矩形信号　　　（b）两个时移单位阶跃信号的差

阶跃信号及其时移信号还可以用来表示信号的时间范围，图 1-14 所示的就是一定时间范围内不同初始相位的正弦信号。

对于离散时间信号，单位阶跃信号 $u[n]$ 的表达式可以写为

$$u[n]=\begin{cases}1, & n\geqslant 0\\ 0, & n<0\end{cases}\tag{1-7}$$

8. 斜坡信号

斜坡信号（Ramp Signal）的表达式可以写为

$$x(t)=\begin{cases}t, & t\geqslant 0\\ 0, & t<0\end{cases}$$

通常记为 $r(t)$，其波形如图 1-15 所示。

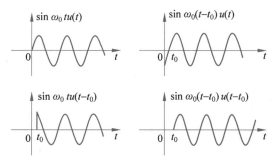

图 1-14　一定时间范围内不同初始相位正弦信号

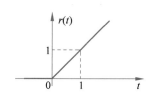

图 1-15　斜坡信号波形

显而易见，斜坡信号的表达式还可以写成 $r(t)=tu(t)$。简单推导可以发现：斜坡信号的微分是单位阶跃信号，单位阶跃信号的积分是斜坡信号，即

$$\frac{\mathrm{d}r(t)}{\mathrm{d}t}=u(t)\tag{1-8}$$

$$\int_{-\infty}^{t}u(\tau)\mathrm{d}\tau=\begin{cases}t, & t>0\\ 0, & t<0\end{cases}=r(t)\tag{1-9}$$

9. 抽样信号

抽样信号（Sampling Signal）的表达式可以写为

$$x(t) = \frac{\sin t}{t}$$

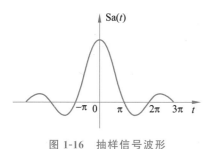

图 1-16 抽样信号波形

通常记成 Sa(t)，其波形如图 1-16 所示。

抽样信号在 0 时刻的取值最大，等于 1，即 Sa(0) = 1；在其他 π 整数倍时刻的取值均为 0，即 Sa($k\pi$) = 0，$k = \pm 1, \pm 2, \cdots$。抽样信号还满足

$$\int_{-\infty}^{\infty} \mathrm{Sa}(t)\mathrm{d}t = \pi \qquad (1\text{-}10)$$

$$\int_{-\infty}^{0} \mathrm{Sa}(t)\mathrm{d}t = \int_{0}^{\infty} \mathrm{Sa}(t)\mathrm{d}t = \frac{\pi}{2} \qquad (1\text{-}11)$$

与 Sa(t) 相似的信号还有 sinc(t)，它的表达式可以写为

$$\mathrm{sinc}(t) = \frac{\sin \pi t}{\pi t}$$

sinc(t) 在非 0 的整数时间上的取值均为 0。显然，sinc(t) = Sa(πt)。

10. 冲激信号

对于连续时间信号，冲激信号（Impulse Function）通常记成 $\delta(t)$，它可以定义为

$$\delta(t) = 0, \quad t \neq 0$$

$$\int_{-\infty}^{\infty} \delta(t)\mathrm{d}t = 1$$

冲激信号的波形示意图如图 1-17(a) 所示。$\delta(t)$ 可以理解为作用时间极短但作用值很大的物理现象的数学模型，其模型如图 1-17(b) 所示。冲激信号 $\delta(t)$ 在 0 时刻的取值为无穷大，但对时间的积分值却是常数，这个积分值称为冲激信号的强度，在图 1-17(a) 中用括号来注明，以与信号的幅度值相区分。强度等于 1 的冲激信号称为单位冲激信号。

冲激信号可延时至一个任意时刻 t_0，此时可以用 $\delta(t - t_0)$ 来表示，它的波形如图 1-18 所示。

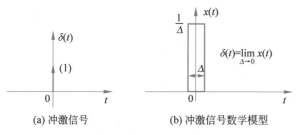

(a) 冲激信号 (b) 冲激信号数学模型

图 1-17 冲激信号波形及其数学模型

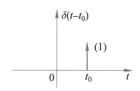

图 1-18 $\delta(t - t_0)$ 波形

$\delta(t - t_0)$ 的定义式可以写为

$$\delta(t - t_0) = 0, \quad t \neq t_0$$

$$\int_{-\infty}^{\infty} \delta(t - t_0)\mathrm{d}t = 1$$

其实，只要 t_0 时刻在对 $\delta(t - t_0)$ 进行积分的区间内，那么不管该积分区间多小，相应的

积分值总等于 1，即 $\int_{t_0-\Delta}^{t_0+\Delta}\delta(t-t_0)\mathrm{d}t=1$。

可以推导出：冲激信号的积分是阶跃信号，阶跃信号的微分是冲激信号，即

$$\int_{-\infty}^{t}\delta(\tau)\mathrm{d}\tau=\begin{cases}1, & t>0 \\ 0, & t<0\end{cases}=u(t) \tag{1-12}$$

$$\frac{\mathrm{d}u(t)}{\mathrm{d}t}=\delta(t) \tag{1-13}$$

冲激信号具有筛选特性、取样特性和展缩特性。如图 1-19 所示，冲激信号的筛选特性 (Selection Property) 指的是任意信号 $x(t)$ 与冲激信号 $\delta(t-t_0)$ 相乘变成一个冲激信号，其强度为信号 $x(t)$ 在 t_0 时刻的取值，即

$$x(t)\delta(t-t_0)=x(t_0)\delta(t-t_0) \tag{1-14}$$

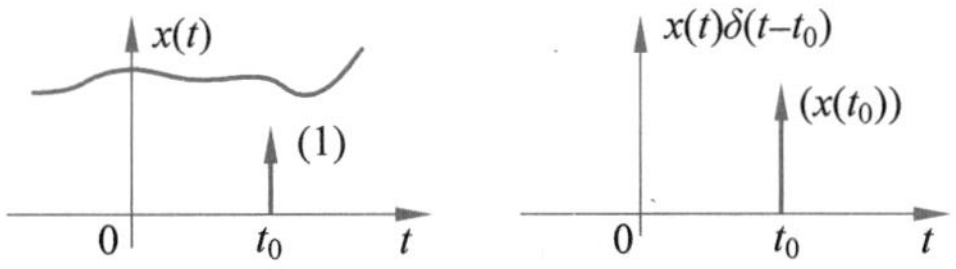

图 1-19　冲激信号的筛选特性

冲激信号的取样特性 (Sampling Property) 指的是任意信号 $x(t)$ 与冲激信号 $\delta(t-t_0)$ 相乘后的积分，是信号 $x(t)$ 在 t_0 时刻的取值，即

$$\int_{-\infty}^{\infty}x(t)\delta(t-t_0)\mathrm{d}t=x(t_0) \tag{1-15}$$

证明

$$\int_{-\infty}^{\infty}x(t)\delta(t-t_0)\mathrm{d}t=\int_{-\infty}^{\infty}x(t_0)\delta(t-t_0)\mathrm{d}t=x(t_0)\int_{-\infty}^{\infty}\delta(t-t_0)\mathrm{d}t=x(t_0)$$

证毕。

冲激信号的展缩特性 (Expansion and Shrinkage Property) 指的是

$$\delta(at)=\frac{1}{|a|}\delta(t) \tag{1-16}$$

证明

先计算 $\delta(at)$ 的积分 $\int_{-\infty}^{\infty}\delta(at)\mathrm{d}t$。

令 $\tau=at$，则有 $t=\frac{1}{a}\tau$，$\mathrm{d}t=\frac{1}{a}\mathrm{d}\tau$，代入 $\int_{-\infty}^{\infty}\delta(at)\mathrm{d}t$ 时可以分为 $a>0$ 和 $a<0$ 两种情况。

当 $a>0$ 时，有

$$\int_{-\infty}^{\infty}\delta(at)\mathrm{d}t=\int_{-\infty}^{\infty}\delta(\tau)\frac{1}{a}\mathrm{d}\tau=\frac{1}{a}\int_{-\infty}^{\infty}\delta(\tau)\mathrm{d}\tau=\frac{1}{|a|}\int_{-\infty}^{\infty}\delta(t)\mathrm{d}t$$

当 $a<0$ 时，有

$$\int_{-\infty}^{\infty}\delta(at)\mathrm{d}t=\int_{\infty}^{-\infty}\delta(\tau)\frac{1}{a}\mathrm{d}\tau=\frac{1}{-a}\int_{-\infty}^{\infty}\delta(\tau)\mathrm{d}\tau=\frac{1}{|a|}\int_{-\infty}^{\infty}\delta(t)\mathrm{d}t$$

所以

$$\delta(at)=\frac{1}{|a|}\delta(t)$$

证毕。

当 $a=-1$ 时,可以得到 $\delta(t)=\delta(-t)$。可见,冲激信号 $\delta(t)$ 是一个偶信号。

对于离散时间信号,冲激信号 $\delta[n]$ 的表达式可以写为

$$\delta[n]=\begin{cases}1, & n=0\\ 0, & n\neq0\end{cases} \tag{1-17}$$

$\delta[n]$ 也称为离散时间单位冲激信号。

11. 冲激偶信号

连续时间冲激信号 $\delta(t)$ 的微分称为冲激偶信号(Impulse Doublet Signal),通常记为

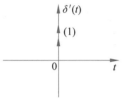

$\delta'(t)$,其定义式为

$$\delta'(t)=\frac{\mathrm{d}\delta(t)}{\mathrm{d}t} \tag{1-18}$$

其波形如图 1-20 所示,冲激偶信号用双箭头表示,括号内标注的是其对应的冲激信号的强度。

图 1-20   冲激偶信号波形

图 1-21 所示为从冲激信号变到冲激偶信号的极限模型,从中很容易地看出将其命名为冲激偶信号的原因。

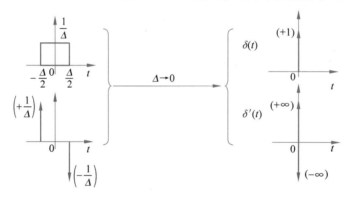

图 1-21   冲激偶信号极限模型

从图 1-21 左图可以看出,冲激偶信号的积分是冲激信号,即

$$\delta(t)=\int_{-\infty}^{t}\delta'(\tau)\mathrm{d}\tau \tag{1-19}$$

冲激偶信号是奇信号,即

$$\delta'(t)=-\delta'(-t) \tag{1-20}$$

从图 1-21 右图可以看出

$$\int_{-\infty}^{\infty}\delta'(t)\mathrm{d}t=0 \tag{1-21}$$

根据微分特性,有 $[x(t)\delta(t)]'=x(t)\delta'(t)+x'(t)\delta(t)=x(t)\delta'(t)+x'(0)\delta(t)$,同时又有 $[x(t)\delta(t)]'=[x(0)\delta(t)]'=x(0)\delta'(t)$,于是可得

$$x(t)\delta'(t)=x(0)\delta'(t)-x'(0)\delta(t) \tag{1-22}$$

对式(1-22)两边作积分运算,可以得到

$$\int_{-\infty}^{\infty}x(t)\delta'(t)\mathrm{d}t=-x'(0) \tag{1-23}$$

在式(1-22)中取 $x(t)=t$,则有

$$\delta(t)=-t\delta'(t) \tag{1-24}$$

1.3 信号的基本运算

下面依然以连续时间信号为例,介绍信号的基本运算。

1. 信号的尺度变换

信号的尺度变换(Scale Transformation)指的是从 $x(t)$ 变换到 $x(at)(a>0)$。分为 $0<a<1$ 和 $a>1$ 两种情况:当 $0<a<1$ 时,$x(at)$ 是 $x(t)$ 的波形扩展;当 $a>1$ 时,$x(at)$ 是 $x(t)$ 的波形压缩。相应的波形如图 1-22 所示。

2. 信号的翻转

信号的翻转(Reversal)指的是将信号以纵轴为中心进行翻转,即从 $x(t)$ 变换到 $x(-t)$。相应的波形如图 1-23 所示。

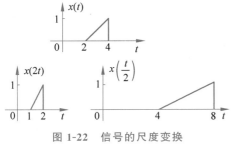

图 1-22 信号的尺度变换

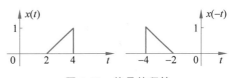

图 1-23 信号的翻转

第 9 集
微课视频

第 10 集
微课视频

第 11 集
微课视频

3. 信号的时移

信号的时移(Time Shift)指的是将信号沿横轴进行平移,即从 $x(t)$ 变换到 $x(t-t_0)$。分为 $t_0<0$ 和 $t_0>0$ 两种情况:当 $t_0<0$ 时,$x(t-t_0)$ 是对 $x(t)$ 在横轴上左移;当 $t_0>0$ 时,$x(t-t_0)$ 是对 $x(t)$ 在横轴上右移。相应的波形如图 1-24 所示。

4. 信号的相加(减)

信号的相加(减)(Addition or Subtraction)指的是将相应时间点上的信号取值进行相加(减),即 $x(t)=x_1(t)+x_2(t)$ 或 $x(t)=x_1(t)-x_2(t)$。作为例子,图 1-25 给出了两个信号相加的波形示意图。

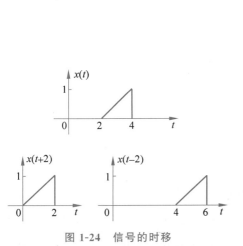

图 1-24 信号的时移

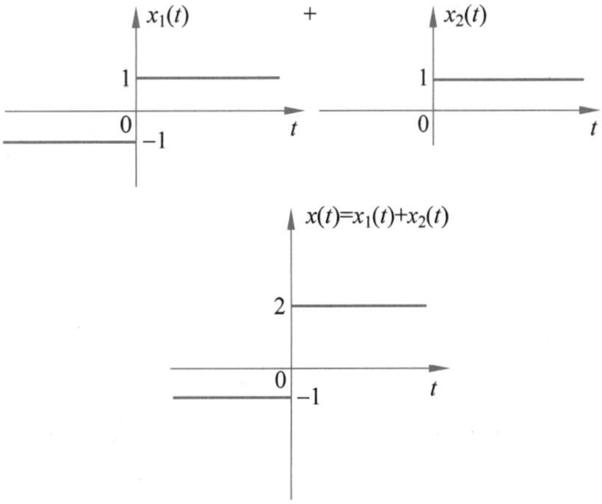

图 1-25 信号的相加

5. 信号的相乘(除)

信号的相乘(除)(Multiplication or Division)指的是将相应时间点上的信号取值进行相乘(除),即 $x(t) = x_1(t)x_2(t)$ 或 $x(t) = x_1(t)/x_2(t)$。需要注意的是,当信号相除时,必须保证 $x_2(t)$ 的取值不能等于 0。作为例子,图 1-26 给出了两个信号相乘的波形示意图。

6. 信号的微分

信号的微分(Differentiation)可以写成 $y(t) = x'(t) = \dfrac{dx(t)}{dt}$。一般而言,求信号微分运算的前提是信号在各时间点是可微的。当然,遇到信号存在不连续点的情况时,可以引入冲激信号表示不连续点的微分。

作为例子,图 1-27 给出了一个信号的微分运算的波形示意图。

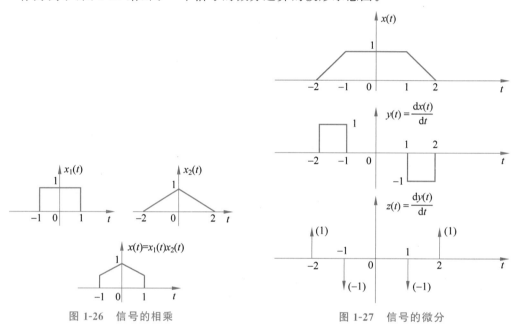

图 1-26 信号的相乘

图 1-27 信号的微分

7. 信号的积分

信号的积分(Integration)可以写成 $y(t) = \displaystyle\int_0^t x(\tau)d\tau$。以矩形信号为例,其积分的波形示意图如图 1-28 所示。

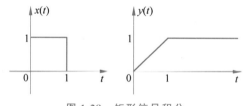

图 1-28 矩形信号积分

8. 信号的卷积

连续时间信号 $x(t)$ 和 $y(t)$ 的卷积(Convolution)可以定义为

$$x(t) * y(t) = \int_{-\infty}^{\infty} x(\tau)y(t-\tau)d\tau \tag{1-25}$$

可见,卷积主要有 3 个步骤:先将 $x(t)$ 和 $y(t)$ 的自变量由 t 改为 τ;再对 $y(\tau)$ 作翻转,

并时移 t；最后对两者的乘积 $x(\tau)y(t-\tau)$ 进行关于 τ 的积分运算。

【例 1-1】 已知 $x(t)=u(t)$ 和 $y(t)=\mathrm{e}^{-t}u(t)$，求 $x(t)$ 和 $y(t)$ 的卷积。

解

$$x(t) * y(t) = \int_{-\infty}^{\infty} x(\tau)y(t-\tau)\mathrm{d}\tau = \int_{-\infty}^{\infty} u(\tau)\mathrm{e}^{-(t-\tau)}u(t-\tau)\mathrm{d}\tau$$

图 1-29 给出了 $x(t)$ 和 $y(t)$ 的卷积运算的示意图。

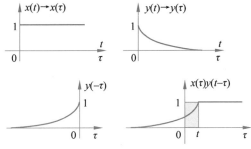

图 1-29 例 1-1 $x(t)$ 和 $y(t)$ 的卷积运算过程

当 $t<0$ 时，有

$$x(t) * y(t) = 0$$

当 $t \geqslant 0$ 时，有

$$x(t) * y(t) = \int_{0}^{t} \mathrm{e}^{-(t-\tau)}\mathrm{d}\tau = \mathrm{e}^{(\tau-t)}\big|_{0}^{t} = 1 - \mathrm{e}^{-t}$$

所以

$$x(t) * y(t) = (1 - \mathrm{e}^{-t})u(t)$$

【例 1-2】 已知 $x(t)=\mathrm{rect}\left(\dfrac{t}{2}\right)$，求 $y(t)=x(t) * x(t)$。

解

$$y(t) = x(t) * x(t) = \int_{-\infty}^{\infty} x(\tau)x(t-\tau)\mathrm{d}\tau$$

图 1-30 给出了 $x(t)$ 和 $x(t)$ 的卷积运算的示意图。

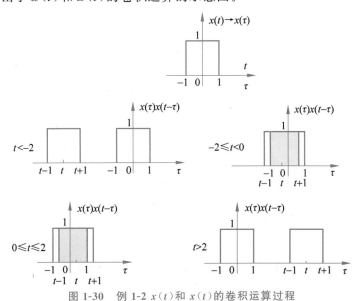

图 1-30 例 1-2 $x(t)$ 和 $x(t)$ 的卷积运算过程

当 $t < -2$ 时,有

$$y(t) = x(t) * x(t) = 0$$

当 $-2 \leqslant t < 0$ 时,有

$$y(t) = x(t) * x(t) = \int_{-1}^{1+t} (1 \times 1) \mathrm{d}\tau = t + 2$$

当 $0 \leqslant t \leqslant 2$ 时,有

$$y(t) = x(t) * x(t) = \int_{t-1}^{1} (1 \times 1) \mathrm{d}\tau = -t + 2$$

当 $t > 2$ 时,有

$$y(t) = x(t) * x(t) = 0$$

因此,可以得出

$$y(t) = \begin{cases} t+2, & -2 \leqslant t < 0 \\ -t+2, & 0 \leqslant t \leqslant 2 \\ 0, & |t| > 2 \end{cases}$$

其波形如图 1-31 所示。

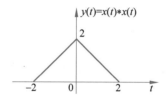

图 1-31   例 1-2 $x(t)$ 和 $x(t)$ 的卷积运算结果

卷积运算的基本性质如下。

(1) 交换律(Commutative Law): $x(t) * y(t) = y(t) * x(t)$。

证明

$$x(t) * y(t) = \int_{-\infty}^{\infty} x(\tau) y(t-\tau) \mathrm{d}\tau \tag{1-26}$$

令 $t - \tau = \eta$,则有 $\tau = t - \eta$,$\mathrm{d}\tau = -\mathrm{d}\eta$,代入式(1-26),则有

$$x(t) * y(t) = \int_{-\infty}^{\infty} y(\eta) x(t-\eta) \mathrm{d}\eta = y(t) * x(t)$$

证毕。

(2) 分配律(Distributive Law): $[x(t) + y(t)] * z(t) = x(t) * z(t) + y(t) * z(t)$。

证明

$$[x(t) + y(t)] * z(t) = \int_{-\infty}^{\infty} [x(\tau) + y(\tau)] z(t-\tau) \mathrm{d}\tau = \int_{-\infty}^{\infty} x(\tau) z(t-\tau) \mathrm{d}\tau +$$

$$\int_{-\infty}^{\infty} y(\tau) z(t-\tau) \mathrm{d}\tau = x(t) * z(t) + y(t) * z(t)$$

证毕。

(3) 结合律(Associative Law): $[x(t) * y(t)] * z(t) = x(t) * [y(t) * z(t)]$。

证明

$$[x(t) * y(t)] * z(t) = \left[\int_{-\infty}^{\infty} x(\tau) y(t-\tau) \mathrm{d}\tau \right] * z(t)$$

$$= \int_{-\infty}^{\infty} \left[\int_{-\infty}^{\infty} x(\tau) y(\eta - \tau) \mathrm{d}\tau \right] z(t - \eta) \mathrm{d}\eta \tag{1-27}$$

$$= \int_{-\infty}^{\infty} \left[\int_{-\infty}^{\infty} y(\eta - \tau) z(t - \eta) \mathrm{d}\eta \right] x(\tau) \mathrm{d}\tau$$

令 $\alpha = \eta - \tau$，则有 $\mathrm{d}\alpha = \mathrm{d}\eta, \eta = \alpha + \tau$。代入式(1-27)，有

$$[x(t) * y(t)] * z(t) = \int_{-\infty}^{\infty} \left[\int_{-\infty}^{\infty} y(\alpha) z(t - (\alpha + \tau)) \mathrm{d}\alpha \right] x(\tau) \mathrm{d}\tau$$

$$= \int_{-\infty}^{\infty} \left[\int_{-\infty}^{\infty} y(\alpha) z((t - \tau) - \alpha) \mathrm{d}\alpha \right] x(\tau) \mathrm{d}\tau \tag{1-28}$$

令 $\beta = t - \tau$，则有 $\tau = t - \beta, \mathrm{d}\tau = -\mathrm{d}\beta$。代入式(1-28)，有

$$[x(t) * y(t)] * z(t) = \int_{-\infty}^{\infty} \left[\int_{-\infty}^{\infty} y(\alpha) z(\beta - \alpha) \mathrm{d}\alpha \right] x(t - \beta) \mathrm{d}\beta$$

$$= \int_{-\infty}^{\infty} [y(\beta) * z(\beta)] x(t - \beta) \mathrm{d}\beta$$

$$= [y(t) * z(t)] * x(t)$$

$$= x(t) * [y(t) * z(t)]$$

证毕。

(4) 时移性(Time Shift Property)：若 $z(t) = x(t) * y(t)$，则有 $x(t - t_1) * y(t - t_2) = z(t - t_1 - t_2)$。

证明

$$x(t - t_1) * y(t - t_2) = \int_{-\infty}^{\infty} x(\tau - t_1) y((t - \tau) - t_2) \mathrm{d}\tau \tag{1-29}$$

令 $\eta = \tau - t_1$，则有 $\tau = \eta + t_1, \mathrm{d}\tau = \mathrm{d}\eta$。代入式(1-29)，有

$$x(t - t_1) * y(t - t_2) = \int_{-\infty}^{\infty} x(\eta) y[(t - (\eta + t_1)) - t_2] \mathrm{d}\eta$$

$$= \int_{-\infty}^{\infty} x(\eta) y(t - t_1 - t_2 - \eta) \mathrm{d}\eta$$

$$= \int_{-\infty}^{\infty} x(\eta) y[(t - t_1 - t_2) - \eta] \mathrm{d}\eta$$

$$= z(t - t_1 - t_2)$$

证毕。

(5) 展缩性(Expansion and Shrinkage Property)：若 $z(t) = x(t) * y(t)$，则有 $x(at) * y(at) = \dfrac{1}{|a|} z(at)$。

证明

$$x(at) * y(at) = \int_{-\infty}^{\infty} x(a\tau) y[a(t - \tau)] \mathrm{d}\tau \tag{1-30}$$

令 $\eta = a\tau$，则有 $\tau = \eta/a, \mathrm{d}\tau = \mathrm{d}\eta/a$。代入式(1-30)，可以分为 $a > 0$ 和 $a < 0$ 两种情况。
当 $a > 0$ 时，有

$$x(at) * y(at) = \int_{-\infty}^{\infty} x(\eta) y(at - \eta) \frac{1}{a} \mathrm{d}\eta = \frac{1}{a} \int_{-\infty}^{\infty} x(\eta) y(at - \eta) \mathrm{d}\eta = \frac{1}{a} z(at)$$

当 $a < 0$ 时，有

$$x(at) * y(at) = -\int_{-\infty}^{\infty} x(\eta) y(at-\eta) \frac{1}{a} \mathrm{d}\eta = -\frac{1}{a}\int_{-\infty}^{\infty} x(\eta) y(at-\eta) \mathrm{d}\eta$$

$$= -\frac{1}{a} z(at)$$

所以

$$x(at) * y(at) = \frac{1}{|a|} z(at)$$

证毕。

任意信号与单位阶跃信号卷积，为该信号的积分信号，即

$$x(t) * u(t) = \int_{-\infty}^{\infty} x(\tau) u(t-\tau) \mathrm{d}\tau = \int_{-\infty}^{t} x(\tau) \mathrm{d}\tau$$

任意信号与单位冲激信号卷积，为该信号本身，即

$$x(t) * \delta(t) = \int_{-\infty}^{\infty} \delta(\tau) x(t-\tau) \mathrm{d}\tau = \int_{-\infty}^{\infty} x(t) \delta(\tau) \mathrm{d}\tau = x(t)$$

同时很容易得到

$$x(t-t_1) * \delta(t-t_2) = x(t-t_1-t_2)$$

$$\delta(t-t_1) * \delta(t-t_2) = \delta(t-t_1-t_2)$$

任意信号与冲激偶信号卷积，为该信号的微分，即

$$x(t) * \delta'(t) = x'(t) \tag{1-31}$$

证明

$$x(t) * \delta'(t) = \int_{-\infty}^{\infty} \delta'(\tau) x(t-\tau) \mathrm{d}\tau = \int_{-\infty}^{\infty} \delta'(\tau) x(-\tau+t) \mathrm{d}\tau$$

因为有

$$[x(t+\tau)\delta(t)]' = [x(\tau)\delta(t)]' = x(\tau)\delta'(t)$$

同时根据微分特性有

$$[x(t+\tau)\delta(t)]' = x(t+\tau)\delta'(t) + x'(t+\tau)\delta(t)$$

$$= x(t+\tau)\delta'(t) + x'(\tau)\delta(t)$$

于是有

$$x(\tau)\delta'(t) = x(t+\tau)\delta'(t) + x'(\tau)\delta(t)$$

即

$$\delta'(t)x(t+\tau) = x(\tau)\delta'(t) - x'(\tau)\delta(t) \tag{1-32}$$

在式(1-32)中，先将 t 换成 η，再将 τ 换成 t，有

$$\delta'(\eta)x(\eta+t) = x(t)\delta'(\eta) - x'(t)\delta(\eta)$$

进一步将 η 换成 $-\tau$，有

$$\delta'(-\tau)x(-\tau+t) = x(t)\delta'(-\tau) - x'(t)\delta(-\tau)$$

由于 $\delta(t)$ 是偶信号，$\delta'(t)$ 是奇信号，有

$$-\delta'(\tau)x(-\tau+t) = -x(t)\delta'(\tau) - x'(t)\delta(\tau)$$

于是有

$$\delta'(\tau)x(-\tau+t) = x(t)\delta'(\tau) + x'(t)\delta(\tau)$$

代入上述卷积中，则有

$$x(t) * \delta'(t) = \int_{-\infty}^{\infty} [x(t)\delta'(\tau) + x'(t)\delta(\tau)] \mathrm{d}\tau$$

$$= \int_{-\infty}^{\infty} x(t)\delta'(\tau)d\tau + \int_{-\infty}^{\infty} x'(t)\delta(\tau)d\tau$$

$$= x(t)\int_{-\infty}^{\infty} \delta'(\tau)d\tau + x'(t)\int_{-\infty}^{\infty} \delta(\tau)d\tau$$

$$= x'(t)$$

证毕。

对于离散时间信号，$x[n]$ 和 $y[n]$ 的卷积可以定义为

$$x[n] * y[n] = \sum_{m=-\infty}^{\infty} x[m]y[n-m] \tag{1-33}$$

9. 信号的相关

如果连续时间信号 $x(t)$ 和 $y(t)$ 是能量信号，那么它们的互相关（Cross-Correlation）可以定义为

$$R_{xy}(\tau) = \int_{-\infty}^{\infty} x(t)y^*(t-\tau)dt \tag{1-34}$$

如果连续时间信号 $x(t)$ 和 $y(t)$ 是功率信号，那么它们的互相关可以定义为

$$R_{xy}(\tau) = \lim_{T \to \infty} \frac{1}{T} \int_{-\frac{T}{2}}^{\frac{T}{2}} x(t)y^*(t-\tau)dt \tag{1-35}$$

如果连续时间信号 $x(t)$ 和 $y(t)$ 是周期信号，那么它们的互相关可以定义为

$$R_{xy}(\tau) = \frac{1}{T} \int_{-\frac{T}{2}}^{\frac{T}{2}} x(t)y^*(t-\tau)dt \tag{1-36}$$

类似地，连续时间能量信号、功率信号和周期信号的自相关（Auto-Correlation）可以分别定义为

$$R_x(\tau) = \int_{-\infty}^{\infty} x(t)x^*(t-\tau)dt \tag{1-37}$$

$$R_x(\tau) = \lim_{T \to \infty} \frac{1}{T} \int_{-\frac{T}{2}}^{\frac{T}{2}} x(t)x^*(t-\tau)dt \tag{1-38}$$

$$R_x(\tau) = \frac{1}{T} \int_{-\frac{T}{2}}^{\frac{T}{2}} x(t)x^*(t-\tau)dt \tag{1-39}$$

【例 1-3】 求如图 1-32 所示的两个信号 $x(t)$ 和 $y(t)$ 的互相关。

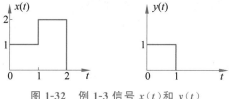

图 1-32 例 1-3 信号 $x(t)$ 和 $y(t)$

解 由于 $x(t)$ 和 $y(t)$ 是能量信号，所以它们的互相关可以表示为

$$R_{xy}(\tau) = \int_{-\infty}^{\infty} x(t)y^*(t-\tau)dt = \int_{-\infty}^{\infty} x(t)y(t-\tau)dt$$

图 1-33 给出了 $x(t)$ 和 $y(t)$ 互相关运算过程的示意图。

当 $\tau < -1$ 时，有

$$R_{xy}(\tau) = \int_{-\infty}^{\infty} x(t)y(t-\tau)dt = 0$$

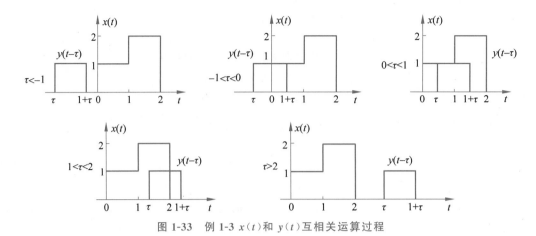

图 1-33 例 1-3 $x(t)$ 和 $y(t)$ 互相关运算过程

当 $-1 \leqslant \tau < 0$ 时,有

$$R_{xy}(\tau) = \int_{-\infty}^{\infty} x(t)y(t-\tau)\mathrm{d}t = \int_{0}^{1+\tau} (1 \times 1)\mathrm{d}t = 1 + \tau$$

当 $0 \leqslant \tau < 1$ 时,有

$$R_{xy}(\tau) = \int_{-\infty}^{\infty} x(t)y(t-\tau)\mathrm{d}t = \int_{\tau}^{1} (1 \times 1)\mathrm{d}t + \int_{1}^{1+\tau} (2 \times 1)\mathrm{d}t$$
$$= 1 - \tau + 2\tau = 1 + \tau$$

当 $1 \leqslant \tau \leqslant 2$ 时,有

$$R_{xy}(\tau) = \int_{-\infty}^{\infty} x(t)y(t-\tau)\mathrm{d}t = \int_{\tau}^{2} (2 \times 1)\mathrm{d}t = 4 - 2\tau$$

当 $\tau > 2$ 时,有

$$R_{xy}(\tau) = \int_{-\infty}^{\infty} x(t)y(t-\tau)\mathrm{d}t = 0$$

所以

$$R_{xy}(\tau) = \begin{cases} 1 + \tau, & -1 \leqslant \tau < 1 \\ 4 - 2\tau, & 1 \leqslant \tau \leqslant 2 \\ 0, & \tau < -1 \text{ 或 } \tau > 2 \end{cases}$$

$x(t)$ 和 $y(t)$ 互相关运算的结果如图 1-34 所示。

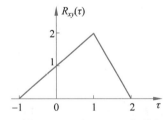

图 1-34 例 1-3 $x(t)$ 和 $y(t)$ 互相关运算结果

自相关和互相关具有共轭对称性(Conjugate Symmetry),即

$$R_x(\tau) = R_x^*(-\tau) \tag{1-40}$$

$$R_{xy}(\tau) = R_{yx}^*(-\tau) \tag{1-41}$$

证明　以能量信号为例

$$R_x^*(-\tau) = \left[\int_{-\infty}^{\infty} x(t)x^*(t+\tau)\mathrm{d}t\right]^* = \int_{-\infty}^{\infty} x^*(t)x(t+\tau)\mathrm{d}t \tag{1-42}$$

令 $\eta = t+\tau$，则有 $t = \eta-\tau$，$\mathrm{d}t = \mathrm{d}\eta$，代入式(1-42)，有

$$R_x^*(-\tau) = \int_{-\infty}^{\infty} x^*(\eta-\tau)x(\eta)\mathrm{d}\eta = \int_{-\infty}^{\infty} x(\eta)x^*(\eta-\tau)\mathrm{d}\eta = R_x(\tau)$$

$$R_{yx}^*(-\tau) = \left[\int_{-\infty}^{\infty} y(t)x^*(t+\tau)\mathrm{d}t\right]^* = \int_{-\infty}^{\infty} y^*(t)x(t+\tau)\mathrm{d}t \tag{1-43}$$

仍令 $\eta = t+\tau$，则有 $t = \eta-\tau$，$\mathrm{d}t = \mathrm{d}\eta$，代入式(1-43)，有

$$R_{yx}^*(-\tau) = \int_{-\infty}^{\infty} y^*(\eta-\tau)x(\eta)\mathrm{d}\eta = \int_{-\infty}^{\infty} x(\eta)y^*(\eta-\tau)\mathrm{d}\eta = R_{xy}(\tau)$$

自相关、互相关共轭对称的结论对功率信号同样也是成立的。

证毕。

当信号 $x(t)$ 为实信号时，其自相关 $R_x(\tau)$ 是实数，于是有

$$R_x(\tau) = R_x(-\tau) \tag{1-44}$$

即实信号的自相关是关于 τ 的偶函数。

信号的自相关在 $\tau=0$ 时刻有最大值。对于能量信号，最大值即为信号的能量

$$R_x(\tau) \leqslant R_x(0) = E_x \tag{1-45}$$

证明　根据施瓦茨(Schwarz)不等式

$$\left|\int_{-\infty}^{\infty} x(t)y(t)\mathrm{d}t\right|^2 \leqslant \int_{-\infty}^{\infty} |x(t)|^2\mathrm{d}t \int_{-\infty}^{\infty} |y(t)|^2\mathrm{d}t$$

当 $x(t) = ay^*(t)$ (a 为实常数)时，等号成立。

$$R_x(\tau) = \int_{-\infty}^{\infty} x(t)x^*(t-\tau)\mathrm{d}t \leqslant \left[\int_{-\infty}^{\infty} |x(t)|^2\mathrm{d}t \int_{-\infty}^{\infty} |x^*(t-\tau)|^2\mathrm{d}t\right]^{\frac{1}{2}}$$

$$= \left[\int_{-\infty}^{\infty} |x(t)|^2\mathrm{d}t \int_{-\infty}^{\infty} |x(t-\tau)|^2\mathrm{d}t\right]^{\frac{1}{2}} = [E_x E_x]^{\frac{1}{2}} = E_x$$

$$R_x(0) = \int_{-\infty}^{\infty} x(t)x^*(t)\mathrm{d}t = \int_{-\infty}^{\infty} |x(t)|^2\mathrm{d}t = E_x$$

所以

$$R_x(\tau) \leqslant R_x(0) = E_x$$

证毕。

类似地，对于功率信号，其自相关的最大值即为信号的功率

$$R_x(\tau) \leqslant R_x(0) = P_x \tag{1-46}$$

两个信号的互相关在 $\tau=0$ 时刻不一定有最大值。但是，如果一个信号是由另一个信号时移 t_0 所得，那么它们的互相关在 $\tau = t_0$ 时刻具有最大值。

周期信号的相关是具有周期性的，且其周期与信号的周期是相同的。以自相关为例，有

$$R_x(\tau+kT) = \frac{1}{T}\int_{-\frac{T}{2}}^{\frac{T}{2}} x(t)x^*[t-(\tau+kT)]\mathrm{d}t = \frac{1}{T}\int_{-\frac{T}{2}}^{\frac{T}{2}} x(t)x^*[(t-\tau)-kT]\mathrm{d}t$$

$$= \frac{1}{T}\int_{-\frac{T}{2}}^{\frac{T}{2}} x(t)x^*(t-\tau)\mathrm{d}t = R_x(\tau)$$

相关运算与卷积运算具有几个相同点，即两种运算均包含时移、相乘和积分；但是也有不同点，相关运算是信号的共轭，卷积运算有信号的翻转。可见，两者之间有一定的联系。

事实上,相关运算可以通过卷积运算来获得,即两个信号的互相关等于第1个信号与第2个信号翻转共轭的卷积:

$$R_{xy}(\tau) = x(\tau) * y^*(-\tau) \tag{1-47}$$

证明

令 $z(\tau) = y^*(-\tau)$,则有

$$x(\tau) * y^*(-\tau) = x(\tau) * z(\tau) = \int_{-\infty}^{\infty} x(\eta) z(\tau - \eta) \mathrm{d}\eta = \int_{-\infty}^{\infty} x(\eta) y^*(\eta - \tau) \mathrm{d}\eta$$
$$= R_{xy}(\tau)$$

证毕。

对于离散时间信号,$x[n]$ 的自相关,$x[n]$ 和 $y[n]$ 的互相关可以分别定义为

$$R_x[m] = \sum_{n=-\infty}^{\infty} x[n] x^*[n-m] \tag{1-48}$$

$$R_{xy}[m] = \sum_{n=-\infty}^{\infty} x[n] y^*[n-m] \tag{1-49}$$

1.4 信号的分解

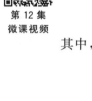

下面依然以连续时间信号为例,介绍信号的分解(Signal Decomposition)。

1. 信号分解为直流分量和交流分量之和

信号 $x(t)$ 可以分解为其直流分量 x_{DC} 和交流分量 $x_{\mathrm{AC}}(t)$ 之和,即

$$x(t) = x_{\mathrm{DC}} + x_{\mathrm{AC}}(t) \tag{1-50}$$

其中, $x_{\mathrm{DC}} = \dfrac{1}{b-a} \int_a^b x(t) \mathrm{d}t$。 图 1-35 所示为这种分解的示意图。

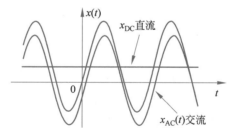

图 1-35 信号分解为直流分量和交流分量之和

2. 信号分解为奇分量和偶分量之和

信号 $x(t)$ 可以分解为其奇分量 $x_{\mathrm{o}}(t)$ 和偶分量 $x_{\mathrm{e}}(t)$ 之和,即

$$x(t) = x_{\mathrm{o}}(t) + x_{\mathrm{e}}(t) \tag{1-51}$$

其中,$x_{\mathrm{o}}(t) = \dfrac{1}{2}[x(t) - x(-t)]$;$x_{\mathrm{e}}(t) = \dfrac{1}{2}[x(t) + x(-t)]$。

【例 1-4】 将如图 1-36 所示的信号 $x(t)$ 分解为奇分量和偶分量之和。

解 信号 $x(t)$ 分解为奇分量和偶分量的示意图如图 1-37 所示。

$$x(t) = x_{\mathrm{o}}(t) + x_{\mathrm{e}}(t)$$

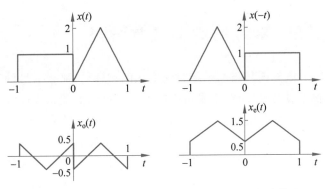

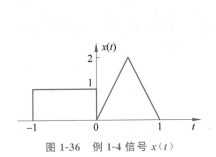

图 1-36　例 1-4 信号 $x(t)$

图 1-37　例 1-4 信号 $x(t)$ 分解为奇分量和偶分量

3. 信号分解为实分量和虚分量之和

对于复信号,可以分解为其实分量和虚分量之和,即

$$x(t) = x_\mathrm{r}(t) + \mathrm{j}x_\mathrm{i}(t) \tag{1-52}$$

其中,$x_\mathrm{r}(t) = \dfrac{1}{2}[x(t) + x^*(t)]$; $x_\mathrm{i}(t) = \dfrac{1}{2\mathrm{j}}[x(t) - x^*(t)]$。

4. 信号分解为冲激信号的积分

对于连续时间信号,可以分解为冲激信号的积分,依据是任何信号与冲激信号卷积是该信号的本身,即

$$x(t) * \delta(t) = x(t) = \int_{-\infty}^{\infty} x(\tau)\delta(t-\tau)\mathrm{d}\tau \tag{1-53}$$

该分解还可以从信号波形近似的极限推导出来。如图 1-38 所示,连续信号的波形可以近似为一系列幅度不同的矩形信号的叠加。

$$x(t) \approx \cdots + x(0)[u(t) - u(t-\Delta)] + x(\Delta)[u(\Delta) - u(t-2\Delta)] + \cdots +$$
$$x(k\Delta)[u(k\Delta) - u(t-(k+1)\Delta)] + \cdots$$

$$= \sum_{k=-\infty}^{\infty} x(k\Delta)[u(k\Delta) - u(t-(k+1)\Delta)]$$

$$= \sum_{k=-\infty}^{\infty} x(k\Delta)\frac{u(k\Delta) - u[t-(k+1)\Delta]}{\Delta}\Delta \tag{1-54}$$

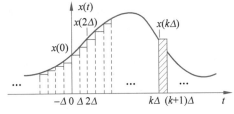

图 1-38　连续信号近似为一系列幅度不同的矩形信号的叠加

当 $\Delta \to 0$ 时,$\Delta \to \mathrm{d}\tau$,$k\Delta \to \tau$,则有 $\dfrac{u(k\Delta) - u(t-(k+1)\Delta)}{\Delta} \to \delta(t-\tau)$。代入式(1-54),有

$$x(t) = \lim_{\Delta \to 0}\sum_{k=-\infty}^{\infty} x(k\Delta)\frac{u(k\Delta) - u(t-(k+1)\Delta)}{\Delta}\Delta = \int_{-\infty}^{\infty} x(\tau)\delta(t-\tau)\mathrm{d}\tau$$

1.5　系统的定义及其分类

既然信号指的是随时间变化的物理量,那么信号的产生、存储、处理和传输就需要通过物理设备来实现,于是可以将产生、存储、处理和传输信号的物理设备统称为系统。

从系统的定义可知,信号与系统是相互依存、不可分割的整体。信号是由系统产生、存储、处理和传输的,离开了系统就没有孤立存在的信号;同时,系统的重要功能就是对信号进行产生、存储、处理和传输,离开了信号就没有系统存在的意义。

输入系统的信号称为系统的激励(System Excitation),而系统的输出信号称为系统的响应(System Response)。由于信号可以从多个角度进行分类,因此对应的系统也可以从相应的角度进行分类。一般而言,系统可以从以下几个角度进行分类。

1. 连续时间系统和离散时间系统

激励和响应均为连续时间信号的系统称为连续时间系统(Continuous-Time System);激励和响应均为离散时间信号的系统称为离散时间系统(Discrete-Time System)。

连续时间系统和离散时间系统框图如图 1-39 所示。

图 1-39　连续时间系统和离散时间系统框图

2. 线性系统和非线性系统

具有线性特性的系统称为线性系统(Linear System)。所谓线性特性,是指兼具均匀特性和叠加特性。

对于连续时间系统,均匀特性(Homogeneity)指的是如果以 $x(t)$ 激励系统,系统的响应为 $y(t)$,那么以 $ax(t)$ 激励系统(a 为任意常数)时,则系统的响应为 $ay(t)$。叠加特性(Additivity)指的是如果以 $x_1(t)$ 和 $x_2(t)$ 激励系统,系统的响应分别为 $y_1(t)$ 和 $y_2(t)$,那么以 $x_1(t)+x_2(t)$ 激励系统时,则系统的响应为 $y_1(t)+y_2(t)$。

连续时间系统的线性特性也可以概括为:如果以 $x_1(t)$ 和 $x_2(t)$ 激励系统,系统的响应分别为 $y_1(t)$ 和 $y_2(t)$,那么以 $ax_1(t)+bx_2(t)$ 激励系统(a、b 为任意常数)时,则系统的响应为 $ay_1(t)+by_2(t)$。连续时间线性系统框图如图 1-40 所示。

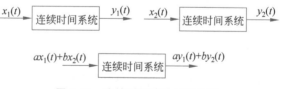

图 1-40　连续时间线性系统框图

对于离散时间系统,均匀特性指的是如果以 $x[n]$ 激励系统,系统响应为 $y[n]$,那么以 $ax[n]$ 激励系统(a 为任意常数)时,则系统的响应为 $ay[n]$。叠加特性指的是如果以 $x_1[n]$ 和 $x_2[n]$ 激励系统,系统的响应分别为 $y_1[n]$ 和 $y_2[n]$,那么以 $x_1[n]+x_2[n]$ 激励

第 13 集
微课视频

第 14 集
微课视频

第 15 集
微课视频

第 16 集
微课视频

第 17 集
微课视频

第 18 集
微课视频

系统时,则系统的响应为 $y_1[n]+y_2[n]$。

类似地,离散时间系统的线性特性也可以概况为:如果以 $x_1[n]$ 和 $x_2[n]$ 激励系统,系统的响应分别为 $y_1[n]$ 和 $y_2[n]$,那么以 $ax_1[n]+bx_2[n]$ 激励系统(a、b 为任意常数)时,则系统的响应为 $ay_1[n]+by_2[n]$。

不具有线性特性的系统称为非线性系统(Nonlinear System)。

3. 时不变系统和时变系统

激励与响应关系不随输入信号作用于系统的时间起点而改变的系统称为时不变系统(Time-Invariant System)。

对于连续时间系统,如果以信号 $x(t)$ 激励系统,系统的响应为 $y(t)$,那么以 $x(t-\tau)$ 激励时不变系统(τ 为任意时间常数)时,系统的响应为 $y(t-\tau)$。连续时间时不变系统框图如图 1-41 所示。

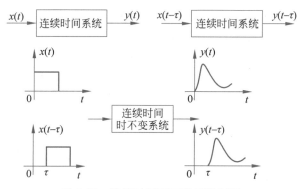

图 1-41　连续时间时不变系统框图

对于离散时间系统,如果以信号 $x[n]$ 激励系统,系统的响应为 $y[n]$,那么以 $x[n-m]$ 激励时不变系统(m 为任意时间常数)时,系统的响应为 $y[n-m]$。

不具有时不变特性的系统称为时变系统(Time-Varying System)。

线性系统和时不变系统是两个独立的概念。如果一个系统既是线性系统,又是时不变系统,那么这个系统称为线性时不变系统(Linear Time-Invariant System,LTI System)。线性时不变系统是系统分析时最常见的类型,它可以是连续时间系统,也可以是离散时间系统。

4. 因果系统和非因果系统

有激励时才会产生响应的系统称为因果系统(Causal System);不具有因果特性的系统称为非因果系统(Non-Causal System)。因果系统也称为物理可实现系统,非因果系统也称为物理不可实现系统。

对于连续时间线性时不变系统,可以将激励为冲激信号 $\delta(t)$ 的响应称为系统的冲激响应 $h(t)$。第 3 章将学习到冲激响应 $h(t)$ 描述了系统的时间域特性。此时,因果系统的充要条件为

$$h(t)=0, \quad t<0 \tag{1-55}$$

类似地,对于离散时间线性时不变系统,可以将激励为单位冲激信号 $\delta[n]$ 的响应称为系统的单位冲激响应 $h[n]$。此时,因果系统的充要条件为

$$h[n]=0, \quad n<0 \tag{1-56}$$

以连续时间系统为例,因果系统与非因果系统框图如图 1-42 所示。

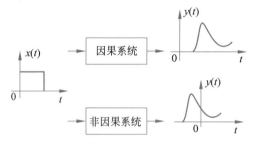

图 1-42　因果系统和非因果系统框图

5. 稳定系统和不稳定系统

受到有限激励时产生有限的响应的系统称为稳定系统(Stable System);反之,受到有限激励会产生无限响应的系统称为不稳定系统(Unstable System)。

对于连续时间线性时不变系统,稳定系统的充要条件为

$$\int_{-\infty}^{\infty} | h(t) | \, \mathrm{d}t < \infty \tag{1-57}$$

类似地,对于离散时间线性时不变系统,稳定系统的充要条件为

$$\sum_{n=-\infty}^{\infty} | h[n] | < \infty \tag{1-58}$$

系统还可以分为单输入单输出系统和多输入多输出系统。本书涉及的都是单输入单输出系统。

1.6　系统的描述与分析

系统可以用前面已介绍到的方框图(Block Diagram)来描述,也可以用数学模型(Mathematical Model)来描述。系统的数学模型一般有两大类:输入输出模型(Input Output Model)和状态空间模型(State Space Model)。输入输出模型关注的只是系统的激励与响应之间的关系,而不关注系统内部的情况,相当于将系统看作一个黑匣子,前面介绍的方框图所刻画的其实就是输入输出模型。状态空间模型除了关注系统的输入和输出外,还关注系统内部的情况,也称为系统的状态。可见,状态空间模型综合描述了信号输入、状态和输出之间的关系。

从本质上讲,输入输出模型和状态空间模型是完全一致的,两者都可以用来描述一个系统。只是状态空间模型将系统的状态与输入、输出的关系用显式的形式表现出来,而输入输出模型则将这些关系隐含在模型的分析之中。因此,这两类模型各有其特点和适用范围。

一般而言,对于单输入单输出系统,采用输入输出模型比较方便;而对于多输入多输出系统,包括大多数自动控制系统,则采用状态空间模型更方便些。

不同的系统可以用不同的数学模型来描述。连续时间系统可以用微分方程(Differential Equation)来描述,离散时间系统可以用差分方程(Difference Equation)来描述;线性系统可以用线性方程来描述,非线性系统可以用非线性方程来描述;时不变系统可以用常系数微

分方程或差分方程来描述,时变系统可以用变系数微分方程或差分方程来描述。

以线性时不变系统为例,对于连续时间系统,若用输入输出模型,可以用 N 阶常系数线性微分方程来描述;若用状态空间模型,则可以用 N 个一阶常系数线性微分方程组来描述。对于离散时间系统,若用输入输出模型,可以用 N 阶常系数线性差分方程来描述;若用状态空间模型,则可以用 N 个一阶常系数线性差分方程组来描述。

系统分析指的是已知系统的激励时求解系统的响应。以输入输出模型为例,系统分析有两类方法:时间域分析法(Time Domain Analysis)和变换域分析法(Transform Domain Analysis)。

时间域分析法是以时间作为自变量研究系统的时间响应特性,连续时间系统以连续时间 t 为自变量,而离散时间系统以离散时间 n 为自变量。以激励为确定信号的线性时不变系统分析为例,第 3 章将学习到对于连续时间系统,系统的响应为激励和系统冲激响应的卷积,即

$$y(t) = x(t) * h(t) \qquad (1\text{-}59)$$

对于离散时间系统,系统的响应为激励和系统单位冲激响应的卷积,即

$$y[n] = x[n] * h[n] \qquad (1\text{-}60)$$

变换域分析法指的是先将信号从时间域上通过某种变换转换到变换域,接着求解系统的变换域响应特性,最后将响应通过反变换转换回时间域。例如,傅里叶变换(Fourier Transform)就是将信号从时间域转换到频率域,傅里叶变换既可以对连续时间信号进行,也可以对离散时间信号进行。对连续时间信号,还可以通过拉普拉斯变换(Laplace Transform)将其从时间域转换到复频域,即 s 域。对离散时间信号,还可以通过 z 变换将其从时间域转换到 z 域。

根据傅里叶变换的特性,对激励为确定信号的线性时不变系统进行频率域分析时,连续时间系统的频率域响应为激励的傅里叶变换和系统冲激响应的傅里叶变换的乘积,即

$$Y(\omega) = X(\omega)H(\omega) \qquad (1\text{-}61)$$

同样,根据拉普拉斯变换的特性,其复频域响应为激励的拉普拉斯变换和系统冲激响应的拉普拉斯变换的乘积,即

$$Y(s) = X(s)H(s) \qquad (1\text{-}62)$$

类似地,离散时间系统的频率域响应为激励的傅里叶变换和系统冲激响应的傅里叶变换的乘积(只是此时的傅里叶变换为离散信号的傅里叶变换,在频率域是周期函数,分别记为 $Y(e^{j\Omega})$、$X(e^{j\Omega})$ 和 $H(e^{j\Omega})$),即

$$Y(e^{j\Omega}) = X(e^{j\Omega})H(e^{j\Omega}) \qquad (1\text{-}63)$$

同样,根据离散信号 z 变换的特性,其 z 域响应为激励的 z 变换和系统冲激响应的 z 变换的乘积,即

$$Y(z) = X(z)H(z) \qquad (1\text{-}64)$$

时间域分析法和变换域分析法本质上是完全一致的,两者均可以用来求解一个系统在已知激励下的响应。

有关系统分析的这些知识,在后面的学习中将具体讨论。作为简单的概括,线性时不变系统的描述以及激励为确定信号时的系统分析方法如图 1-43 所示。

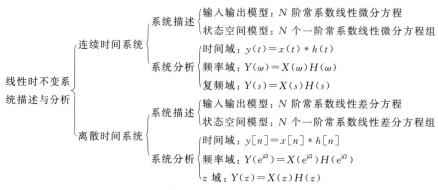

图 1-43　线性时不变系统的描述与分析方法

习题 1

1-1　信号 $x(t)$ 如图 1-44 所示,分别画出 $x(1-t)$ 和 $x(2-3t)$ 的波形。

1-2　请画出习题 1-1 中的信号 $x(t)$ 的微分信号波形。

1-3　计算下列信号的积分信号。

(1) $\int_{-\infty}^{2}[2\delta(t-1)+u(t+1)]\mathrm{d}t$;

(2) $\int_{-3}^{3}(1+3t^2+\mathrm{e}^t)\delta(t+3)\mathrm{d}t$;

(3) $\int_{-1}^{\infty}\cos 2t\delta(t+2)\mathrm{d}t$;

(4) $\int_{-\infty}^{\tau}(2t-\sin t)\delta'(t)\mathrm{d}t$ 。

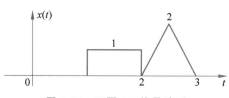

图 1-44　习题 1-1 信号波形

1-4　对于习题 1-1 给出信号的 $x(t)$,已知信号 $y(t)=2\delta(t)-\delta(t+1)+\dfrac{1}{2}\delta(t-2)$,求 $x(t)*y(t)$ 。

1-5　请计算下列卷积。

(1) $u(t)*\delta(t+2)$;

(2) $u(t)*u(t-1)$;

(3) $u(t)*\mathrm{e}^{-2t}u(t)$ 。

1-6　已知信号 $x(t)=\mathrm{rect}\left(\dfrac{t}{2}\right)$,试用 $x(t)$ 与 $\delta(t)$ 的卷积分解如图 1-45 所示的信号 $y(t)$ 。

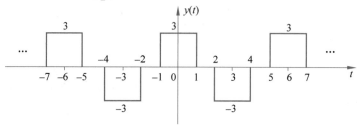

图 1-45　习题 1-6 信号 $y(t)$ 信号波形

1-7 已知信号 $x(t)$ 和 $y(t)$ 如图 1-46 所示,请计算 $x(t)$ 的自相关 $R_x(\tau)$ 和 $x(t)$ 与 $y(t)$ 的互相关 $R_{xy}(\tau)$。

1-8 已知信号 $x(t)=2\mathrm{rect}\left(\dfrac{t}{2}\right)$ 和 $y(t)=\mathrm{rect}\left(\dfrac{t-3}{4}\right)$,试比较 $x(t)*y(t)$ 和 $R_{xy}(\tau)$。

1-9 如果一个系统的响应 $y(t)$ 与激励 $x(t)$ 的关系为 $y(t)=\cos[x(t)]$,该系统是否是线性系统?

1-10 请证明两个线性时不变系统的级联依然是一个线性时不变系统。

1-11 已知信号 $x[n]=\begin{cases}1, & |n-7|\leqslant10 \\ 0, & |n-7|>10\end{cases}$,请画出 $x[n]$ 的波形。若信号 $y[n]=$

$x[3n]$,信号 $z[n]=\begin{cases}x\left(\dfrac{n}{3}\right), & n\text{ 为 3 的倍数} \\ 0, & \text{其他}\end{cases}$,请进一步画出 $y[n]$ 和 $z[n]$ 的波形。

1-12 请证明信号 $x[n]=2\sin\left(\dfrac{\pi n}{9}-1\right)$ 是周期信号,并给出其周期。

1-13 请用单位冲激信号 $\delta[n]$ 分解阶跃信号 $u[n]$。

1-14 已知信号 $x[n]=2\delta[2n]-\delta[n-1]+\dfrac{1}{2}\delta[n+2]$,求 $3^{-n}u[n]*x[n]$。

1-15 已知信号 $x[n]$ 如图 1-47 所示,信号 $y[n]=\begin{cases}1, & |n|\leqslant2 \\ 0, & |n|>2\end{cases}$,求 $x[n]*y[n]$、

$R_x[m]$、$R_y[m]$ 和 $R_{xy}[m]$。

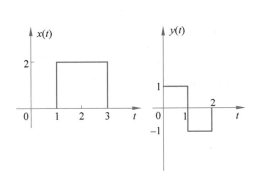

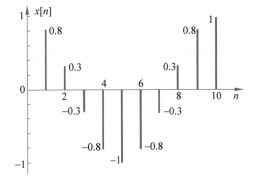

图 1-46 习题 1-7 信号 $x(t)$ 和 $y(t)$ 波形   图 1-47 习题 1-15 信号 $x[n]$ 波形

1-16 若 $y[n]$ 是 $x[n]$ 激励系统的响应,且 $y[n]=2x[n]-x[n-3]$,试判断该系统是否是线性的,是否是时不变的。

第 2 章
CHAPTER 2

傅里叶级数与傅里叶变换

常用的信号分解方法是将一个信号展开为某组基本信号的线性组合。这组基本信号一般比较简单,且满足正交条件。

先以连续时间信号为例介绍正交(Orthogonality)的概念。所谓两个信号 $x_1(t)$ 和 $x_2(t)$ 在区间 (t_1,t_2) 上正交,是指

$$\int_{t_1}^{t_2} x_1(t)x_2^*(t)\mathrm{d}t = 0 \tag{2-1}$$

一组信号 $\{x_i(t), i=1, 2, 3, \cdots\}$ 在区间 $[t_1,t_2]$ 上满足正交条件(Orthogonal Condition),是指这组信号中的任意两个信号 $x_i(t)$ 和 $x_j(t)$,只要 $i \neq j$,均有

$$\int_{t_1}^{t_2} x_i(t)x_j^*(t)\mathrm{d}t = 0 \tag{2-2}$$

对于能量信号,区间 $[t_1,t_2]$ 可以变为 $(-\infty,\infty)$,此时正交条件可以写为

$$\int_{-\infty}^{\infty} x_i(t)x_j^*(t)\mathrm{d}t = 0 \tag{2-3}$$

对于周期为 T 的周期信号,正交条件可以写为

$$\int_T x_i(t)x_j^*(t)\mathrm{d}t = \int_{-\frac{T}{2}}^{\frac{T}{2}} x_i(t)x_j^*(t)\mathrm{d}t = 0 \tag{2-4}$$

其中,$\int_T \cdot \mathrm{d}t$ 表示一个周期区间的积分。这个区间可以是 $\left[-\dfrac{T}{2}, \dfrac{T}{2}\right]$,也可以是 $[0, T]$,其实只要区间的长度是一个周期,其积分值总是相等的。不失一般性,后面将都使用区间 $\left[-\dfrac{T}{2}, \dfrac{T}{2}\right]$。

对于离散时间信号,只需将积分运算改为累加运算即可。

2.1 连续时间傅里叶级数

2.1.1 连续时间信号的傅里叶级数展开

对于连续时间周期信号的分解,这组常用的信号可以是复简谐信号 $\{e^{jk\omega_0 t}, k \in \mathbb{Z}\}$,其中 ω_0 称为复简谐信号(Complex Harmonic Signal)的基频(Fundamental Frequency),也即信号 $e^{j\omega_0 t}$ 的角频率(Angular Frequency),与其周期 T 的关系为 $\omega_0 = \dfrac{2\pi}{T}$。

显然，信号 $e^{jk\omega_0 t}\ (k\neq 0)$ 是周期为 $\dfrac{T}{k}$ 的周期信号，即

$$e^{jk\omega_0\left(t+n\frac{T}{k}\right)}=e^{jk\omega_0 t+jn\omega_0 T}=e^{jk\omega_0 t+j2n\pi}=e^{jk\omega_0 t}e^{j2n\pi}=e^{jk\omega_0 t},\quad n\in\mathbb{Z}$$

复简谐信号 $\{e^{jk\omega_0 t},k\in\mathbb{Z}\}$ 满足正交条件

$$\int_{-\frac{T}{2}}^{\frac{T}{2}}e^{jk\omega_0 t}(e^{jn\omega_0 t})^*\,dt=\int_{-\frac{T}{2}}^{\frac{T}{2}}e^{jk\omega_0 t}e^{-jn\omega_0 t}\,dt=\int_{-\frac{T}{2}}^{\frac{T}{2}}e^{j(k-n)\omega_0 t}\,dt$$

$$=\int_{-\frac{T}{2}}^{\frac{T}{2}}\cos(k-n)\omega_0 t\,dt+j\int_{-\frac{T}{2}}^{\frac{T}{2}}\sin(k-n)\omega_0 t\,dt=0+0=0,\quad k\neq n$$

当然，也可以推导出

$$\int_{-\frac{T}{2}}^{\frac{T}{2}}e^{jk\omega_0 t}(e^{jk\omega_0 t})^*\,dt=\int_{-\frac{T}{2}}^{\frac{T}{2}}e^{jk\omega_0 t}e^{-jk\omega_0 t}\,dt=\int_{-\frac{T}{2}}^{\frac{T}{2}}dt=T$$

由于周期为 $\dfrac{T}{k}$ 的复简谐信号 $\{e^{jk\omega_0 t},k\in\mathbb{Z}\}$ 的线性组合是周期为 T 的信号，所以一个周期为 T 的信号 $x(t)$ 可以分解为

$$x(t)=\sum_{k=-\infty}^{\infty}C_k e^{jk\omega_0 t}=\sum_{k=-\infty}^{\infty}C_k e^{j\frac{2k\pi}{T}t},\quad -\frac{T}{2}\leqslant t\leqslant\frac{T}{2}\tag{2-5}$$

其中，C_k 称为周期信号 $x(t)$ 的傅里叶级数（Fourier Series）。C_k 一般为复数，可以记为 $C_k=\alpha_k+j\beta_k$。

当式(2-5)的 k 取有限项时，可以得到周期信号 $x(t)$ 的近似信号 $x_1(t)$，即

$$x_1(t)=\sum_{k=-N}^{N}C_k e^{jk\omega_0 t},\quad -\frac{T}{2}\leqslant t\leqslant\frac{T}{2}$$

$x(t)$ 和 $x_1(t)$ 的误差信号为 $e(t)=x(t)-x_1(t)$。误差信号 $e(t)$ 的绝对值平方在一个周期 T 内的积分是 $x(t)$ 和 $x_1(t)$ 的均方误差 E，即

$$E=\int_{-\frac{T}{2}}^{\frac{T}{2}}|e(t)|^2 dt=\int_{-\frac{T}{2}}^{\frac{T}{2}}[x(t)-x_1(t)][x(t)-x_1(t)]^*\,dt$$

$$=\int_{-\frac{T}{2}}^{\frac{T}{2}}x(t)x^*(t)\,dt-\int_{-\frac{T}{2}}^{\frac{T}{2}}x(t)x_1^*(t)\,dt-\int_{-\frac{T}{2}}^{\frac{T}{2}}x_1(t)x^*(t)\,dt+\int_{-\frac{T}{2}}^{\frac{T}{2}}x_1(t)x_1^*(t)\,dt$$

$$=\int_{-\frac{T}{2}}^{\frac{T}{2}}x(t)x^*(t)\,dt-\int_{-\frac{T}{2}}^{\frac{T}{2}}x(t)\sum_{k=-N}^{N}C_k^* e^{-jk\omega_0 t}\,dt-\int_{-\frac{T}{2}}^{\frac{T}{2}}x^*(t)\sum_{k=-N}^{N}C_k e^{jk\omega_0 t}\,dt+$$

$$\int_{-\frac{T}{2}}^{\frac{T}{2}}\sum_{k=-N}^{N}\sum_{n=-N}^{N}C_k^* C_n e^{-jk\omega_0 t}e^{jn\omega_0 t}\,dt$$

$$=\int_{-\frac{T}{2}}^{\frac{T}{2}}x(t)x^*(t)\,dt-\sum_{k=-N}^{N}(\alpha_k-j\beta_k)\int_{-\frac{T}{2}}^{\frac{T}{2}}x(t)e^{-jk\omega_0 t}\,dt-$$

$$\sum_{k=-N}^{N}(\alpha_k+j\beta_k)\int_{-\frac{T}{2}}^{\frac{T}{2}}x^*(t)e^{jk\omega_0 t}\,dt+$$

$$\sum_{k=-N}^{N}\sum_{n=-N}^{N}(\alpha_k-j\beta_k)(\alpha_n+j\beta_n)\int_{-\frac{T}{2}}^{\frac{T}{2}}e^{j(n-k)\omega_0 t}\,dt$$

根据复简谐信号 $\{e^{jk\omega_0 t},k\in\mathbb{Z}\}$ 的正交性，有

$$E = \int_{-\frac{T}{2}}^{\frac{T}{2}} x(t) x^*(t) \mathrm{d}t - \sum_{k=-N}^{N} (\alpha_k - \mathrm{j}\beta_k) \int_{-\frac{T}{2}}^{\frac{T}{2}} x(t) \mathrm{e}^{-\mathrm{j}k\omega_0 t} \mathrm{d}t -$$

$$\sum_{k=-N}^{N} (\alpha_k + \mathrm{j}\beta_k) \int_{-\frac{T}{2}}^{\frac{T}{2}} x^*(t) \mathrm{e}^{\mathrm{j}k\omega_0 t} \mathrm{d}t + \sum_{k=-N}^{N} (\alpha_k - \mathrm{j}\beta_k)(\alpha_k + \mathrm{j}\beta_k) T$$

$$= \int_{-\frac{T}{2}}^{\frac{T}{2}} x(t) x^*(t) \mathrm{d}t - \sum_{k=-N}^{N} (\alpha_k - \mathrm{j}\beta_k) \int_{-\frac{T}{2}}^{\frac{T}{2}} x(t) \mathrm{e}^{-\mathrm{j}k\omega_0 t} \mathrm{d}t -$$

$$\sum_{k=-N}^{N} (\alpha_k + \mathrm{j}\beta_k) \int_{-\frac{T}{2}}^{\frac{T}{2}} x^*(t) \mathrm{e}^{\mathrm{j}k\omega_0 t} \mathrm{d}t + T \sum_{k=-N}^{N} (\alpha_k^2 + \beta_k^2)$$

傅里叶级数 C_k 的取值可以使 E 达到最小，即要求 E 对 α_k 和 β_k 的偏导数均为零：

$$\begin{cases} \dfrac{\partial E}{\partial \alpha_k} = 0 \\ \dfrac{\partial E}{\partial \beta_k} = 0 \end{cases}, \quad -N \leqslant k \leqslant N$$

于是有

$$\begin{cases} \dfrac{\partial E}{\partial \alpha_k} = -\int_{-\frac{T}{2}}^{\frac{T}{2}} x(t) \mathrm{e}^{-\mathrm{j}k\omega_0 t} \mathrm{d}t - \int_{-\frac{T}{2}}^{\frac{T}{2}} x^*(t) \mathrm{e}^{\mathrm{j}k\omega_0 t} \mathrm{d}t + 2T\alpha_k = 0 \\ \dfrac{\partial E}{\partial \beta_k} = \mathrm{j} \int_{-\frac{T}{2}}^{\frac{T}{2}} x(t) \mathrm{e}^{-\mathrm{j}k\omega_0 t} \mathrm{d}t - \mathrm{j} \int_{-\frac{T}{2}}^{\frac{T}{2}} x^*(t) \mathrm{e}^{\mathrm{j}k\omega_0 t} \mathrm{d}t + 2T\beta_k = 0 \end{cases}, \quad -N \leqslant k \leqslant N$$

可以得到

$$\begin{cases} \alpha_k = \dfrac{1}{2T} \left[\int_{-\frac{T}{2}}^{\frac{T}{2}} x(t) \mathrm{e}^{-\mathrm{j}k\omega_0 t} \mathrm{d}t + \int_{-\frac{T}{2}}^{\frac{T}{2}} x^*(t) \mathrm{e}^{\mathrm{j}k\omega_0 t} \mathrm{d}t \right] = \dfrac{1}{T} \mathrm{Re} \left[\int_{-\frac{T}{2}}^{\frac{T}{2}} x(t) \mathrm{e}^{-\mathrm{j}k\omega_0 t} \mathrm{d}t \right] \\ \beta_k = \dfrac{-\mathrm{j}}{2T} \left[\int_{-\frac{T}{2}}^{\frac{T}{2}} x(t) \mathrm{e}^{-\mathrm{j}k\omega_0 t} \mathrm{d}t - \int_{-\frac{T}{2}}^{\frac{T}{2}} x^*(t) \mathrm{e}^{\mathrm{j}k\omega_0 t} \mathrm{d}t \right] = \dfrac{1}{T} \mathrm{Im} \left[\int_{-\frac{T}{2}}^{\frac{T}{2}} x(t) \mathrm{e}^{-\mathrm{j}k\omega_0 t} \mathrm{d}t \right] \end{cases}, \quad -N \leqslant k \leqslant N$$

当 $N \to \infty$ 时，均方误差趋于 0，近似信号 $x_1(t)$ 就趋于 $x(t)$，此时傅里叶级数 C_k 可以表示为

$$C_k = \frac{1}{T} \int_{-\frac{T}{2}}^{\frac{T}{2}} x(t) \mathrm{e}^{-\mathrm{j}k\omega_0 t} \mathrm{d}t \tag{2-6}$$

式(2-5)和式(2-6)分别称为周期信号 $x(t)$ 的综合公式(Comprehensive Formula)和分析公式(Analytical Formula)。

【例 2-1】 将如图 2-1 所示的周期矩形脉冲信号展开为其傅里叶级数表示。

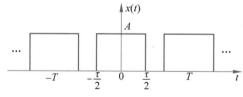

图 2-1 周期矩形脉冲信号

解 周期信号的傅里叶级数为 $C_k = \dfrac{1}{T} \displaystyle\int_{-\frac{T}{2}}^{\frac{T}{2}} x(t) \mathrm{e}^{-\mathrm{j}k\omega_0 t} \mathrm{d}t$。

当 $k=0$ 时，有

$$C_0 = \frac{1}{T} \int_{-\frac{\tau}{2}}^{\frac{\tau}{2}} A \, dt = \frac{A\tau}{T}$$

当 $k \neq 0$ 时,有

$$C_k = \frac{1}{T} \int_{-\frac{\tau}{2}}^{\frac{\tau}{2}} A \mathrm{e}^{-\mathrm{j}k\omega_0 t} \, dt = \frac{A}{T} \frac{1}{-\mathrm{j}k\omega_0} \mathrm{e}^{-\mathrm{j}k\omega_0 t} \Big|_{-\frac{\tau}{2}}^{\frac{\tau}{2}} = \frac{A}{T} \frac{1}{-\mathrm{j}k\omega_0} (\mathrm{e}^{-\mathrm{j}k\omega_0 \frac{\tau}{2}} - \mathrm{e}^{\mathrm{j}k\omega_0 \frac{\tau}{2}})$$

$$= \frac{A}{T} \frac{1}{-\mathrm{j}k\omega_0} \left[-2\mathrm{j}\sin\left(\frac{k\omega_0 \tau}{2}\right) \right] = \frac{A\tau}{T} \frac{\sin\left(\dfrac{k\omega_0 \tau}{2}\right)}{\dfrac{k\omega_0 \tau}{2}} = \frac{A\tau}{T} \mathrm{Sa}\left(\frac{k\omega_0 \tau}{2}\right)$$

所以

$$C_k = \frac{A\tau}{T} \mathrm{Sa}\left(\frac{k\omega_0 \tau}{2}\right)$$

因此有 $x(t) = \displaystyle\sum_{k=-\infty}^{\infty} C_k \mathrm{e}^{\mathrm{j}k\omega_0 t} = \frac{A\tau}{T} \displaystyle\sum_{k=-\infty}^{\infty} \mathrm{Sa}\left(\frac{k\omega_0 \tau}{2}\right) \mathrm{e}^{\mathrm{j}k\omega_0 t}, \qquad -\frac{T}{2} \leqslant t \leqslant \frac{T}{2}$。

【例 2-2】 将如图 2-2 所示的周期三角形脉冲信号展开为其傅里叶级数表示。

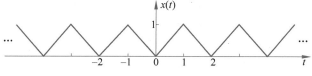

图 2-2 周期三角形脉冲信号

解 如图 2-2 所示,周期 $T=2$,$\omega_0 = \dfrac{2\pi}{T} = \pi$。

$$C_k = \frac{1}{T} \int_{-\frac{T}{2}}^{\frac{T}{2}} x(t) \mathrm{e}^{-\mathrm{j}k\omega_0 t} \, dt = \frac{1}{2} \left(\int_{-1}^{0} -t \mathrm{e}^{-\mathrm{j}k\omega_0 t} \, dt + \int_{0}^{1} t \mathrm{e}^{-\mathrm{j}k\omega_0 t} \, dt \right)$$

当 $k=0$ 时,有

$$C_0 = \frac{1}{2} \left(\int_{-1}^{0} -t \, dt + \int_{0}^{1} t \, dt \right) = \frac{1}{2} \left(-\frac{1}{2}t^2 \Big|_{-1}^{0} + \frac{1}{2}t^2 \Big|_{0}^{1} \right) = \frac{1}{2}$$

当 $k \neq 0$ 时,有

$$C_k = \frac{1}{2} \left(-t \frac{1}{-\mathrm{j}k\omega_0} \mathrm{e}^{-\mathrm{j}k\omega_0 t} \Big|_{-1}^{0} - \frac{1}{-\mathrm{j}k\omega_0} \int_{-1}^{0} \mathrm{e}^{-\mathrm{j}k\omega_0 t} \, dt + t \frac{1}{-\mathrm{j}k\omega_0} \mathrm{e}^{-\mathrm{j}k\omega_0 t} \Big|_{0}^{1} - \frac{1}{-\mathrm{j}k\omega_0} \int_{0}^{1} \mathrm{e}^{-\mathrm{j}k\omega_0 t} \, dt \right)$$

$$= \frac{1}{2} \left(0 + \frac{1}{\mathrm{j}k\pi} \mathrm{e}^{\mathrm{j}k\pi} - \frac{1}{\mathrm{j}k\pi} \int_{-1}^{0} \mathrm{e}^{-\mathrm{j}k\pi t} \, dt - \frac{1}{\mathrm{j}k\pi} \mathrm{e}^{-\mathrm{j}k\pi} - 0 + \frac{1}{\mathrm{j}k\pi} \int_{0}^{1} \mathrm{e}^{-\mathrm{j}k\pi t} \, dt \right)$$

$$= \frac{1}{2\mathrm{j}k\pi} \left(\mathrm{e}^{\mathrm{j}k\pi} - \mathrm{e}^{-\mathrm{j}k\pi} - \int_{-1}^{0} \mathrm{e}^{-\mathrm{j}k\pi t} \, dt + \int_{0}^{1} \mathrm{e}^{-\mathrm{j}k\pi t} \, dt \right)$$

$$= \frac{1}{2\mathrm{j}k\pi} \left(2\mathrm{j}\sin k\pi - \frac{1}{-\mathrm{j}k\pi} \mathrm{e}^{-\mathrm{j}k\pi t} \Big|_{-1}^{0} + \frac{1}{-\mathrm{j}k\pi} \mathrm{e}^{-\mathrm{j}k\pi t} \Big|_{0}^{1} \right)$$

$$= \frac{1}{2\mathrm{j}k\pi} \left(0 - \frac{1}{-\mathrm{j}k\pi} + \frac{1}{-\mathrm{j}k\pi} \mathrm{e}^{\mathrm{j}k\pi} + \frac{1}{-\mathrm{j}k\pi} \mathrm{e}^{-\mathrm{j}k\pi} - \frac{1}{-\mathrm{j}k\pi} \right)$$

$$= \frac{1}{2k^2\pi^2} (-1 + \mathrm{e}^{\mathrm{j}k\pi} + \mathrm{e}^{-\mathrm{j}k\pi} - 1) = \frac{1}{2k^2\pi^2} (2\cos k\pi - 2) = \frac{1}{k^2\pi^2} (\cos k\pi - 1)$$

$$= \begin{cases} 0, & k \text{ 为偶数} \\ -\dfrac{2}{k^2\pi^2}, & k \text{ 为奇数} \end{cases}$$

所以

$$C_k = \begin{cases} -\dfrac{2}{k^2\pi^2}, & k \text{ 为奇数} \\ \dfrac{1}{2}, & k=0 \\ 0, & k \text{ 为非 0 偶数} \end{cases}$$

因此有 $x(t) = \displaystyle\sum_{k=-\infty}^{\infty} C_k \mathrm{e}^{\mathrm{j}k\omega_0 t} = \dfrac{1}{2} - \dfrac{2}{(2n-1)^2\pi^2} \displaystyle\sum_{n=-\infty}^{\infty} \mathrm{e}^{\mathrm{j}(2n-1)\pi t}$，$-1 \leqslant t \leqslant 1$。

2.1.2 连续时间傅里叶级数性质

下面来看傅里叶级数的性质。

1. 线性特性（Linear Property）

若周期均为 T 的两个信号 $x(t)$ 和 $y(t)$ 的傅里叶级数分别为 C_k 和 D_k，则对于任意常数 a 和 b，周期信号 $ax(t)+by(t)$ 的傅里叶级数为 aC_k+bD_k。

证明

周期信号 $ax(t)+by(t)$ 的傅里叶级数 A_k 可以写成

$$A_k = \frac{1}{T}\int_{-\frac{T}{2}}^{\frac{T}{2}} [ax(t)+by(t)]\mathrm{e}^{-\mathrm{j}k\omega_0 t}\,\mathrm{d}t$$

$$= a\left[\frac{1}{T}\int_{-\frac{T}{2}}^{\frac{T}{2}} x(t)\mathrm{e}^{-\mathrm{j}k\omega_0 t}\,\mathrm{d}t\right] + b\left[\frac{1}{T}\int_{-\frac{T}{2}}^{\frac{T}{2}} y(t)\mathrm{e}^{-\mathrm{j}k\omega_0 t}\,\mathrm{d}t\right] = aC_k + bD_k$$

证毕。

2. 共轭特性（Conjugate Property）

若信号 $x(t)$ 的傅里叶级数为 C_k，则信号 $x^*(t)$ 的傅里叶级数为 C_{-k}^*。

证明

信号 $x(t)$ 的傅里叶级数展开式为 $x(t) = \displaystyle\sum_{k=-\infty}^{\infty} C_k \mathrm{e}^{\mathrm{j}k\omega_0 t}$，两边取共轭，有

$$x^*(t) = \sum_{k=-\infty}^{\infty} (C_k \mathrm{e}^{\mathrm{j}k\omega_0 t})^* = \sum_{k=-\infty}^{\infty} C_k^* \mathrm{e}^{-\mathrm{j}k\omega_0 t}$$

令 $n=-k$，有 $x^*(t) = \displaystyle\sum_{n=-\infty}^{\infty} C_{-n}^* \mathrm{e}^{\mathrm{j}n\omega_0 t}$，即信号 $x^*(t)$ 的傅里叶级数为 C_{-k}^*。

证毕。

3. 共轭对称特性（Conjugate Symmetric Property）

对于周期实信号 $x(t)$，其傅里叶级数有 $C_k = C_{-k}^*$ 或 $C_k^* = C_{-k}$。进一步可以推导出 $\alpha_k = \alpha_{-k}$ 和 $\beta_k = -\beta_{-k}$。

证明

根据周期信号的傅里叶级数展开 $x(t) = \displaystyle\sum_{k=-\infty}^{\infty} C_k \mathrm{e}^{\mathrm{j}k\omega_0 t}$，可以得到 $x^*(t) = \displaystyle\sum_{k=-\infty}^{\infty} C_k^* \mathrm{e}^{-\mathrm{j}k\omega_0 t}$。

用 $-n$ 代替 k，则有 $x^*(t)=\sum\limits_{n=-\infty}^{\infty}C_{-n}^*\mathrm{e}^{\mathrm{j}n\omega_0 t}$。

再用 k 代替 n，有 $x^*(t)=\sum\limits_{k=-\infty}^{\infty}C_{-k}^*\mathrm{e}^{\mathrm{j}k\omega_0 t}$。

$x(t)$ 是实信号，有 $x(t)=x^*(t)$。

于是有 $x(t)=\sum\limits_{k=-\infty}^{\infty}C_k\mathrm{e}^{\mathrm{j}k\omega_0 t}=\sum\limits_{k=-\infty}^{\infty}C_{-k}^*\mathrm{e}^{\mathrm{j}k\omega_0 t}$。

因此有 $C_k=C_{-k}^*$，也可以得到 $C_k^*=C_{-k}$。

根据 $C_k=\alpha_k+\mathrm{j}\beta_k=C_{-k}^*=\alpha_{-k}-\mathrm{j}\beta_{-k}$，有 $\alpha_k=\alpha_{-k}$ 和 $\beta_k=-\beta_{-k}$。

证毕。

（1）如果周期实信号 $x(t)$ 是偶信号，则其傅里叶级数 C_k 是实数且关于 k 偶对称，即 $\alpha_k=\alpha_{-k}$ 和 $\beta_k=0$。

证明

对于周期实信号 $x(t)$，有 $\alpha_k=\alpha_{-k}$ 和 $\beta_k=-\beta_{-k}$。

根据 $C_k=\dfrac{1}{T}\int_{-\frac{T}{2}}^{\frac{T}{2}}x(t)\mathrm{e}^{-\mathrm{j}k\omega_0 t}\mathrm{d}t$，可得

$$C_{-k}=\frac{1}{T}\int_{-\frac{T}{2}}^{\frac{T}{2}}x(t)\mathrm{e}^{-\mathrm{j}(-k)\omega_0 t}\mathrm{d}t=\frac{1}{T}\int_{-\frac{T}{2}}^{\frac{T}{2}}x(t)\mathrm{e}^{\mathrm{j}k\omega_0 t}\mathrm{d}t$$

令 $t=-\tau$，有 $C_{-k}=\dfrac{1}{T}\int_{-\frac{T}{2}}^{\frac{T}{2}}x(-\tau)\mathrm{e}^{-\mathrm{j}k\omega_0\tau}\mathrm{d}\tau$。

再用 t 代替 τ，并使用偶信号的性质 $x(t)=x(-t)$，有

$$C_{-k}=\frac{1}{T}\int_{-\frac{T}{2}}^{\frac{T}{2}}x(-t)\mathrm{e}^{-\mathrm{j}k\omega_0 t}\mathrm{d}t=\frac{1}{T}\int_{-\frac{T}{2}}^{\frac{T}{2}}x(t)\mathrm{e}^{-\mathrm{j}k\omega_0 t}\mathrm{d}t=C_k$$

于是有 $\alpha_k=\alpha_{-k}$ 和 $\beta_k=\beta_{-k}$。

因为需要同时满足 $\beta_k=-\beta_{-k}$ 和 $\beta_k=\beta_{-k}$，因此有 $\beta_k=0$。

所以

$$\alpha_k=\alpha_{-k},\quad \beta_k=0$$

证毕。

（2）如果周期实信号 $x(t)$ 是奇信号，则其傅里叶级数 C_k 是纯虚数且关于 k 奇对称，即 $\alpha_k=0$ 和 $\beta_k=-\beta_{-k}$。

证明

类似于周期实偶信号的推导，根据奇信号的性质 $x(t)=-x(-t)$，可以得到 $C_k=-C_{-k}$，即 $\alpha_k=-\alpha_{-k}$ 和 $\beta_k=-\beta_{-k}$。

因为需要同时满足 $\alpha_k=\alpha_{-k}$ 和 $\alpha_k=-\alpha_{-k}$，因此有 $\alpha_k=0$。

所以

$$\alpha_k=0,\quad \beta_k=-\beta_{-k}$$

证毕。

4. 尺度变换特性（Scaling Property）

若信号 $x(t)$ 的周期为 T，基频为 $\omega_0=\dfrac{2\pi}{T}$，傅里叶级数为 C_k，则对于一个正实数 a，信号 $x(at)$ 的周期为 $\dfrac{T}{a}$，基频为 $a\omega_0$，傅里叶级数仍为 C_k。

证明

由于 $a>0$，可以推出 $x\left[a\left(t+k\dfrac{T}{a}\right)\right]=x(at+kT)=x(at)$，所以信号 $x(at)$ 的周期为 $\dfrac{T}{a}$，基频为 $\dfrac{2\pi}{\dfrac{T}{a}}=a\dfrac{2\pi}{T}=a\omega_0$。

$x(at)$ 的傅里叶级数 D_k 可以写为

$$D_k=\frac{1}{\dfrac{T}{a}}\int_{-\frac{T}{2a}}^{\frac{T}{2a}}x(at)\mathrm{e}^{-\mathrm{j}k(a\omega_0)t}\,\mathrm{d}t=\frac{a}{T}\int_{-\frac{T}{2a}}^{\frac{T}{2a}}x(at)\mathrm{e}^{-\mathrm{j}k\omega_0(at)}\,\mathrm{d}t$$

令 $\tau=at$，则有 $t=\dfrac{\tau}{a}$，$\mathrm{d}t=\dfrac{1}{a}\mathrm{d}\tau$，于是有

$$D_k=\frac{a}{T}\int_{-\frac{T}{2}}^{\frac{T}{2}}x(\tau)\mathrm{e}^{-\mathrm{j}k\omega_0\tau}\frac{1}{a}\mathrm{d}\tau=\frac{1}{T}\int_{-\frac{T}{2}}^{\frac{T}{2}}x(\tau)\mathrm{e}^{-\mathrm{j}k\omega_0\tau}\,\mathrm{d}\tau=C_k$$

证毕。

5. 时间翻转特性（Time Flip Property）

若信号 $x(t)$ 的傅里叶级数为 C_k，则信号 $x(-t)$ 的傅里叶级数为 C_{-k}。

证明

信号 $x(t)$ 的傅里叶级数展开式为 $x(t)=\displaystyle\sum_{k=-\infty}^{\infty}C_k\mathrm{e}^{\mathrm{j}k\omega_0 t}$，于是有

$$x(-t)=\sum_{k=-\infty}^{\infty}C_k\mathrm{e}^{\mathrm{j}k\omega_0(-t)}=\sum_{k=-\infty}^{\infty}C_k\mathrm{e}^{-\mathrm{j}k\omega_0 t}$$

令 $n=-k$，则有 $x(-t)=\displaystyle\sum_{n=-\infty}^{\infty}C_{-n}\mathrm{e}^{\mathrm{j}n\omega_0 t}$，即信号 $x(-t)$ 的傅里叶级数为 C_{-k}。

证毕。

6. 时移特性（Time Shift Property）

若信号 $x(t)$ 的傅里叶级数为 C_k，则信号 $x(t-\tau)$ 的傅里叶级数为 $C_k\mathrm{e}^{-\mathrm{j}k\omega_0\tau}$。

证明

信号 $x(t)$ 的傅里叶级数展开式为 $x(t)=\displaystyle\sum_{k=-\infty}^{\infty}C_k\mathrm{e}^{\mathrm{j}k\omega_0 t}$，于是有

$$x(t-\tau)=\sum_{k=-\infty}^{\infty}C_k\mathrm{e}^{\mathrm{j}k\omega_0(t-\tau)}=\sum_{k=-\infty}^{\infty}C_k\mathrm{e}^{-\mathrm{j}k\omega_0\tau}\mathrm{e}^{\mathrm{j}k\omega_0 t}$$，即信号 $x(t-\tau)$ 的傅里叶级数为 $C_k\mathrm{e}^{-\mathrm{j}k\omega_0\tau}$。

证毕。

7. 频移特性（Frequency Shift Property）

若信号 $x(t)$ 的傅里叶级数为 C_k，则信号 $x(t)\mathrm{e}^{\mathrm{j}N\omega_0 t}$ 的傅里叶级数为 C_{k-N}。

证明

信号 $x(t)$ 的傅里叶级数展开式为 $x(t)=\displaystyle\sum_{k=-\infty}^{\infty}C_k\mathrm{e}^{\mathrm{j}k\omega_0 t}$，于是有

$$x(t)\mathrm{e}^{\mathrm{j}N\omega_0 t}=\mathrm{e}^{\mathrm{j}N\omega_0 t}\sum_{k=-\infty}^{\infty}C_k\mathrm{e}^{\mathrm{j}k\omega_0 t}=\sum_{k=-\infty}^{\infty}C_k\mathrm{e}^{\mathrm{j}(k+N)\omega_0 t}$$

令 $k+N=m$，则有 $k=m-N$，于是有 $x(t)\mathrm{e}^{\mathrm{j}N\omega_0 t}=\sum\limits_{m=-\infty}^{\infty}C_{m-N}\mathrm{e}^{\mathrm{j}m\omega_0 t}$，信号 $x(t)\mathrm{e}^{\mathrm{j}N\omega_0 t}$ 的傅里叶级数为 C_{k-N}。

证毕。

8. 周期卷积特性（Periodic Convolution Property）

若周期均为 T 的两个信号 $x(t)$ 和 $y(t)$ 的傅里叶级数分别为 C_k 和 D_k，则周期卷积信号 $\int_{-\frac{T}{2}}^{\frac{T}{2}}x(\tau)y(t-\tau)\mathrm{d}\tau$ 的傅里叶级数为 TC_kD_k。

证明

周期卷积信号 $\int_{-\frac{T}{2}}^{\frac{T}{2}}x(\tau)y(t-\tau)\mathrm{d}\tau$ 的傅里叶级数 A_k 可以写为

$$A_k=\frac{1}{T}\int_{-\frac{T}{2}}^{\frac{T}{2}}\left[\int_{-\frac{T}{2}}^{\frac{T}{2}}x(\tau)y(t-\tau)\mathrm{d}\tau\right]\mathrm{e}^{-\mathrm{j}k\omega_0 t}\mathrm{d}t=\int_{-\frac{T}{2}}^{\frac{T}{2}}x(\tau)\left[\frac{1}{T}\int_{-\frac{T}{2}}^{\frac{T}{2}}y(t-\tau)\mathrm{e}^{-\mathrm{j}k\omega_0 t}\mathrm{d}t\right]\mathrm{d}\tau$$

$$=\int_{-\frac{T}{2}}^{\frac{T}{2}}x(\tau)\left[\frac{1}{T}\int_{-\frac{T}{2}}^{\frac{T}{2}}y(t-\tau)\mathrm{e}^{-\mathrm{j}k\omega_0 (t-\tau)}\mathrm{d}t\right]\mathrm{e}^{-\mathrm{j}k\omega_0\tau}\mathrm{d}\tau$$

$$=\int_{-\frac{T}{2}}^{\frac{T}{2}}x(\tau)D_k\mathrm{e}^{-\mathrm{j}k\omega_0\tau}\mathrm{d}\tau=TD_k\left[\frac{1}{T}\int_{-\frac{T}{2}}^{\frac{T}{2}}x(\tau)\mathrm{e}^{-\mathrm{j}k\omega_0\tau}\mathrm{d}\tau\right]=TC_kD_k$$

证毕。

9. 相乘特性（Multiplication Property）

若周期均为 T 的两个信号 $x(t)$ 和 $y(t)$ 的傅里叶级数分别为 C_k 和 D_k，则信号 $x(t)y(t)$ 的傅里叶级数为 $\sum\limits_{n=-\infty}^{\infty}C_nD_{k-n}$。

证明

信号 $x(t)y(t)$ 的傅里叶级数 A_k 可以写为

$$A_k=\frac{1}{T}\int_{-\frac{T}{2}}^{\frac{T}{2}}x(t)y(t)\mathrm{e}^{-\mathrm{j}k\omega_0 t}\mathrm{d}t=\frac{1}{T}\int_{-\frac{T}{2}}^{\frac{T}{2}}\left[\sum_{n=-\infty}^{\infty}C_n\mathrm{e}^{\mathrm{j}n\omega_0 t}\right]y(t)\mathrm{e}^{-\mathrm{j}k\omega_0 t}\mathrm{d}t$$

$$=\sum_{n=-\infty}^{\infty}C_n\left[\frac{1}{T}\int_{-\frac{T}{2}}^{\frac{T}{2}}y(t)\mathrm{e}^{\mathrm{j}n\omega_0 t}\mathrm{e}^{-\mathrm{j}k\omega_0 t}\mathrm{d}t\right]$$

$$=\sum_{n=-\infty}^{\infty}C_n\left[\frac{1}{T}\int_{-\frac{T}{2}}^{\frac{T}{2}}y(t)\mathrm{e}^{-\mathrm{j}(k-n)\omega_0 t}\mathrm{d}t\right]=\sum_{n=-\infty}^{\infty}C_nD_{k-n}$$

证毕。

10. 微分特性（Differential Property）

若信号 $x(t)$ 的傅里叶级数为 C_k，且其微分信号 $\dfrac{\mathrm{d}x(t)}{\mathrm{d}t}$ 存在，则 $\dfrac{\mathrm{d}x(t)}{\mathrm{d}t}$ 的傅里叶级数为 $\mathrm{j}k\omega_0 C_k$。

证明

信号 $x(t)$ 的傅里叶级数展开式为 $x(t)=\sum\limits_{k=-\infty}^{\infty}C_k\mathrm{e}^{\mathrm{j}k\omega_0 t}$。若其微分信号 $\dfrac{\mathrm{d}x(t)}{\mathrm{d}t}$ 存在，则对等式两边作微分运算，有

$$\frac{\mathrm{d}x(t)}{\mathrm{d}t} = \sum_{k=-\infty}^{\infty} C_k \mathrm{j}k\omega_0 \mathrm{e}^{\mathrm{j}k\omega_0 t} = \sum_{k=-\infty}^{\infty} (\mathrm{j}k\omega_0 C_k) \mathrm{e}^{\mathrm{j}k\omega_0 t}$$

证毕。

11. 积分特性(Integration Property)

若信号 $x(t)$ 的傅里叶级数为 C_k，且其积分信号 $\int_{-\infty}^{t} x(\tau)\mathrm{d}\tau$ 仍然是周期的并且直流分量为 0，则 $\int_{-\infty}^{t} x(\tau)\mathrm{d}\tau$ 的傅里叶级数为

$$\begin{cases} \dfrac{1}{\mathrm{j}k\omega_0} C_k, & k \neq 0 \\ 0, & k = 0 \end{cases}$$

证明

由于 $\int_{-\infty}^{t} x(\tau)\mathrm{d}\tau$ 仍然是周期信号，所以可以进行傅里叶级数展开，不妨设其傅里叶级数为 D_k。

由于 $\int_{-\infty}^{t} x(\tau)\mathrm{d}\tau$ 的微分为 $x(t)$，于是有 $C_k = \mathrm{j}k\omega_0 D_k$。

当 $k \neq 0$ 时，有

$$D_k = \frac{1}{\mathrm{j}k\omega_0} C_k$$

当 $k = 0$ 时，有

$$D_0 = 0$$

证毕。

对于周期实信号 $x(t)$，还可以用一组正交的三角函数 $\{\cos k\omega_0 t, \sin k\omega_0 t\}$ 进行展开，即

$$x(t) = a_0 + 2\sum_{k=1}^{\infty} a_k \cos k\omega_0 t + 2\sum_{k=1}^{\infty} b_k \sin k\omega_0 t, \quad -\frac{T}{2} \leqslant t \leqslant \frac{T}{2} \tag{2-7}$$

其中，系数 a_0、a_k 和 b_k $(k=1\sim\infty)$ 分别为

$$a_0 = \frac{1}{T}\int_{-\frac{T}{2}}^{\frac{T}{2}} x(t)\mathrm{d}t, \quad a_k = \frac{1}{T}\int_{-\frac{T}{2}}^{\frac{T}{2}} x(t)\cos k\omega_0 t\,\mathrm{d}t, \quad b_k = \frac{1}{T}\int_{-\frac{T}{2}}^{\frac{T}{2}} x(t)\sin k\omega_0 t\,\mathrm{d}t \tag{2-8}$$

证明

对式(2-7)两边进行一个周期的积分，有

$$\int_{-\frac{T}{2}}^{\frac{T}{2}} x(t)\mathrm{d}t = \int_{-\frac{T}{2}}^{\frac{T}{2}} a_0 \mathrm{d}t + 2\int_{-\frac{T}{2}}^{\frac{T}{2}} \sum_{k=1}^{\infty} a_k \cos k\omega_0 t\,\mathrm{d}t + 2\int_{-\frac{T}{2}}^{\frac{T}{2}} \sum_{k=1}^{\infty} b_k \sin k\omega_0 t\,\mathrm{d}t$$

$$= a_0 T + 2\sum_{k=1}^{\infty} a_k \int_{-\frac{T}{2}}^{\frac{T}{2}} \cos k\omega_0 t\,\mathrm{d}t + 2\sum_{k=1}^{\infty} b_k \int_{-\frac{T}{2}}^{\frac{T}{2}} \sin k\omega_0 t\,\mathrm{d}t = a_0 T$$

所以

$$a_0 = \frac{1}{T}\int_{-\frac{T}{2}}^{\frac{T}{2}} x(t)\mathrm{d}t$$

对式(2-7)两边先乘以 $\cos n\omega_0 t$ $(n=1\sim\infty)$，再进行一个周期的积分，有

$$\int_{-\frac{T}{2}}^{\frac{T}{2}} x(t)\cos n\omega_0 t\,\mathrm{d}t = \int_{-\frac{T}{2}}^{\frac{T}{2}} a_0 \cos n\omega_0 t\,\mathrm{d}t + 2\int_{-\frac{T}{2}}^{\frac{T}{2}} \sum_{k=1}^{\infty} a_k \cos k\omega_0 t \cos n\omega_0 t\,\mathrm{d}t +$$

$$2\int_{-\frac{T}{2}}^{\frac{T}{2}}\sum_{k=1}^{\infty}b_k\sin k\omega_0 t\cos n\omega_0 t\,\mathrm{d}t$$

$$=a_0\int_{-\frac{T}{2}}^{\frac{T}{2}}\cos n\omega_0 t\,\mathrm{d}t+2\sum_{k=1}^{\infty}a_k\int_{-\frac{T}{2}}^{\frac{T}{2}}\cos k\omega_0 t\cos n\omega_0 t\,\mathrm{d}t+$$

$$2\sum_{k=1}^{\infty}b_k\int_{-\frac{T}{2}}^{\frac{T}{2}}\sin k\omega_0 t\cos n\omega_0 t\,\mathrm{d}t$$

$$=2a_k\int_{-\frac{T}{2}}^{\frac{T}{2}}(\cos n\omega_0 t)^2\,\mathrm{d}t=2a_k\int_{-\frac{T}{2}}^{\frac{T}{2}}\frac{1+\cos 2n\omega_0 t}{2}\,\mathrm{d}t$$

$$=a_k\int_{-\frac{T}{2}}^{\frac{T}{2}}\mathrm{d}t+a_k\int_{-\frac{T}{2}}^{\frac{T}{2}}\cos 2n\omega_0 t\,\mathrm{d}t=a_k T$$

所以

$$a_n=\frac{1}{T}\int_{-\frac{T}{2}}^{\frac{T}{2}}x(t)\cos n\omega_0 t\,\mathrm{d}t$$

类似地，对式（2-7）两边先乘以 $\sin n\omega_0 t(n=1\sim\infty)$，再进行一个周期的积分，有

$$\int_{-\frac{T}{2}}^{\frac{T}{2}}x(t)\sin n\omega_0 t\,\mathrm{d}t$$

$$=\int_{-\frac{T}{2}}^{\frac{T}{2}}a_0\sin n\omega_0 t\,\mathrm{d}t+2\int_{-\frac{T}{2}}^{\frac{T}{2}}\sum_{k=1}^{\infty}a_k\cos k\omega_0 t\sin n\omega_0 t\,\mathrm{d}t+2\int_{-\frac{T}{2}}^{\frac{T}{2}}\sum_{k=1}^{\infty}b_k\sin k\omega_0 t\sin n\omega_0 t\,\mathrm{d}t$$

$$=a_0\int_{-\frac{T}{2}}^{\frac{T}{2}}\sin n\omega_0 t\,\mathrm{d}t+2\sum_{k=1}^{\infty}a_k\int_{-\frac{T}{2}}^{\frac{T}{2}}\cos k\omega_0 t\sin n\omega_0 t\,\mathrm{d}t+2\sum_{k=1}^{\infty}b_k\int_{-\frac{T}{2}}^{\frac{T}{2}}\sin k\omega_0 t\sin n\omega_0 t\,\mathrm{d}t$$

$$=2b_k\int_{-\frac{T}{2}}^{\frac{T}{2}}(\sin n\omega_0 t)^2\,\mathrm{d}t=2b_k\int_{-\frac{T}{2}}^{\frac{T}{2}}\frac{1-\cos 2n\omega_0 t}{2}\,\mathrm{d}t$$

$$=b_k\int_{-\frac{T}{2}}^{\frac{T}{2}}\mathrm{d}t-b_k\int_{-\frac{T}{2}}^{\frac{T}{2}}\cos 2n\omega_0 t\,\mathrm{d}t=b_k T$$

所以

$$b_n=\frac{1}{T}\int_{-\frac{T}{2}}^{\frac{T}{2}}x(t)\sin n\omega_0 t\,\mathrm{d}t$$

证毕。

证明中使用了三角函数组 $\{\cos k\omega_0 t,\sin k\omega_0 t\}$ 的正交性。

2.2　离散时间傅里叶级数

2.2.1　离散时间信号的傅里叶级数展开

离散时间复简谐信号 $\{\mathrm{e}^{\mathrm{j}\frac{2k\pi}{N}n},k$ 为非零整数$\}$ 依然是周期信号，其周期为 $\dfrac{N}{k}$。

证明

$$\mathrm{e}^{\mathrm{j}\frac{2k\pi}{N}\left(n+r\frac{N}{k}\right)}=\mathrm{e}^{\mathrm{j}\frac{2k\pi}{N}n}\mathrm{e}^{\mathrm{j}2r\pi}=\mathrm{e}^{\mathrm{j}\frac{2k\pi}{N}n}$$

证毕。

离散时间复简谐信号在一个周期 N 区间(这里取为$[0,N-1]$)内也满足正交条件,即

$$\sum_{n=0}^{N-1} e^{j\frac{2k\pi}{N}n}(e^{j\frac{2r}{N}n})^* = 0, \quad k \neq r \tag{2-9}$$

证明

$$\sum_{n=0}^{N-1} e^{j\frac{2k\pi}{N}n}(e^{j\frac{2r\pi}{N}n})^* = \sum_{n=0}^{N-1} e^{j\frac{2k\pi}{N}n}e^{j\frac{-2r\pi}{N}n} = \sum_{n=0}^{N-1} e^{j\frac{2(k-r)\pi}{N}n}$$

由于 $k \neq r$,则 $k-r$ 为非零的整数,不妨记为 m,则有

$$\sum_{n=0}^{N-1} e^{j\frac{2k\pi}{N}n}(e^{j\frac{2r}{N}n})^* = \sum_{n=0}^{N-1} e^{j\frac{2m\pi}{N}n} = \frac{1-e^{j\frac{2m\pi}{N}N}}{1-e^{j\frac{2m\pi}{N}}} = \frac{1-e^{j2m\pi}}{1-e^{j\frac{2m\pi}{N}}} = \frac{1-1}{1-e^{j\frac{2m\pi}{N}}} = 0$$

证毕。

同时,信号 $e^{j\frac{2k\pi}{N}n}$ 对于 k 是以 N 为周期重复的,即

$$e^{j\frac{2(k+rN)\pi}{N}n} = e^{j\frac{2k\pi}{N}n}e^{j2rn\pi} = e^{j\frac{2k\pi}{N}n}$$

综上,周期为 N 的离散时间周期信号 $x[n]$ 可以展开为 N 个 k 值的复简谐信号$\{e^{j\frac{2k\pi}{N}n}$, $k=0,1,\cdots,N-1\}$的线性组合,即

$$x[n] = \sum_{k=0}^{N-1} C_k e^{j\frac{2k\pi}{N}n}, \quad 0 \leqslant n \leqslant N-1 \tag{2-10}$$

这就是离散时间周期信号的傅里叶级数展开,即综合公式。

对式(2-10)两边乘以 $e^{-j\frac{2r}{N}n}$,并对 n 从 0 到 $N-1$ 累加,有

$$\sum_{n=0}^{N-1} x[n]e^{-j\frac{2r}{N}n} = \sum_{n=0}^{N-1}\sum_{k=0}^{N-1} C_k e^{j\frac{2k\pi}{N}n}e^{-j\frac{2r}{N}n} = \sum_{n=0}^{N-1}\sum_{k=0}^{N-1} C_k e^{j\frac{2(k-r)\pi}{N}n}$$

$$= \sum_{k=0}^{N-1} C_k \left[\sum_{n=0}^{N-1} e^{j\frac{2(k-r)\pi}{N}n} \right]$$

当 $k \neq r$ 时,$k-r$ 为非零整数,不妨设为 $m=k-r$,则有

$$\sum_{n=0}^{N-1} e^{j\frac{2(k-r)\pi}{N}n} = \sum_{n=0}^{N-1} e^{j\frac{2m\pi}{N}n} = \frac{1-e^{j\frac{2m\pi}{N}N}}{1-e^{j\frac{2m\pi}{N}}} = \frac{1-1}{1-e^{j\frac{2m\pi}{N}}} = 0$$

当 $k=r$ 时,有

$$\sum_{n=0}^{N-1} e^{j\frac{2(k-r)\pi}{N}n} = \sum_{n=0}^{N-1} 1 = N$$

于是有

$$\sum_{n=0}^{N-1} x[n]e^{-j\frac{2r}{N}n} = \sum_{k=0}^{N-1} C_k \left[\sum_{n=0}^{N-1} e^{j\frac{2(k-r)\pi}{N}n} \right] = C_r N$$

将 r 改为 k,则系数 $C_k(k=0,1,\cdots,N-1)$满足

$$C_k = \frac{1}{N}\sum_{n=0}^{N-1} x[n]e^{-j\frac{2k\pi}{N}n}, \quad 0 \leqslant k \leqslant N-1 \tag{2-11}$$

这就是离散时间周期信号的分析公式。显然,C_k 是对 k 以 N 为周期重复的。

【例 2-3】 将信号 $x[n]=\cos\dfrac{4n\pi}{N}$ 展开为其傅里叶级数表示。

解　$C_k = \dfrac{1}{N}\sum_{n=0}^{N-1} x[n]\mathrm{e}^{-\mathrm{j}\frac{2k\pi}{N}n} = \dfrac{1}{N}\sum_{n=0}^{N-1}\cos\dfrac{4n\pi}{N}\mathrm{e}^{-\mathrm{j}\frac{2k\pi}{N}n}$

$= \dfrac{1}{N}\sum_{n=0}^{N-1}\dfrac{1}{2}(\mathrm{e}^{\mathrm{j}\frac{4n\pi}{N}} + \mathrm{e}^{-\mathrm{j}\frac{4n\pi}{N}})\mathrm{e}^{-\mathrm{j}\frac{2k\pi}{N}n}$

$= \dfrac{1}{2N}\sum_{n=0}^{N-1}\mathrm{e}^{-\mathrm{j}\frac{2(k-2)\pi}{N}n} + \dfrac{1}{2N}\sum_{n=0}^{N-1}\mathrm{e}^{-\mathrm{j}\frac{2(k+2)\pi}{N}n}$

当 $k=2$ 时,有

$$C_2 = \dfrac{1}{2N}\sum_{n=0}^{N-1}1 + \dfrac{1}{2N}\sum_{n=0}^{N-1}\mathrm{e}^{-\mathrm{j}\frac{8n\pi}{N}} = \dfrac{1}{2} + \dfrac{1}{2N}\dfrac{1-\mathrm{e}^{-\mathrm{j}\frac{8N\pi}{N}}}{1-\mathrm{e}^{-\mathrm{j}\frac{8\pi}{N}}} = \dfrac{1}{2} + \dfrac{1}{2N}\dfrac{1-1}{1-\mathrm{e}^{-\mathrm{j}\frac{8\pi}{N}}} = \dfrac{1}{2}$$

当 $k=N-2$ 时,有

$$C_{N-2} = \dfrac{1}{2N}\sum_{n=0}^{N-1}\mathrm{e}^{-\mathrm{j}\frac{2(N-4)\pi}{N}n} + \dfrac{1}{2N}\sum_{n=0}^{N-1}\mathrm{e}^{-\mathrm{j}\frac{2N\pi}{N}n} = \dfrac{1}{2N}\dfrac{1-\mathrm{e}^{-\mathrm{j}\frac{2(N-4)\pi}{N}N}}{1-\mathrm{e}^{-\mathrm{j}\frac{2(N-4)\pi}{N}}} + \dfrac{1}{2N}\sum_{n=0}^{N-1}1 = \dfrac{1}{2}$$

当 k 为 $0\sim N-1$ 的其他整数时,由上面的推导可知,相加的两项均为 0,于是有

$$C_k = 0, \quad 0 \leqslant k \leqslant N-1, \quad k \neq 2, \quad k \neq N-2$$

所以

$$x[n] = \cos\dfrac{4n\pi}{N} = \dfrac{1}{2}\mathrm{e}^{\mathrm{j}\frac{4\pi}{N}n} + \dfrac{1}{2}\mathrm{e}^{\mathrm{j}\frac{2(N-2)\pi}{N}n}, \quad 0 \leqslant n \leqslant N-1$$

事实上,还可以进一步得出

$$x[n] = \cos\dfrac{4n\pi}{N} = \dfrac{1}{2}\mathrm{e}^{\mathrm{j}\frac{4\pi}{N}n} + \dfrac{1}{2}\mathrm{e}^{\mathrm{j}\frac{2(N-2)\pi}{N}n} = \dfrac{1}{2}\mathrm{e}^{\mathrm{j}\frac{4\pi}{N}n} + \dfrac{1}{2}\mathrm{e}^{-\mathrm{j}4n\pi}\mathrm{e}^{-\mathrm{j}\frac{4\pi}{N}n} = \dfrac{1}{2}\mathrm{e}^{\mathrm{j}\frac{4\pi}{N}n} + \dfrac{1}{2}\mathrm{e}^{-\mathrm{j}\frac{4\pi}{N}n}$$

这也验证展开式的正确性。

2.2.2　离散时间傅里叶级数性质

离散时间傅里叶级数除具有关于 k 的周期特性外,还具有以下性质(证明过程大多与连续时间傅里叶级数性质的证明类似,这里略去)。

1. 线性特性

若周期均为 N 的两个离散时间信号 $x[n]$ 和 $y[n]$ 的傅里叶级数分别为 C_k 和 D_k,则对于任意常数 a 和 b,周期信号 $ax[n]+by[n]$ 的傅里叶级数为 aC_k+bD_k。

2. 共轭特性

若信号 $x[n]$ 的傅里叶级数为 C_k,则信号 $x^*[n]$ 的傅里叶级数为 C_{-k}^*。

3. 共轭对称特性

对于周期实信号 $x[n]$,其傅里叶级数有 $C_k = C_{-k}^*$ 或 $C_k^* = C_{-k}$。进一步可以推导出 $\alpha_k = \alpha_{-k}$ 和 $\beta_k = -\beta_{-k}$。

(1) 如果周期实信号 $x[n]$ 是偶信号,则其傅里叶级数 C_k 是实数且关于 k 偶对称,即 $\alpha_k = \alpha_{-k}$ 和 $\beta_k = 0$。

(2) 如果周期实信号 $x[n]$ 是奇信号,则其傅里叶级数 C_k 是纯虚数且关于 k 奇对称,即 $\alpha_k = 0$ 和 $\beta_k = -\beta_{-k}$。

4. 时间翻转特性

若信号 $x[n]$ 的傅里叶级数为 C_k,则信号 $x[-n]$ 的傅里叶级数为 C_{-k}。

5. 时移特性

若信号 $x[n]$ 的傅里叶级数为 C_k，则信号 $x[n-m]$ 的傅里叶级数为 $C_k \mathrm{e}^{-\mathrm{j}\frac{2km\pi}{N}}$。

6. 频移特性

若信号 $x[n]$ 的傅里叶级数为 C_k，则信号 $x[n]\mathrm{e}^{\mathrm{j}\frac{2Mn\pi}{N}}$ 的傅里叶级数为 C_{k-M}。

7. 周期卷积特性

若周期均为 N 的两个信号 $x[n]$ 和 $y[n]$ 的傅里叶级数分别为 C_k 和 D_k，则周期卷积信号 $\sum\limits_{m=0}^{N-1} x[m]y[n-m]$ 的傅里叶级数为 NC_kD_k。

8. 相乘特性

若周期均为 N 的两个信号 $x[n]$ 和 $y[n]$ 的傅里叶级数分别为 C_k 和 D_k，则信号 $x[n]y[n]$ 的傅里叶级数为 $\sum\limits_{n=0}^{N-1} C_nD_{k-n}$。

9. 差分特性

若信号 $x[n]$ 傅里叶级数为 C_k，则其一阶差分信号 $x[n]-x[n-1]$ 的傅里叶级数为 $C_k(1-\mathrm{e}^{-\mathrm{j}\frac{2k\pi}{N}})$。

第 21 集
微课视频

10. 累加特性

若信号 $x[n]$ 傅里叶级数为 C_k，且其累加信号 $\sum\limits_{m=-\infty}^{n} x[m]$ 仍然是周期的并且直流分量为 0，则 $\sum\limits_{m=-\infty}^{n} x[m]$ 的傅里叶级数为

$$
\begin{cases}
\dfrac{1}{1-\mathrm{e}^{-\mathrm{j}\frac{2k\pi}{N}}}C_k, & k \neq 0 \\
0, & k = 0
\end{cases}
$$

2.3 离散频谱

下面以连续时间周期实信号为例，来看傅里叶级数的物理意义。

将周期实信号的对称性 $C_k^{*}=C_{-k}$ 代入其综合公式，有

$$
\begin{aligned}
x(t) &= \sum_{k=-\infty}^{\infty} C_k \mathrm{e}^{\mathrm{j}k\omega_0 t} = \sum_{k=-\infty}^{-1} C_k \mathrm{e}^{\mathrm{j}k\omega_0 t} + C_0 + \sum_{k=1}^{\infty} C_k \mathrm{e}^{\mathrm{j}k\omega_0 t} \\
&= C_0 + \sum_{k=1}^{\infty} C_{-k} \mathrm{e}^{-\mathrm{j}k\omega_0 t} + \sum_{k=1}^{\infty} C_k \mathrm{e}^{\mathrm{j}k\omega_0 t} \\
&= C_0 + \sum_{k=1}^{\infty} C_k^{*} \mathrm{e}^{-\mathrm{j}k\omega_0 t} + \sum_{k=1}^{\infty} C_k \mathrm{e}^{\mathrm{j}k\omega_0 t} \\
&= C_0 + \sum_{k=1}^{\infty} (C_k^{*} \mathrm{e}^{-\mathrm{j}k\omega_0 t} + C_k \mathrm{e}^{\mathrm{j}k\omega_0 t})
\end{aligned}
$$

$$= C_0 + 2\sum_{k=1}^{\infty} \mathrm{Re}(C_k \mathrm{e}^{\mathrm{j}k\omega_0 t})$$

令 $C_k = |C_k| \mathrm{e}^{\mathrm{j}\theta_k}$，则有

$$x(t) = C_0 + 2\sum_{k=1}^{\infty} \mathrm{Re}(|C_k| \mathrm{e}^{\mathrm{j}\theta_k} \mathrm{e}^{\mathrm{j}k\omega_0 t})$$

$$= C_0 + 2\sum_{k=1}^{\infty} |C_k| \mathrm{Re}(\mathrm{e}^{\mathrm{j}(k\omega_0 t + \theta_k)})$$

$$= C_0 + 2\sum_{k=1}^{\infty} |C_k| \cos(k\omega_0 t + \theta_k)$$

可见，C_0 可以表示周期实信号 $x(t)$ 的直流分量；$2|C_k|$ 可以表示第 k 次谐波（角频率为 $k\omega_0$）的振幅；θ_k 可以表示第 k 次谐波的相位。其物理含义可以理解为任意周期实信号可由其直流分量和各个振幅为 $2|C_k|$、相位为 θ_k 的谐波分量合成。

根据物理含义，将 $\{C_k\}$ 称为周期信号的离散频谱（Discrete Spectrum），其中 $|C_k|$ 称为振幅谱（Amplitude Spectrum），θ_k 称为相位谱（Phase Spectrum）。各次谐波 $k\omega_0$ 对应的 C_k 线状分布图称为周期信号的频谱图。

根据周期实信号傅里叶级数的对称性，周期实信号离散频谱的振幅谱是偶信号（Even Signal），相位谱是奇信号（Odd Signal），即 $|C_k| = |C_{-k}|$，$\theta_k = -\theta_{-k}$。如果周期实信号同时是偶信号，则其离散频谱是实数且关于 k 偶对称，即振幅谱关于纵轴偶对称，相位谱取值为 0 或 π（$C_k > 0$ 的相位谱取值为 0；$C_k < 0$ 的相位谱取值为 π）；如果周期实信号同时是奇信号，则其离散频谱是纯虚数且关于 k 奇对称，即振幅谱关于纵轴偶对称，相位谱关于纵轴奇对称且取值为 $\dfrac{\pi}{2}$ 或 $-\dfrac{\pi}{2}$（$\beta_k > 0$ 的相位谱取值为 $\dfrac{\pi}{2}$；$\beta_k < 0$ 的相位谱取值为 $-\dfrac{\pi}{2}$）。

例 2-1 中已求得周期矩形脉冲信号的傅里叶级数展开为

$$x(t) = \sum_{k=-\infty}^{\infty} C_k \mathrm{e}^{\mathrm{j}k\omega_0 t} = \frac{A\tau}{T} \sum_{k=-\infty}^{\infty} \mathrm{Sa}\left(\frac{k\omega_0 \tau}{2}\right) \mathrm{e}^{\mathrm{j}k\omega_0 t}, \quad -\frac{T}{2} \leqslant t \leqslant \frac{T}{2}$$

可见，周期矩形脉冲信号的相位谱取值为 0 或 π（$C_k > 0$ 的相位谱取值为 0；$C_k < 0$ 的相位谱取值为 π），振幅谱关于纵轴偶对称，其频谱图如图 2-3 所示。

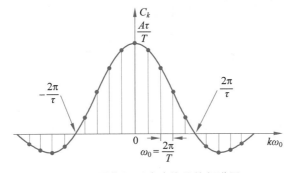

图 2-3 周期矩形脉冲信号的频谱图

连续时间周期信号的频谱具有 3 个特点：离散性（Discreteness）、谐波性（Harmonic Property）和收敛性（Astringency）。离散性指的是频谱由不连续的谱线组成，每条谱线代表

一个分量；谐波性指的是每条谱线只出现在基波频率 ω_0 整数倍的频率上，频谱中不可能存在任何频率为基波频率非整数倍的分量；收敛性指的是当 k 趋向无穷大时，谱线的幅值趋于零。

显然，信号周期 T 越大，ω_0 就越小，谱线就越密集；信号周期 T 越小，ω_0 就越大，谱线就越稀疏。另外，如果信号时域波形变化越慢，则其高次谐波成分就越少，振幅谱衰减就越快；如果信号时域波形变化越快，则其高次谐波成分就越多，振幅谱衰减就越慢。

周期信号的功率与其离散频谱满足帕塞瓦尔（Parseval）定理，即功率 P 在时间域和频率域是守恒的：

$$P = \frac{1}{T}\int_{-\frac{T}{2}}^{\frac{T}{2}} \mid x(t) \mid^2 \mathrm{d}t = \sum_{k=-\infty}^{\infty} \mid C_k \mid^2 \tag{2-12}$$

其表达的物理意义就是周期信号的功率分配规律，即周期信号的功率是按各谐波成分的振幅平方分配给相应的分量的。

证明

将周期信号的傅里叶级数展开代入信号时间域的功率求取公式，并利用复简谐信号的正交性，可以得到

$$\begin{aligned}
P &= \frac{1}{T}\int_{-\frac{T}{2}}^{\frac{T}{2}} \mid x(t) \mid^2 \mathrm{d}t = \frac{1}{T}\int_{-\frac{T}{2}}^{\frac{T}{2}} x(t)x^*(t)\mathrm{d}t \\
&= \frac{1}{T}\int_{-\frac{T}{2}}^{\frac{T}{2}} \left(\sum_{k=-\infty}^{\infty} C_k \mathrm{e}^{\mathrm{j}k\omega_0 t}\right)\left(\sum_{n=-\infty}^{\infty} C_n \mathrm{e}^{\mathrm{j}n\omega_0 t}\right)^* \mathrm{d}t \\
&= \frac{1}{T}\int_{-\frac{T}{2}}^{\frac{T}{2}} \left(\sum_{k=-\infty}^{\infty} C_k \mathrm{e}^{\mathrm{j}k\omega_0 t}\right)\left(\sum_{n=-\infty}^{\infty} C_n^* \mathrm{e}^{-\mathrm{j}n\omega_0 t}\right) \mathrm{d}t \\
&= \frac{1}{T}\sum_{k=-\infty}^{\infty}\sum_{n=-\infty}^{\infty} C_k C_n^* \int_{-\frac{T}{2}}^{\frac{T}{2}} \mathrm{e}^{\mathrm{j}(k-n)\omega_0 t}\mathrm{d}t \\
&= \frac{1}{T}\sum_{k=-\infty}^{\infty} C_k C_k^* T = \sum_{k=-\infty}^{\infty} \mid C_k \mid^2
\end{aligned}$$

证毕。

【例 2-4】 已知例 2-1 的周期矩形脉冲信号的 $A=1$，$T=\dfrac{1}{4}$，$\tau=\dfrac{1}{20}$，求信号在其有效带宽 $\left(0,\dfrac{2\pi}{\tau}\right)$ 内谐波分量的功率占信号总功率的百分比。

解　周期矩形脉冲信号的傅里叶级数为 $C_k = \dfrac{A\tau}{T}\mathrm{Sa}\left(\dfrac{k\omega_0\tau}{2}\right)$，将 $A=1$，$T=\dfrac{1}{4}$ 和 $\tau=\dfrac{1}{20}$ 代入，有

$$C_k = \frac{1\times\dfrac{1}{20}}{\dfrac{1}{4}}\mathrm{Sa}\left(k\cdot\frac{2\pi}{\dfrac{1}{4}}\cdot\frac{1}{20}\cdot\frac{1}{2}\right) = \frac{1}{5}\mathrm{Sa}\left(\frac{k\pi}{5}\right)$$

周期信号的总功率为

$$P = \frac{1}{T}\int_{-\frac{T}{2}}^{\frac{T}{2}} \mid x(t) \mid^2 \mathrm{d}t = \frac{1}{\dfrac{1}{4}}\int_{-\frac{1}{8}}^{\frac{1}{8}} \mid x(t) \mid^2 \mathrm{d}t = 4\int_{-\frac{1}{40}}^{\frac{1}{40}} \mathrm{d}t = \frac{1}{5}$$

由于 $\dfrac{2\pi}{\tau}=40\pi$ 和 $\omega_0=\dfrac{2\pi}{T}=8\pi$，因此有效带宽 $\left(0,\dfrac{2\pi}{\tau}\right)$ 内，$|k|\leqslant 5$，图 2-4 给出了振幅谱平方 $|C_k|^2$ 的示意图。

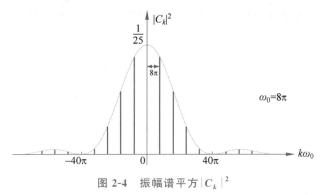

图 2-4　振幅谱平方 $|C_k|^2$

则有效带宽 $\left(0,\dfrac{2\pi}{\tau}\right)$ 内信号谐波分量的功率为

$$P_1=\sum_{k=-5}^{5}\left|\frac{1}{5}\mathrm{Sa}\left(\frac{k\pi}{5}\right)\right|^2\approx 0.1806$$

因此，有效带宽 $\left(0,\dfrac{2\pi}{\tau}\right)$ 内谐波分量的功率占信号总功率的百分比为

$$\frac{P_1}{P}=\frac{0.1806}{0.2}=90.3\%$$

根据周期信号的帕塞瓦尔定理可以推导出：有限项的傅里叶级数展开，其信号是在最小均方误差意义逼近原信号。

证明

由于 $x(t)=\displaystyle\sum_{k=-\infty}^{\infty}C_k\mathrm{e}^{\mathrm{j}k\omega_0 t}$，有限项傅里叶级数展开的信号 $x_1(t)$ 为

$$x_1(t)=\sum_{k=-N}^{N}C_k\mathrm{e}^{\mathrm{j}k\omega_0 t}$$

其误差信号 $e(t)$ 为

$$e(t)=x(t)-x_1(t)=\sum_{k=-\infty}^{-N}C_k\mathrm{e}^{\mathrm{j}k\omega_0 t}+\sum_{k=N}^{\infty}C_k\mathrm{e}^{\mathrm{j}k\omega_0 t}$$

根据周期信号的帕塞瓦尔定理，$e(t)$ 的功率为

$$P_e=\sum_{k=-\infty}^{-N}|C_k|^2+\sum_{k=N}^{\infty}|C_k|^2$$

$x(t)$ 与 $x_1(t)$ 的均方误差 E 为

$$E=\int_{-\frac{T}{2}}^{\frac{T}{2}}|e(t)|^2\mathrm{d}t=T\left(\frac{1}{T}\int_{-\frac{T}{2}}^{\frac{T}{2}}|e(t)|^2\mathrm{d}t\right)=TP_e$$

所以

$$E=T\sum_{k=-\infty}^{-N}|C_k|^2+T\sum_{k=N}^{\infty}|C_k|^2$$

显然,当 N 趋于无穷大时,均方误差 E 趋于零。

证毕。

但是,如果周期信号 $x(t)$ 存在不连续点,当用有限项傅里叶级数展开近似原信号时,在 $x(t)$ 的不连续点将出现过冲,该过冲峰值不随 N 增大而减小,约为跳变值的 9%,这称为吉布斯现象(Gibbs Phenomenon)。

以单位幅度的方波信号为例,例 2-1 中已获得周期矩形脉冲信号的傅里叶级数展开为

$$x(t) = \frac{A\tau}{T} \sum_{k=-\infty}^{\infty} \mathrm{Sa}\left(\frac{k\omega_0\tau}{2}\right) \mathrm{e}^{\mathrm{j}k\omega_0 t}, \quad -\frac{T}{2} \leqslant t \leqslant \frac{T}{2}$$

对于 $A=1, T=2, \tau=1$ 的方波,则有

$$x(t) = \frac{1}{2} \sum_{k=-\infty}^{\infty} \mathrm{Sa}\left(\frac{k\frac{2\pi}{2}}{2}\right) \mathrm{e}^{\mathrm{j}k\frac{2\pi}{2}t} = \frac{1}{2} \sum_{k=-\infty}^{\infty} \mathrm{Sa}\left(\frac{k\pi}{2}\right) \mathrm{e}^{\mathrm{j}k\pi t}$$

$$= \frac{1}{2} + \frac{1}{2} \sum_{k=-\infty}^{-1} \mathrm{Sa}\left(\frac{k\pi}{2}\right) \mathrm{e}^{\mathrm{j}k\pi t} + \frac{1}{2} \sum_{k=1}^{\infty} \mathrm{Sa}\left(\frac{k\pi}{2}\right) \mathrm{e}^{\mathrm{j}k\pi t}$$

$$= \frac{1}{2} + \frac{1}{2} \sum_{k=1}^{\infty} \mathrm{Sa}\left(\frac{-k\pi}{2}\right) \mathrm{e}^{-\mathrm{j}k\pi t} + \frac{1}{2} \sum_{k=1}^{\infty} \mathrm{Sa}\left(\frac{k\pi}{2}\right) \mathrm{e}^{\mathrm{j}k\pi t}$$

由于 $\mathrm{Sa}(\cdot)$ 是偶信号,于是有

$$x(t) = \frac{1}{2} + \frac{1}{2} \sum_{k=1}^{\infty} \mathrm{Sa}\left(\frac{k\pi}{2}\right)(\mathrm{e}^{\mathrm{j}k\pi t} + \mathrm{e}^{-\mathrm{j}k\pi t}) = \frac{1}{2} + \sum_{k=1}^{\infty} \mathrm{Sa}\left(\frac{k\pi}{2}\right) \cos k\pi t$$

当 k 为偶数时,$\mathrm{Sa}\left(\frac{k\pi}{2}\right) = 0$,因此有

$$x(t) = \frac{1}{2} + \sum_{n=1}^{\infty} \frac{\sin\left[\frac{(2n-1)\pi}{2}\right]}{\frac{(2n-1)\pi}{2}} \cos(2n-1)\pi t$$

$$= \frac{1}{2} + 2 \sum_{n=1}^{\infty} \frac{(-1)^{n+1}}{(2n-1)\pi} \cos(2n-1)\pi t$$

$$= \frac{1}{2} + \frac{2}{\pi} \cos\pi t - \frac{2}{3\pi} \cos 3\pi t + \cdots$$

作有限项傅里叶级数展开,不同 N 的取值所对应的近似信号如图 2-5 所示。

从图 2-5 中可以看到,在方波的不连续点附近,叠加了约 9% 的过冲波形,而这个过冲波形不会随 N 增大而减小,仅仅是向不连续点靠拢,这就是吉布斯现象。

同样,我们将离散时间周期信号的傅里叶级数 $\{C_k, k=0,1,\cdots,N-1\}$ 称为该信号的离散频谱。由于 $k \neq 0$ 的离散时间复简谐信号的周期为 $\frac{N}{k}$,因此这 N 条谱线对应的频率分别为 $\frac{2k\pi}{N}, k=0,1,\cdots,N-1$,即 $0, \frac{2\pi}{N}, \frac{4\pi}{N}, \cdots, 2\pi - \frac{2\pi}{N}$。$N$ 越大,谱线越密集;N 越小,谱线越稀疏。

由前面的分析已知,离散时间周期信号的离散频谱是周期信号,其周期为 2π。可见,频

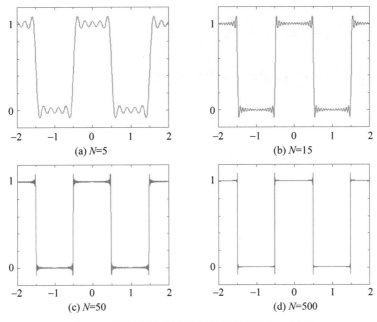

图 2-5 周期方波信号的有限项傅里叶级数展开

率点 0 或 2π 代表直流,频率点 π 代表最高频率。对于实信号,离散频谱的对称性此时就成为关于 π 的对称。

离散时间周期信号依然满足帕塞瓦尔定理,即

$$\frac{1}{N}\sum_{n=0}^{N-1}|x[n]|^2 = \sum_{k=0}^{N-1}|C_k|^2 \tag{2-13}$$

证明

$$\sum_{n=0}^{N-1}|x[n]|^2 = \sum_{n=0}^{N-1}x[n]x^*[n]$$

将 $x[n]=\sum_{k=0}^{N-1}C_k \mathrm{e}^{\mathrm{j}\frac{2k\pi}{N}n}$ 代入后,有

$$\frac{1}{N}\sum_{n=0}^{N-1}|x[n]|^2 = \frac{1}{N}\sum_{n=0}^{N-1}\left(\sum_{k=0}^{N-1}C_k \mathrm{e}^{\mathrm{j}\frac{2k\pi}{N}n}\sum_{r=0}^{N-1}C_r^* \mathrm{e}^{-\mathrm{j}\frac{2r\pi}{N}n}\right)$$

$$= \frac{1}{N}\sum_{k=0}^{N-1}C_k\left(\sum_{r=0}^{N-1}C_r^*\sum_{n=0}^{N-1}\mathrm{e}^{\mathrm{j}\frac{2(k-r)\pi}{N}n}\right)$$

$$= \frac{1}{N}\sum_{k=0}^{N-1}C_k\left(\sum_{r=0,r\neq k}^{N-1}C_r^*\frac{1-\mathrm{e}^{\mathrm{j}2(k-r)\pi}}{1-\mathrm{e}^{\mathrm{j}\frac{2(k-r)\pi}{N}}}+C_k^*\sum_{n=0}^{N-1}\mathrm{e}^{\mathrm{j}0}\right)$$

$$= \frac{1}{N}\sum_{k=0}^{N-1}C_k(0+C_k^*N) = \sum_{k=0}^{N-1}C_kC_k^* = \sum_{k=0}^{N-1}|C_k|^2$$

证毕。

由离散时间周期信号的综合公式可知,它是 N 项的累加,没有收敛问题,所以也就不存在吉布斯现象。

2.4 连续时间傅里叶变换

2.4.1 连续时间信号的傅里叶变换

例 2-4 已求得 $A=1, T=\dfrac{1}{4}, \tau=\dfrac{1}{20}$ 的周期矩形脉冲信号的傅里叶级数 $\left(\omega_0=\dfrac{2\pi}{T}=8\pi\right)$ 为

$$C_k = \frac{1}{5}\mathrm{Sa}\left(\frac{k\pi}{5}\right)$$

图 2-6(a)给出了信号的 TC_k 示意图 $\left(T=\dfrac{1}{4}\right)$，图中同时还画出了 TC_k 的包络。可见，该周期信号的离散频谱存在于 $\omega=0, \pm 8\pi, \pm 16\pi, \cdots$。当 $k=5$，即 $\omega=40\pi$ 时谱线出现第 1 个零点。

如果保持信号的 τ 不变，而其周期 T 加大一倍，即 $T=\dfrac{1}{2}$，则信号的傅里叶级数

第 22 集
微课视频

$\left(\omega_0=\dfrac{2\pi}{T}=4\pi\right)$ 为

$$C_k = \frac{1}{10}\mathrm{Sa}\left(\frac{k\pi}{10}\right)$$

第 23 集
微课视频

该信号的 TC_k 及其包络 $\left(T=\dfrac{1}{2}\right)$ 如图 2-6(b)所示。相比上一个信号，该信号的离散频谱加密一倍，存在于 $\omega=0, \pm 4\pi, \pm 8\pi, \cdots$。当 $k=10$，即 $\omega=40\pi$ 时谱线出现第 1 个零点，但是 TC_k 的包络却保持不变。

继续保持信号的 τ 不变，而其周期 T 继续加大一倍，即 $T=1$，则信号的傅里叶级数 $\left(\omega_0=\dfrac{2\pi}{T}=2\pi\right)$ 为

$$C_k = \frac{1}{20}\mathrm{Sa}\left(\frac{k\pi}{20}\right)$$

该信号的 TC_k 及其包络($T=1$)如图 2-6(c)所示。相比于 $T=\dfrac{1}{2}$，该信号的离散频谱继续加密一倍，存在于 $\omega=0, \pm 2\pi, \pm 4\pi, \cdots$。当 $k=20$，即 $\omega=40\pi$ 时谱线出现第 1 个零点。不过，TC_k 的包络仍然保持不变。

可见，周期 T 越大，其谱线间隔 $\omega_0=\dfrac{2\pi}{T}$ 就越小，因此频谱就越密。在极限的情况下，T 趋向无穷大，此时信号为一个宽度为 τ 的单脉冲，离散频谱就变为连续频谱，但是频谱包络并没有发生变化。这种变化情况使我们可以将周期信号的傅里叶级数推广到非周期能量信号的傅里叶变换。

对于一个能量信号 $x(t)$，由于其是非周期的，可以对它进行周期延拓，也就是说，可以选择一个合适的周期 T，将这个能量信号变成相应的周期信号 $x_T(t)$。此时有

$$x(t) = \begin{cases} x_T(t), & |t| \leqslant \dfrac{T}{2} \\ 0, & \text{其他} \end{cases}$$

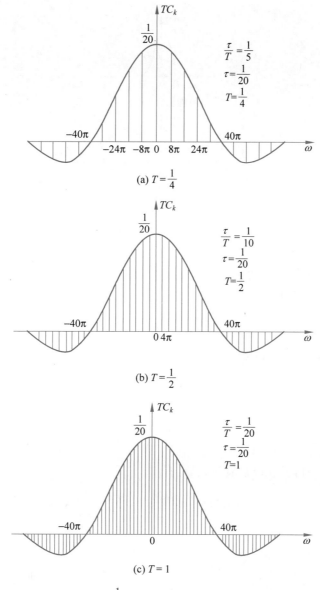

图 2-6 $A=1, \tau=\dfrac{1}{20}$ 周期矩形脉冲信号的 TC_k 及其包络

当 T 趋向无穷大时,有

$$x(t)=\lim_{T\to\infty} x_T(t)$$

图 2-7 给出了能量信号周期延拓的示意图。

周期信号的傅里叶级数展开为

$$x_T(t)=\sum_{k=-\infty}^{\infty} C_k \mathrm{e}^{\mathrm{j}k\omega_0 t}$$

其傅里叶级数为

$$C_k=\frac{1}{T}\int_{-\frac{T}{2}}^{\frac{T}{2}} x_T(t)\mathrm{e}^{-\mathrm{j}k\omega_0 t}\mathrm{d}t$$

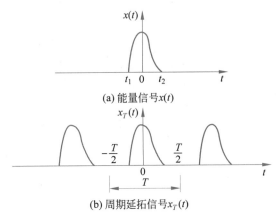

(a) 能量信号 $x(t)$

(b) 周期延拓信号 $x_T(t)$

图 2-7　能量信号 $x(t)$ 及其周期延拓

将 $x(t) = \begin{cases} x_T(t), & |t| \leqslant \dfrac{T}{2} \\ 0, & \text{其他} \end{cases}$ 代入后,有

$$TC_k = \int_{-\frac{T}{2}}^{\frac{T}{2}} x_T(t) e^{-jk\omega_0 t} \, dt = \int_{-\infty}^{\infty} x(t) e^{-jk\omega_0 t} \, dt$$

将 TC_k 的包络定义为 $X(\omega)$,则有

$$X(\omega) = \int_{-\infty}^{\infty} x(t) e^{-j\omega t} \, dt \tag{2-14}$$

此时有

$$C_k = \frac{1}{T} X(k\omega_0)$$

代入周期信号 $x_T(t)$ 傅里叶级数展开式后,有

$$x_T(t) = \sum_{k=-\infty}^{\infty} \frac{1}{T} X(k\omega_0) e^{jk\omega_0 t} = \sum_{k=-\infty}^{\infty} \frac{1}{\dfrac{2\pi}{\omega_0}} X(k\omega_0) e^{jk\omega_0 t}$$

$$= \frac{1}{2\pi} \sum_{k=-\infty}^{\infty} X(k\omega_0) e^{jk\omega_0 t} \omega_0$$

其中,累加式的每项可以看作复幅度为 $X(k\omega_0) e^{jk\omega_0 t}$,宽度为 ω_0 的矩形,如图 2-8 所示。

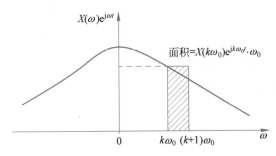

图 2-8　T 趋于无穷大时周期信号 $x_T(t)$ 傅里叶级数展开式

当 T 趋于无穷大时,则有

$$\lim_{T \to \infty} x_T(t) = x(t) = \frac{1}{2\pi} \lim_{T \to \infty} \sum_{k=-\infty}^{\infty} X(k\omega_0) e^{jk\omega_0 t} \omega_0$$

此时,$\omega_0 = \frac{2\pi}{T} \to 0$,累加就变成积分。于是有

$$x(t) = \frac{1}{2\pi} \int_{-\infty}^{\infty} X(\omega) e^{j\omega t} d\omega \tag{2-15}$$

将式(2-14)和式(2-15)称为能量信号 $x(t)$ 的傅里叶变换对,可以记为

$$x(t) \leftrightarrow X(\omega) \tag{2-16}$$

其中式(2-14)称为信号的傅里叶变换,即

$$X(\omega) = F[x(t)] \tag{2-17}$$

式(2-15)称为信号的傅里叶逆变换,即

$$x(t) = F^{-1}[X(\omega)] \tag{2-18}$$

如果以频率 $f = \frac{\omega}{2\pi}$ 来表示,则傅里叶变换对可以表示为

$$X(f) = \int_{-\infty}^{\infty} x(t) e^{-j2\pi ft} dt \tag{2-19}$$

$$x(t) = \int_{-\infty}^{\infty} X(f) e^{j2\pi ft} df \tag{2-20}$$

在信号傅里叶变换的求解过程中,必须注意 $X(\omega)$ 的收敛性。一个信号 $x(t)$ 在满足狄利克雷条件(Dirichlet Condition)时,其傅里叶变换 $X(\omega)$ 存在。

狄利克雷条件指的是:

(1) 在任何有限区间内,信号 $x(t)$ 只能有有限个最大值和最小值;

(2) 在任何有限区间内,信号 $x(t)$ 只能有有限个不连续点,并且每个不连续点都必须是有限值;

(3) 信号 $x(t)$ 在无限空间上是绝对可积的,即

$$\int_{-\infty}^{\infty} |x(t)| dt < \infty \tag{2-21}$$

条件(1)与条件(2)是信号存在傅里叶变换的必要不充分条件。条件(3)是信号存在傅里叶变换的充分不必要条件。

后面我们将会看到,对于有些不满足绝对可积条件的信号,如果引入冲激信号,则它们的傅里叶变换也是可以求解的。

一个连续信号 $x(t)$ 的傅里叶变换 $X(\omega)$ 是唯一的。但是,对于在 $t=t_0$ 处有不连续点的信号 $x(t)$,理论上可以证明:其反变换在不连续点处的值与 $x(t_0)$ 的定义值无关,而收敛于不连续点两侧取值的平均,即傅里叶逆变换后,有

$$F^{-1}[X(\omega)]\big|_{t=t_0} = \frac{1}{2} \left[\lim_{t \to t_0^-} x(t) + \lim_{t \to t_0^+} x(t) \right] \tag{2-22}$$

事实上,如果 $x(t)$ 的不连续点是有限个且定义值也有限,仅改变 $x(t)$ 不连续点的定义值并不影响其傅里叶变换的结果。

2.4.2　常用连续信号的傅里叶变换

下面来看一些常用信号的傅里叶变换。

1. 单边指数信号 $x(t)=\mathrm{e}^{-at}u(t),a>0$

$$X(\omega)=\int_{-\infty}^{\infty}x(t)\mathrm{e}^{-\mathrm{j}\omega t}\,\mathrm{d}t=\int_{-\infty}^{\infty}\mathrm{e}^{-at}u(t)\mathrm{e}^{-\mathrm{j}\omega t}\,\mathrm{d}t=\int_{0}^{\infty}\mathrm{e}^{-at}\mathrm{e}^{-\mathrm{j}\omega t}\,\mathrm{d}t$$

$$=-\frac{1}{a+\mathrm{j}\omega}\mathrm{e}^{-(a+\mathrm{j}\omega)t}\Big|_{0}^{\infty}=-\frac{1}{a+\mathrm{j}\omega}\mathrm{e}^{-at}\mathrm{e}^{-\mathrm{j}\omega t}\Big|_{t=\infty}+\frac{1}{a+\mathrm{j}\omega}$$

$$=\frac{1}{a+\mathrm{j}\omega}=\frac{a-\mathrm{j}\omega}{a^2+\omega^2}=\frac{a}{a^2+\omega^2}-\mathrm{j}\frac{\omega}{a^2+\omega^2}$$

2. 指数信号 $x(t)=\mathrm{e}^{-a|t|},a>0$

$$X(\omega)=\int_{-\infty}^{\infty}x(t)\mathrm{e}^{-\mathrm{j}\omega t}\,\mathrm{d}t=\int_{-\infty}^{\infty}\mathrm{e}^{-a|t|}\mathrm{e}^{-\mathrm{j}\omega t}\,\mathrm{d}t=\int_{-\infty}^{0}\mathrm{e}^{at}\mathrm{e}^{-\mathrm{j}\omega t}\,\mathrm{d}t+\int_{0}^{\infty}\mathrm{e}^{-at}\mathrm{e}^{-\mathrm{j}\omega t}\,\mathrm{d}t$$

$$=\frac{1}{a-\mathrm{j}\omega}\mathrm{e}^{(a-\mathrm{j}\omega)t}\Big|_{-\infty}^{0}-\frac{1}{a+\mathrm{j}\omega}\mathrm{e}^{-(a+\mathrm{j}\omega)t}\Big|_{0}^{\infty}=\frac{1}{a-\mathrm{j}\omega}+\frac{1}{a+\mathrm{j}\omega}=\frac{2a}{a^2+\omega^2}$$

3. 冲激信号 $\delta(t)$

$$X(\omega)=\int_{-\infty}^{\infty}\delta(t)\mathrm{e}^{-\mathrm{j}\omega t}\,\mathrm{d}t=\int_{-\infty}^{\infty}\mathrm{e}^{-\mathrm{j}\omega t}\Big|_{t=0}\delta(t)\,\mathrm{d}t$$

$$=\int_{-\infty}^{\infty}\delta(t)\,\mathrm{d}t=1$$

4. 直流信号 A

根据冲激信号的傅里叶变换,有

$$\delta(t)=\frac{1}{2\pi}\int_{-\infty}^{\infty}X(\omega)\mathrm{e}^{\mathrm{j}\omega t}\,\mathrm{d}\omega=\frac{1}{2\pi}\int_{-\infty}^{\infty}\mathrm{e}^{\mathrm{j}\omega t}\,\mathrm{d}\omega$$

作变量代换,有

$$\delta(\omega)=\frac{1}{2\pi}\int_{-\infty}^{\infty}\mathrm{e}^{\mathrm{j}\omega t}\,\mathrm{d}t$$

于是有

$$X(\omega)=\int_{-\infty}^{\infty}A\mathrm{e}^{-\mathrm{j}\omega t}\,\mathrm{d}t=2\pi A\left(\frac{1}{2\pi}\int_{-\infty}^{\infty}\mathrm{e}^{\mathrm{j}\omega t}\,\mathrm{d}t\right)=2\pi A\delta(\omega)$$

5. 符号信号 $\mathrm{Sgn}(t)$

符号信号 $\mathrm{Sgn}(t)$ 定义为

$$\mathrm{Sgn}(t)=\begin{cases}-1, & t<0\\0, & t=0\\1, & t>0\end{cases} \tag{2-23}$$

先求 $\mathrm{Sgn}(t)\mathrm{e}^{-a|t|}(a>0)$ 信号的傅里叶变换:

$$F[\mathrm{Sgn}(t)\mathrm{e}^{-a|t|}]=\int_{-\infty}^{\infty}\mathrm{Sgn}(t)\mathrm{e}^{-a|t|}\mathrm{e}^{-\mathrm{j}\omega t}\,\mathrm{d}t=-\int_{-\infty}^{0}\mathrm{e}^{at}\mathrm{e}^{-\mathrm{j}\omega t}\,\mathrm{d}t+\int_{0}^{\infty}\mathrm{e}^{-at}\mathrm{e}^{-\mathrm{j}\omega t}\,\mathrm{d}t$$

$$=-\frac{1}{a-\mathrm{j}\omega}\mathrm{e}^{(a-\mathrm{j}\omega)t}\Big|_{-\infty}^{0}-\frac{1}{a+\mathrm{j}\omega}\mathrm{e}^{-(a+\mathrm{j}\omega)t}\Big|_{0}^{\infty}$$

$$=-\frac{1}{a-\mathrm{j}\omega}+\frac{1}{a+\mathrm{j}\omega}=-\frac{2\mathrm{j}\omega}{a^2+\omega^2}$$

由于 $\mathrm{Sgn}(t)=\lim\limits_{a\to 0}\mathrm{Sgn}(t)\mathrm{e}^{-a|t|}$,有

$$X(\omega)=F[\mathrm{Sgn}(t)]=\lim\limits_{a\to 0}F[\mathrm{Sgn}(t)\mathrm{e}^{-a|t|}]=\frac{2}{\mathrm{j}\omega}=-\mathrm{j}\frac{2}{\omega}$$

6. 阶跃信号 $u(t)$

由于

$$u(t) = \frac{1}{2}u(t) + \frac{1}{2}u(t) + \frac{1}{2}u(-t) - \frac{1}{2}u(-t)$$

$$= \frac{1}{2}[u(t) + u(-t)] + \frac{1}{2}[u(t) - u(-t)] = \frac{1}{2} + \frac{1}{2}\text{Sgn}(t)$$

根据常数的傅里叶变换和符号信号的傅里叶变换,有

$$X(\omega) = F[u(t)] = \pi\delta(\omega) + \frac{1}{j\omega} = \pi\delta(\omega) - j\frac{1}{\omega}$$

7. 复简谐信号 $e^{j\omega_0 t}$

$$X(\omega) = \int_{-\infty}^{\infty} e^{j\omega_0 t} e^{-j\omega t} dt = \int_{-\infty}^{\infty} e^{-j(\omega-\omega_0)t} dt$$

根据常数的傅里叶变换 $\int_{-\infty}^{\infty} 1 \times e^{-j\omega t} dt = \int_{-\infty}^{\infty} e^{-j\omega t} dt = 2\pi\delta(\omega)$,可得

$$X(\omega) = \int_{-\infty}^{\infty} e^{-j(\omega-\omega_0)t} dt = 2\pi\delta(\omega - \omega_0)$$

可见,复简谐信号 $e^{j\omega_0 t}$ 的傅里叶变换仅在 $\omega = \omega_0$ 处不为零,而在其他频率处均为零。

类似地,$e^{-j\omega_0 t}$ 的傅里叶变换为

$$F[e^{-j\omega_0 t}] = 2\pi\delta(\omega + \omega_0)$$

8. 余弦信号 $\cos\omega_0 t$ 和正弦信号 $\sin\omega_0 t$

根据余弦信号 $\cos\omega_0 t$ 和正弦信号 $\sin\omega_0 t$ 的欧拉公式

$$\cos\omega_0 t = \frac{1}{2}(e^{j\omega_0 t} + e^{-j\omega_0 t}), \quad \sin\omega_0 t = \frac{1}{2j}(e^{j\omega_0 t} - e^{-j\omega_0 t})$$

可以得到

$$F[\cos\omega_0 t] = \pi\delta(\omega - \omega_0) + \pi\delta(\omega + \omega_0)$$

$$F[\sin\omega_0 t] = -j\pi\delta(\omega - \omega_0) + j\pi\delta(\omega + \omega_0)$$

可见,余弦信号 $\cos\omega_0 t$ 或正弦信号 $\sin\omega_0 t$ 的傅里叶变换仅在 $\omega = \pm\omega_0$ 处不为零,而在其他频率处均为零。

9. 矩形信号 $A\,\text{rect}\left(\dfrac{t}{\tau}\right)$

$$X(\omega) = \int_{-\infty}^{\infty} A\,\text{rect}\left(\frac{t}{\tau}\right) e^{-j\omega t} dt = A\int_{-\frac{\tau}{2}}^{\frac{\tau}{2}} e^{-j\omega t} dt = \frac{A}{-j\omega} e^{-j\omega t} \Big|_{-\frac{\tau}{2}}^{\frac{\tau}{2}}$$

$$= \frac{A}{-j\omega}(e^{-j\omega\frac{\tau}{2}} - e^{j\omega\frac{\tau}{2}}) = \frac{A}{-j\omega}\left[-2j\sin\left(\frac{\omega\tau}{2}\right)\right] = \frac{A\tau\sin\dfrac{\omega\tau}{2}}{\dfrac{\omega\tau}{2}} = A\tau\text{Sa}\left(\frac{\omega\tau}{2}\right)$$

矩形信号及其傅里叶变换如图 2-9 所示。

可见,矩形信号的傅里叶变换是频率域的抽样信号,其主瓣高度是矩形信号的面积 $A\tau$,第 1 个零点和原点之间的间隔为 $\dfrac{2\pi}{\tau}\left(\dfrac{\omega\tau}{2} = \pi \Rightarrow \omega = \dfrac{2\pi}{\tau}\right)$。

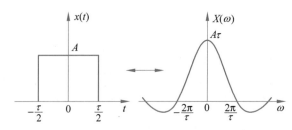

图 2-9 矩形信号及其傅里叶变换

10. 抽样信号 $A\mathrm{Sa}\left(\dfrac{\pi t}{\tau}\right)$

抽样信号 $A\mathrm{Sa}\left(\dfrac{\pi t}{\tau}\right)$ 如图 2-10(a)所示,信号主瓣高度为 A,第 1 个零点和原点之间的间隔为 τ。其傅里叶变换如图 2-10(b)所示,为

$$F\left[A\mathrm{Sa}\left(\frac{\pi t}{\tau}\right)\right]=A\tau\,\mathrm{rect}\left(\frac{\omega}{\dfrac{2\pi}{\tau}}\right)$$

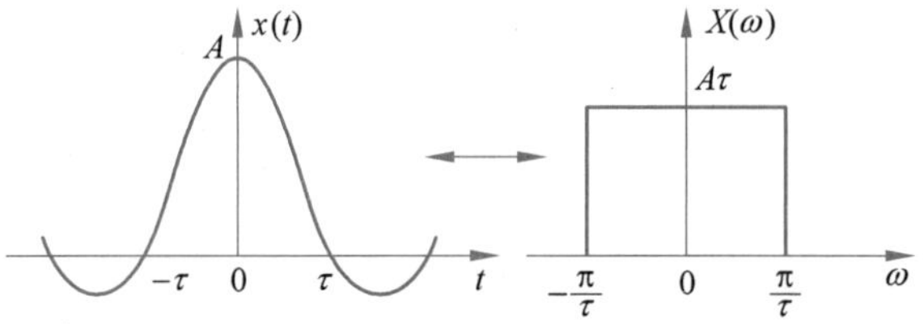

(a)抽样信号 $A\mathrm{Sa}\left(\dfrac{\pi t}{\tau}\right)$ 　　　　　(b)抽样信号的傅里叶变换

图 2-10 抽样信号 $A\mathrm{Sa}\left(\dfrac{\pi t}{\tau}\right)$ 及其傅里叶变换

证明

可以从信号的傅里叶逆变换来证明:

$$x(t)=\frac{1}{2\pi}\int_{-\infty}^{\infty}X(\omega)\mathrm{e}^{\mathrm{j}\omega t}\,\mathrm{d}\omega=\frac{1}{2\pi}\int_{-\infty}^{\infty}A\tau\,\mathrm{rect}\left(\frac{\omega}{\dfrac{2\pi}{\tau}}\right)\mathrm{e}^{\mathrm{j}\omega t}\,\mathrm{d}\omega$$

$$=\frac{A\tau}{2\pi}\int_{-\frac{\pi}{\tau}}^{\frac{\pi}{\tau}}\mathrm{e}^{\mathrm{j}\omega t}\,\mathrm{d}\omega=\frac{A\tau}{2\pi}\left.\frac{1}{\mathrm{j}t}\mathrm{e}^{\mathrm{j}\omega t}\right|_{\omega=-\frac{\pi}{\tau}}^{\frac{\pi}{\tau}}=\frac{A\tau}{2\pi}\frac{1}{\mathrm{j}t}(\mathrm{e}^{\mathrm{j}\frac{\pi}{\tau}t}-\mathrm{e}^{-\mathrm{j}\frac{\pi}{\tau}t})$$

$$=\frac{A\tau}{2\pi}\frac{1}{\mathrm{j}t}\left(2\mathrm{j}\sin\frac{\pi t}{\tau}\right)=\frac{A\sin\dfrac{\pi t}{\tau}}{\dfrac{\pi t}{\tau}}=A\mathrm{Sa}\left(\frac{\pi t}{\tau}\right)$$

证毕。

11. 升余弦脉冲信号

$$x(t)=\begin{cases}\dfrac{A}{2}\left[1+\cos\left(\dfrac{\pi t}{\tau}\right)\right],&|t|\leqslant\tau\\[2mm]0,&t>\tau\end{cases}$$

如图 2-11(a)所示的升余弦脉冲信号 $x(t)$ 可以改写为

$$x(t) = \frac{A}{2}\left[1 + \cos\left(\frac{\pi t}{\tau}\right)\right]\text{rect}\left(\frac{t}{2\tau}\right) = \frac{A}{2}\left[1 + \frac{1}{2}e^{j\frac{\pi t}{\tau}} + \frac{1}{2}e^{-j\frac{\pi t}{\tau}}\right]\text{rect}\left(\frac{t}{2\tau}\right)$$

$$= \frac{A}{2}\text{rect}\left(\frac{t}{2\tau}\right) + \frac{A}{4}e^{j\frac{\pi t}{\tau}}\text{rect}\left(\frac{t}{2\tau}\right) + \frac{A}{4}e^{-j\frac{\pi t}{\tau}}\text{rect}\left(\frac{t}{2\tau}\right)$$

可见,升余弦脉冲信号可以看作 3 个信号的叠加。

先分别对 3 个信号作傅里叶变换。

$$F\left[\frac{A}{2}\text{rect}\left(\frac{t}{2\tau}\right)\right] = A\tau\text{Sa}(\omega\tau) = A\tau\frac{\sin(\omega\tau)}{\omega\tau}$$

$$F\left[\frac{A}{4}e^{j\frac{\pi t}{\tau}}\text{rect}\left(\frac{t}{2\tau}\right)\right] = \int_{-\infty}^{\infty}\frac{A}{4}e^{j\frac{\pi t}{\tau}}\text{rect}\left(\frac{t}{2\tau}\right)e^{-j\omega t}\,dt = \frac{A}{4}\int_{-\tau}^{\tau}e^{j\frac{\pi t}{\tau}}e^{-j\omega t}\,dt$$

$$= \frac{A}{4}\int_{-\tau}^{\tau}e^{j\left(\frac{\pi}{\tau}-\omega\right)t}\,dt = \frac{A}{4}\frac{1}{j\left(\frac{\pi}{\tau}-\omega\right)}e^{j\left(\frac{\pi}{\tau}-\omega\right)t}\Big|_{-\tau}^{\tau} = \frac{A}{4}\frac{2j\sin\left[\left(\frac{\pi}{\tau}-\omega\right)\tau\right]}{j\left(\frac{\pi}{\tau}-\omega\right)}$$

$$= \frac{A\sin(\pi-\omega\tau)}{2\left(\frac{\pi}{\tau}-\omega\right)} = A\tau\frac{\sin\omega\tau}{2(\pi-\omega\tau)}$$

$$F\left[\frac{A}{4}e^{-j\frac{\pi t}{\tau}}\text{rect}\left(\frac{t}{2\tau}\right)\right] = \int_{-\infty}^{\infty}\frac{A}{4}e^{-j\frac{\pi t}{\tau}}\text{rect}\left(\frac{t}{2\tau}\right)e^{-j\omega t}\,dt = \frac{A}{4}\int_{-\tau}^{\tau}e^{-j\frac{\pi t}{\tau}}e^{-j\omega t}\,dt$$

$$= \frac{A}{4}\int_{-\tau}^{\tau}e^{-j\left(\frac{\pi}{\tau}+\omega\right)t}\,dt = \frac{A}{4}\frac{1}{-j\left(\frac{\pi}{\tau}+\omega\right)}e^{-j\left(\frac{\pi}{\tau}+\omega\right)t}\Big|_{-\tau}^{\tau}$$

$$= \frac{A}{4}\frac{-2j\sin\left[\left(\frac{\pi}{\tau}+\omega\right)\tau\right]}{-j\left(\frac{\pi}{\tau}+\omega\right)} = \frac{A\sin(\pi+\omega\tau)}{2\left(\frac{\pi}{\tau}+\omega\right)} = -A\tau\frac{\sin\omega\tau}{2(\pi+\omega\tau)}$$

最后得到信号 $x(t)$ 的傅里叶变换为

$$X(\omega) = A\tau\frac{\sin(\omega\tau)}{\omega\tau} + A\tau\frac{\sin\omega\tau}{2(\pi-\omega\tau)} - A\tau\frac{\sin\omega\tau}{2(\pi+\omega\tau)}$$

$$= A\tau\sin\omega\tau\left[\frac{1}{\omega\tau} + \frac{1}{2(\pi-\omega\tau)} - \frac{1}{2(\pi+\omega\tau)}\right]$$

$$= A\tau\sin\omega\tau\left[\frac{1}{\omega\tau} + \frac{2\omega\tau}{2(\pi^2-\omega^2\tau^2)}\right] = A\tau\frac{\sin\omega\tau}{\omega\tau}\frac{\pi^2}{\pi^2-\omega^2\tau^2}$$

$$= A\tau\text{Sa}(\omega\tau)\frac{1}{1-\left(\frac{\omega\tau}{\pi}\right)^2}$$

其示意图如图 2-11(b)所示。

严格地说,周期信号的傅里叶变换并不存在,因为它不满足绝对可积的条件。但是,引入频率域的冲激信号,那么就可以求解出周期信号的傅里叶变换。

周期信号 $x_T(t)$ 的傅里叶级数展开为

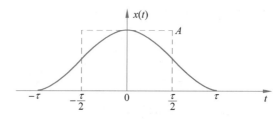

(a)升余弦脉冲信号(虚线为矩形脉冲信号)

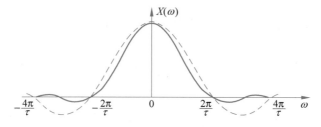

(b)升余弦脉冲信号的傅里叶变换(虚线为矩形脉冲信号的傅里叶变换)

图 2-11　升余弦脉冲信号及其傅里叶变换

$$x_T(t) = \sum_{k=-\infty}^{\infty} C_k e^{jk\omega_0 t}$$

其傅里叶变换为

$$F[x_T(t)] = F\left(\sum_{k=-\infty}^{\infty} C_k e^{jk\omega_0 t}\right) = \sum_{k=-\infty}^{\infty} C_k F(e^{jk\omega_0 t})$$

根据复简谐信号的傅里叶变换 $F(e^{j\omega_0 t}) = 2\pi\delta(\omega - \omega_0)$，有

$$F[x_T(t)] = 2\pi \sum_{k=-\infty}^{\infty} C_k \delta(\omega - k\omega_0)$$

可见，周期信号的傅里叶变换由一系列频率域的冲激函数组成。这些冲激函数处于周期信号的谐频处，其系数是相应的傅里叶级数的 2π 倍。

周期冲激信号 $\delta_T(t)$ 是周期信号的一个特例，它在后面的信号采样中将会遇到。周期冲激信号 $\delta_T(t)$ 定义为

$$\delta_T(t) = \sum_{n=-\infty}^{\infty} \delta(t - nT) \tag{2-24}$$

其波形如图 2-12(a)所示。

由于有

$$C_k = \frac{1}{T}\int_{-\frac{T}{2}}^{\frac{T}{2}} x_T(t) e^{-jk\omega_0 t}\,dt = \frac{1}{T}\int_{-\frac{T}{2}}^{\frac{T}{2}} \delta_T(t) e^{-jk\omega_0 t}\,dt = \frac{1}{T}\int_{-\frac{T}{2}}^{\frac{T}{2}} \delta(t) e^{-jk\omega_0 t}\,dt = \frac{1}{T}$$

则可以得到

$$F[\delta_T(t)] = 2\pi \sum_{k=-\infty}^{\infty} C_k \delta(\omega - k\omega_0) = \frac{2\pi}{T} \sum_{k=-\infty}^{\infty} \delta(\omega - k\omega_0)$$

于是有

$$F[\delta_T(t)] = \omega_0 \sum_{k=-\infty}^{\infty} \delta(\omega - k\omega_0) \tag{2-25}$$

其波形如图 2-12(b)所示。

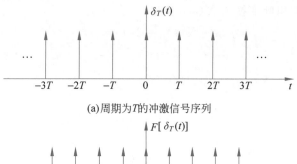

(a)周期为T的冲激信号序列

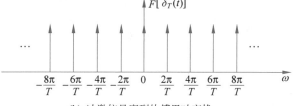

(b) 冲激信号序列的傅里叶变换

图 2-12 周期为 T 的冲激信号序列及其傅里叶变换

可见,周期为 T 的冲激信号序列,其傅里叶变换是频率域上周期为 $\omega_0 = \dfrac{2\pi}{T}$ 的冲激函数序列。

2.4.3 连续时间傅里叶变换性质

第 25 集
微课视频

1. 线性

若信号 $x_1(t)$ 和 $x_2(t)$ 的傅里叶变换分别为 $X_1(\omega)$ 和 $X_2(\omega)$,则对任意常数 a 和 b,信号 $x(t) = ax_1(t) + bx_2(t)$ 的傅里叶变换 $X(\omega)$ 为

$$X(\omega) = aX_1(\omega) + bX_2(\omega) \tag{2-26}$$

证明

$$X(\omega) = \int_{-\infty}^{\infty} x(t) e^{-j\omega t} \, dt = \int_{-\infty}^{\infty} [ax_1(t) + bx_2(t)] e^{-j\omega t} \, dt$$

$$= a\int_{-\infty}^{\infty} x_1(t) e^{-j\omega t} \, dt + b\int_{-\infty}^{\infty} x_2(t) e^{-j\omega t} \, dt = aX_1(\omega) + bX_2(\omega)$$

证毕。

2. 函数下的面积

根据 $X(\omega) = \int_{-\infty}^{\infty} x(t) e^{-j\omega t} \, dt$,有

$$X(0) = \int_{-\infty}^{\infty} x(t) \, dt \tag{2-27}$$

$X(0)$ 是信号 $x(t)$ 的积分,即其直流成分。

根据 $x(t) = \dfrac{1}{2\pi} \int_{-\infty}^{\infty} X(\omega) e^{j\omega t} \, d\omega$,有

$$x(0) = \frac{1}{2\pi} \int_{-\infty}^{\infty} X(\omega) \, d\omega \tag{2-28}$$

$x(0)$ 是信号傅里叶变换的面积除以 2π。

3. 互易对称性(Reciprocity Symmetry)

若信号 $x(t)$ 的傅里叶变换为 $X(\omega)$,则有

$$F[X(t)] = 2\pi x(-\omega) \tag{2-29}$$

证明

由于 $x(t) = \dfrac{1}{2\pi} \displaystyle\int_{-\infty}^{\infty} X(\omega) e^{j\omega t} d\omega$,有

$$x(-t) = \frac{1}{2\pi} \int_{-\infty}^{\infty} X(\omega) e^{-j\omega t} d\omega$$

将变量 t 和 ω 进行互换,则有

$$x(-\omega) = \frac{1}{2\pi} \int_{-\infty}^{\infty} X(t) e^{-j\omega t} dt$$

进一步得出

$$2\pi x(-\omega) = \int_{-\infty}^{\infty} X(t) e^{-j\omega t} dt = F[X(t)]$$

证毕。

如图 2-13 所示,前面介绍的矩形脉冲信号与抽样信号的傅里叶变换就是互易对称性的例子。

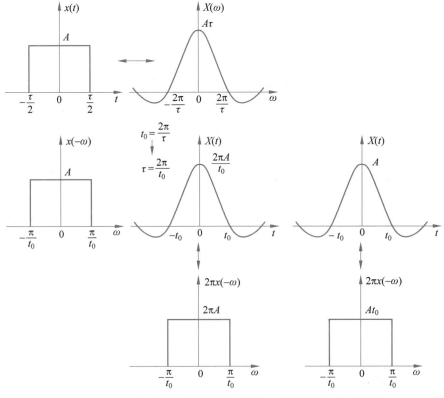

图 2-13　矩形脉冲信号与抽样信号的傅里叶变换的互易对称性

4. 尺度变换特性

若信号 $x(t)$ 的傅里叶变换为 $X(\omega)$,对于非零的实常数 a,有

$$F[x(at)] = \frac{1}{|a|}X\left(\frac{\omega}{a}\right) \tag{2-30}$$

证明

$$F[x(at)] = \int_{-\infty}^{\infty} x(at)e^{-j\omega t}dt$$

令 $\tau = at$，有 $t = \dfrac{\tau}{a}$，$dt = \dfrac{1}{a}d\tau$，分 $a > 0$ 和 $a < 0$ 两种情况。

当 $a > 0$ 时，$F[x(at)] = \displaystyle\int_{-\infty}^{\infty} x(\tau)e^{-j\omega\frac{\tau}{a}}\dfrac{1}{a}d\tau = \dfrac{1}{a}\int_{-\infty}^{\infty} x(\tau)e^{-j\frac{\omega}{a}\tau}d\tau = \dfrac{1}{a}X\left(\dfrac{\omega}{a}\right) =$
$\dfrac{1}{|a|}X\left(\dfrac{\omega}{a}\right)$。

当 $a < 0$ 时，$F[x(at)] = -\displaystyle\int_{-\infty}^{\infty} x(\tau)e^{-j\omega\frac{\tau}{a}}\dfrac{1}{a}d\tau = \dfrac{1}{-a}\int_{-\infty}^{\infty} x(\tau)e^{-j\frac{\omega}{a}\tau}d\tau = \dfrac{1}{-a}X\left(\dfrac{\omega}{a}\right) =$
$\dfrac{1}{|a|}X\left(\dfrac{\omega}{a}\right)$。

证毕。

如图 2-14 所示，当 $a > 0$ 时，尺度变换特性的意义是信号 $x(at)$ 在时间域上扩展 a 倍或压缩至 $\dfrac{1}{a}$，则其傅里叶变换 $\dfrac{1}{|a|}X\left(\dfrac{\omega}{a}\right)$ 表示在频率域上将相应地压缩至 $\dfrac{1}{a}$ 或扩展 a 倍$\left(\text{除幅度变为 }\dfrac{1}{|a|}\text{ 外}\right)$。因此，尺度变换特性也称为展缩特性。

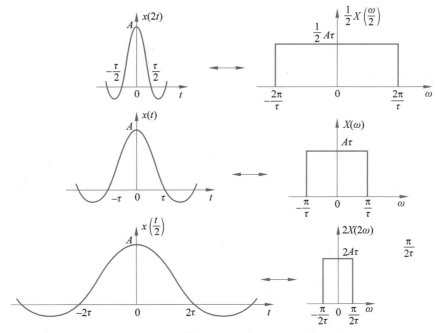

图 2-14 傅里叶变换展缩特性的示意图

特别地，当 $a = -1$ 时，有

$$F[x(-t)] = X(-\omega) \tag{2-31}$$

这表示信号傅里叶变换的时间翻转特性。a 取其他负数时,既有时间翻转特性,又有展缩特性。

若 $x(t)$ 是偶信号,即 $x(t)=x(-t)$,则 $X(\omega)=X(-\omega)$,这表明偶信号的傅里叶变换 $X(\omega)$ 是关于 ω 的偶信号。若 $x(t)$ 是奇信号,即 $x(t)=-x(-t)$,则 $X(\omega)=-X(-\omega)$,这表明奇信号的傅里叶变换 $X(\omega)$ 是关于 ω 的奇信号。

5. 共轭对称性

若信号 $x(t)$ 的傅里叶变换为 $X(\omega)$,则有

$$F[x^*(t)]=X^*(-\omega) \tag{2-32}$$

证明

$$F[x^*(t)]=\int_{-\infty}^{\infty}x^*(t)e^{-j\omega t}dt=\left[\int_{-\infty}^{\infty}x(t)e^{j\omega t}dt\right]^*$$
$$=\left[\int_{-\infty}^{\infty}x(t)e^{-j(-\omega)t}dt\right]^*=X^*(-\omega)$$

证毕。

对于实信号 $x(t)=x^*(t)$,可以得到 $X(\omega)=X^*(-\omega)$。记 $X(\omega)=R(\omega)+jI(\omega)$,于是有 $R(\omega)+jI(\omega)=R(-\omega)-jI(-\omega)$,即 $R(\omega)=R(-\omega)$,$I(\omega)=-I(-\omega)$。这说明实信号 $x(t)$ 傅里叶变换的实部 $R(\omega)$ 是关于 ω 的偶信号,虚部 $I(\omega)$ 是关于 ω 的奇信号。

6. 时移特性

若信号 $x(t)$ 的傅里叶变换为 $X(\omega)$,对于任意实数 t_0,有

$$F[x(t-t_0)]=X(\omega)e^{-j\omega t_0} \tag{2-33}$$

证明

$$F[x(t-t_0)]=\int_{-\infty}^{\infty}x(t-t_0)e^{-j\omega t}dt$$

令 $\tau=t-t_0$,有 $t=\tau+t_0$,$dt=d\tau$,代入后有

$$F[x(t-t_0)]=\int_{-\infty}^{\infty}x(\tau)e^{-j\omega(\tau+t_0)}d\tau=e^{-j\omega t_0}\int_{-\infty}^{\infty}x(\tau)e^{-j\omega\tau}d\tau=X(\omega)e^{-j\omega t_0}$$

证毕。

这说明信号的时移,其傅里叶变换只增加一个线性相位。

我们已求得矩形脉冲信号的傅里叶变换 $F\left[A\,rect\left(\dfrac{t}{\tau}\right)\right]=A\tau Sa\left(\dfrac{\omega\tau}{2}\right)$ 和抽样信号的傅里叶变换 $F\left[ASa\left(\dfrac{\pi t}{\tau}\right)\right]=A\tau\,rect\left(\dfrac{\omega}{\frac{2\pi}{\tau}}\right)$,根据傅里叶变换的时移特性,可以得出

$$F\left[A\,rect\left(\dfrac{t-t_0}{\tau}\right)\right]=A\tau Sa\left(\dfrac{\omega\tau}{2}\right)e^{-j\omega t_0}$$

$$F\left\{ASa\left[\dfrac{\pi(t-t_0)}{\tau}\right]\right\}=A\tau\,rect\left(\dfrac{\omega}{\frac{2\pi}{\tau}}\right)e^{-j\omega t_0}$$

7. 频移特性

若信号 $x(t)$ 的傅里叶变换为 $X(\omega)$,对于任意实数 ω_0,有

$$F[x(t)e^{j\omega_0 t}] = X(\omega - \omega_0) \tag{2-34}$$

证明

$$F[x(t)e^{j\omega_0 t}] = \int_{-\infty}^{\infty} x(t)e^{j\omega_0 t} e^{-j\omega t} \, \mathrm{d}t = \int_{-\infty}^{\infty} x(t)e^{-j(\omega - \omega_0)t} \, \mathrm{d}t$$

证毕。

这说明要在频率域上搬移 ω_0，只要将信号在时间域上乘以 $e^{j\omega_0 t}$。在通信系统中，可以通过将信号 $x(t)$ 乘以正弦信号（或余弦信号）来完成，这就是信号的调制。

根据 $\cos\omega_0 t = \dfrac{1}{2}(e^{j\omega_0 t} + e^{-j\omega_0 t})$ 和 $\sin\omega_0 t = \dfrac{1}{2j}(e^{j\omega_0 t} - e^{-j\omega_0 t})$，可以得到

$$F[x(t)\cos\omega_0 t] = \frac{1}{2}X(\omega - \omega_0) + \frac{1}{2}X(\omega + \omega_0) \tag{2-35}$$

$$F[x(t)\sin\omega_0 t] = \frac{1}{2j}X(\omega - \omega_0) - \frac{1}{2j}X(\omega + \omega_0) \tag{2-36}$$

前面介绍的升余弦脉冲信号的傅里叶变换，就可直接用频移特性方便地求解。

【例 2-5】 求单边正弦信号 $\sin\omega_0 t u(t)$ 的傅里叶变换。

解 由于 $F[u(t)] = \pi\delta(\omega) + \dfrac{1}{j\omega}$，根据式(2-36)，有

$$\begin{aligned}
F[u(t)\sin\omega_0 t] &= \frac{1}{2j}\left[\pi\delta(\omega - \omega_0) - \pi\delta(\omega + \omega_0) + \frac{1}{j(\omega - \omega_0)} - \frac{1}{j(\omega + \omega_0)}\right] \\
&= \frac{1}{2j}\left[\pi\delta(\omega - \omega_0) - \pi\delta(\omega + \omega_0) + \frac{2\omega_0}{j(\omega^2 - \omega_0^2)}\right] \\
&= \frac{\pi}{2j}[\delta(\omega - \omega_0) - \delta(\omega + \omega_0)] - \frac{\omega_0}{\omega^2 - \omega_0^2}
\end{aligned}$$

8. 时间域卷积特性

若信号 $x_1(t)$ 和 $x_2(t)$ 的傅里叶变换分别为 $X_1(\omega)$ 和 $X_2(\omega)$，则信号 $x(t) = x_1(t) * x_2(t)$ 的傅里叶变换 $X(\omega)$ 为

$$X(\omega) = X_1(\omega)X_2(\omega) \tag{2-37}$$

证明

$$\begin{aligned}
X(\omega) &= \int_{-\infty}^{\infty} x(t)e^{-j\omega t} \, \mathrm{d}t = \int_{-\infty}^{\infty} [x_1(t) * x_2(t)]e^{-j\omega t} \, \mathrm{d}t \\
&= \int_{-\infty}^{\infty}\left[\int_{-\infty}^{\infty} x_1(\tau)x_2(t-\tau)\mathrm{d}\tau\right]e^{-j\omega t}\, \mathrm{d}t = \int_{-\infty}^{\infty} x_1(\tau)\left[\int_{-\infty}^{\infty} x_2(t-\tau)e^{-j\omega t}\, \mathrm{d}t\right]\mathrm{d}\tau \\
&= \int_{-\infty}^{\infty} x_1(\tau)\left[\int_{-\infty}^{\infty} x_2(t-\tau)e^{-j\omega(t-\tau)}\, \mathrm{d}t\right]e^{-j\omega\tau}\, \mathrm{d}\tau = \int_{-\infty}^{\infty} x_1(\tau)X_2(\omega)e^{-j\omega\tau}\, \mathrm{d}\tau \\
&= X_2(\omega)\int_{-\infty}^{\infty} x_1(\tau)e^{-j\omega\tau}\, \mathrm{d}\tau = X_1(\omega)X_2(\omega)
\end{aligned}$$

证毕。

可见，该特性将时间域内的卷积运算转换为频率域内的相乘运算，简述为"时域卷积，频域相乘"。

9. 频率域卷积特性

若信号 $x_1(t)$ 和 $x_2(t)$ 的傅里叶变换分别为 $X_1(\omega)$ 和 $X_2(\omega)$，则信号 $x(t) = x_1(t)x_2(t)$

的傅里叶变换 $X(\omega)$ 为

$$X(\omega) = \frac{1}{2\pi}[X_1(\omega) * X_2(\omega)] \qquad (2\text{-}38)$$

证明

$$X(\omega) = \int_{-\infty}^{\infty} x(t)\mathrm{e}^{-\mathrm{j}\omega t}\,\mathrm{d}t = \int_{-\infty}^{\infty}[x_1(t)x_2(t)]\mathrm{e}^{-\mathrm{j}\omega t}\,\mathrm{d}t$$

$$= \int_{-\infty}^{\infty}[x_1(t)x_2(t)]\mathrm{e}^{-\mathrm{j}\omega t}\,\mathrm{d}t = \int_{-\infty}^{\infty} x_1(t)\left[\frac{1}{2\pi}\int_{-\infty}^{\infty} X_2(\Omega)\mathrm{e}^{\mathrm{j}\Omega t}\,\mathrm{d}\Omega\right]\mathrm{e}^{-\mathrm{j}\omega t}\,\mathrm{d}t$$

$$= \frac{1}{2\pi}\int_{-\infty}^{\infty} X_2(\Omega)\left[\int_{-\infty}^{\infty} x_1(t)\mathrm{e}^{-\mathrm{j}(\omega-\Omega)t}\,\mathrm{d}t\right]\mathrm{d}\Omega = \frac{1}{2\pi}\int_{-\infty}^{\infty} X_2(\Omega)X_1(\omega-\Omega)\,\mathrm{d}\Omega$$

$$= \frac{1}{2\pi}[X_1(\omega) * X_2(\omega)]$$

证毕。

可见,该特性将时间域内的相乘运算转换为频率域内的卷积运算,简述为"时域相乘,频域卷积"。

【例 2-6】 求单边余弦信号 $\cos\omega_0 t u(t)$ 的傅里叶变换。

解 由于 $F[u(t)] = \pi\delta(\omega) + \dfrac{1}{\mathrm{j}\omega}$ 和 $F[\cos\omega_0 t] = \pi\delta(\omega-\omega_0) + \pi\delta(\omega+\omega_0)$,根据式(2-38),有

$$F[u(t)\cos\omega_0 t] = \frac{1}{2\pi}\left[\pi\delta(\omega) + \frac{1}{\mathrm{j}\omega}\right] * [\pi\delta(\omega-\omega_0) + \pi\delta(\omega+\omega_0)]$$

$$= \frac{1}{2}\delta(\omega) * [\pi\delta(\omega-\omega_0) + \pi\delta(\omega+\omega_0)] + \frac{1}{\mathrm{j}2\pi\omega} * [\pi\delta(\omega-\omega_0) + \pi\delta(\omega+\omega_0)]$$

$$= \frac{\pi}{2}\delta(\omega) * \delta(\omega-\omega_0) + \frac{\pi}{2}\delta(\omega) * \delta(\omega+\omega_0) + \frac{1}{\mathrm{j}2\omega} * \delta(\omega-\omega_0) + \frac{1}{\mathrm{j}2\omega} * \delta(\omega+\omega_0)$$

$$= \frac{\pi}{2}\delta(\omega-\omega_0) + \frac{\pi}{2}\delta(\omega+\omega_0) + \frac{1}{\mathrm{j}2(\omega-\omega_0)} + \frac{1}{\mathrm{j}2(\omega+\omega_0)}$$

$$= \frac{\pi}{2}[\delta(\omega-\omega_0) + \delta(\omega+\omega_0)] + \frac{2\omega}{\mathrm{j}2(\omega^2-\omega_0^2)}$$

$$= \frac{\pi}{2}[\delta(\omega-\omega_0) + \delta(\omega+\omega_0)] - \frac{\mathrm{j}\omega}{(\omega^2-\omega_0^2)}$$

10. 时间域微分特性

若信号 $x(t)$ 的傅里叶变换为 $X(\omega)$,且其微分 $\dfrac{\mathrm{d}x(t)}{\mathrm{d}t}$ 存在,则有

$$F\left[\frac{\mathrm{d}x(t)}{\mathrm{d}t}\right] = \mathrm{j}\omega X(\omega) \qquad (2\text{-}39)$$

证明

根据 $x(t) = \dfrac{1}{2\pi}\displaystyle\int_{-\infty}^{\infty} X(\omega)\mathrm{e}^{\mathrm{j}\omega t}\,\mathrm{d}\omega$,当其微分 $\dfrac{\mathrm{d}x(t)}{\mathrm{d}t}$ 存在时,可对等式两边作微分运算,得到

$$\frac{\mathrm{d}x(t)}{\mathrm{d}t}=\frac{1}{2\pi}\frac{\mathrm{d}\left[\int_{-\infty}^{\infty}X(\omega)\,\mathrm{e}^{\mathrm{j}\omega t}\,\mathrm{d}\omega\right]}{\mathrm{d}t}=\frac{1}{2\pi}\int_{-\infty}^{\infty}X(\omega)\,\frac{\mathrm{d}\left[\mathrm{e}^{\mathrm{j}\omega t}\right]}{\mathrm{d}t}\mathrm{d}\omega=\frac{1}{2\pi}\int_{-\infty}^{\infty}\mathrm{j}\omega X(\omega)\,\mathrm{e}^{\mathrm{j}\omega t}\,\mathrm{d}\omega$$

所以

$$F\left[\frac{\mathrm{d}x(t)}{\mathrm{d}t}\right]=\mathrm{j}\omega X(\omega)$$

证毕。

进一步,若其高阶微分 $\dfrac{\mathrm{d}^n x(t)}{\mathrm{d}t^n}$ 存在(n 为不小于 2 的整数),则有

$$F\left[\frac{\mathrm{d}^n x(t)}{\mathrm{d}t^n}\right]=(\mathrm{j}\omega)^n X(\omega) \tag{2-40}$$

【例 2-7】 求如图 2-15 所示梯形信号 $x(t)$ 的傅里叶变换。

解 对梯形信号进行两次微分运算,可以得到如图 2-16 所示的 4 个冲激信号,即

$$\frac{\mathrm{d}^2 x(t)}{\mathrm{d}t^2}=\frac{A}{b-a}\left[\delta(t+b)-\delta(t+a)-\delta(t-a)+\delta(t+b)\right]$$

所以

$$F\left[\frac{\mathrm{d}^2 x(t)}{\mathrm{d}t^2}\right]=\frac{A}{b-a}(\mathrm{e}^{\mathrm{j}\omega b}-\mathrm{e}^{\mathrm{j}\omega a}-\mathrm{e}^{-\mathrm{j}\omega a}+\mathrm{e}^{-\mathrm{j}\omega b})=\frac{2A}{b-a}(\cos\omega b-\cos\omega a)$$

根据 $F\left[\dfrac{\mathrm{d}^2 x(t)}{\mathrm{d}t^2}\right]=(\mathrm{j}\omega)^2 X(\omega)$,有

$$X(\omega)=\frac{1}{(\mathrm{j}\omega)^2}\frac{2A}{b-a}(\cos\omega b-\cos\omega a)=\frac{2A}{b-a}\left(\frac{\cos\omega a-\cos\omega b}{\omega^2}\right)$$

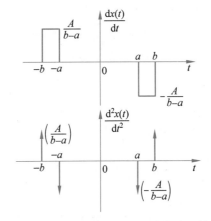

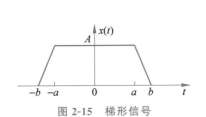

图 2-15 梯形信号   图 2-16 对梯形信号进行两次微分运算

11. 频率域微分特性

若信号 $x(t)$ 的傅里叶变换为 $X(\omega)$,对于正整数 n,有

$$F\left[t^n x(t)\right]=\mathrm{j}\frac{\mathrm{d}X^n(\omega)}{\mathrm{d}\omega^n} \tag{2-41}$$

特别地,当 $n=1$ 时,有

$$F\left[tx(t)\right]=\mathrm{j}\frac{\mathrm{d}X(\omega)}{\mathrm{d}\omega} \tag{2-42}$$

先来证明式(2-42)。

证明

根据 $X(\omega)=\int_{-\infty}^{\infty}x(t)\mathrm{e}^{-\mathrm{j}\omega t}\mathrm{d}t$,两边对 ω 作微分运算,有

$$\frac{\mathrm{d}X(\omega)}{\mathrm{d}\omega}=\frac{\mathrm{d}\left[\int_{-\infty}^{\infty}x(t)\mathrm{e}^{-\mathrm{j}\omega t}\mathrm{d}t\right]}{\mathrm{d}\omega}=\int_{-\infty}^{\infty}x(t)\frac{\mathrm{d}\left[\mathrm{e}^{-\mathrm{j}\omega t}\right]}{\mathrm{d}\omega}\mathrm{d}t=\int_{-\infty}^{\infty}x(t)(-\mathrm{j}t)\mathrm{e}^{-\mathrm{j}\omega t}\mathrm{d}t$$

于是,有

$$\mathrm{j}\frac{\mathrm{d}X(\omega)}{\mathrm{d}\omega}=-\mathrm{j}^{2}\int_{-\infty}^{\infty}[tx(t)]\mathrm{e}^{-\mathrm{j}\omega t}\mathrm{d}t=\int_{-\infty}^{\infty}[tx(t)]\mathrm{e}^{-\mathrm{j}\omega t}\mathrm{d}t$$

证毕。

进一步推导,可以得到式(2-41)。

【例 2-8】 求单边线性信号 $tu(t)$ 的傅里叶变换。

解 已知 $F[u(t)]=\pi\delta(\omega)+\dfrac{1}{\mathrm{j}\omega}$,利用傅里叶变换的频率域微分特性,有

$$F[tu(t)]=\mathrm{j}\frac{\mathrm{d}\left[\pi\delta(\omega)+\dfrac{1}{\mathrm{j}\omega}\right]}{\mathrm{d}\omega}=\mathrm{j}\pi\delta'(\omega)-\frac{1}{\omega^{2}}$$

进一步可以得到(n 为不小于 2 的整数)

$$F[t^{n}u(t)]=\mathrm{j}^{n}\pi\delta^{(n)}(\omega)+(-1)^{n+1}\frac{n!}{\omega^{n+1}}$$

12. 积分特性

若信号 $x(t)$ 的傅里叶变换为 $X(\omega)$,则有

$$F\left[\int_{-\infty}^{t}x(\tau)\mathrm{d}\tau\right]=\frac{1}{\mathrm{j}\omega}X(\omega)+\pi X(0)\delta(\omega) \tag{2-43}$$

证明

由于 $\int_{-\infty}^{t}x(\tau)\mathrm{d}\tau=\int_{-\infty}^{\infty}x(\tau)u(t-\tau)\mathrm{d}\tau=x(t)*u(t)$,根据时间域卷积特性,有

$$F\left[\int_{-\infty}^{t}x(\tau)\mathrm{d}\tau\right]=F[x(t)]F[u(t)]=X(\omega)\left[\pi\delta(\omega)+\frac{1}{\mathrm{j}\omega}\right]=\pi X(\omega)\delta(\omega)+\frac{1}{\mathrm{j}\omega}X(\omega)$$

$$=\frac{1}{\mathrm{j}\omega}X(\omega)+\pi X(0)\delta(\omega)$$

证毕。

如果信号 $x(t)$ 不存在直流分量,即 $X(0)=0$,则有

$$F\left[\int_{-\infty}^{t}x(\tau)\mathrm{d}\tau\right]=\frac{1}{\mathrm{j}\omega}X(\omega)$$

2.5 离散时间傅里叶变换

2.5.1 离散时间信号的傅里叶变换

类似地,在离散时间周期信号的傅里叶级数中令周期 N 趋于无穷大,也可以演化出离

散时间信号的傅里叶变换与反变换,其表达式分别为

$$X(e^{j\Omega}) = \sum_{n=-\infty}^{\infty} x[n]e^{-j\Omega n} \tag{2-44}$$

$$x[n] = \frac{1}{2\pi}\int_{-\pi}^{\pi} X(e^{j\Omega})e^{j\Omega n}\, d\Omega \tag{2-45}$$

其中,Ω 为离散时间信号的数字角频率。可见,离散时间信号的傅里叶变换 $X(e^{j\Omega})$ 是关于 Ω 的周期信号,其周期为 2π。

如果以数字频率 $F = \dfrac{\Omega}{2\pi}$ 来表示,则离散时间信号的傅里叶变换与反变换分别表示为

$$X(e^{j2\pi F}) = \sum_{n=-\infty}^{\infty} x[n]e^{-j2\pi Fn} \tag{2-46}$$

$$x[n] = \int_{-\frac{1}{2}}^{\frac{1}{2}} X(e^{j2\pi F})e^{j2\pi Fn}\, dF \tag{2-47}$$

离散时间信号的傅里叶变换收敛与否同样满足狄利克雷条件,即如果信号 $x[n]$ 满足绝对可加:

$$\sum_{n=-\infty}^{\infty} |x[n]| < \infty \tag{2-48}$$

或信号的能量有限:

$$\sum_{n=-\infty}^{\infty} |x[n]|^2 < \infty \tag{2-49}$$

则其傅里叶变换是收敛的。

2.5.2 常用离散信号的傅里叶变换

下面给出一些常用离散信号的傅里叶变换。

(1) $F\{a^n u[n]\} = \dfrac{1}{1-ae^{-j\Omega}}$,$|a| < 1$。

证明

当 $|a| < 1$ 时,有

$$F\{a^n u[n]\} = \sum_{n=-\infty}^{\infty} a^n u[n]e^{-j\Omega n} = \sum_{n=0}^{\infty} a^n e^{-j\Omega n} = \frac{1}{1-ae^{-j\Omega}}$$

证毕。

(2) $F\{a^{|n|}\} = \dfrac{1-a^2}{1-2a\cos\Omega + a^2}$,$|a| < 1$。

证明

当 $|a| < 1$ 时,有

$$F\{a^{|n|}\} = \sum_{n=-\infty}^{\infty} a^{|n|} e^{-j\Omega n} = \sum_{n=-\infty}^{-1} a^{-n} e^{-j\Omega n} + \sum_{n=0}^{\infty} a^n e^{-j\Omega n}$$

$$= \sum_{n=1}^{\infty} a^n e^{j\Omega n} + \sum_{n=0}^{\infty} a^n e^{-j\Omega n} = \frac{ae^{j\Omega}}{1-ae^{j\Omega}} + \frac{1}{1-ae^{-j\Omega}} = \frac{1-a^2}{1-2a\cos\Omega + a^2}$$

证毕。

（3）$F\{\delta[n]\}=1$。

证明

$$F\{\delta[n]\}=\sum_{n=-\infty}^{\infty}\delta[n]\mathrm{e}^{-\mathrm{j}\Omega n}=1$$

证毕。

（4）若 $x[n]=A$，则有 $X(\mathrm{e}^{\mathrm{j}\Omega})=2\pi A\sum_{k=-\infty}^{\infty}\delta(\Omega-2k\pi)$。

证明

可以从傅里叶逆变换进行证明。

$$x[n]=\frac{1}{2\pi}\int_{-\pi}^{\pi}X(\mathrm{e}^{\mathrm{j}\Omega})\mathrm{e}^{\mathrm{j}\Omega n}\,\mathrm{d}\Omega=\frac{1}{2\pi}\int_{-\pi}^{\pi}2\pi A\sum_{k=-\infty}^{\infty}\delta(\Omega-2k\pi)\mathrm{e}^{\mathrm{j}\Omega n}\,\mathrm{d}\Omega$$

$$=A\int_{-\pi}^{\pi}\delta(\Omega)\mathrm{e}^{\mathrm{j}\Omega n}\,\mathrm{d}\Omega=A$$

证毕。

（5）$F\{\mathrm{Sgn}[n]\}=-\mathrm{j}\dfrac{\sin\Omega}{1-\cos\Omega}$。

证明

先来求 $\mathrm{Sgn}[n]\mathrm{e}^{-a|n|}(a>0)$ 信号的傅里叶变换。

$$F\{\mathrm{Sgn}[n]\mathrm{e}^{-a|n|}\}=\sum_{n=-\infty}^{\infty}\mathrm{Sgn}[n]\mathrm{e}^{-a|n|}\,\mathrm{e}^{-\mathrm{j}\Omega n}$$

$$=-\sum_{n=-\infty}^{-1}\mathrm{e}^{an}\mathrm{e}^{-\mathrm{j}\Omega n}+\sum_{n=1}^{\infty}\mathrm{e}^{-an}\mathrm{e}^{-\mathrm{j}\Omega n}=-\sum_{n=1}^{\infty}\mathrm{e}^{-an}\mathrm{e}^{\mathrm{j}\Omega n}+\sum_{n=1}^{\infty}\mathrm{e}^{-an}\mathrm{e}^{-\mathrm{j}\Omega n}$$

$$=-\mathrm{e}^{-a}\frac{1}{1-\mathrm{e}^{-a}\mathrm{e}^{\mathrm{j}\Omega}}+\mathrm{e}^{-a}\frac{1}{1-\mathrm{e}^{-a}\mathrm{e}^{-\mathrm{j}\Omega}}$$

令 $a\to0$，则有

$$F\{\mathrm{Sgn}[n]\}=-\frac{1}{1-\mathrm{e}^{\mathrm{j}\Omega}}+\frac{1}{1-\mathrm{e}^{-\mathrm{j}\Omega}}=\frac{-1+\mathrm{e}^{-\mathrm{j}\Omega}+1-\mathrm{e}^{\mathrm{j}\Omega}}{1-\mathrm{e}^{-\mathrm{j}\Omega}-\mathrm{e}^{\mathrm{j}\Omega}+1}=\frac{-2\mathrm{j}\sin\Omega}{2-2\cos\Omega}=-\mathrm{j}\frac{\sin\Omega}{1-\cos\Omega}$$

证毕。

（6）$F\{u[n]\}=\dfrac{1}{1-\mathrm{e}^{-\mathrm{j}\Omega}}+\pi\sum_{k=-\infty}^{\infty}\delta(\Omega-2k\pi)$。

证明

由于 $u[n]=\frac{1}{2}+\frac{1}{2}\mathrm{Sgn}[n]+\frac{1}{2}\delta[n]$，因此有

$$F\{u[n]\}=\frac{1}{2}\left[2\pi\sum_{k=-\infty}^{\infty}\delta(\Omega-2k\pi)\right]+\frac{1}{2}\left(-\mathrm{j}\frac{\sin\Omega}{1-\cos\Omega}\right)+\frac{1}{2}$$

$$=\frac{1}{2}\frac{1-\cos\Omega-\mathrm{j}\sin\Omega}{1-\cos\Omega}+\pi\sum_{k=-\infty}^{\infty}\delta(\Omega-2k\pi)=\frac{1-\mathrm{e}^{\mathrm{j}\Omega}}{2-2\cos\Omega}+\pi\sum_{k=-\infty}^{\infty}\delta(\Omega-2k\pi)$$

$$=\frac{1-\mathrm{e}^{\mathrm{j}\Omega}}{(1-\mathrm{e}^{\mathrm{j}\Omega})(1-\mathrm{e}^{-\mathrm{j}\Omega})}+\pi\sum_{k=-\infty}^{\infty}\delta(\Omega-2k\pi)=\frac{1}{1-\mathrm{e}^{-\mathrm{j}\Omega}}+\pi\sum_{k=-\infty}^{\infty}\delta(\Omega-2k\pi)$$

证毕。

(7) 若 $x[n] = e^{j\Omega_0 n}$，则有 $X(e^{j\Omega}) = 2\pi \sum\limits_{k=-\infty}^{\infty} \delta(\Omega - \Omega_0 - 2k\pi)$。

证明

可以从傅里叶逆变换进行证明。

$$x[n] = \frac{1}{2\pi}\int_{-\pi}^{\pi} X(e^{j\Omega}) e^{j\Omega n} d\Omega = \frac{1}{2\pi}\int_{-\pi}^{\pi} 2\pi \sum_{k=-\infty}^{\infty} \delta(\Omega - \Omega_0 - 2k\pi) e^{j\Omega n} d\Omega$$

对于某个 k 值，不妨设 $k = m$ 时，满足 $|\Omega_0 + 2k\pi| = |\Omega_0 + 2m\pi| \leqslant \pi$，于是有

$$x[n] = \int_{-\pi}^{\pi} \delta[\Omega - (\Omega_0 + 2m\pi)] e^{j\Omega n} d\Omega$$

$$= e^{j(\Omega_0 + 2m\pi)n} \int_{-\pi}^{\pi} \delta[\Omega - (\Omega_0 + 2m\pi)] d\Omega$$

$$= e^{j(\Omega_0 + 2m\pi)n} = e^{j\Omega_0 n} e^{j2mn\pi} = e^{j\Omega_0 n}$$

证毕。

(8) $F[\cos\Omega_0 n] = \pi \sum\limits_{k=-\infty}^{\infty} \delta(\Omega - \Omega_0 - 2k\pi) + \pi \sum\limits_{k=-\infty}^{\infty} \delta(\Omega + \Omega_0 - 2k\pi)$，$F[\sin\Omega_0 n] =$

$-j\pi \sum\limits_{k=-\infty}^{\infty} \delta(\Omega - \Omega_0 - 2k\pi) + j\pi \sum\limits_{k=-\infty}^{\infty} \delta(\Omega + \Omega_0 - 2k\pi)$。

根据 $F[e^{j\Omega_0 n}] = 2\pi \sum\limits_{k=-\infty}^{\infty} \delta(\Omega - \Omega_0 - 2k\pi)$ 和 $\cos\Omega_0 n$、$\sin\Omega_0 n$ 的欧拉公式，很容易证明这两个傅里叶变换。

(9) 若 $x[n] = \begin{cases} 1, & |n| \leqslant N \\ 0, & |n| > N \end{cases}$，则有 $X(e^{j\Omega}) = \dfrac{\sin\left(N + \frac{1}{2}\right)\Omega}{\sin\dfrac{\Omega}{2}}$。

证明

$$X(e^{j\Omega}) = \sum_{n=-\infty}^{\infty} x[n] e^{-j\Omega n} = \sum_{n=-N}^{N} e^{-j\Omega n} = e^{j\Omega N} \frac{1 - e^{-j\Omega(2N+1)}}{1 - e^{-j\Omega}}$$

$$= e^{j\Omega N} \frac{e^{-j\Omega\frac{2N+1}{2}} [e^{j\Omega\frac{2N+1}{2}} - e^{-j\Omega\frac{2N+1}{2}}]}{e^{-j\frac{\Omega}{2}} (e^{j\frac{\Omega}{2}} + e^{-j\frac{\Omega}{2}})} = \frac{2j\sin\left(N + \frac{1}{2}\right)\Omega}{2j\sin\dfrac{\Omega}{2}} = \frac{\sin\left(N + \frac{1}{2}\right)\Omega}{\sin\dfrac{\Omega}{2}}$$

证毕。

(10) 若 $x[n] = \dfrac{\sin Wn}{\pi n}$，$0 < W < \pi$，则有 $X(e^{j\Omega}) = \begin{cases} 1, & 0 \leqslant |\Omega| \leqslant W \\ 0, & W < |\Omega| \leqslant \pi \end{cases}$。

证明

可以从傅里叶逆变换进行证明。

$$x[n] = \frac{1}{2\pi}\int_{-\pi}^{\pi} X(e^{j\Omega}) e^{j\Omega n} d\Omega = \frac{1}{2\pi}\int_{-W}^{W} e^{j\Omega n} d\Omega = \frac{1}{2\pi} \frac{1}{jn} e^{j\Omega n} \Big|_{-W}^{W}$$

$$= \frac{1}{2\pi} \frac{1}{jn} (e^{jWn} - e^{-jWn}) = \frac{1}{2\pi} \frac{2j\sin Wn}{jn} = \frac{\sin Wn}{\pi n}$$

证毕。

如果 $x[n]$ 是周期为 N 的离散时间信号,则其傅里叶级数展开式为

$$x[n] = \sum_{k=0}^{N-1} C_k e^{j\frac{2k\pi}{N}n}, \quad 0 \leqslant n \leqslant N-1$$

其中,C_k 为相应的傅里叶级数。代入其傅里叶变换式,有

$$X(e^{j\Omega}) = \sum_{n=-\infty}^{\infty} x[n] e^{-j\Omega n} = \sum_{n=-\infty}^{\infty} \sum_{k=0}^{N-1} C_k e^{j\frac{2k\pi}{N}n} e^{-j\Omega n}$$

$$= \sum_{k=0}^{N-1} C_k \sum_{n=-\infty}^{\infty} e^{j\frac{2k\pi}{N}n} e^{-j\Omega n} = \sum_{k=0}^{N-1} C_k 2\pi \sum_{m=-\infty}^{\infty} \delta\left(\Omega - \frac{2k\pi}{N} - 2m\pi\right)$$

对于 $|\Omega| \leqslant \pi$,则有

$$X(e^{j\Omega}) = 2\pi \sum_{k=-\infty}^{\infty} C_k \delta\left(\Omega - \frac{2k\pi}{N}\right)$$

特别地,对于周期为 N 的单位冲激信号序列 $x[n] = \sum_{k=-N}^{N} \delta(n-kN)$,其傅里叶变换为

$$X(e^{j\Omega}) = \frac{2\pi}{N} \sum_{k=-\infty}^{\infty} \delta\left(\Omega - \frac{2k\pi}{N}\right)$$

2.5.3　离散时间傅里叶变换性质

离散时间信号的傅里叶变换除了是关于 Ω 周期为 2π 的周期信号外,还具有以下特性(证明过程大多与连续时间傅里叶变换性质的证明类似,这里略去)。

1. 线性

若离散信号 $x_1[n]$ 和 $x_2[n]$ 的傅里叶变换分别为 $X_1(e^{j\Omega})$ 和 $X_2(e^{j\Omega})$,则对任意常数 a 和 b,信号 $x[n] = ax_1[n] + bx_2[n]$ 的傅里叶变换为

$$X(e^{j\Omega}) = aX_1(e^{j\Omega}) + bX_2(e^{j\Omega}) \tag{2-50}$$

2. 函数下的面积

根据 $X(e^{j\Omega}) = \sum_{n=-\infty}^{\infty} x[n] e^{-j\Omega n}$,有

$$X(e^{j0}) = \sum_{n=-\infty}^{\infty} x[n] \tag{2-51}$$

$X(e^{j0})$ 等于离散信号 $x[n]$ 的累加,即信号的直流成分。

根据 $x[n] = \frac{1}{2\pi} \int_{-\pi}^{\pi} X(e^{j\Omega}) e^{j\Omega n} d\Omega$,有

$$x[0] = \frac{1}{2\pi} \int_{-\pi}^{\pi} X(e^{j\Omega}) d\Omega \tag{2-52}$$

$x(0)$ 是信号傅里叶变换的面积除以 2π。

3. 时间翻转特性

若离散信号 $x[n]$ 和的傅里叶变换分别为 $X(e^{j\Omega})$,则 $x[-n]$ 的傅里叶变换为

$$F\{x[-n]\} = X(e^{-j\Omega}) \tag{2-53}$$

若 $x[n]$ 是偶信号,即 $x[n]=x[-n]$,则 $X(e^{j\Omega})=X(e^{-j\Omega})$,这表明偶信号的傅里叶变换 $X(e^{j\Omega})$ 是关于 Ω 的偶信号。若 $x[n]$ 是奇信号,即 $x[n]=-x[-n]$,则 $X(e^{j\Omega})=-X(e^{-j\Omega})$,这表明奇信号的傅里叶变换 $X(e^{j\Omega})$ 是关于 Ω 的奇信号。

4. 共轭对称性

若离散信号 $x[n]$ 的傅里叶变换为 $X(e^{j\Omega})$,则有

$$F\{x^*[n]\}=X^*(e^{-j\Omega}) \tag{2-54}$$

对于离散实信号 $x[n]=x^*[n]$,可以得到 $X(e^{j\Omega})=X^*(e^{-j\Omega})$。

记 $X(e^{j\Omega})=R(e^{j\Omega})+jI(e^{j\Omega})$,于是有 $R(e^{j\Omega})+jI(e^{j\Omega})=R(-e^{j\Omega})-jI(-e^{j\Omega})$,即 $R(e^{j\Omega})=R(-e^{j\Omega})$,$I(e^{j\Omega})=-I(-e^{j\Omega})$,这说明离散实信号 $x[n]$ 傅里叶变换的实部 $R(e^{j\Omega})$ 是关于 Ω 的偶信号,虚部 $I(e^{j\Omega})$ 是关于 Ω 的奇信号。

5. 时移特性

若离散信号 $x[n]$ 的傅里叶变换为 $X(e^{j\Omega})$,对于任意整数 n_0,有

$$F\{x[n-n_0]\}=X(e^{j\Omega})e^{-j\Omega n_0} \tag{2-55}$$

6. 频移特性

若离散信号 $x[n]$ 的傅里叶变换为 $X(e^{j\Omega})$,对于任意实数 Ω_0,有

$$F\{x[n]e^{j\Omega_0 n}\}=X[e^{j(\Omega-\Omega_0)}] \tag{2-56}$$

7. 卷积特性

若离散信号 $x_1[n]$ 和 $x_2[n]$ 的傅里叶变换分别为 $X_1(e^{j\Omega})$ 和 $X_2(e^{j\Omega})$,则信号 $x[n]=x_1[n]*x_2[n]$ 的傅里叶变换 $X(e^{j\Omega})$ 为

$$X(e^{j\Omega})=X_1(e^{j\Omega})X_2(e^{j\Omega}) \tag{2-57}$$

8. 相乘特性

若离散信号 $x_1[n]$ 和 $x_2[n]$ 的傅里叶变换分别为 $X_1(e^{j\Omega})$ 和 $X_2(e^{j\Omega})$,则信号 $x[n]=x_1[n]x_2[n]$ 的傅里叶变换 $X(e^{j\Omega})$ 为

$$X(e^{j\Omega})=\frac{1}{2\pi}\int_{-\pi}^{\pi}X_1(e^{j\theta})X_2[e^{j(\Omega-\theta)}]d\theta \tag{2-58}$$

9. 差分特性

若离散信号 $x[n]$ 的傅里叶变换为 $X(e^{j\Omega})$,则差分信号 $y[n]=x[n]-x[n-1]$ 的傅里叶变换为

$$Y(e^{j\Omega})=(1-e^{-j\Omega})X(e^{j\Omega}) \tag{2-59}$$

进一步对高阶差分信号 $x[n]-x[n-m]$,其中 m 为不小于 2 的整数,有

$$F\{x[n]-x[n-m]\}=(1-e^{-jm\Omega})X(e^{j\Omega}) \tag{2-60}$$

10. 累加特性

若离散信号 $x[n]$ 的傅里叶变换为 $X(e^{j\Omega})$,则其累加信号 $y[n]=\sum_{m=-\infty}^{n}x[m]$ 的傅里叶变换为

$$Y(e^{j\Omega})=\frac{1}{1-e^{-j\Omega}}X(e^{j\Omega})+\pi X(e^{j0})\sum_{k=-\infty}^{\infty}\delta(\Omega-2k\pi) \tag{2-61}$$

11. 与 n 相乘特性

若离散信号 $x[n]$ 的傅里叶变换为 $X(e^{j\Omega})$,则有

$$F\{nx[n]\} = j\frac{dX(e^{j\Omega})}{d\Omega} \tag{2-62}$$

进一步与 n^m 相乘,其中 m 为不小于 2 的整数,有

$$F\{n^m x[n]\} = j^m \frac{d^m X(e^{j\Omega})}{d\Omega^m} \tag{2-63}$$

2.6 连续频谱

以连续时间为例,从 $x(t) = \frac{1}{2\pi}\int_{-\infty}^{\infty} X(\omega)e^{j\omega t}d\omega$ 可见,非周期信号 $x(t)$ 可以分解为无

数个频率为 ω,复振幅为 $\frac{X(\omega)}{2\pi}d\omega$ 的复指数信号 $e^{j\omega t}$ 的线性组合,因此非周期信号 $x(t)$ 的

傅里叶变换 $X(\omega)$ 可以称为信号的连续频谱(Continuous Spectrum)。

$X(\omega)$ 一般为复数,可以记为

$$X(\omega) = R(\omega) + jI(\omega) = |X(\omega)|e^{j\varphi(\omega)} \tag{2-64}$$

其中,$|X(\omega)|$ 为信号的振幅谱;$\varphi(\omega)$ 为信号的相位谱。

对于实信号,由于其傅里叶变换的实部 $R(\omega)$ 是关于 ω 的偶信号,虚部 $I(\omega)$ 是关于 ω 的

奇信号,所以其振幅谱 $|X(\omega)| = [R^2(\omega) + I^2(\omega)]^{\frac{1}{2}}$ 是关于 ω 的偶信号,其相位谱 $\varphi(\omega) = $

$\arctan\left[\frac{I(\omega)}{R(\omega)}\right]$ 是关于 ω 的奇信号。

下面汇总了部分常用信号的连续频谱,其振幅谱和相位谱如图 2-17 所示(如果连续频谱是关于 ω 的实信号,则直接画出其连续频谱)。

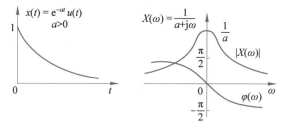

(a) 单边指数信号及其连续频谱

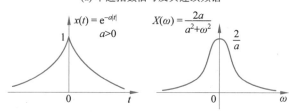

(b) 指数信号及其连续频谱

图 2-17 常用信号连续频谱

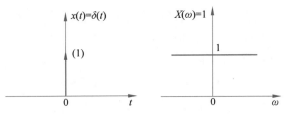

(c) 冲激信号及其连续频谱

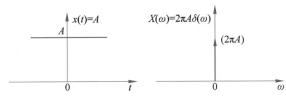

(d) 直流信号及其连续频谱

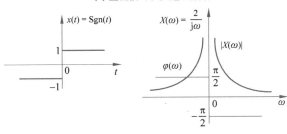

(e) 符号信号及其连续频谱

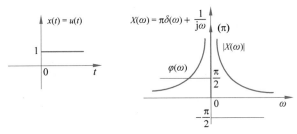

(f) 阶跃信号及其连续频谱

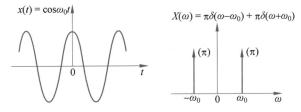

(g) 余弦信号及其连续频谱

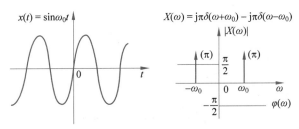

(h) 正弦信号及其连续频谱

图 2-17 （续）

对于非周期离散时间信号 $x[n]$，同样将其傅里叶变换 $X(e^{j\Omega})$ 称为信号的连续频谱，只是现在 $X(e^{j\Omega})$ 是关于 Ω 的周期信号，其周期为 2π。

一般而言，$X(e^{j\Omega})$ 是复数，可以记为

$$X(e^{j\Omega}) = R(e^{j\Omega}) + jI(e^{j\Omega}) = |X(e^{j\Omega})| e^{j\varphi(e^{j\Omega})} \qquad (2\text{-}65)$$

其中，$|X(e^{j\Omega})|$ 称为信号的振幅谱；$\varphi(e^{j\Omega})$ 称为信号的相位谱。显然，$|X(e^{j\Omega})|$ 和 $\varphi(e^{j\Omega})$ 都是关于 Ω 的周期信号，周期均为 2π。

对于实信号，由于其傅里叶变换的实部 $R(e^{j\Omega})$ 是关于 Ω 的偶信号，虚部 $I(e^{j\Omega})$ 是关于 Ω 的奇信号，所以其振幅谱 $|X(e^{j\Omega})| = [R^2(e^{j\Omega}) + I^2(e^{j\Omega})]^{\frac{1}{2}}$ 是关于 Ω 的偶信号，其相位谱 $\varphi(e^{j\Omega}) = \arctan\left[\dfrac{I(e^{j\Omega})}{R(e^{j\Omega})}\right]$ 是关于 Ω 的奇信号。

2.7　能量谱与功率谱

第 27 集
微课视频

第 1 章已经学习了能量信号的能量计算式，以连续时间信号为例，能量信号 $x(t)$ 的能量的计算式为

$$E = \int_{-\infty}^{\infty} |x(t)|^2 \, dt$$

将信号 $x(t)$ 的傅里叶逆变换 $x(t) = \dfrac{1}{2\pi}\displaystyle\int_{-\infty}^{\infty} X(\omega) e^{j\omega t} \, d\omega$ 代入后，有

第 28 集
微课视频

$$E = \int_{-\infty}^{\infty} |x(t)|^2 \, dt = \int_{-\infty}^{\infty} x(t) x^*(t) \, dt = \int_{-\infty}^{\infty} x(t) \left[\frac{1}{2\pi}\int_{-\infty}^{\infty} X(\omega) e^{j\omega t} \, d\omega\right]^* dt$$

$$= \frac{1}{2\pi}\int_{-\infty}^{\infty} x(t) \int_{-\infty}^{\infty} X^*(\omega) e^{-j\omega t} \, d\omega \, dt = \frac{1}{2\pi}\int_{-\infty}^{\infty} X^*(\omega) \int_{-\infty}^{\infty} x(t) e^{-j\omega t} \, dt \, d\omega$$

$$= \frac{1}{2\pi}\int_{-\infty}^{\infty} X^*(\omega) X(\omega) \, d\omega = \frac{1}{2\pi}\int_{-\infty}^{\infty} |X(\omega)|^2 \, d\omega$$

这说明能量信号的能量是按其连续频谱模的平方在频率域内分布的，而且在频率域上求的结果与在时间域上求的结果是相等的，即能量是守恒的。这就是能量信号的帕塞瓦尔定理：

$$E = \int_{-\infty}^{\infty} |x(t)|^2 \, dt = \frac{1}{2\pi}\int_{-\infty}^{\infty} |X(\omega)|^2 \, d\omega \qquad (2\text{-}66)$$

将 $|X(\omega)|^2$ 定义为能量信号 $x(t)$ 的能量谱密度 $E_x(\omega)$，简称能量谱（Energy Spectrum）。

$$E_x(\omega) = |X(\omega)|^2 \qquad (2\text{-}67)$$

可见，信号的能量谱 $E_x(\omega)$ 仅为信号振幅谱的平方，与信号的相位谱无关。根据帕塞瓦尔定理，有

$$E = \frac{1}{2\pi}\int_{-\infty}^{\infty} E_x(\omega) \, d\omega \qquad (2\text{-}68)$$

参照 $E_x(\omega) = |X(\omega)|^2 = X(\omega)X^*(\omega)$，定义两个能量信号 $x(t)$ 和 $y(t)$ 的互能量谱密度 $E_{xy}(\omega)$（简称互能量谱）为

$$E_{xy}(\omega) = X(\omega)Y^*(\omega) \qquad (2\text{-}69)$$

可以证明，$E_{xy}(\omega)$ 是 $x(t)$ 和 $y(t)$ 互相关 $R_{xy}(\tau)$ 关于 τ 的傅里叶变换，即

$$E_{xy}(\omega) = F[R_{xy}(\tau)] \tag{2-70}$$

证明

根据能量信号互相关的定义,有

$$R_{xy}(\tau) = \int_{-\infty}^{\infty} x(t)y^*(t-\tau)\mathrm{d}t = \int_{-\infty}^{\infty} x(t)\left[\frac{1}{2\pi}\int_{-\infty}^{\infty} Y(\omega)\mathrm{e}^{\mathrm{j}\omega(t-\tau)}\mathrm{d}\omega\right]^*\mathrm{d}t$$

$$= \int_{-\infty}^{\infty} x(t)\left[\frac{1}{2\pi}\int_{-\infty}^{\infty} Y^*(\omega)\mathrm{e}^{-\mathrm{j}\omega(t-\tau)}\right]\mathrm{d}t = \frac{1}{2\pi}\int_{-\infty}^{\infty} Y^*(\omega)\left[\int_{-\infty}^{\infty} x(t)\mathrm{e}^{-\mathrm{j}\omega t}\mathrm{d}t\right]\mathrm{e}^{\mathrm{j}\omega\tau}\mathrm{d}\omega$$

$$= \frac{1}{2\pi}\int_{-\infty}^{\infty} Y^*(\omega)X(\omega)\mathrm{e}^{\mathrm{j}\omega\tau}\mathrm{d}\omega = \frac{1}{2\pi}\int_{-\infty}^{\infty} E_{xy}(\omega)\mathrm{e}^{\mathrm{j}\omega\tau}\mathrm{d}\omega$$

所以

$$E_{xy}(\omega) = F[R_{xy}(\tau)]$$

证毕。

若 $y(t) = x(t)$,就有

$$E_x(\omega) = F[R_x(\tau)] \tag{2-71}$$

式(2-70)和式(2-71)就是所谓的能量信号的维纳-辛钦定理(Wiener-Khinchine Theorem),即能量信号的自相关函数与信号的能量谱是傅里叶变换对,能量信号的互相关函数与信号的互能量谱是傅里叶变换对。

在 $R_{xy}(\tau) = \dfrac{1}{2\pi}\displaystyle\int_{-\infty}^{\infty} E_{xy}(\omega)\mathrm{e}^{\mathrm{j}\omega\tau}\mathrm{d}\omega$ 中,令 $\tau = 0$,则有

$$R_{xy}(0) = \frac{1}{2\pi}\int_{-\infty}^{\infty} E_{xy}(\omega)\mathrm{d}\omega$$

$R_{xy}(0)$ 可以称为信号 $x(t)$ 和 $y(t)$ 的交叉能量(Cross Energy)。

同理,在 $R_x(\tau) = \dfrac{1}{2\pi}\displaystyle\int_{-\infty}^{\infty} E_x(\omega)\mathrm{e}^{\mathrm{j}\omega\tau}\mathrm{d}\omega$ 中,令 $\tau = 0$,则有

$$R_x(0) = \frac{1}{2\pi}\int_{-\infty}^{\infty} E_x(\omega)\mathrm{d}\omega$$

根据能量信号的帕塞瓦尔定理,$R_x(0)$ 等于信号 $x(t)$ 的能量。

对于功率信号 $x(t)$,其功率在时间域的计算式为

$$P = \lim_{T \to \infty} \frac{1}{T}\int_{-\frac{T}{2}}^{\frac{T}{2}} |x(t)|^2\mathrm{d}t$$

取有限的 T,则功率信号就被截短为一个能量信号 $x_T(t)$,即

$$x_T(t) = \begin{cases} x(t), & |t| \leqslant \dfrac{T}{2} \\ 0, & |t| > \dfrac{T}{2} \end{cases}$$

能量信号 $x_T(t)$ 的能量谱为 $E_T(\omega) = |X_T(\omega)|^2$。根据能量信号的帕塞瓦尔定理,有

$$\frac{1}{2\pi}\int_{-\infty}^{\infty} E_T(\omega)\mathrm{d}\omega = \frac{1}{2\pi}\int_{-\infty}^{\infty} |X_T(\omega)|^2\mathrm{d}\omega = \int_{-\infty}^{\infty} |x_T(t)|^2\mathrm{d}t = \int_{-\frac{T}{2}}^{\frac{T}{2}} |x(t)|^2\mathrm{d}t$$

代入功率信号的计算式,有

$$P = \lim_{T \to \infty} \frac{1}{T}\int_{-\frac{T}{2}}^{\frac{T}{2}} |x(t)|^2\mathrm{d}t = \lim_{T \to \infty} \frac{1}{T}\left[\frac{1}{2\pi}\int_{-\infty}^{\infty} |X_T(\omega)|^2\mathrm{d}\omega\right] = \frac{1}{2\pi}\int_{-\infty}^{\infty} \lim_{T \to \infty} \frac{|X_T(\omega)|^2}{T}\mathrm{d}\omega$$

将 $\lim\limits_{T \to \infty} \dfrac{|X_T(\omega)|^2}{T}$ 定义为功率信号 $x(t)$ 的功率谱密度 $P_x(\omega)$，简称功率谱（Power Spectrum）。

$$P_x(\omega) = \lim_{T \to \infty} \frac{|X_T(\omega)|^2}{T} = \lim_{T \to \infty} \frac{E_T(\omega)}{T} \tag{2-72}$$

可见，功率信号也满足帕塞瓦尔定理，即

$$P = \lim_{T \to \infty} \frac{1}{T} \int_{-\frac{T}{2}}^{\frac{T}{2}} |x(t)|^2 \mathrm{d}t = \frac{1}{2\pi} \int_{-\infty}^{\infty} P_x(\omega) \mathrm{d}\omega \tag{2-73}$$

类似地，定义两个功率信号 $x(t)$ 和 $y(t)$ 的互功率谱密度 $P_{xy}(\omega)$（简称互功率谱）为

$$P_{xy}(\omega) = \lim_{T \to \infty} \frac{X_T(\omega)Y_T^*(\omega)}{T} \tag{2-74}$$

同样，功率信号也满足维纳-辛钦定理，即功率信号的自相关函数与信号的功率谱是傅里叶变换对，功率信号的互相关函数与信号的互功率谱是傅里叶变换对。其表达式为

$$P_{xy}(\omega) = F[R_{xy}(\tau)] \tag{2-75}$$

$$P_x(\omega) = F[R_x(\tau)] \tag{2-76}$$

类似地，有

$$R_{xy}(0) = \frac{1}{2\pi} \int_{-\infty}^{\infty} P_{xy}(\omega) \mathrm{d}\omega$$

$$R_x(0) = \frac{1}{2\pi} \int_{-\infty}^{\infty} P(\omega) \mathrm{d}\omega$$

即 $R_{xy}(0)$ 为信号 $x(t)$ 和 $y(t)$ 的交叉功率（Cross Power），$R_x(0)$ 等于信号 $x(t)$ 的功率。

周期信号是功率信号的特例，下面求周期信号的功率谱。

前面已经学习了周期信号的帕塞瓦尔定理：

$$P = \frac{1}{T} \int_{-\frac{T}{2}}^{\frac{T}{2}} |x(t)|^2 \mathrm{d}t = \sum_{k=-\infty}^{\infty} |C_k|^2$$

根据冲激信号的特性，有

$$P = \sum_{k=-\infty}^{\infty} \int_{-\infty}^{\infty} |C_k|^2 \delta(\omega - k\omega_0) \mathrm{d}\omega$$

将累加运算与积分运算相交换，有

$$P = \int_{-\infty}^{\infty} \sum_{k=-\infty}^{\infty} [|C_k|^2 \delta(\omega - k\omega_0)] \mathrm{d}\omega = \frac{1}{2\pi} \int_{-\infty}^{\infty} 2\pi \sum_{k=-\infty}^{\infty} [|C_k|^2 \delta(\omega - k\omega_0)] \mathrm{d}\omega$$

由于 $P = \dfrac{1}{2\pi} \int_{-\infty}^{\infty} P(\omega) \mathrm{d}\omega$，于是有

$$P(\omega) = 2\pi \sum_{k=-\infty}^{\infty} |C_k|^2 \delta(\omega - k\omega_0) \tag{2-77}$$

这就是周期信号的功率谱。

对于离散时间能量信号 $x[n]$，如果其傅里叶变换为 $X(\mathrm{e}^{\mathrm{j}\Omega})$，类似地，可以定义其能量谱密度 $E_x(\mathrm{e}^{\mathrm{j}\Omega})$ 为

$$E_x(\mathrm{e}^{\mathrm{j}\Omega}) = |X(\mathrm{e}^{\mathrm{j}\Omega})|^2 \tag{2-78}$$

离散时间能量信号满足帕赛瓦尔定理,即

$$E = \sum_{n=-\infty}^{\infty} |x[n]|^2 = \frac{1}{2\pi}\int_{-\pi}^{\pi} E_x(e^{j\Omega})\,d\Omega = \frac{1}{2\pi}\int_{-\pi}^{\pi} |X(e^{j\Omega})|^2\,d\Omega \tag{2-79}$$

如果离散时间能量信号 $y[n]$ 的傅里叶变换为 $Y(e^{j\Omega})$,类似地,将信号 $x[n]$ 和 $y[n]$ 的互能量谱密度 $E_{xy}(e^{j\Omega})$ 定义为

$$E_{xy}(e^{j\Omega}) = X(e^{j\Omega})Y^*(e^{j\Omega}) \tag{2-80}$$

离散时间能量信号的能量谱密度 $E_x(e^{j\Omega})$ 和互能量谱密度 $E_{xy}(e^{j\Omega})$ 都是关于 Ω 的周期为 2π 的信号,且满足维纳-辛钦定理,即

$$E_{xy}(e^{j\Omega}) = F\{R_{xy}[m]\} \tag{2-81}$$

$$E_x(e^{j\Omega}) = F\{R_x[m]\} \tag{2-82}$$

对于离散时间功率信号 $x[n]$ 和 $y[n]$,可类似地定义功率谱密度 $P_x(e^{j\Omega})$ 和互功率谱密度 $P_{xy}(e^{j\Omega})$,即

$$P_x(e^{j\Omega}) = \lim_{N\to\infty} \frac{|X_N(e^{j\Omega})|^2}{2N+1} = \lim_{N\to\infty}\frac{E_N(e^{j\Omega})}{2N+1} \tag{2-83}$$

$$P_{xy}(e^{j\Omega}) = \lim_{N\to\infty} \frac{X_N(e^{j\Omega})Y_N^*(e^{j\Omega})}{2N+1} \tag{2-84}$$

离散时间功率信号的功率谱密度 $P_x(e^{j\Omega})$ 和互功率谱密度 $P_{xy}(e^{j\Omega})$ 都是关于 Ω 的周期信号,周期均为 2π。

离散时间功率信号的帕塞瓦尔定理表示为

$$P = \lim_{N\to\infty} \frac{1}{2N+1}\sum_{n=-N}^{N} |x[n]|^2 = \frac{1}{2\pi}\int_{-\pi}^{\pi} P_x(e^{j\Omega})\,d\Omega \tag{2-85}$$

离散时间功率信号的维纳-辛钦定理表示为

$$P_{xy}(e^{j\Omega}) = F\{R_{xy}[m]\} \tag{2-86}$$

$$P_x(e^{j\Omega}) = F\{R_x[m]\} \tag{2-87}$$

离散时间周期信号是一类最常见的离散时间功率信号。

习题 2

2-1 请证明三角函数组 $\{\cos k\omega_0 t, \sin k\omega_0 t\}$ 具有正交性。

2-2 请确定下列信号的周期,并求出相应的傅里叶级数。

(1) $2\sin 9t - \cos 3t$;

(2) $\cos\left(\dfrac{\pi t}{2} - \dfrac{\pi}{8}\right)$;

(3) $|5\sin 2t|$。

2-3 信号 $x(t)$ 如图 2-18 所示,请给出 $x(t)$ 的周期,并求其傅里叶级数。

2-4 已知信号 $x(t)$ 是周期 $T=4$ 的实偶信号,直流分量为 0,功率为 8,其傅里叶级数满足 $C_k=0, |k|\geqslant 2$,请给出 $x(t)$ 的表达式。

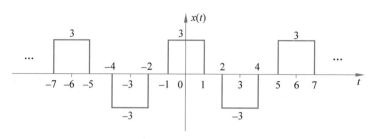

图 2-18 习题 2-3 信号 $x(t)$ 波形

2-5 已知周期信号 $x(t)=2+\sum_{k=1}^{3}\dfrac{3}{k}\sin^{2}\left(\dfrac{k\pi}{2}\right)\cos100k\pi t$，请确定 $x(t)$ 的周期，并画出其离散频谱。如果信号 $y(t)=x(t)\cos1000\pi t$，请画出 $y(t)$ 的离散频谱，并求出 $x(t)$ 和 $y(t)$ 的功率。

2-6 求下列信号的傅里叶变换。

(1) $t\mathrm{e}^{-3t}u(t)$；

(2) $\mathrm{e}^{-2t}\cos\omega_{0}(t)u(t)$；

(3) $\mathrm{e}^{-3t}\sin\omega_{0}(t)u(t)$。

2-7 求下列信号的傅里叶变换。

(1) $|t|$；

(2) $\begin{cases}1-\dfrac{t}{|\tau|}, & |t|\leqslant\tau, \\ 0, & |t|>\tau\end{cases}$；

(3) $\mathrm{e}^{-\frac{t^{2}}{2\sigma^{2}}}$。

2-8 已知信号 $x(t)$ 的傅里叶变换为 $X(\omega)$，求下列信号的傅里叶变换。

(1) $x'(3-2t)$；

(2) $\displaystyle\int_{-\infty}^{t}x\left(\dfrac{\tau-1}{2}\right)\mathrm{d}\tau$；

(3) $tx(2t+1)$。

2-9 已知实信号 $x(t)$ 的振幅谱为 $|X(\omega)|=\mathrm{e}^{-|\omega|}$，请分别写出 $x(t)$ 为偶信号和奇信号时的表达式。

2-10 已知信号 $x(t)$ 的连续频谱为 $X(\omega)=\mathrm{rect}\left(\dfrac{\omega}{\pi}\right)$，请画出 $X(\omega)$ 的示意图。已知信号 $p(t)$ 的表达式如下，请求出信号 $y(t)=x(t)p(t)$ 的频谱。

(1) $p(t)=\sin3\pi t$；

(2) $p(t)=\displaystyle\sum_{n=-\infty}^{\infty}\delta(t-n)$；

(3) $p(t)=\displaystyle\sum_{n=-\infty}^{\infty}\mathrm{rect}\left(\dfrac{t-n}{0.5}\right)$。

2-11 请利用能量谱的帕塞瓦尔定理计算 $\displaystyle\int_{-\infty}^{\infty}[\mathrm{Sa}(2t)]^{2}\mathrm{d}t$ 和 $\displaystyle\int_{-\infty}^{\infty}\dfrac{1}{25+t^{2}}\mathrm{d}t$。

2-12 已知信号 $x(t)$ 的自相关 $R_{x}(\tau)$ 如下所示，求信号 $x(t)$ 的功率谱密度。

(1) $R_x(\tau)=4\mathrm{Sa}\left(\dfrac{\tau}{2}\right)$；

(2) $R_x(\tau)=2\mathrm{e}^{-3|\tau|}$；

(3) $R_x(\tau)=5\delta(\tau)$。

2-13　求下列信号 $x[n]$ 的傅里叶级数。

(1) $x[n]=\sin\left(\dfrac{n\pi}{3}-\dfrac{\pi}{6}\right)$；

(2) 周期为 9，$x[n]=\begin{cases}2^{-n}, & |n|\leqslant 2\\ 0, & 2<|n|\leqslant 4\end{cases}$；

(3) 周期为 9，$x[n]=\begin{cases}1, & n=0\sim 5\\ 0, & n=6\sim 8\end{cases}$。

2-14　若周期为 N 的信号 $x[n]$ 的傅里叶级数为 C_k，求下列信号的傅里叶级数。

(1) $x^*[-n]$；

(2) $x[n]+2x\left[n-\dfrac{N}{2}\right]$，$N$ 为偶数；

(3) $x[n]\cos\dfrac{2n\pi}{N}$。

2-15　求下列信号的傅里叶变换。

(1) $\dfrac{\sin\dfrac{n\pi}{3}}{n\pi}\cos n\pi$；

(2) $\delta[5-2n]$；

(3) $2^{-n}\sin\dfrac{n\pi}{8}u(n)$。

2-16　如果信号 $y[n]=\begin{cases}x\left[\dfrac{n}{m}\right], & n\text{ 为 }m\text{ 的整数倍}\\ 0, & \text{其他}\end{cases}$，其中 m 为一个不小于 2 的正整数，$x[n]$ 的傅里叶变换分别为 $X(\mathrm{e}^{\mathrm{j}\Omega})$，试求 $y[n]$ 的傅里叶变换。

2-17　如果信号 $y[n]=x[mn]$，其中 m 为一个不小于 2 的正整数，$x[n]$ 的傅里叶变换为 $X(\mathrm{e}^{\mathrm{j}\Omega})$，试求 $y[n]$ 的傅里叶变换。

2-18　已知信号 $x[n]$ 的功率谱 $P_x(\mathrm{e}^{\mathrm{j}\Omega})=\begin{cases}A, & \dfrac{\pi}{3}\leqslant|\Omega|\leqslant\dfrac{2\pi}{3}\\ 0, & 0\leqslant|\Omega|<\dfrac{\pi}{3},\dfrac{2\pi}{3}<|\Omega|\leqslant\pi\end{cases}$，求 $x[n]$ 的功率和自相关。如果 $x[n]$ 和 $y[n]$ 的互功率谱 $P_{xy}(\mathrm{e}^{\mathrm{j}\Omega})=\dfrac{3}{5-4\cos\Omega}$，求 $x[n]$ 和 $y[n]$ 的互相关。

第 3 章

确定信号通过线性时不变系统

3.1 连续时间线性时不变系统时间域分析

根据第 1 章的分析,任意连续时间信号 $x(t)$ 均可以分解为冲激信号 $\delta(t)$ 的积分,即

$$x(t) = \int_{-\infty}^{\infty} x(\tau)\delta(t-\tau)\mathrm{d}\tau$$

如图 3-1 所示,如果定义冲激函数 $\delta(t)$ 通过线性时不变系统的输出 $h(t)$ 为该系统的冲激响应(Impulse Response),那么根据线性时不变系统的性质,可以得到信号 $x(t)$ 通过该系统的输出 $y(t)$。

由于 $F[\delta(t)] = 1$,因此冲激信号 $\delta(t)$ 可视为所有可能频率的等幅度正弦信号的叠加。$\delta(t)$ 作为线性时不变系统的输入,等价于同时用所有可能频率的等幅度正弦信号激励该系统。

如图 3-2 所示,当定义了线性时不变系统的冲激响应 $h(t)$ 为冲激信号 $\delta(t)$ 通过该系统的输出后,根据线性时不变系统的性质,可以推导出:$\delta(t-\tau)$ 通过该系统的输出为 $h(t-\tau)$;$x(\tau)\delta(t-\tau)$ 通过该系统的输出为 $x(\tau)h(t-\tau)$,于是得到 $x(t)$ 通过该系统的输出 $y(t)$ 为

$$y(t) = \int_{-\infty}^{\infty} x(\tau)h(t-\tau)\mathrm{d}\tau \tag{3-1}$$

即

$$y(t) = x(t) * h(t) \tag{3-2}$$

也就是说,确定信号 $x(t)$ 通过线性时不变系统的输出 $y(t)$ 是信号 $x(t)$ 与系统冲激响应 $h(t)$ 的卷积。这就是连续时间线性时不变系统的时间域分析公式。

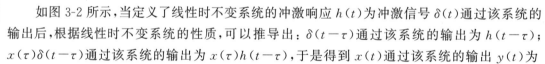

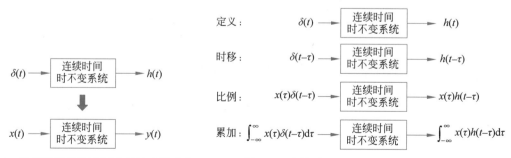

图 3-1　连续时间线性时不变系统冲激响应

图 3-2　连续时间线性时不变系统时间域分析

可见,线性时不变系统在时间域上可唯一地用系统的冲激响应 $h(t)$ 来描述,模型如图 3-3 所示。

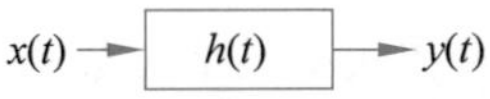

$$x(t) \rightarrow \boxed{h(t)} \rightarrow y(t)$$

图 3-3 连续时间线性时不变系统的时间域模型

3.2 连续时间线性时不变系统频率域分析

线性时不变系统冲激响应 $h(t)$ 的傅里叶变换 $H(\omega)$ 称为该系统的频率响应(Frequency Response),即

$$H(\omega) = \int_{-\infty}^{\infty} h(t) \mathrm{e}^{-\mathrm{j}\omega t} \, \mathrm{d}t \qquad (3-3)$$

系统的频率响应 $H(\omega)$ 反映了该系统对输入信号不同频率分量的传输特性。也就是说,当系统受单一频率 ω 的信号激励时,系统的响应与激励之比定义为 $H(\omega)$ 在该频率 ω 处的值。

频率响应 $H(\omega)$ 一般为复数,可以写为

$$H(\omega) = | H(\omega) | \, \mathrm{e}^{\mathrm{j}\varphi(\omega)} \qquad (3-4)$$

其中,$|H(\omega)|$ 称为该系统的幅频响应(Amplitude Frequency Response);$\varphi(\omega)$ 称为该系统的相频响应(Phase Frequency Response)。

由于冲激响应 $h(t)$ 是线性时不变系统在时间域上的唯一描述,因此频率响应 $H(\omega)$ 是线性时不变系统在频率域上的唯一描述。

对式(3-2)两边分别作傅里叶变换,根据傅里叶变换的时间域卷积特性,可以得到

$$Y(\omega) = X(\omega) H(\omega) \qquad (3-5)$$

也就是说,系统输出信号 $y(t)$ 的傅里叶变换是输入信号 $x(t)$ 的傅里叶变换与系统频率响应 $H(\omega)$ 的乘积。这就是连续时间线性时不变系统的频率域分析公式。

第 31 集
微课视频

【例 3-1】 求如图 3-4 所示的 RC 低通电路系统的冲激响应和频率响应。

解 根据系统冲激响应的定义,冲激响应 $h(t)$ 为冲激信号 $\delta(t)$ 激励该 RC 低通电路系统的输出信号,于是有

$$\frac{\delta(t) - h(t)}{R} = C \frac{\mathrm{d}h(t)}{\mathrm{d}t}$$

所以

$$\delta(t) = h(t) + RC \frac{\mathrm{d}h(t)}{\mathrm{d}t}$$

对等式两边分别作傅里叶变换,可以得到

$$1 = H(\omega) + RC\mathrm{j}\omega H(\omega)$$

于是得到 RC 低通电路系统的频率响应 $H(\omega)$ 为

$$H(\omega) = \frac{1}{1 + RC\mathrm{j}\omega}$$

对频率响应 $H(\omega)$ 作傅里叶逆变换,则得到系统的冲激响应 $h(t)$ 为

$$h(t) = \frac{1}{2\pi} \int_{-\infty}^{\infty} H(\omega) \mathrm{e}^{\mathrm{j}\omega t} \, \mathrm{d}\omega = \frac{1}{2\pi} \int_{-\infty}^{\infty} \frac{1}{1 + RC\mathrm{j}\omega} \mathrm{e}^{\mathrm{j}\omega t} \, \mathrm{d}\omega = \frac{1}{RC} \left(\frac{1}{2\pi} \int_{-\infty}^{\infty} \frac{1}{\dfrac{1}{RC} + \mathrm{j}\omega} \mathrm{e}^{\mathrm{j}\omega t} \, \mathrm{d}\omega \right)$$

$$= \frac{1}{RC} e^{-\frac{t}{RC}} u(t)$$

若令 $a = \frac{1}{RC}$，则系统的冲激响应和频率响应分别可以写为

$$h(t) = a e^{-at} u(t)$$

$$H(\omega) = \frac{a}{a + j\omega}$$

在例 3-1 中，可以进一步得到 RC 低通电路系统的幅频响应为

$$|H(\omega)| = \frac{a}{\sqrt{a^2 + \omega^2}}$$

RC 低通电路系统的幅频响应如图 3-5 所示。

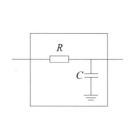

图 3-4　RC 低通电路系统

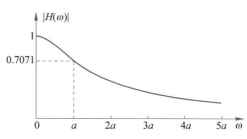

图 3-5　RC 低通电路系统的幅频响应

可见，随着频率的增加，RC 低通电路系统的幅频响应 $|H(\omega)|$ 不断减小，这就说明输入信号的频率越高，该信号通过 RC 低通电路系统的衰减也就越大。当 $a = \frac{1}{RC} = \omega_c$ 时，$|H(\omega_c)| = \frac{\sqrt{2}}{2} = 0.7071$，即 $20 \lg |H(\omega_c)| = -3\text{dB}$，频率 ω_c 就称为该系统的 3dB 截频。

【例 3-2】　分别用时间域分析法和频率域分析法求如图 3-6 所示的方波通过例 3-1 RC 低通电路系统的输出。

解　(1) 时间域分析法。

例 3-1 已得到 RC 低通电路系统的冲激响应为 $h(t) = a e^{-at} u(t)$，代入式(3-1)后，可以推导出

$$y(t) = \int_{-\infty}^{\infty} x(\tau) h(t-\tau) d\tau = \int_{-\infty}^{\infty} A \operatorname{rect}\left(\frac{\tau - \frac{T}{2}}{T}\right) a e^{-a(t-\tau)} u(t-\tau) d\tau$$

求解示意图如图 3-7 所示。

当 $t < 0$ 时，有

$$y(t) = 0$$

当 $0 \leqslant t \leqslant T$ 时，有

$$y(t) = Aa \int_0^t e^{-a(t-\tau)} d\tau = A e^{-a(t-\tau)} \Big|_{\tau=0}^{t} = A(1 - e^{-at}) = A - A e^{-at}$$

当 $t > T$ 时，有

$$y(t) = Aa\int_0^T \mathrm{e}^{-a(t-\tau)}\,\mathrm{d}\tau = A\,\mathrm{e}^{-a(t-\tau)}\,\bigg|_{\tau=0}^{T} = A\big[\mathrm{e}^{-a(t-T)} - \mathrm{e}^{-at}\big]$$

$$= A\mathrm{e}^{-a(t-T)} - A\mathrm{e}^{-at}$$

所以

$$y(t) = \begin{cases} 0, & t < 0 \\ A - A\mathrm{e}^{-at}, & 0 \leqslant t \leqslant T \\ A\mathrm{e}^{-a(t-T)} - A\mathrm{e}^{-at}, & t > T \end{cases}$$

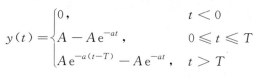

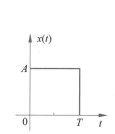

图 3-6　例 3-2 方波信号

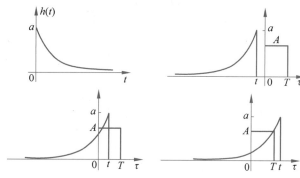

图 3-7　方波通过 RC 低通电路系统的时间域分析法求解示意图

（2）频率域分析法。

例 3-1 已得到 RC 低通电路系统的频率响应为 $H(\omega) = \dfrac{a}{a+\mathrm{j}\omega}$，而系统的输入信号 $x(t) = A\,\mathrm{rect}\left(\dfrac{\tau - \dfrac{T}{2}}{T}\right)$ 的傅里叶变换为

$$X(\omega) = AT\,\mathrm{Sa}\left(\frac{\omega T}{2}\right)\mathrm{e}^{-\mathrm{j}\omega\frac{T}{2}}$$

代入式（3-5）后，可以推导出

$$Y(\omega) = X(\omega)H(\omega) = AT\,\mathrm{Sa}\left(\frac{\omega T}{2}\right)\mathrm{e}^{-\mathrm{j}\omega\frac{T}{2}}\frac{a}{a+\mathrm{j}\omega} = AT\,\frac{a}{a+\mathrm{j}\omega}\,\frac{\sin\left(\dfrac{\omega T}{2}\right)}{\dfrac{\omega T}{2}}\mathrm{e}^{-\mathrm{j}\omega\frac{T}{2}}$$

$$= \frac{2aA}{(a+\mathrm{j}\omega)\omega}\sin\left(\frac{\omega T}{2}\right)\mathrm{e}^{-\mathrm{j}\omega\frac{T}{2}} = \frac{2aA}{(a+\mathrm{j}\omega)\omega}\frac{1}{2\mathrm{j}}\left(\mathrm{e}^{\mathrm{j}\omega\frac{T}{2}} - \mathrm{e}^{-\mathrm{j}\omega\frac{T}{2}}\right)\mathrm{e}^{-\mathrm{j}\omega\frac{T}{2}}$$

$$= \frac{aA}{(a+\mathrm{j}\omega)\mathrm{j}\omega}(1 - \mathrm{e}^{-\mathrm{j}\omega T})$$

令 $Z(\omega) = \dfrac{aA}{(a+\mathrm{j}\omega)\mathrm{j}\omega}$，则有

$$Y(\omega) = Z(\omega)(1 - \mathrm{e}^{-\mathrm{j}\omega T})$$

如果 $Z(\omega) = F[z(t)]$，则有

$$y(t) = z(t) - z(t-T)$$

$Z(\omega)$ 可以写为

$$Z(\omega) = \frac{aA}{(a+\mathrm{j}\omega)\mathrm{j}\omega} = A\left(\frac{1}{\mathrm{j}\omega} - \frac{1}{a+\mathrm{j}\omega}\right)$$

所以

$$z(t)=\frac{A}{2}\mathrm{sgn}(t)-A\mathrm{e}^{-at}u(t)=\begin{cases}\dfrac{A}{2}-A\mathrm{e}^{-at},&t>0\\[2mm]-\dfrac{A}{2},&t<0\end{cases}$$

因此有

$$z(t-T)=\begin{cases}\dfrac{A}{2}-A\mathrm{e}^{-a(t-T)},&t>T\\[2mm]-\dfrac{A}{2},&t<T\end{cases}$$

于是,当 $t<0$ 时,有

$$y(t)=z(t)-z(t-T)=\left(-\frac{A}{2}\right)-\left(-\frac{A}{2}\right)=0$$

当 $0\leqslant t\leqslant T$ 时,有

$$y(t)=z(t)-z(t-T)=\frac{A}{2}-A\mathrm{e}^{-at}-\left(-\frac{A}{2}\right)=A-A\mathrm{e}^{-at}$$

当 $t>T$ 时,有

$$y(t)=z(t)-z(t-T)=\frac{A}{2}-A\mathrm{e}^{-at}-\left[\frac{A}{2}-A\mathrm{e}^{-a(t-T)}\right]$$
$$=A\mathrm{e}^{-a(t-T)}-A\mathrm{e}^{-at}$$

所以

$$y(t)=\begin{cases}0,&t<0\\A-A\mathrm{e}^{-at},&0\leqslant t\leqslant T\\A\mathrm{e}^{-a(t-T)}-A\mathrm{e}^{-at},&t>T\end{cases}$$

$y(t)$、$z(t)$ 和 $z(t-T)$ 的波形如图 3-8 所示。

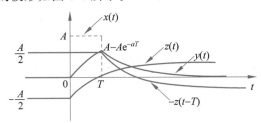

图 3-8 方波通过 RC 低通电路系统的频率域分析法波形

可见,时间域分析法和频率域分析法所得的结果是完全一致的。

【例 3-3】 分别用时间域分析法和频率域分析法求斜坡信号 $x(t)=tu(t)$ 通过例 3-1 RC 低通电路系统的输出。

解 (1) 时间域分析法。

例 3-1 已得到 RC 低通电路系统的冲激响应为 $h(t)=a\mathrm{e}^{-at}u(t)$,代入式(3-1)后,可以推导出

$$y(t)=\int_{-\infty}^{\infty}x(\tau)h(t-\tau)\mathrm{d}\tau=\int_{-\infty}^{\infty}\tau u(\tau)a\mathrm{e}^{-a(t-\tau)}u(t-\tau)\mathrm{d}\tau$$

当 $t<0$ 时,有

$$y(t) = 0$$

当 $t > 0$ 时，有

$$y(t) = \int_0^t \tau a \mathrm{e}^{-a(t-\tau)} \mathrm{d}\tau = \tau \mathrm{e}^{-a(t-\tau)} \Big|_{\tau=0}^{t} - \int_0^t \mathrm{e}^{-a(t-\tau)} \mathrm{d}\tau$$

$$= t - \frac{1}{a} \mathrm{e}^{-a(t-\tau)} \Big|_{\tau=0}^{t} = t - \frac{1}{a}(1 - \mathrm{e}^{-at}) = t - \frac{1}{a} + \frac{1}{a} \mathrm{e}^{-at}$$

所以

$$y(t) = \left(t - \frac{1}{a} + \frac{1}{a} \mathrm{e}^{-at} \right) u(t)$$

（2）频率域分析法。

例 3-1 已得到 RC 低通电路系统的频率响应为 $H(\omega) = \dfrac{a}{a + \mathrm{j}\omega}$，而系统的输入信号 $x(t) = tu(t)$ 的傅里叶变换为

$$X(\omega) = \mathrm{j}\pi\delta'(\omega) - \frac{1}{\omega^2}$$

代入式(3-5)，可以推导出

$$Y(\omega) = X(\omega)H(\omega) = \left[\mathrm{j}\pi\delta'(\omega) - \frac{1}{\omega^2} \right] \frac{a}{a + \mathrm{j}\omega} = \frac{a}{a + \mathrm{j}\omega} \frac{1}{(\mathrm{j}\omega)^2} + \mathrm{j} \frac{a\pi}{a + \mathrm{j}\omega} \delta'(\omega)$$

由于有

$$\frac{a}{a + \mathrm{j}\omega} \frac{1}{(\mathrm{j}\omega)^2} = \frac{1}{a(a + \mathrm{j}\omega)} - \frac{1}{a\mathrm{j}\omega} + \frac{1}{(\mathrm{j}\omega)^2}$$

$$\mathrm{j} \frac{a\pi}{a + \mathrm{j}\omega} \delta'(\omega) = \mathrm{j} \frac{\pi[(a + \mathrm{j}\omega) - \mathrm{j}\omega]}{a + \mathrm{j}\omega} \delta'(\omega) = \mathrm{j}\pi\delta'(\omega) + \frac{\pi}{a + \mathrm{j}\omega} \omega\delta'(\omega)$$

$$= \mathrm{j}\pi\delta'(\omega) - \frac{\pi}{a + \mathrm{j}\omega} \delta(\omega) = \mathrm{j}\pi\delta'(\omega) - \frac{\pi}{a} \delta(\omega)$$

所以

$$Y(\omega) = \frac{1}{a(a + \mathrm{j}\omega)} - \frac{1}{a\mathrm{j}\omega} + \frac{1}{(\mathrm{j}\omega)^2} + \mathrm{j}\pi\delta'(\omega) - \frac{\pi}{a} \delta(\omega)$$

$$= \frac{1}{a(a + \mathrm{j}\omega)} - \frac{1}{a} \left[\pi\delta(\omega) + \frac{1}{\mathrm{j}\omega} \right] + \left[\mathrm{j}\pi\delta'(\omega) - \frac{1}{\omega^2} \right]$$

所以

$$y(t) = \frac{1}{a} \mathrm{e}^{-at} u(t) - \frac{1}{a} u(t) + tu(t) = \left(t - \frac{1}{a} + \frac{1}{a} \mathrm{e}^{-at} \right) u(t)$$

本例进一步说明了时间域分析法和频率域分析法所得的结果是完全一致的。

小结一下，线性时不变系统的分析，有时间域分析和频率域分析两种方法，图 3-9 给出了这两种分析方法及彼此之间的关系。

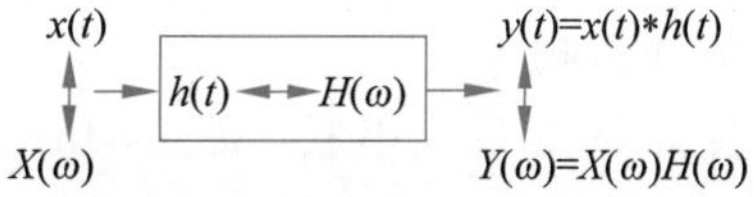

图 3-9 连续时间线性时不变系统的两种分析方法

对于一个系统的分析,既可以用时间域分析法,也可以用频率域分析法。虽然对于特定的分析,两种方法分析过程的繁简程度有所不同,但是两者所得的结果是完全一致的,也就是说,两种方法在本质上是完全等效的。

对于能量信号通过线性时不变系统,由其能量谱和互能量谱的定义可以推导出

$$E_y(\omega) = E_x(\omega) \mid H(\omega) \mid^2 \tag{3-6}$$

$$E_{yx}(\omega) = E_x(\omega) H(\omega) \tag{3-7}$$

证明

$$E_y(\omega) = Y(\omega)Y^*(\omega) = [X(\omega)H(\omega)][X(\omega)H(\omega)]^* = X(\omega)H(\omega)X^*(\omega)H^*(\omega)$$

$$= [X(\omega)X^*(\omega)][H(\omega)H^*(\omega)] = E_x(\omega) \mid H(\omega) \mid^2$$

$$E_{yx}(\omega) = Y(\omega)X^*(\omega) = [X(\omega)H(\omega)]X^*(\omega) = [X(\omega)X^*(\omega)]H(\omega)$$

$$= E_x(\omega)H(\omega)$$

证毕。

即,系统输出信号的能量谱为输入信号的能量谱乘以系统频率响应的绝对值平方;系统输出信号与输入信号的互能量谱为输入信号的能量谱乘以系统的频率响应。

可以推导出

$$F^{-1}[\mid H(\omega) \mid^2] = F^{-1}[H(\omega)H^*(\omega)] = h(t) * F^{-1}[H^*(\omega)]$$

$$= h(t) * \left[\frac{1}{2\pi} \int_{-\infty}^{\infty} H^*(\omega) e^{j\omega t} d\omega \right] = h(t) * \left[\frac{1}{2\pi} \int_{-\infty}^{\infty} H(\omega) e^{-j\omega t} d\omega \right]^*$$

$$= h(t) * h^*(-t)$$

$$= \int_{-\infty}^{\infty} h(\tau)h^*[-(t-\tau)]d\tau = \int_{-\infty}^{\infty} h(\tau)h^*(\tau-t)d\tau = R_h(t)$$

根据维纳-辛钦定理,可以得到

$$R_y(\tau) = R_x(\tau) * R_h(\tau) \tag{3-8}$$

$$R_{yx}(\tau) = R_x(\tau) * h(\tau) \tag{3-9}$$

即,系统输出信号的自相关为输入信号的自相关卷积系统冲激响应的自相关;系统输出信号与输入信号的互相关为输入信号的自相关卷积系统的冲激响应。

类似地,对于功率信号通过线性时不变系统,也可以得到

$$P_y(\omega) = P_x(\omega) \mid H(\omega) \mid^2 \tag{3-10}$$

$$P_{yx}(\omega) = P_x(\omega) H(\omega) \tag{3-11}$$

$$R_y(\tau) = R_x(\tau) * R_h(\tau) \tag{3-12}$$

$$R_{yx}(\tau) = R_x(\tau) * h(\tau) \tag{3-13}$$

即,系统输出信号的功率谱为输入信号的功率谱乘以系统频率响应的绝对值平方,系统输出信号与输入信号的互功率谱为输入信号的功率谱乘以系统的频率响应;系统输出信号的自相关为输入信号的自相关卷积系统冲激响应的自相关,系统输出信号与输入信号的互相关为输入信号的自相关卷积系统的冲激响应。

如图 3-10 所示,当两个线性时不变系统串联(Series Interconnection)或级联(Cascade Interconnection)时,可以得到

$$Y(\omega) = X(\omega)H_1(\omega), \quad Z(\omega) = Y(\omega)H_2(\omega)$$

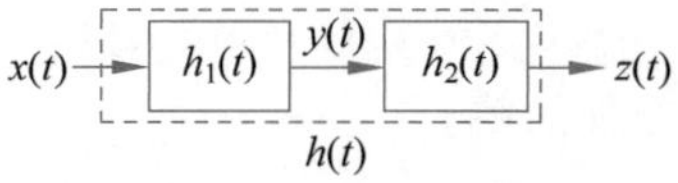

图 3-10 两个线性时不变系统串联

于是可以推导出

$$Z(\omega) = Y(\omega)H_2(\omega) = X(\omega)H_1(\omega)H_2(\omega) = X(\omega)[H_1(\omega)H_2(\omega)]$$

因此,这两个串联的线性时不变系统就等效于一个线性时不变系统,这个等效的系统的频率响应为

$$H(\omega) = H_1(\omega)H_2(\omega) \tag{3-14}$$

根据傅里叶变换的性质,可以进一步得到:等效系统的冲激响应等于两个串联系统的冲激响应的卷积,即

$$h(t) = h_1(t) * h_2(t) \tag{3-15}$$

由于 $H(\omega) = H_1(\omega)H_2(\omega) = H_2(\omega)H_1(\omega)$,因此,交换两个串联系统的先后连接次序并不影响等效系统的频率响应。

如果 $H(\omega) = 1$,那么 $H_2(\omega) = \dfrac{1}{H_1(\omega)}$,说明两个线性时不变系统是可逆的(Invertible),其中一个系统称为另一个系统的逆系统(Invertible System)。

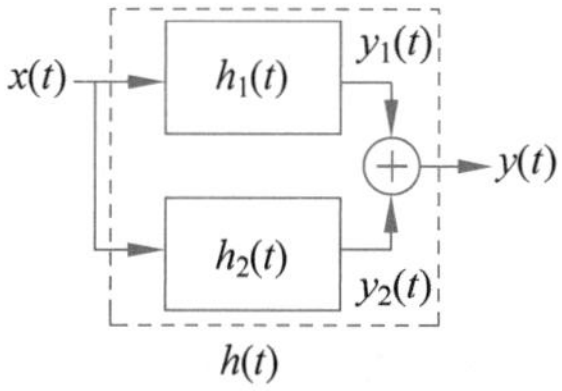

如图 3-11 所示,当两个线性时不变系统并联(Parallel Interconnection)时,可以得到

$$Y_1(\omega) = X(\omega)H_1(\omega), \quad Y_2(\omega) = X(\omega)H_2(\omega)$$

图 3-11 两个线性时不变系统并联

于是可以推导出

$$Y(\omega) = Y_1(\omega) + Y_2(\omega) = X(\omega)H_1(\omega) + X(\omega)H_2(\omega) = X(\omega)[H_1(\omega) + H_2(\omega)]$$

因此,这两个并联的线性时不变系统就等效于一个线性时不变系统,这个等效的系统的频率响应为

$$H(\omega) = H_1(\omega) + H_2(\omega) \tag{3-16}$$

根据傅里叶变换的性质,可以进一步得到:等效系统的冲激响应等于两个并联系统的冲激响应的相加,即

$$h(t) = h_1(t) + h_2(t) \tag{3-17}$$

3.3 连续时间线性时不变系统的微分方程

连续时间线性时不变系统的输入信号 $x(t)$ 和输出信号 $y(t)$ 的关系还可以用微分方程来描述。一般而言,这个微分方程是 N 阶的线性常系数微分方程,即

$$\sum_{k=0}^{N} a_k \frac{\mathrm{d}^k y(t)}{\mathrm{d}t^k} = \sum_{k=0}^{M} b_k \frac{\mathrm{d}^k x(t)}{\mathrm{d}t^k} \tag{3-18}$$

其中,a_k 和 b_k 为该微分方程的常系数,$M < N$。

式(3-18)的经典求解方法是将其解视为由齐次解(Homogeneous Solution)$y_c(t)$ 和特解(Special Solution)$y_p(t)$ 组成,即

$$y(t) = y_c(t) + y_p(t) \tag{3-19}$$

其中,齐次解 $y_c(t)$ 是以下齐次方程的解。

$$\sum_{k=0}^{N} a_k \frac{\mathrm{d}^k y(t)}{\mathrm{d}t^k} = 0 \tag{3-20}$$

而特解 $y_p(t)$ 与系统的输入信号 $x(t)$ 有关,且满足式(3-18)。

引入微分算子 $\mathrm{D} = \dfrac{\mathrm{d}}{\mathrm{d}t}$,可以将式(3-18)改写为

$$\sum_{k=0}^{N} a_k \mathrm{D}^k y(t) = \sum_{k=0}^{M} b_k \mathrm{D}^k x(t) \tag{3-21}$$

于是有

$$y(t) = \frac{\displaystyle\sum_{k=0}^{M} b_k \mathrm{D}^k}{\displaystyle\sum_{k=0}^{N} a_k \mathrm{D}^k} x(t)$$

引入微分方程的转移算子 $P(\mathrm{D}) = \dfrac{\displaystyle\sum_{k=0}^{M} b_k \mathrm{D}^k}{\displaystyle\sum_{k=0}^{N} a_k \mathrm{D}^k} = \dfrac{B(\mathrm{D})}{A(\mathrm{D})}$,其中 $A(\mathrm{D}) = \displaystyle\sum_{k=0}^{N} a_k \mathrm{D}^k$ 称为微分

方程的特征多项式(Characteristic Polynomial),特征多项式等于零的方程称为其特征方程(Characteristic Equation),即

$$A(\mathrm{D}) = \sum_{k=0}^{N} a_k \mathrm{D}^k = 0 \tag{3-22}$$

如果特征方程的根互不相同,即式(3-22)具有 N 个单根 λ_i,则式(3-20)所示的齐次方程的解为

$$y_c(t) = \sum_{i=1}^{N} c_i \mathrm{e}^{\lambda_i t} \tag{3-23}$$

但如果特征方程存在重根,不失一般性,我们可以设根 λ_1 是 p 重根,而其他 $N-p$ 个根 $\lambda_i (i = 2, 3, \cdots, N-p+1)$ 都是单根,则式(3-20)所示的齐次方程的解为

$$y_c(t) = \sum_{i=1}^{p} d_i t^{p-i} \mathrm{e}^{\lambda_1 t} + \sum_{i=2}^{N-p+1} c_{i-1} \mathrm{e}^{\lambda_i t} \tag{3-24}$$

式(3-23)中的 N 个常数 c_i 以及式(3-24)中的 N 个常数 c_i 和 d_i,可以由 $y(t)$ 及其各阶(1 阶至 $N-1$ 阶)导数的初始值代入后求解得到。

特解的求解相对比较困难,不过对于一些简单的输入信号 $x(t)$,可以知道特解的表达式,此时只需确定表达式的待定系数即可。

【例 3-4】 用微分方程求解方法求斜坡信号 $x(t) = tu(t)$ 通过例 3-1 RC 低通电路系统的输出,已知 $y(0^+) = 1$。

解 由于 RC 电路是因果系统,且 $t < 0$ 时系统的输入信号 $x(t) = tu(t) = 0$,所以 $t < 0$ 时系统的输出也为零,故下面只需求解 $t \geqslant 0$ 时的系统输出。

根据该 RC 电路的结构,可以得到

$$\frac{x(t) - y(t)}{R} = C \frac{\mathrm{d}y(t)}{\mathrm{d}t}$$

即

$$RC \frac{\mathrm{d}y(t)}{\mathrm{d}t} + y(t) = x(t)$$

于是可以得到特征方程为

$$RC\lambda + 1 = 0$$

因此有

$$\lambda = -\frac{1}{RC}$$

则该微分方程的齐次解为

$$y_c(t) = c_1 \mathrm{e}^{-\frac{1}{RC}t}$$

此时 $x(t) = t$，代入微分方程后可以得到

$$RC \frac{\mathrm{d}y(t)}{\mathrm{d}t} + y(t) = t$$

为使等式两边平衡，特解的表达式为

$$y_p(t) = B_1 t + B_0$$

代入后可以推导出

$$RCB_1 + B_1 t + B_0 = t$$

比较等式两边，可以得到

$$B_1 = 1, \quad B_0 = -RC$$

于是微分方程的特解为

$$y_p(t) = t - RC$$

所以

$$y(t) = y_c(t) + y_p(t) = c_1 \mathrm{e}^{-\frac{1}{RC}t} + t - RC$$

由于 $y(0^+) = 1$，因此有

$$c_1 - RC = 1$$

即

$$c_1 = RC + 1$$

因此，得到 $t \geqslant 0$ 后的输出信号 $y(t)$ 为

$$y(t) = (RC + 1)\mathrm{e}^{-\frac{1}{RC}t} + t - RC = RC\mathrm{e}^{-\frac{1}{RC}t} + \mathrm{e}^{-\frac{1}{RC}t} + t - RC$$

结合 $t < 0$ 的输出，可以得到

$$y(t) = (RC\mathrm{e}^{-\frac{1}{RC}t} + \mathrm{e}^{-\frac{1}{RC}t} + t - RC)u(t)$$

从例 3-4 可以看出，齐次解的表达式仅依赖于系统本身的特性，与系统的输入信号无关，因此齐次解也称为系统的自由响应（Natural Response），不过齐次解的待定系数是与系统的输入信号有关的。而特解的表达式则是由系统的输入信号决定的，因此特解也称为系统的强迫响应（Forced Response）。

由于对于复杂的输入信号或高阶的系统，经典的微分方程求解方法往往比较烦琐，因此为了求解方便，可以基于线性系统的特性，将系统的响应分解为零输入响应（Zero Input

Response)$y_s(t)$和零状态响应(Zero State Response)$y_x(t)$,即

$$y(t)=y_s(t)+y_x(t) \tag{3-25}$$

在零输入条件下,系统的响应也是齐次方程的解。但是,它与自由响应是有区别的,区别在于两者的系数并不相同。零输入响应齐次解的系数仅由初始状态决定,而自由响应齐次解的系数是由系统的初始状态和输入信号共同确定的。也就是说,自由响应是由零输入响应 $y_s(t)$和部分零状态响应 $y_{cx}(t)$组成的,即

$$y_c(t)=y_s(t)+y_{cx}(t) \tag{3-26}$$

在零状态条件下,系统的响应仍然是非齐次方程的解。根据式(3-19)、式(3-25)和式(3-26),其解可以表示为

$$y_x(t)=y_{cx}(t)+y_p(t) \tag{3-27}$$

【例 3-5】 求解例 3-4 系统的零输入响应和零状态响应。

解 同样由于 RC 电路是因果系统,且 $t<0$ 时系统的输入信号 $x(t)=tu(t)=0$,所以 $t<0$ 时系统的输出也为零,故下面也只需求解 $t\geq0$ 时系统的输出。

例 3-4 已得到微分方程为

$$RC\frac{dy(t)}{dt}+y(t)=x(t)$$

并已求出其特征根为

$$\lambda=-\frac{1}{RC}$$

则系统的零输入响应 $y_s(t)$可以表示为

$$y_s(t)=c_s e^{-\frac{1}{RC}t}$$

将初始状态 $y(0^+)=1$ 代入后,可以得到

$$c_s=1$$

故系统的零输入响应为

$$y_s(t)=e^{-\frac{1}{RC}t}$$

例 3-4 已求出 $y_p(t)=t-RC$,因此系统的零状态响应可以写为

$$y_x(t)=c_{cx}e^{-\frac{1}{RC}t}+t-RC$$

零状态情况,即 $y(0^+)=0$,代入后可以得到

$$c_{cx}=RC$$

所以

$$y_x(t)=RCe^{-\frac{1}{RC}t}+t-RC$$

结合 $t<0$ 时的系统输出,于是有

$$y_s(t)=e^{-\frac{1}{RC}t}u(t)$$

$$y_x(t)=(RCe^{-\frac{1}{RC}t}+t-RC)u(t)$$

引入常数 $a=\frac{1}{RC}$后,可以得到

$$y_x(t)=\left(\frac{1}{a}e^{-at}+t-\frac{1}{a}\right)u(t)$$

可见,这个零状态响应与例 3-3 线性时不变系统时间域分析法和频率域分析法所得的结果是一致的。

其实,零状态响应的求解依然会遇到经典方法求特解时类似的困难。此时,可以根据系统的线性时不变特性借助卷积运算来解决。事实上,3.1 节介绍的时间域分析方法求出的响应就是系统的零状态响应。

3.4 典型线性时不变系统

下面介绍几个典型的线性时不变系统。

3.4.1 无失真传输系统

无失真传输系统(Distortion Free Transmission System)指的是信号在通过该系统后不会产生任何的失真,即系统的输出信号与输入信号相比除可能的幅度改变和时间延迟外,波形完全相同。这就相当于要求系统的输出信号 $y(t)$ 与输入信号 $x(t)$ 之间满足

$$y(t) = ax(t-\tau) \tag{3-28}$$

其中,a 为放大倍数;τ 为时间延迟常数。

对式(3-28)的两边分别作傅里叶变换,可以得到

$$Y(\omega) = aX(\omega)e^{-j\omega\tau}$$

因此,无失真传输系统的频率响应为

$$H(\omega) = \frac{Y(\omega)}{X(\omega)} = ae^{-j\omega\tau} \tag{3-29}$$

系统的幅频响应和相频响应为

$$|H(\omega)| = a, \quad \varphi(\omega) = -\omega\tau \tag{3-30}$$

也就是说,无失真传输系统应满足以下两个条件。

(1) 系统的幅频响应 $|H(\omega)|$ 在整个频率范围内为常数 a,即系统的带宽为无穷大。

(2) 系统的相频响应 $\varphi(\omega)$ 在整个频率范围内与频率 ω 成正比关系,即系统具有线性相位特性。

无失真传输系统的频率响应如图 3-12 所示。

对式(3-29)两边分别作傅里叶逆变换,可以得到无失真传输系统的冲激响应为

$$h(t) = a\delta(t-\tau) \tag{3-31}$$

可见,无失真传输系统的冲激响应是延迟了时间 τ 的冲激信号,其强度是单位冲激信号的 a 倍。

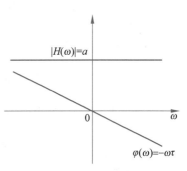

图 3-12 无失真传输系统的频率响应

3.4.2 理想低通滤波器

滤波器指的是能使一部分频率范围(称为滤波器的通带)的信号成分通过,而使另一部分频率范围(称为滤波器的阻带)的信号成分不通过(或很少通过)的系统。而理想滤波器(Ideal Filter)指的是在系统的通带频率范围内所有信号成分都可以无失真地通过,而在系

统的通带频率范围外所有信号成分则被完全滤除掉。显然,无失真传输系统就可以看作通带频率范围为无穷大的理想滤波器。

根据通带频率范围的不同,理想滤波器通常可以分为理想低通滤波器(Ideal Low-Pass Filter)、理想高通滤波器(Ideal High-Pass Filter)、理想带通滤波器(Ideal Bandpass Filter)和理想带阻滤波器(Ideal Band Stop Filter)。这 4 类理想滤波器的幅频响应如图 3-13 所示。

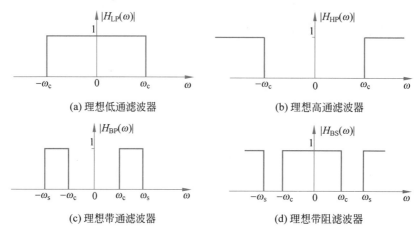

(a) 理想低通滤波器   (b) 理想高通滤波器

(c) 理想带通滤波器   (d) 理想带阻滤波器

图 3-13   4 类理想滤波器的幅频响应

理想滤波器的相频响应在通带频率范围内与频率 ω 成正比,即具有线性相位的特性。

由图 3-13 可见,$|H_{HP}(\omega)|=1-|H_{LP}(\omega)|$,即理想高通滤波器可以等效为一个无失真传输系统与理想低通滤波器的并联(前者的输出减去后者的输出);理想带通滤波器可以等效为一个截止频率(Cut-Off Frequency)为 ω_s 的理想低通滤波器与一个截止频率为 ω_c 的理想高通滤波器的串联;理想带阻滤波器可以等效为一个无失真传输系统与理想带通滤波器的并联(前者的输出减去后者的输出)。可见,这 4 类理想滤波器均可以等效为无失真传输系统与理想低通滤波器的某种组合。上面已经讨论了无失真传输系统,下面着重讨论理想低通滤波器。

由于理想低通滤波器的幅频响应和相频响应分别为

$$|H(\omega)|=\mathrm{rect}\left(\frac{\omega}{2\omega_c}\right),\quad \varphi(\omega)=-\omega\tau \tag{3-32}$$

因此,理想低通滤波器的冲激响应为

$$h(t)=\frac{1}{2\pi}\int_{-\infty}^{\infty}\left[\mathrm{rect}\left(\frac{\omega}{2\omega_c}\right)\mathrm{e}^{-\mathrm{j}\omega\tau}\right]\mathrm{e}^{\mathrm{j}\omega t}\,\mathrm{d}\omega=\frac{\omega_c}{\pi}\mathrm{Sa}[\omega_c(t-\tau)] \tag{3-33}$$

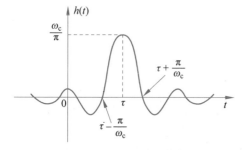

图 3-14   理想低通滤波器的冲激响应

式(3-33)的推导中分别利用了抽样信号 Sa(·) 的傅里叶变换和傅里叶变换的时移特性。理想低通滤波器冲激响应 $h(t)$ 波形如图 3-14 所示。

由图 3-14 可见,理想低通滤波器的冲激响应 $h(t)$ 是一个抽样信号,它不同于系统的输入信号 $\delta(t)$,存在失真现象。原因是理想低通滤波器是一个频率范围有限的系统,而输入的冲激信号 $\delta(t)$ 的频谱范围却是无穷大的。

减小失真的方法是增大理想低通滤波器的截止频率 ω_c。因为理想低通滤波器冲激响应 $h(t)$ 的主瓣宽度为 $\dfrac{2\pi}{\omega_c}$，若 ω_c 越小，则失真越大；若 δ_c 趋向于无穷大，则 $h(t)$ 趋向于 $\delta(t)$，此时理想低通滤波器也就变为无失真传输系统。

还可以看出，$h(t)$ 出现最大值的时刻 $t=\tau$ 比输入信号 $\delta(t)$ 的作用时刻 $t=0$ 延迟了一段时间 τ，这个 τ 就是理想低通滤波器相频特性的斜率。显然，不管 τ 取多大的值，$h(t)$ 在 $t<0$ 时总不为零，这就说明理想低通滤波器不是一个因果系统，也就是说它不是一个物理可实现系统。

【例 3-6】 求阶跃信号 $u(t)$ 通过理想低通滤波器的输出 $y(t)$。

解 由于有

$$F[u(t)]=\pi\delta(\omega)+\frac{1}{\mathrm{j}\omega},\quad H(\omega)=\mathrm{rect}\left(\frac{\omega}{2\omega_c}\right)\mathrm{e}^{-\mathrm{j}\omega\tau}$$

可以得到

$$
\begin{aligned}
y(t)&=\frac{1}{2\pi}\int_{-\infty}^{\infty}\left\{\left[\pi\delta(\omega)+\frac{1}{\mathrm{j}\omega}\right]\left[\mathrm{rect}\left(\frac{\omega}{2\omega_c}\right)\mathrm{e}^{-\mathrm{j}\omega\tau}\right]\right\}\mathrm{e}^{\mathrm{j}\omega t}\mathrm{d}\omega\\
&=\frac{1}{2\pi}\int_{-\omega_c}^{\omega_c}\left[\pi\delta(\omega)+\frac{1}{\mathrm{j}\omega}\right]\mathrm{e}^{\mathrm{j}\omega(t-\tau)}\mathrm{d}\omega\\
&=\frac{1}{2\pi}\int_{-\omega_c}^{\omega_c}\pi\delta(\omega)\mathrm{e}^{\mathrm{j}\omega(t-\tau)}\mathrm{d}\omega+\frac{1}{2\pi}\int_{-\omega_c}^{\omega_c}\frac{1}{\mathrm{j}\omega}\mathrm{e}^{\mathrm{j}\omega(t-\tau)}\mathrm{d}\omega\\
&=\frac{1}{2}\int_{-\omega_c}^{\omega_c}\delta(\omega)\mathrm{d}\omega+\frac{1}{2\pi}\int_{-\omega_c}^{\omega_c}\frac{\cos\omega(t-\tau)}{\mathrm{j}\omega}\mathrm{d}\omega+\frac{1}{2\pi}\int_{-\omega_c}^{\omega_c}\frac{\mathrm{j}\sin\omega(t-\tau)}{\mathrm{j}\omega}\mathrm{d}\omega\\
&=\frac{1}{2}+\frac{1}{2\pi}\int_{-\omega_c}^{\omega_c}\frac{\cos\omega(t-\tau)}{\mathrm{j}\omega}\mathrm{d}\omega+\frac{1}{2\pi}\int_{-\omega_c}^{\omega_c}\frac{\sin\omega(t-\tau)}{\omega}\mathrm{d}\omega
\end{aligned}
$$

由于 ω 和 $\sin\omega(t-\tau)$ 是关于 ω 的奇信号，$\cos\omega(t-\tau)$ 是关于 ω 的偶信号，则 $\dfrac{\cos\omega(t-\tau)}{\omega}$ 是关于 ω 的奇信号，$\dfrac{\sin\omega(t-\tau)}{\omega}$ 是关于 ω 的偶信号，于是可以推导出

$$y(t)=\frac{1}{2}+\frac{1}{\pi}\int_0^{\omega_c}\frac{\sin\omega(t-\tau)}{\omega}\mathrm{d}\omega$$

令 $x=\omega(t-\tau)$，则有 $\omega=\dfrac{x}{t-\tau}$，$\mathrm{d}\omega=\dfrac{1}{t-\tau}\mathrm{d}x$，于是可以得到

$$y(t)=\frac{1}{2}+\frac{1}{\pi}\int_0^{\omega_c(t-\tau)}\frac{\sin x}{x}\mathrm{d}x=\frac{1}{2}+\frac{1}{\pi}\int_0^{\omega_c(t-\tau)}\mathrm{Sa}(x)\mathrm{d}x$$

定义正弦积分（Sine Integral，可用数值方法制成标准函数表）$\mathrm{Si}(x)$ 为

$$\mathrm{Si}(x)=\int_0^x\mathrm{Sa}(\tau)\mathrm{d}\tau$$

所以

$$y(t)=\frac{1}{2}+\frac{1}{\pi}\mathrm{Si}[\omega_c(t-\tau)]$$

根据 $\mathrm{Sa}(\cdot)$ 的特性，容易证明 $\mathrm{Si}(\infty)=\dfrac{\pi}{2}$，$\mathrm{Si}(-\infty)=-\dfrac{\pi}{2}$，于是可以得到

$$\lim_{t\to\infty}y(t)=\frac{1}{2}+\frac{1}{\pi}\cdot\frac{\pi}{2}=1,\quad\lim_{t\to-\infty}y(t)=\frac{1}{2}-\frac{1}{\pi}\cdot\frac{\pi}{2}=0$$

阶跃信号 $u(t)$ 通过理想低通滤波器的输出信号 $y(t)$ 波形如图 3-15 所示。

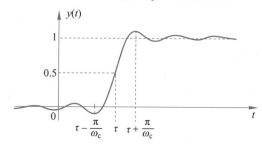

图 3-15　阶跃信号 $u(t)$ 通过理想低通滤波器的输出信号波形

从图 3-15 可以看出,理想低通滤波器的阶跃响应 $y(t)$ 比输入的阶跃信号 $u(t)$ 延迟了一段时间 τ,这个 τ 就是理想低通滤波器相频特性的斜率。阶跃响应(Step Response)从最小值上升到最大值所需的时间,称为阶跃响应的上升时间(Rise Time),记为

$$t_r = \frac{2\pi}{\omega_c} = \frac{1}{f_c} \tag{3-34}$$

可见,上升时间 t_r 与理想低通滤波器的截止频率 ω_c 成反比。ω_c 越大,上升时间 t_r 就越短;当 ω_c 趋于无穷大(此时理想低通滤波器就变为无失真传输系统)时,t_r 就趋于零。

也有将上升时间 t_r 定义为从输出最终值的 10% 上升到 90% 所需的时间,即

$$t_r = \frac{0.44}{f_c} \tag{3-35}$$

其实,在 t_r 的两种定义中,上升时间与截止频率成反比的特性并没有改变。

从图 3-15 中还可以看到吉布斯现象,即在间断点前后出现波形的振荡,其振荡的最大峰值约为阶跃突变值的 9%,且该值并不随理想低通滤波器的截止频率的增大而减小。

【例 3-7】　求信号 $x(t) = \text{Sa}(t)\cos 2t$ 通过理想低通滤波器的输出 $y(t)$。

解　由于有

$$F[\text{Sa}(t)] = \pi \text{rect}\left(\frac{\omega}{2}\right), \quad F[\cos(2t)] = \pi\delta(\omega - 2) + \pi\delta(\omega + 2)$$

所以

$$X(\omega) = \frac{1}{2\pi}\{F[\text{Sa}(t)] * F[\cos(2t)]\} = \frac{\pi}{2}\text{rect}\left(\frac{\omega - 2}{2}\right) + \frac{\pi}{2}\text{rect}\left(\frac{\omega + 2}{2}\right)$$

前面已求出理想低通滤波器的频率响应为 $H(\omega) = \text{rect}\left(\frac{\omega}{2\omega_c}\right)e^{-j\omega\tau}$,于是有

$$Y(\omega) = X(\omega)H(\omega) = \left[\frac{\pi}{2}\text{rect}\left(\frac{\omega - 2}{2}\right) + \frac{\pi}{2}\text{rect}\left(\frac{\omega + 2}{2}\right)\right]\left[\text{rect}\left(\frac{\omega}{2\omega_c}\right)e^{-j\omega\tau}\right]$$

根据如图 3-16 所示的 $X(\omega)$ 和 $H(\omega)$,可以得到输出如下。

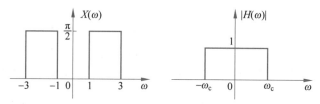

图 3-16　例 3-7 的 $X(\omega)$ 和 $H(\omega)$

当 $\omega_c > 3$ 时,有

$$Y(\omega) = \left[\frac{\pi}{2}\text{rect}\left(\frac{\omega-2}{2}\right) + \frac{\pi}{2}\text{rect}\left(\frac{\omega+2}{2}\right) \right] e^{-j\omega\tau}$$

所以

$$y(t) = \text{Sa}(t-\tau)\cos 2(t-\tau)$$

当 $\omega_c < 1$ 时,输入信号的所有频率分量都不能通过系统,即

$$Y(\omega) = 0, \quad y(t) = 0$$

当 $1 \leqslant \omega_c \leqslant 3$ 时,只有 $[1, \omega_c]$ 频率范围内的信号成分能通过系统,于是有

$$Y(\omega) = \left[\frac{\pi}{2}\text{rect}\left(\frac{\omega - \dfrac{\omega_c+1}{2}}{\omega_c-1}\right) + \frac{\pi}{2}\text{rect}\left(\frac{\omega + \dfrac{\omega_c+1}{2}}{\omega_c-1}\right) \right] e^{-j\omega\tau}$$

利用 rect(•) 的傅里叶逆变换和傅里叶变换的时移特性,可以得到

$$y(t) = \frac{\omega_c-1}{2}\text{Sa}\left[\frac{\omega_c-1}{2}(t-\tau)\right]\cos\left[\frac{\omega_c+1}{2}(t-\tau)\right]$$

3.4.3 移相器(希尔伯特变换器)

如图 3-17 所示,如果一个移相器(Phase Shifter)的幅频响应和相频响应分别为

$$|H(\omega)| = 1, \quad \varphi(\omega) = \begin{cases} -\dfrac{\pi}{2}, & \omega > 0 \\[2mm] \dfrac{\pi}{2}, & \omega < 0 \end{cases} \tag{3-36}$$

那么这个移相 90° 的系统也称为希尔伯特变换器(Hilbert Transform)。

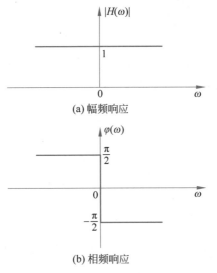

(a) 幅频响应

(b) 相频响应

图 3-17 移相器幅频响应和相频响应

可见,希尔伯特变换器并不改变系统输入信号的振幅谱,而只改变其相位谱,所以当系统的输入信号为能量信号时,系统输出信号的能量谱相对输入信号是不变的,故其能量也是不变的;当系统的输入信号为功率信号时,系统输出信号的功率谱相对输入信号是不变的,

第 34 集
微课视频

第 35 集
微课视频

第 36 集
微课视频

第 37 集
微课视频

故其功率也是不变的。

希尔伯特变换器的频率响应可以写为

$$H(\omega) = \mid H(\omega) \mid e^{j\varphi(\omega)} = \begin{cases} e^{-j\frac{\pi}{2}}, & \omega > 0 \\ e^{j\frac{\pi}{2}}, & \omega < 0 \end{cases} = \begin{cases} -j, & \omega > 0 \\ j, & \omega < 0 \end{cases} = -jSgn(\omega)$$

从物理意义上看,进行两次希尔伯特变换,即做了两次 90° 移相,相当于共做了 180° 移相,因此相当于对原信号进行了时间的翻转。这一点也可以从两个串联的希尔伯特变换器的等效系统的频率响应来证明,即

$$H_{等效}(\omega) = H(\omega)H(\omega) = [-jSgn(\omega)][-jSgn(\omega)] = -1$$

根据 Sgn($\cdot$) 的傅里叶变换和傅里叶变换的互易对称性,可以得到希尔伯特变换器的冲激响应为

$$h(t) = \frac{1}{\pi t} \tag{3-37}$$

所以,一个信号 $x(t)$ 通过希尔伯特变换器的输出信号 $\hat{x}(t)$ 为

$$\hat{x}(t) = x(t) * h(t) = x(t) * \frac{1}{\pi t} = \int_{-\infty}^{\infty} \frac{x(\tau)}{\pi(t-\tau)} d\tau \tag{3-38}$$

若信号 $z(t)$ 为两个信号 $x(t)$ 和 $y(t)$ 的卷积,即 $z(t) = x(t) * y(t)$,可以推出其希尔伯特变换为

$$\hat{z}(t) = \hat{x}(t) * y(t) = x(t) * \hat{y}(t)$$

证明

$$\hat{z}(t) = z(t) * \frac{1}{\pi t} = [x(t) * y(t)] * \frac{1}{\pi t} = \left[x(t) * \frac{1}{\pi t}\right] * y(t) = \hat{x}(t) * y(t)$$
$$= x(t) * \left[y(t) * \frac{1}{\pi t}\right] = x(t) * \hat{y}(t)$$

证毕。

由式(3-38)很容易得出,实信号的希尔伯特变换依然是实信号。进一步还可以得出,实信号 $x(t)$ 与其希尔伯特变换 $\hat{x}(t)$ 是正交的,即

$$\int_{-\infty}^{\infty} x(t)\hat{x}(t)dt = 0 \tag{3-39}$$

证明

实信号 $x(t)$ 与其希尔伯特变换 $\hat{x}(t)$ 的互相关为

$$R_{x\hat{x}}(\tau) = \int_{-\infty}^{\infty} x(t)\hat{x}^*(t-\tau)dt = \int_{-\infty}^{\infty} x(t)\hat{x}(t-\tau)dt$$

根据维纳-辛钦定理,可以推导出

$$R_{x\hat{x}}(\tau) = \frac{1}{2\pi} \int_{-\infty}^{\infty} [X(\omega)\hat{X}^*(\omega)]e^{j\omega\tau} d\omega$$

取 $\tau = 0$,可以得到

$$R_{x\hat{x}}(0) = \int_{-\infty}^{\infty} x(t)\hat{x}(t)dt = \frac{1}{2\pi} \int_{-\infty}^{\infty} X(\omega)\hat{X}^*(\omega)d\omega$$
$$= \frac{1}{2\pi} \int_{-\infty}^{\infty} X(\omega)\{X(\omega)[-jSgn(\omega)]\}^* d\omega = \frac{1}{2\pi} \int_{-\infty}^{\infty} X(\omega)X^*(\omega)[jSgn(\omega)]d\omega$$

$$= \frac{1}{2\pi} \int_{-\infty}^{\infty} |X(\omega)|^2 [\mathrm{jSgn}(\omega)] \mathrm{d}\omega$$

对于实信号 $x(t)$，$|X(\omega)|^2$ 是关于 ω 的偶信号，而 $\mathrm{Sgn}(\omega)$ 是关于 ω 的奇信号，所以 $|X(\omega)|^2 [\mathrm{jSgn}(\omega)]$ 是关于 ω 的奇信号，于是可以推导出

$$\int_{-\infty}^{\infty} x(t)\hat{x}(t)\mathrm{d}t = \frac{1}{2\pi} \int_{-\infty}^{\infty} |X(\omega)|^2 [\mathrm{jSgn}(\omega)] \mathrm{d}\omega = 0$$

证毕。

还可以定义希尔伯特反变换器，其频率响应可表达为

$$\hat{H}(\omega) = \frac{1}{H(\omega)} = \mathrm{jSgn}(\omega)$$

进一步得到希尔伯特反变换器的冲激响应为

$$\hat{h}(t) = -\frac{1}{\pi t}$$

【例 3-8】 求信号 $x(t) = \cos\omega_0 t$ 的希尔伯特变换 $\hat{x}(t)$。

解 由于

$$X(\omega) = \pi\delta(\omega - \omega_0) + \pi\delta(\omega + \omega_0)$$

于是有

$$\hat{X}(\omega) = X(\omega)[-\mathrm{jSgn}(\omega)] = -\mathrm{j}\pi\delta(\omega - \omega_0) + \mathrm{j}\pi\delta(\omega + \omega_0)$$

所以

$$\hat{x}(t) = \sin\omega_0 t$$

进一步，可以得到

$$H(\sin\omega_0 t) = -\cos\omega_0 t, \quad H[\delta(t)] = \frac{1}{\pi t}, \quad H\left[\frac{1}{\pi t}\right] = -\delta(t)$$

【例 3-9】 若信号 $x(t)$ 的傅里叶变换为 $X(\omega)$，求信号 $y(t) = x(t) + \mathrm{j}\hat{x}(t)$ 的傅里叶变换 $Y(\omega)$。

解 由于信号 $\hat{x}(t)$ 的傅里叶变换为

$$\hat{X}(\omega) = X(\omega)[-\mathrm{jSgn}(\omega)]$$

所以信号 $y(t)$ 的傅里叶变换为

$$Y(\omega) = X(\omega) + \mathrm{j}\hat{X}(\omega) = X(\omega) + \mathrm{j}[X(\omega)][-\mathrm{jSgn}(\omega)] = X(\omega)[1 + \mathrm{Sgn}(\omega)]$$

$$= \begin{cases} 2X(\omega), & \omega > 0 \\ 0, & \omega < 0 \end{cases} = 2X(\omega)U(\omega)$$

可见，$Y(\omega)$ 为 $X(\omega)$ 的 $\omega > 0$ 部分，即具有单边频谱（Unilateral Spectrum）的特性。若 $x(t)$ 为实信号，信号 $y(t)$ 称为 $x(t)$ 的解析信号（Analytic Signal）。

【例 3-10】 对于窄带信号 $x(t) = a(t)\cos\omega_0 t$，其中 $a(t)$ 相对 $\cos\omega_0 t$ 而言是慢变化信号，即其最高频率 $\omega_c \ll \omega_0$，求其希尔伯特变换 $\hat{x}(t)$。

解 假设 $a(t)$ 的傅里叶变换为 $A(\omega)$，可以得到

$$X(\omega) = \frac{1}{2\pi} A(\omega) * [\pi\delta(\omega - \omega_0) + \pi\delta(\omega + \omega_0)] = \frac{1}{2}A(\omega - \omega_0) + \frac{1}{2}A(\omega + \omega_0)$$

由于 $a(t)$ 的最高频率为 ω_c，所以当 $|\omega| > \omega_c$ 时，$A(\omega) = 0$。同时，由于 $\omega_c \ll \omega_0$，则 $A(\omega - \omega_0)$ 的频率范围为 $(0, 2\omega_0)$，$A(\omega + \omega_0)$ 的频率范围为 $(-2\omega_0, 0)$。于是有

$$\hat{X}(\omega) = X(\omega)[-j\text{Sgn}(\omega)] = -\frac{j}{2}A(\omega-\omega_0) + \frac{j}{2}A(\omega+\omega_0)$$

$$= \frac{1}{2\pi}[-j\pi A(\omega-\omega_0) + j\pi A(\omega+\omega_0)]$$

$$= \frac{1}{2\pi}A(\omega) * [-j\pi\delta(\omega-\omega_0) + j\pi\delta(\omega+\omega_0)]$$

所以

$$\hat{x}(t) = a(t)\sin\omega_0 t$$

可见,窄带信号(Narrowband Signal)的希尔伯特变换只需对其快变化信号进行。

3.5 离散时间线性时不变系统时间域分析

与连续时间线性时不变系统的推导类似,任意离散时间信号 $x[n]$ 均可以分解为单位冲激信号 $\delta[n]$ 的累加,即

$$x[n] = \sum_{m=-\infty}^{\infty} x[m]\delta[n-m]$$

如图 3-18 所示,如果定义单位冲激函数 $\delta[n]$ 通过线性时不变系统的输出 $h[n]$ 为该系统的单位冲激响应(Unit Impulse Response),那么根据线性时不变系统的性质,可以得到信号 $x[n]$ 通过该系统的输出 $y[n]$。

如图 3-19 所示,由于定义了 $\delta[n]$ 通过线性时不变系统的输出为 $h[n]$,因此可以推导出:$\delta[n-m]$ 通过该系统的输出为 $h[n-m]$;$x[m]\delta[n-m]$ 通过该系统的输出为 $x[m]h[n-m]$,于是得到信号 $x[n]$ 通过该系统的输出 $y[n]$ 为

$$y[n] = \sum_{m=-\infty}^{\infty} x[m]h[n-m] \tag{3-40}$$

即

$$y[n] = x[n] * h[n] \tag{3-41}$$

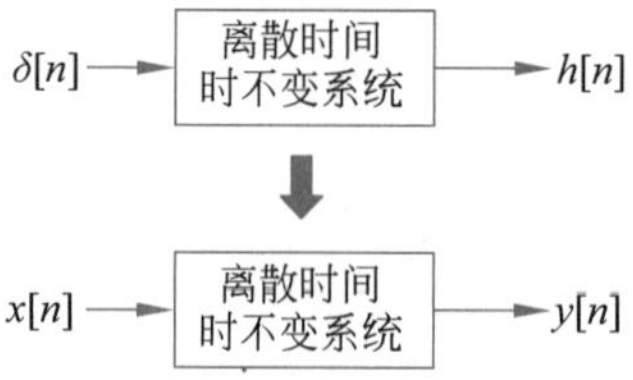

图 3-18　离散时间线性时不变系统冲激响应 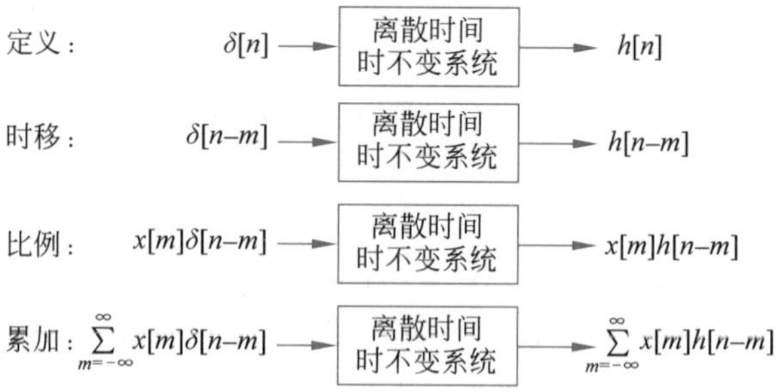　　图 3-19　离散时间线性时不变系统时间域分析

可见,信号 $x[n]$ 通过线性时不变系统的输出 $y[n]$ 是 $x[n]$ 与系统单位冲激响应 $h[n]$ 的卷积。这就是离散时间线性时不变系统的时间域分析公式。

【例 3-11】　求 $u[n]$ 通过线性时不变系统 $h[n] = \left(\frac{1}{3}\right)^n u[n]$ 的输出。

解　将 $u[n]$ 和 $h[n]$ 代入式(3-41),可以得到

$$y[n] = u[n] * h[n] = \sum_{m=-\infty}^{\infty} u[n-m] \left(\frac{1}{3}\right)^m u[m]$$

当 $n < 0$ 时,有

$$y[n] = 0$$

当 $n = 0$ 时,有

$$y[n] = \left(\frac{1}{3}\right)^0 = 1$$

当 $n > 0$ 时,有

$$y[n] = \sum_{m=0}^{n} \left(\frac{1}{3}\right)^m = \frac{3}{2} - \frac{1}{2}\left(\frac{1}{3}\right)^n$$

所以

$$y[n] = \left[\frac{3}{2} - \frac{1}{2}\left(\frac{1}{3}\right)^n\right] u[n]$$

可见,离散时间线性时不变系统在时间域上可唯一地用单位冲激响应 $h[n]$ 来描述,模型如图 3-20 所示。

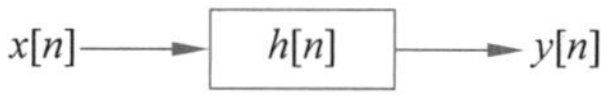

$$x[n] \longrightarrow \boxed{h[n]} \longrightarrow y[n]$$

图 3-20 离散时间线性时不变系统的时间域模型

3.6 离散时间线性时不变系统频率域分析

同样,可以将离散时间线性时不变系统单位冲激响应 $h[n]$ 的傅里叶变换 $H(e^{j\Omega})$ 称为该系统的频率响应,即

$$H(e^{j\Omega}) = \sum_{n=-\infty}^{\infty} h[n] e^{-j\Omega n} \tag{3-42}$$

$H(e^{j\Omega})$ 同样是离散时间线性时不变系统在频率域上的唯一描述,一般可以写为

$$H(e^{j\Omega}) = |H(e^{j\Omega})| e^{j\varphi(e^{j\Omega})} \tag{3-43}$$

其中,$|H(e^{j\Omega})|$ 称为该离散时间系统的幅频响应;$\varphi(e^{j\Omega})$ 称为该离散时间系统的相频响应。

对式(3-41)的两边分别作傅里叶变换,利用傅里叶变换的时间域卷积特性,可以得到

$$Y(e^{j\Omega}) = X(e^{j\Omega}) H(e^{j\Omega}) \tag{3-44}$$

也就是说,离散时间系统输出信号 $y[n]$ 的傅里叶变换是输入信号 $x[n]$ 的傅里叶变换与系统频率响应 $H(e^{j\Omega})$ 的相乘。这就是离散时间线性时不变系统的频率域分析公式。

【例 3-12】 用频率域分析法重新求解例 3-11。

解 由于有

$$U(e^{j\Omega}) = \frac{1}{1 - e^{-j\Omega}} + \pi \sum_{k=-\infty}^{\infty} \delta(\Omega - 2k\pi), \quad H(e^{j\Omega}) = \frac{1}{1 - \frac{1}{3} e^{-j\Omega}}$$

代入式(3-44),可以得到

$$Y(\mathrm{e}^{\mathrm{j}\Omega}) = X(\mathrm{e}^{\mathrm{j}\Omega})H(\mathrm{e}^{\mathrm{j}\Omega}) = \left[\frac{1}{1-\mathrm{e}^{-\mathrm{j}\Omega}} + \pi\sum_{k=-\infty}^{\infty}\delta(\Omega-2k\pi)\right]\frac{1}{1-\frac{1}{3}\mathrm{e}^{-\mathrm{j}\Omega}}$$

$$= \frac{1}{1-\mathrm{e}^{-\mathrm{j}\Omega}}\frac{1}{1-\frac{1}{3}\mathrm{e}^{-\mathrm{j}\Omega}} + \pi\sum_{k=-\infty}^{\infty}\frac{1}{1-\frac{1}{3}\mathrm{e}^{-\mathrm{j}\Omega}}\delta(\Omega-2k\pi)$$

$$= \frac{\frac{3}{2}}{1-\mathrm{e}^{-\mathrm{j}\Omega}} - \frac{\frac{1}{2}}{1-\frac{1}{3}\mathrm{e}^{-\mathrm{j}\Omega}} + \pi\sum_{k=-\infty}^{\infty}\frac{1}{1-\frac{1}{3}}\delta(\Omega-2k\pi)$$

$$= \frac{3}{2}\left[\frac{1}{1-\mathrm{e}^{-\mathrm{j}\Omega}} + \pi\sum_{k=-\infty}^{\infty}\delta(\Omega-2k\pi)\right] - \frac{1}{2}\frac{1}{1-\frac{1}{3}\mathrm{e}^{-\mathrm{j}\Omega}}$$

所以

$$y[n] = \frac{3}{2}u[n] - \frac{1}{2}\left(\frac{1}{3}\right)^n u[n] = \left[\frac{3}{2} - \frac{1}{2}\left(\frac{1}{3}\right)^n\right]u[n]$$

可见,例 3-11 的时间域分析法和例 3-12 的频率域分析法所得的系统输出结果是完全一致的。

显而易见,离散时间线性时不变系统的时间域分析法和频率域分析法与连续时间线性时不变系统是一样的,只是此时的卷积是离散时间信号的卷积,此时的傅里叶变换是离散信号的傅里叶变换。

3.7 离散时间线性时不变系统的差分方程

类似地,离散时间线性时不变系统的输入信号 $x[n]$ 和输出信号 $y[n]$ 的关系还可以用差分方程来描述。一般而言,这个差分方程是 N 阶的线性常系数差分方程,即

$$\sum_{k=0}^{N}a_k y[n-k] = \sum_{k=0}^{M}b_k x[n-k] \tag{3-45}$$

其中,a_k 和 b_k 为差分方程的常系数;$M < N$。

可以推导出

$$y[n] = -\sum_{k=1}^{N}\frac{a_k}{a_0}y[n-k] + \sum_{k=0}^{M}\frac{b_k}{a_0}x[n-k] \tag{3-46}$$

可见,通过递推的方法,系统的输出信号 $y[n]$ 可以由输入信号 $x[n]$ 及其前 M 个值和 $y[n]$ 的前 N 个值得到。

【例 3-13】 已知激励 $x[n]=\delta[n]$,$y[-1]=2$,求系统 $y[n]-\frac{1}{4}y[n-1]=\frac{3}{4}x[n]$ 的响应。

解 对于 $y[n]-\frac{1}{4}y[n-1]=\frac{3}{4}x[n]$,可以得到

$$y[n] = \frac{1}{4}y[n-1] + \frac{3}{4}x[n]$$

由于 $y[-1]=2,x[n]=\delta[n]$，因此可以推导如下。

当 $n=0$ 时，有

$$y[0]=\frac{1}{4}y[-1]+\frac{3}{4}x[0]=\frac{1}{4}\times2+\frac{3}{4}\times1=\left(\frac{1}{4}\right)\times2+\frac{3}{4}$$

当 $n=1$ 时，有

$$y[1]=\frac{1}{4}y[0]+\frac{3}{4}x[1]=\left(\frac{1}{4}\right)\times\left[\left(\frac{1}{4}\right)\times2+\frac{3}{4}\right]+\frac{3}{4}\times0=\left(\frac{1}{4}\right)^2\times2+\left(\frac{1}{4}\right)\times\frac{3}{4}$$

当 $n=2$ 时，有

$$y[2]=\frac{1}{4}y[1]+\frac{3}{4}x[2]=\left(\frac{1}{4}\right)\times\left[\left(\frac{1}{4}\right)^2\times2+\left(\frac{1}{4}\right)\times\frac{3}{4}\right]+\frac{3}{4}\times0$$

$$=\left(\frac{1}{4}\right)^3\times2+\left(\frac{1}{4}\right)^2\times\frac{3}{4}$$

当 $n=3$ 时，有

$$y[3]=\frac{1}{4}y[2]+\frac{3}{4}x[3]=\left(\frac{1}{4}\right)\times\left[\left(\frac{1}{4}\right)^3\times2+\left(\frac{1}{4}\right)^2\times\frac{3}{4}\right]+\frac{3}{4}\times0$$

$$=\left(\frac{1}{4}\right)^4\times2+\left(\frac{1}{4}\right)^3\times\frac{3}{4}$$

…

当 $n\geqslant0$ 时，可以得到

$$y[n]=\left(\frac{1}{4}\right)^{n+1}\times2+\left(\frac{1}{4}\right)^n\times\frac{3}{4}=\frac{5}{4^{n+1}}$$

对于 $y[n]-\frac{1}{4}y[n-1]=\frac{3}{4}x[n]$，还可以得到

$$y[n-1]=4y[n]-3x[n]$$

当 $n=-1$ 时，有

$$y[-2]=4y[-1]-3x[-1]=4\times2-3\times0=4\times2$$

当 $n=-2$ 时，有

$$y[-3]=4y[-2]-3x[-2]=4\times[4\times2]-3\times0=4^2\times2$$

当 $n=-3$ 时，有

$$y[-4]=4y[-2]-3x[-2]=4\times[4^2\times2]-3\times0=4^3\times2$$

…

当 $n<0$ 时，可以得到

$$y[n]=4^{-n-1}\times2=\frac{2}{4^{n+1}}$$

所以

$$y[n]=\frac{2}{4^{n+1}}+\frac{3}{4^{n+1}}u[n]$$

类似于微分方程的经典解法，差分方程的解也可以分解为齐次解和特解，即

$$y[n]=y_c[n]+y_p[n] \tag{3-47}$$

或分解为零输入响应和零状态响应，即

$$y[n] = y_s[n] + y_x[n] \tag{3-48}$$

【例 3-14】 已知 $x[n] = n$，$y[-1] = 2$，分别用齐次解和特解的分解方法、零输入响应和零状态响应的分解方法求解差分方程 $y[n] - \dfrac{1}{4} y[n-1] = \dfrac{3}{4} x[n]$ 的解。

解 特征方程为

$$\lambda - \frac{1}{4} = 0$$

特征根为

$$\lambda = \frac{1}{4}$$

（1）齐次解和特解的分解方法。

齐次解为

$$y_c[n] = c \left(\frac{1}{4} \right)^n$$

由于输入信号 $x[n] = n$，选特解 $y_p[n]$ 具有 $An + B$ 的形式，代入差分方程，有

$$An + B - \frac{1}{4}[A(n-1) + B] = \frac{3}{4}n$$

于是有

$$A - \frac{1}{4}A = \frac{3}{4}, \quad B + \frac{1}{4}A - \frac{1}{4}B = 0$$

则有

$$A = 1, \quad B = -\frac{1}{3}$$

即

$$y[n] = c \left(\frac{1}{4} \right)^n + n - \frac{1}{3}$$

将 $y[-1] = 2$ 代入后，可以得到

$$c = \frac{5}{6}$$

所以

$$y[n] = \frac{5}{6} \times \left(\frac{1}{4} \right)^n + n - \frac{1}{3}$$

（2）零输入响应和零状态响应的分解方法。

零输入响应可以写为

$$y_s[n] = c_s \left(\frac{1}{4} \right)^n$$

将 $y[-1] = 2$ 代入后，可以得到

$$c_s = \frac{1}{2}$$

则零输入响应为

$$y_s[n] = \frac{1}{2} \times \left(\frac{1}{4} \right)^n$$

根据特征根和 $y_p[n]$ 的表达式,零状态响应可以记为

$$y_x[n] = c_x \left(\frac{1}{4}\right)^n + n - \frac{1}{3}$$

将零状态,即 $y[-1]=0$ 代入后,可以得到

$$c_x = \frac{1}{3}$$

则零状态响应为

$$y_x[n] = \frac{1}{3}\left(\frac{1}{4}\right)^n + n - \frac{1}{3}$$

所以

$$y[n] = y_s[n] + y_x[n] = \frac{5}{6}\left(\frac{1}{4}\right)^n + n - \frac{1}{3}$$

与微分方程的经典求解类似,差分方程特解或零状态响应的求解有时也是比较烦琐的。好在对于零状态响应的求解,依然可以根据系统的线性时不变特性借助离散信号的卷积运算来解决。事实上,3.5 节介绍的离散时间线性时不变系统时域分析方法所求出的响应就是系统的零状态响应。

习题 3

3-1 当 $x(t) = u(t)$ 输入一个线性时不变系统时,输出为 $y(t) = 5tu(t-2) - 10u(t-2)$,试求系统的冲激响应 $h(t)$。如果输入变成 $x(t) = e^{-|t|}$,那么输出 $y(t)$ 是什么?

3-2 将信号 $x(t) = 2\mathrm{rect}\left(\frac{t}{6}\right)$ 输入一个线性时不变系统,已知该系统的冲激响应为 $h(t) = \sum_{i=0}^{4}\left(1 - \frac{i}{5}\right)\delta(t-i)$,试画出系统的输出波形。

3-3 已知线性时不变系统的冲激响应为 $h(t) = \dfrac{\sin^2(3\pi t)}{\pi t^2}$,求信号 $x(t) = \cos 2\pi t + \sin \pi t$ 通过该系统的输出 $y(t)$。

3-4 已知一个线性时不变系统的频率响应为 $H(\omega) = \dfrac{1}{3 + \mathrm{j}\omega}$,如果该系统的输出信号为 $y(t) = e^{-3t}u(t) - e^{-4t}u(t)$,试求此时输入系统的信号 $x(t)$。

3-5 一个线性时不变系统如图 3-21 所示,如果 $h_1(t) = u(t)$,$h_2(t) = \delta(t-1)$,$h_3(t) = -2\delta(t)$,求系统的等效冲激响应 $h(t)$。

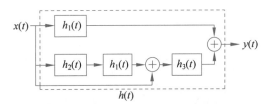

图 3-21 习题 3-5 线性时不变系统

3-6 已知两个线性时不变系统的频率响应分别为 $H_1(\omega)$ 和 $H_2(\omega)$，求如图 3-22 所示的反馈互联（Feedback Interconnection）系统的频率响应。

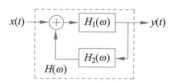

图 3-22 习题 3-6 反馈互联系统

3-7 已知系统的微分方程为 $\dfrac{\mathrm{d}^2 y(t)}{\mathrm{d}t^2} + 3\dfrac{\mathrm{d}y(t)}{\mathrm{d}t} + 2y(t) = 3x(t) + \dfrac{\mathrm{d}x(t)}{\mathrm{d}t}$，初始状态为 $y(0^-) = 1$、$\dfrac{\mathrm{d}y(0^-)}{\mathrm{d}t} = 2$，求信号 $x(t) = \mathrm{e}^{-3t}u(t)$ 激励该系统的响应。

3-8 将信号 $x(t) = 20\cos 100t \cos^2(10000t)$ 通过一个理想低通滤波器，滤波器的频率响应为 $H(\omega) = \mathrm{rect}\left(\dfrac{\omega}{240}\right)\mathrm{e}^{-5\mathrm{j}\omega}$，求滤波器的输出信号 $y(t)$。

3-9 若 $R(\omega)$ 和 $I(\omega)$ 分别为实信号 $x(t)$ 傅里叶变换 $X(\omega)$ 的实部和虚部，且当 $t < 0$ 时，$x(t) = 0$，请证明：$I(\omega) = -R(\omega) * \dfrac{1}{\pi\omega}$。

3-10 若信号 $x(t) = a(t)\sin[\omega_0 t + \theta(t)]$，其中 $a(t)$ 和 $\theta(t)$ 相对 $\sin\omega_0 t$ 而言都是慢变化的信号，即它们的最高频率均远小于 ω_0，求 $x(t)$ 的希尔伯特变换。

3-11 将信号 $x[n] = \left(\dfrac{1}{2}\right)^n u[n]$ 输入一个线性时不变系统，已知该系统的单位冲激响应为 $h[n] = u[n] - u[n-3]$，试求此时系统的输出信号 $y[n]$。

3-12 若信号 $x[n] = \left(\dfrac{1}{2}\right)^n u[n] - \dfrac{1}{4}\left(\dfrac{1}{2}\right)^{n-1} u[n-1]$ 激励一个线性时不变系统的响应为 $y[n] = \left(\dfrac{1}{3}\right)^n u[n]$，求该系统的单位冲激响应 $h[n]$ 和频率响应 $H(\mathrm{e}^{\mathrm{j}\Omega})$。

3-13 已知一个系统的差分方程为 $y[n] + 3y[n-1] + 2y[n-2] = x[n]$，其初始状态为 $y[-1] = -1$，$y[-2] = 1$，求该系统的零输入响应和零状态响应。

第 4 章

随机信号及其表征

4.1 随机信号的基本概念及其表示

第 1 章介绍了随机信号的基本概念,具体表现为:随机信号不是时间的确定函数,不能用准确的时间函数来表示;随机信号的波形无法直接画出,但能画出其样本函数的波形;对于任意给定的时间点,信号的取值是随机的,即是一个随机变量。

依照上述概念,数学上用以下两种方式表示随机信号。

一种方式是将随机信号用所有可能的样本函数组成的集合来表示,即 $\{x_i(t)\}$,其中 $x_i(t)$ 表示随机信号的第 i 个样本函数或第 i 次实现。

另一种方式是将随机信号用一个随机变量的集合来表示,即 $\{X(t), t \in T\}$,其中 T 表示时间点的集合。也就是说,对于任意给定的时间点 t,$X(t)$ 都是一个随机变量,而随机信号就是所有时间点上随机变量的集合。按照这种表示方式,随机信号可以看作多维随机变量的延伸。为简化起见,在不引起混淆的情况下,一般略去集合中的 T,即直接用 $X(t)$ 表示随机信号。

上述两种表示方式本质上是一致的。第 1 种方式适合在实际测量和处理时使用,而第 2 种方式则往往是在理论分析时使用。

根据时间点集合 T 是否连续,可以将随机信号分为连续时间随机信号和离散时间随机信号(或离散时间随机序列)。为简化起见,连续时间随机信号用 $X(t)$ 或 $\{x_i(t)\}$ 表示,而离散时间随机信号则用 $X[n]$ 或 $\{x_i[n]\}$ 表示。除此之外,根据随机信号在任意时间点的取值是否连续,还可以将随机信号分为连续型随机信号和离散型随机信号。下面分别给出连续时间的连续型随机信号、连续时间的离散型随机信号、离散时间的连续型随机信号和离散时间的离散型随机信号的例子。

考虑如下信号:

$$X(t) = A\sin(\omega_0 t + \theta) \tag{4-1}$$

其中,A 和 ω_0 是常数;θ 是在 $(0, 2\pi)$ 间均匀分布的随机变量。

由式(4-1)不难看出,对于任意一个给定的时间点 $t = t_1$,$X(t_1) = A\sin(\omega_0 t_1 + \theta)$ 是一个随机变量,因此 $X(t)$ 是一个随机信号,该信号通常称为随机相位正弦信号。在 $(0, 2\pi)$ 随机取一个数 θ_i,可以得到随机信号 $X(t)$ 相应的一个样本函数,即

$$x_i(t) = A\sin(\omega_0 t + \theta_i)$$

图 4-1 所示的就是该随机信号的 3 个样本函数。可以看到,$X(t)$ 是一个连续时间的连续型随机信号。

已知某一通信系统以周期 T 发送脉冲信号 $X(t)$,$t > 0$。在每个周期内,脉冲信号的幅度为 A,脉冲信号的宽度是一个在 $[0, T)$ 均匀分布的随机变量 Y。

对于任意一个给定的时间点 $t = t_1$,$X(t_1)$ 的取值为 0 或 A,它是一个随机变量,因此 $X(t)$ 是一个随机信号,该信号通常称为脉宽调制信号。图 4-2 所示的就是该随机信号的一个样本函数,图中 Y_i 表示第 i 个周期内的脉宽,$i = 1, 2, 3, \cdots$。可以看到,$X(t)$ 是一个连续时间的离散型随机信号。

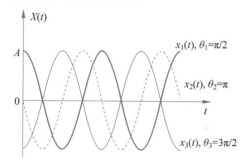

图 4-1　随机相位正弦信号 $X(t)$ 的 3 个样本函数

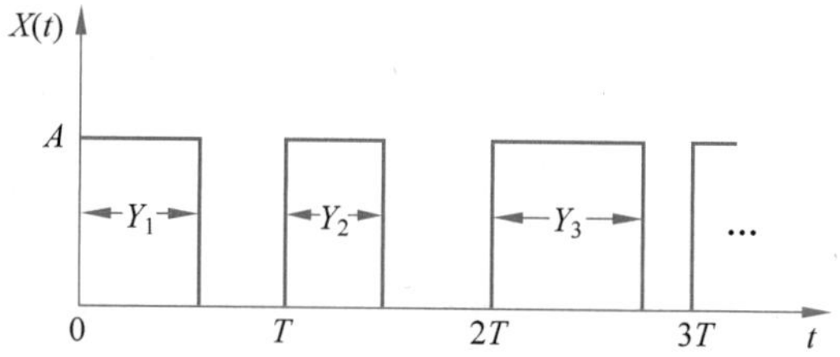

图 4-2　脉宽调制信号 $X(t)$ 的一个样本函数

考虑如下信号:

$$X[n] = \alpha \tag{4-2}$$

其中,α 是均值为零,方差为 1 的高斯随机变量。

由式(4-2)不难看出,对于任意一个离散时间点 $n = n_1$,$X[n_1]$ 是一个高斯随机变量,因此 $X[n]$ 是一个随机信号。图 4-3 所示的就是该随机信号的一个样本函数。可以看到,$X[n]$ 是一个离散时间的连续型随机信号。

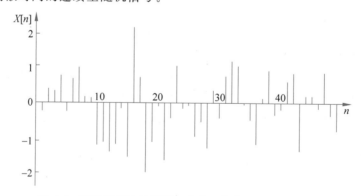

图 4-3　离散时间连续型随机信号 $X[n]$ 的一个样本函数

考虑抛掷一个骰子的实验。设 $X[n]$ 是第 n 次($n \geqslant 1$)抛掷的点数。

对于任意一个离散时间点 $n = n_1$,$X[n_1]$ 的取值为 $1, 2, \cdots, 6$ 中的任意值。由于它是一个随机变量,因此 $X[n]$ 是一个随机信号。图 4-4 所示的就是该随机信号的一个样本函数。可以看出,$X[n]$ 是一个离散时间的离散型随机信号。进一步,若第 n 次抛骰子的结果不影响其他时间点的结果,即每次抛骰子是相互独立的,则这样得到的随机信号 $X[n]$ 又称为伯努利(Bernoulli)过程。

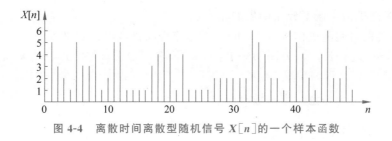

图 4-4　离散时间离散型随机信号 $X[n]$ 的一个样本函数

4.2　随机信号的统计分布描述

随机信号一般只能从统计的角度进行描述。由于随机信号在任意一个时间点的取值都是随机变量,因此可以用随机变量的概率分布函数或概率密度函数描述随机信号。

4.2.1　概率分布函数

设有随机信号 $X(t)$,对于任意一个给定的时间点 $t=t_1$,$X(t_1)$ 是一个随机变量,其一维概率分布函数

$$F(x_1;t_1)=P\{X(t_1)\leqslant x_1\} \tag{4-3}$$

称为随机信号 $X(t)$ 的一维概率分布函数。由一维概率分布函数组成的集合 $\{F(x_1;t_1)\}$ 称为随机信号 $X(t)$ 的一维概率分布函数族。

一维概率分布函数族刻画了随机信号在各个时间点的统计特性,然而用它描述随机信号完整的统计特性是不充分的。为了描述随机信号在不同时间点取值之间的统计联系,还需要考虑多维概率分布函数。

第 38 集
微课视频

随机信号 $X(t)$ 的 k 维概率分布函数可以定义为 k 个时间点上随机变量的联合概率分布函数,即

$$F(x_1,x_2,\cdots,x_k;t_1,t_2,\cdots,t_k)=P\{X(t_1)\leqslant x_1,X(t_2)\leqslant x_2,\cdots,X(t_k)\leqslant x_k\}$$

$$\tag{4-4}$$

其中,k 为任意正整数,$t_1,t_2,\cdots,t_k$ 为任意 k 个时间点。对于固定的 k,k 维概率分布函数组成的集合 $\{F(x_1,x_2,\cdots,x_k;t_1,t_2,\cdots,t_k)\}$ 称为随机信号 $X(t)$ 的 k 维概率分布函数族。显然,k 取值越大,k 维概率分布函数族越能完善地描述随机信号的统计特性。k 维概率分布函数族的集合 $\{F(x_1,x_2,\cdots,x_k;t_1,t_2,\cdots,t_k)\}_{k=1}^{\infty}$ 称为随机信号 $X(t)$ 的概率分布函数族,它可以完全描述随机信号 $X(t)$ 的统计特性。

需要指出的是,由一个随机信号的低维概率分布函数一般不能得到其高维概率分布函数;反之,由高维的概率分布函数则可以得到较低维的概率分布函数。例如,若已知随机信号 $X(t)$ 的 k 维概率分布函数,则其 $m(m<k)$ 维概率分布函数为

$$\begin{aligned}F(x_1,x_2,\cdots,x_m;t_1,t_2,\cdots,t_m)&=P\{X(t_1)\leqslant x_1,\cdots,X(t_m)\leqslant x_m\}\\&=P\{X(t_1)\leqslant x_1,\cdots,X(t_m)\leqslant x_m,\\&\quad X(t_{m+1})<+\infty,\cdots,X(t_k)<+\infty\}\\&=F(x_1,x_2,\cdots,x_m,+\infty,\cdots,+\infty;t_1,t_2,\cdots,t_m,t_{m+1},\cdots,t_k)\end{aligned}$$

$$\tag{4-5}$$

这一性质称为随机信号概率分布函数的相容性。

类似地，离散时间随机信号 $X[n]$ 的 k 维概率分布函数可以定义为

$$F(x_1,x_2,\cdots,x_k;n_1,n_2,\cdots,n_k)=P\{X[n_1]\leqslant x_1,X[n_2]\leqslant x_2,\cdots,X[n_k]\leqslant x_k\}$$
(4-6)

其中，$n_1,n_2,\cdots,n_k$ 为任意 k 个离散时间点。

4.2.2 概率密度函数

对于连续型随机信号，除了用概率分布函数，还可以用概率密度函数描述其统计特性。如果存在

$$\frac{\partial F(x_1;t_1)}{\partial x_1}=p(x_1;t_1)$$
(4-7)

则称 $p(x_1;t_1)$ 为随机信号 $X(t)$ 的一维概率密度函数。下面给出几种常见的一维概率密度函数。

1. 均匀分布

若随机变量 X 的概率密度函数为

$$p(x)=\begin{cases}\dfrac{1}{b-a},&a\leqslant x\leqslant b\\0,&\text{其他}\end{cases}$$
(4-8)

则称 X 在区间 (a,b) 上服从均匀分布。

2. 高斯分布（或正态分布）

若随机变量 X 的概率密度函数为

$$p(x)=\frac{1}{\sqrt{2\pi}\sigma}e^{-\frac{(x-\mu)^2}{2\sigma^2}},\quad-\infty<x<\infty$$
(4-9)

则称 X 服从均值为 μ、方差为 σ^2 的高斯分布，记为 $X\sim N(\mu,\sigma^2)$。高斯分布也称为正态分布。

3. 指数分布

若随机变量 X 的概率密度函数为

$$p(x)=\begin{cases}\lambda e^{-\lambda x},&x\geqslant0\\0,&x<0\end{cases}$$
(4-10)

则称 X 服从参数为 $\lambda(\lambda>0)$ 的指数分布。

4. 瑞利分布

若随机变量 X 的概率密度函数为

$$p(x)=\begin{cases}\dfrac{x}{\sigma^2}e^{-\frac{x^2}{2\sigma^2}},&x\geqslant0\\0,&x<0\end{cases}$$
(4-11)

则称 X 服从瑞利分布。

图 4-5 给出了上述 4 种分布的概率密度曲线。

与一维概率密度函数的定义类似，如果存在

$$\frac{\partial^k F(x_1,x_2,\cdots,x_k;t_1,t_2,\cdots,t_k)}{\partial x_1\partial x_2\cdots\partial x_k}=p(x_1,x_2,\cdots,x_k;t_1,t_2,\cdots,t_k)$$
(4-12)

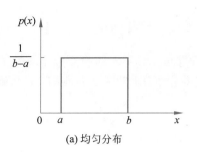
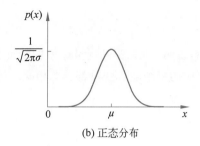

(a) 均匀分布　　　　　　　　　　　(b) 正态分布

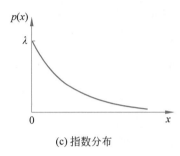
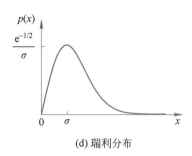

(c) 指数分布　　　　　　　　　　　(d) 瑞利分布

图 4-5　4 种分布的概率密度曲线

则称 $p(x_1, x_2, \cdots, x_k; t_1, t_2, \cdots, t_k)$ 为随机信号 $X(t)$ 的 k 维概率密度函数。

同理,对于离散时间随机信号 $X[n]$,如果存在

$$\frac{\partial^k F(x_1, x_2, \cdots, x_k; n_1, n_2, \cdots, n_k)}{\partial x_1 \partial x_2 \cdots \partial x_k} = p(x_1, x_2, \cdots, x_k; n_1, n_2, \cdots, n_k) \qquad (4\text{-}13)$$

则称 $p(x_1, x_2, \cdots, x_k; n_1, n_2, \cdots, n_k)$ 为随机信号 $X[n]$ 的 k 维概率密度函数。

第 39 集
微课视频

4.2.3　统计独立

两个随机变量相互独立是一个十分重要的概念。给定任意两个时间点 t_1 和 t_2,若对于所有 x_1 和 x_2 都有

$$P\{X(t_1) \leqslant x_1, X(t_2) \leqslant x_2\} = P\{X(t_1) \leqslant x_1\} P\{X(t_2) \leqslant x_2\} \qquad (4\text{-}14)$$

即

$$F(x_1, x_2; t_1, t_2) = F(x_1; t_1) F(x_2; t_2) \qquad (4\text{-}15)$$

则称随机变量 $X(t_1)$ 和 $X(t_2)$ 是相互独立的。

若 $X(t)$ 是连续型随机信号,则 $X(t_1)$ 和 $X(t_2)$ 相互独立的条件式(4-15)等价于

$$p(x_1, x_2; t_1, t_2) = p(x_1; t_1) p(x_2; t_2) \qquad (4\text{-}16)$$

若 $X(t)$ 是离散型随机信号,则 $X(t_1)$ 和 $X(t_2)$ 相互独立的条件式(4-15)等价于

$$P\{X(t_1) = x_1, X(t_2) = x_2\} = P\{X(t_1) = x_1\} P\{X(t_2) = x_2\} \qquad (4\text{-}17)$$

在实际中使用式(4-16)或式(4-17)要比使用式(4-15)更加方便。

类似地,若将式(4-14)~式(4-17)中的 t_1 和 t_2 分别替换为离散时间点 n_1 和 n_2,则可得到离散时间随机信号 $X[n]$ 在任意两个时间点相互独立的条件。

设有离散时间随机信号 $X[n]$,若对于任意两个时间点 n_1 和 n_2,在 $n_1 \neq n_2$ 时都有 $X[n_1]$ 和 $X[n_2]$ 相互独立,则称该随机信号是一个独立随机变量序列,其 k 维概率分布函数可以写为

$$F(x_1, x_2, \cdots, x_k; n_1, n_2, \cdots, n_k) = \prod_{i=1}^{k} F(x_i; n_i) \qquad (4\text{-}18)$$

式(4-18)表明,独立随机变量序列的统计特性可以由其一维概率分布函数完全确定。进一步,若序列中的每个随机变量都具有相同的概率分布,即 $F(x_i; n_i) = F(x_i)$,则式(4-18)可重写为

$$F(x_1, x_2, \cdots, x_k; n_1, n_2, \cdots, n_k) = \prod_{i=1}^{k} F(x_i) \qquad (4\text{-}19)$$

此时序列 $X[n]$ 又称为独立同分布(Independent Identically Distribution, i. i. d.)随机变量序列。伯努利随机序列就是一个独立同分布随机变量序列。

4.2.4 两个随机信号的统计特性描述

在实际中,经常需要研究两个随机信号之间的统计联系。例如,研究随机信号通过系统后,输出随机信号与输入随机信号之间的关系。对于这类问题,除了对各个随机信号的统计特性加以研究外,还必须将两个随机信号作为整体研究其统计特性。

设 $X(t_1)$ 和 $Y(t_2)$ 分别是随机信号 $X(t)$ 和 $Y(t)$ 在时间点 t_1 和 t_2 的取值,则随机信号 $X(t)$ 和 $Y(t)$ 的二维联合概率分布函数为

$$F(x, y; t_1, t_2) = P\{X(t_1) \leqslant x, Y(t_2) \leqslant y\} \qquad (4\text{-}20)$$

如果存在

$$\frac{\partial F(x, y; t_1, t_2)}{\partial x \partial y} = p(x, y; t_1, t_2) \qquad (4\text{-}21)$$

则称 $p(x_1, y; t_1, t_2)$ 为随机信号 $X(t)$ 和 $Y(t)$ 的二维联合概率密度函数。

若对于任意两个时间点 t_1 和 t_2,$X(t_1)$ 和 $Y(t_2)$ 都相互独立,则称随机信号 $X(t)$ 和 $Y(t)$ 相互独立,此时有

$$F(x, y; t_1, t_2) = F_X(x; t_1) F_Y(y; t_2) \qquad (4\text{-}22)$$

其中,$F_X(x; t_1)$ 和 $F_Y(y; t_2)$ 分别是随机信号 $X(t)$ 和 $Y(t)$ 的一维概率分布函数。

将式(4-20)~式(4-22)中的 t_1 和 t_2 分别替换为离散时间点 n_1 和 n_2,则可得到两个离散时间随机信号 $X[n]$ 和 $Y[n]$ 之间的统计特性描述。

4.3 随机信号的平均特征

随机信号的概率分布函数族能够完善地描述随机信号的统计特性。然而,在实际中,往往只能观察得到随机信号的部分样本函数。用这些样本函数确定随机信号的有限维概率分布函数是很困难的。另外,在实际中,有时也不一定需要对随机信号进行全面和完整的描述。因此,有必要引入另外一些量(如均值、方差等)表征随机信号的特征。这些量既可以表征随机信号某一方面的统计特性,又便于计算和测量。

在本章后面的内容中,仅针对连续时间的连续型随机信号进行讨论,所得结论可以很容易地推广到其他类型的随机信号。

4.3.1　随机信号的集平均表征量

1. 均值函数

随机信号 $X(t)$ 的均值函数定义为

$$m_X(t) \triangleq E[X(t)] = \int_{-\infty}^{\infty} x p(x;t) \mathrm{d}x \tag{4-23}$$

其中，$p(x;t)$ 是随机信号 $X(t)$ 的一维概率密度函数。

可以看到，均值函数 $m_X(t)$ 是时间 t 的一个函数，它反映了随机信号在不同时间点上均值变化的情况。由于 $m_X(t)$ 是随机信号的所有样本函数在时间点 t 的函数值的平均，因此称这种平均为集平均(或统计平均)。

2. 方差函数

随机信号 $X(t)$ 在时间点 t 的二阶中心矩称为它的方差函数，其表达式为

$$\sigma_X^2(t) \triangleq D[X(t)] \triangleq E[|X(t) - m_X(t)|^2]$$
$$= \int_{-\infty}^{\infty} |x - m_X(t)|^2 p(x;t)\mathrm{d}x \tag{4-24}$$

方差函数的平方根 $\sigma_X(t)$ 称为随机信号的均方差函数(或标准差函数)，它反映了随机信号 $X(t)$ 在时间点 t 对于均值 $m_X(t)$ 的平均偏离程度。

3. 均方值函数

随机信号 $X(t)$ 在时间点 t 的二阶原点矩称为它的均方值函数，其表达式为

$$\psi_X^2(t) \triangleq E[|X(t)|^2] = \int_{-\infty}^{\infty} |x|^2 p(x;t)\mathrm{d}x \tag{4-25}$$

第 40 集
微课视频

4. 自相关函数

设 $X(t_1)$ 和 $X(t_2)$ 是随机信号 $X(t)$ 在任意两个时间点 t_1 和 t_2 的取值，则 $X(t_1)$ 和 $X(t_2)$ 的二阶原点混合矩称为随机信号 $X(t)$ 的自相关函数，其表达式为

$$R_X(t_1,t_2) \triangleq E[X(t_1)X^*(t_2)] = \int_{-\infty}^{\infty}\int_{-\infty}^{\infty} x_1 x_2^* p(x_1,x_2;t_1,t_2)\mathrm{d}x_1\mathrm{d}x_2 \tag{4-26}$$

可见，自相关函数是时间点 t_1 和 t_2 的函数，它刻画了随机信号在两个不同时间点状态之间的相关程度。

5. 自协方差函数

设 $X(t_1)$ 和 $X(t_2)$ 是随机信号 $X(t)$ 在任意两个时间点 t_1 和 t_2 的取值，则 $X(t_1)$ 和 $X(t_2)$ 的二阶中心混合矩称为随机信号 $X(t)$ 的自协方差函数，其表达式为

$$C_X(t_1,t_2) \triangleq E\{[X(t_1) - m_X(t_1)][X(t_2) - m_X(t_2)]^*\}$$
$$= \int_{-\infty}^{\infty}\int_{-\infty}^{\infty} [x_1 - m_X(t_1)][x_2 - m_X(t_2)]^* p(x_1,x_2;t_1,t_2)\mathrm{d}x_1\mathrm{d}x_2$$
$$\tag{4-27}$$

与自相关函数类似，自协方差函数也刻画了随机信号在两个不同时间点状态之间的统计依赖程度。

由式(4-23)、式(4-26)和式(4-27)可以得到

$$C_X(t_1,t_2) = R_X(t_1,t_2) - m_X(t_1)m_X^*(t_2) \tag{4-28}$$

特别地，当 $t = t_1 = t_2$ 时，由式(4-28)可得

$$\sigma_X^2(t) = C_X(t,t) = R_X(t,t) - |m_X(t)|^2 = \psi_X^2(t) - |m_X(t)|^2 \qquad (4\text{-}29)$$

6. 互相关函数

设 $X(t_1)$ 和 $Y(t_2)$ 分别是随机信号 $X(t)$ 和 $Y(t)$ 在任意两个时间点 t_1 和 t_2 的取值,则 $X(t_1)$ 和 $Y(t_2)$ 的二阶原点混合矩称为随机信号 $X(t)$ 和 $Y(t)$ 的互相关函数,其表达式为

$$R_{XY}(t_1,t_2) \triangleq E[X(t_1)Y^*(t_2)] = \int_{-\infty}^{\infty}\int_{-\infty}^{\infty} xy^* p(x,y;t_1,t_2)\mathrm{d}x\mathrm{d}y \qquad (4\text{-}30)$$

若对于任意 t_1 和 t_2 有

$$R_{XY}(t_1,t_2) = 0 \qquad (4\text{-}31)$$

则称随机信号 $X(t)$ 和 $Y(t)$ 正交。

7. 互协方差函数

与互相关函数类似,还可以定义两个随机信号的互协方差函数,即

$$C_{XY}(t_1,t_2) \triangleq E\{[X(t_1) - m_X(t_1)][Y(t_2) - m_Y(t_2)]^*\}$$

$$= \int_{-\infty}^{\infty}\int_{-\infty}^{\infty} [x - m_X(t_1)][y - m_Y(t_2)]^* p(x,y;t_1,t_2)\mathrm{d}x\mathrm{d}y \qquad (4\text{-}32)$$

其中,$m_Y(t_2)$ 是随机信号 $Y(t)$ 的均值函数。

由式(4-23)、式(4-30)和式(4-32)可以得到

$$C_{XY}(t_1,t_2) = R_{XY}(t_1,t_2) - m_X(t_1)m_Y^*(t_2) \qquad (4\text{-}33)$$

若对于任意 t_1 和 t_2 有

$$C_{XY}(t_1,t_2) = 0 \qquad (4\text{-}34)$$

或

$$R_{XY}(t_1,t_2) = m_X(t_1)m_Y^*(t_2) \qquad (4\text{-}35)$$

则称随机信号 $X(t)$ 和 $Y(t)$ 互不相关。

若随机信号 $X(t)$ 和 $Y(t)$ 相互独立,则它们一定互不相关。

【例 4-1】 设 A、B 是两个随机变量,如果 A 和 B 相互独立,且 $A \sim N(0,1)$,B 在区间 $(0,1)$ 上服从均匀分布,试求随机信号 $X(t) = At + B$ 的均值函数和自相关函数。

解 $X(t)$ 的均值函数和自相关函数分别为

$$m_X(t) = E[At + B] = tE[A] + E[B]$$

$$R_X(t_1,t_2) = E[(At_1 + B)(At_2 + B)]$$

$$= t_1 t_2 E[A^2] + (t_1 + t_2)E[AB] + E[B^2]$$

根据已知条件,当 $A \sim N(0,1)$ 时,有

$$E[A] = 0, \quad E[A^2] = 1$$

当 B 在区间 $(0,1)$ 上服从均匀分布时,有

$$E[B] = \frac{1}{2}, \quad E[B^2] = \frac{1}{3}$$

当 A 和 B 相互独立时,它们一定不相关,因此有

$$E[AB] = E[A]E[B]$$

将相关结果代入后,最终可得 $X(t)$ 的均值函数和自相关函数分别为

$$m_X(t) = \frac{1}{2}, \quad R_X(t_1,t_2) = t_1 t_2 + \frac{1}{3}$$

【例 4-2】 求随机相位正弦信号 $X(t) = A\sin(\omega_0 t + \theta)$ 的均值函数、方差函数和自相关函数。

解 由已知可得 θ 的概率密度函数为

$$p(\theta) = \begin{cases} \dfrac{1}{2\pi}, & 0 < \theta < 2\pi \\ 0, & \text{其他} \end{cases}$$

根据式(4-23)和式(4-26),可以得到 $X(t)$ 的均值函数和自相关函数分别为

$$m_X(t) = E[A\sin(\omega_0 t + \theta)] = \int_0^{2\pi} A\sin(\omega_0 t + \theta) \cdot \frac{1}{2\pi} \mathrm{d}\theta = 0$$

$$\begin{aligned} R_X(t_1, t_2) &= E[A^2 \sin(\omega_0 t_1 + \theta)\sin(\omega_0 t_2 + \theta)] \\ &= \frac{A^2}{2} E\{\cos[\omega_0(t_1 - t_2)] - \cos[\omega_0(t_1 + t_2) + 2\theta]\} \\ &= \frac{A^2}{2} \int_0^{2\pi} \{\cos[\omega_0(t_1 - t_2)] - \cos[\omega_0(t_1 + t_2) + 2\theta]\} \cdot \frac{1}{2\pi} \mathrm{d}\theta \\ &= \frac{A^2}{2} \cos(\omega_0 \tau) \end{aligned}$$

其中,$\tau = t_1 - t_2$。令 $t_1 = t_2 = t$,根据式(4-29),可以得到 $X(t)$ 的方差函数为

$$\sigma_X^2(t) = R_X(t, t) - m_X^2(t) = R_X(t, t) = \frac{A^2}{2}$$

【例 4-3】 已知 $X[n]$ 是一个独立同分布随机变量序列,对于任意离散时间点 $n = n_1$,$X[n_1]$ 是一个取值为 0 或 1 的随机变量,且取 1 的概率为 p,求该随机序列 $X[n]$ 的均值函数和方差函数。

第 41 集
微课视频

解 由于 $X[n]$ 是一个独立同分布随机序列,序列中的每个随机变量都具有相同的均值和方差,因此随机序列 $X[n]$ 的均值函数和方差函数就等于各随机变量的均值和方差,与时间无关,即

$$m_X[n] = E\{X[n]\} = 1 \cdot p + 0 \cdot (1 - p) = p$$

$$\begin{aligned} \sigma_X^2[n] &= E[|X[n] - m_X[n]|^2] \\ &= (1 - p)^2 p + (0 - p)^2 (1 - p) \\ &= p(1 - p) \end{aligned}$$

【例 4-4】 已知两个随机信号 $X(t) = \cos(\omega_0 t + \theta)$ 和 $Y(t) = \sin(\omega_0 t + \theta)$,其中 ω_0 是常数,θ 在 $(0, 2\pi)$ 上服从均匀分布,求随机信号 $X(t)$ 和 $Y(t)$ 的互相关函数。

解 根据式(4-30)可得

$$\begin{aligned} R_{XY}(t_1, t_2) &= E[\cos(\omega_0 t_1 + \theta)\sin(\omega_0 t_2 + \theta)] \\ &= \frac{1}{2} E\{\sin[\omega_0(t_1 + t_2) + 2\theta] - \sin[\omega_0(t_1 - t_2)]\} \\ &= -\frac{1}{2} \sin[\omega_0(t_1 - t_2)] \end{aligned}$$

4.3.2 随机信号的时间平均表征量

从 4.3.1 节各种集平均表征量的定义式中可以看到,要计算这些表征量,需要已知随机

信号的概率密度函数,而这一点在实际中很难办到。为了避免使用概率密度函数,实际中希望能够用较少的观测值确定随机信号的平均表征量。

由于随机信号可以看作一个由样本函数组成的集合,因此实际中可以考虑用随机信号的一个样本函数表征其特征,也即通过对样本函数在时间上进行平均获得随机信号的某些统计特性。

设 $x(t)$ 是随机信号 $X(t)$ 的一个样本函数,下面给出几种时间平均。

1. 时间均值

$x(t)$ 的时间均值定义为

$$\langle x(t)\rangle = \lim_{T\to\infty}\frac{1}{2T}\int_{-T}^{T}x(t)\mathrm{d}t \tag{4-36}$$

$x(t)$ 的时间均值就是其直流分量,不同的样本函数可能有不同的时间均值。

2. 时间方差

$x(t)$ 的时间方差定义为

$$\langle\,|\,x(t)-\langle x(t)\rangle\,|^{2}\rangle = \lim_{T\to\infty}\frac{1}{2T}\int_{-T}^{T}|\,x(t)-\langle x(t)\rangle\,|^{2}\mathrm{d}t \tag{4-37}$$

$x(t)$ 的时间方差代表了其交流功率,不同的样本函数可能有不同的时间方差。

第 42 集
微课视频

3. 时间均方值

$x(t)$ 的时间均方值定义为

$$\langle\,|\,x(t)\,|^{2}\rangle = \lim_{T\to\infty}\frac{1}{2T}\int_{-T}^{T}|\,x(t)\,|^{2}\mathrm{d}t \tag{4-38}$$

$x(t)$ 的时间均方值代表了其瞬时功率,不同的样本函数可能有不同的时间均方值。

第 43 集
微课视频

4. 时间自相关函数与时间互相关函数

若随机信号 $X(t)$ 是一个平稳信号,则可以定义其样本函数 $x(t)$ 的时间自相关函数为

$$\langle x(t)x^{*}(t-\tau)\rangle = \lim_{T\to\infty}\frac{1}{2T}\int_{-T}^{T}x(t)x^{*}(t-\tau)\mathrm{d}t \tag{4-39}$$

类似地,若随机信号 $Y(t)$ 也是一个平稳信号,则可以定义 $X(t)$ 和 $Y(t)$ 的样本函数 $x(t)$ 和 $y(t)$ 的时间互相关函数为

$$\langle x(t)y^{*}(t-\tau)\rangle = \lim_{T\to\infty}\frac{1}{2T}\int_{-T}^{T}x(t)y^{*}(t-\tau)\mathrm{d}t \tag{4-40}$$

更多有关平稳随机信号的内容将在 4.4 节中进行介绍。

4.4 平稳随机信号

平稳随机信号是一类应用相当广泛的随机信号,其特点是信号的统计特性不随时间的推移而变化。下面首先介绍平稳随机信号的概念,然后着重讨论它的各态历经性、自相关函数和功率谱密度函数。

4.4.1 平稳随机信号的概念

1. 严平稳随机信号(或狭义平稳随机信号)

如果对于任意正整数 k 和任意 k 个时间点 $t_1, t_2, \cdots, t_k$,随机信号 $X(t)$ 的 k 维概率分

布函数对任意实数 τ 满足

$$F(x_1,x_2,\cdots,x_k;t_1,t_2,\cdots,t_k)=F(x_1,x_2,\cdots,x_k;t_1+\tau,t_2+\tau,\cdots,t_k+\tau)$$

$$(4\text{-}41)$$

则称随机信号 $X(t)$ 为严平稳随机信号或狭义平稳随机信号。

当 $X(t)$ 为严平稳随机信号时,4.3 节中给出的集平均表征量将与时间无关,即此时 $X(t)$ 的均值函数、方差函数、均方值函数、自相关函数以及自协方差函数可以进一步表示为

$$E[X(t)]=m_X \tag{4-42}$$

$$D[X(t)]=E[\mid X(t)-m_X \mid^2]=\sigma_X^2 \tag{4-43}$$

$$E[\mid X(t)\mid^2]=\psi_X^2 \tag{4-44}$$

$$R_X(t_1,t_2)=R_X(t_1,t_1-\tau)=E[X(t_1)X^*(t_1-\tau)]=R_X(\tau) \tag{4-45}$$

$$C_X(t_1,t_2)=C_X(t_1,t_1-\tau)=E\{[X(t_1)-m_X][X(t_1-\tau)-m_X]^*\}$$
$$=C_X(\tau)=R_X(\tau)-\mid m_X \mid^2 \tag{4-46}$$

其中,$\tau = t_1-t_2$。

2. 宽平稳随机信号(或广义平稳随机信号)

在实际应用中,要确定一个随机信号的概率分布函数,并且进一步判定它是否平稳是一件较为困难的事。但实际中要得到一个随机信号的一阶或二阶矩则是可能的,因此通常考虑如下一类平稳信号。

如果随机信号 $X(t)$ 的均值函数为常数,自相关函数只和时间差 τ 有关,即如式(4-42)和式(4-45)所示,则称随机信号 $X(t)$ 为宽平稳随机信号或广义平稳随机信号。

第44集
微课视频

一个严平稳随机信号的二阶矩只要存在,它就一定是宽平稳随机信号;但反之一般不成立,不过正态信号例外,即一个宽平稳的正态随机信号也必定是严平稳的。

在本书后面的内容中若讲到平稳随机信号,若无特殊说明,则均指宽平稳随机信号。

3. 联合宽平稳随机信号

如果 $X(t)$ 和 $Y(t)$ 都是宽平稳随机信号,且它们的互相关函数只和时间差 τ 有关,即

$$E[X(t_1)Y^*(t_2)]=E[X(t_1)Y^*(t_1-\tau)]=R_{XY}(t_1-t_2)=R_{XY}(\tau) \tag{4-47}$$

则称随机信号 $X(t)$ 和 $Y(t)$ 为联合宽平稳随机信号。

4.4.2 各态历经性

由于平稳随机信号的统计特性不随时间的推移而变化,因此可以证明,在满足一定的条件下,平稳随机信号的某些集平均表征量可以用它的一个样本函数的时间平均表征量来代替。这样,在解决实际问题时就可以节约大量的工作量。下面给出一个例子。

【例 4-5】 求随机相位正弦信号 $X(t)=A\sin(\omega_0 t+\theta)$ 的时间均值和时间自相关函数。

解 设 $x(t)$ 是 $X(t)$ 的一个样本函数,根据式(4-36)可得其时间均值为

$$\langle x(t)\rangle=\lim_{T\to\infty}\frac{1}{2T}\int_{-T}^{T}A\sin(\omega_0 t+\theta)\mathrm{d}t$$

$$=\lim_{T\to\infty}\frac{A}{2T\omega_0}[-\cos(\omega_0 t+\theta)]\mid_{-T}^{T}=0$$

由例 4-2 的结果和宽平稳随机信号的定义可以知道,随机相位正弦信号是一个平稳随

机信号,因此,根据式(4-39)可得其时间自相关函数为

$$
\begin{aligned}
\langle x(t)x^*(t-\tau)\rangle &= \lim_{T\to\infty}\frac{A^2}{2T}\int_{-T}^{T}\sin(\omega_0 t+\theta)\sin[\omega_0(t-\tau)+\theta]\mathrm{d}t \\
&= \lim_{T\to\infty}\frac{A^2}{4T}\int_{-T}^{T}\{\cos(\omega_0\tau)-\cos[\omega_0(2t-\tau)+2\theta]\}\mathrm{d}t \\
&= \frac{A^2}{2}\cos(\omega_0\tau)
\end{aligned}
$$

对比例 4-2 和例 4-5 的计算结果可以发现,对于随机相位正弦信号,用集平均和时间平均计算出来的均值和自相关函数是相等的。这就意味着可以用时间平均代替集平均,也即在实际中,可以利用观测值获得随机信号的某些统计特性。这一性质称为各态历经性,但它并不是随机相位正弦信号所特有的。下面给出各态历经性的一般概念。

设 $X(t)$ 是一平稳随机信号,$x(t)$ 是 $X(t)$ 的一个样本函数。

(1) 如果

$$
\langle x(t)\rangle = E[X(t)] = m_X \tag{4-48}
$$

以概率 1 成立,则称随机信号 $X(t)$ 的均值具有各态历经性。

(2) 对任意实数 τ,如果

$$
\langle x(t)x^*(t-\tau)\rangle = E[X(t)X^*(t-\tau)] = R_X(\tau) \tag{4-49}
$$

以概率 1 成立,则称随机信号 $X(t)$ 的自相关函数具有各态历经性。特别地,当 $\tau=0$ 时,称 $X(t)$ 的均方值具有各态历经性。

(3) 如果随机信号 $X(t)$ 的均值和自相关函数都具有各态历经性,则称 $X(t)$ 是各态历经信号或 $X(t)$ 是各态历经的。

上述定义中"以概率 1 成立"是对随机信号 $X(t)$ 的所有样本函数而言的。因此,各态历经性可以直观地理解为:随机信号中的各个样本函数都经历了随机信号的所有状态,因而用其中任意一个样本函数都可以充分表征该随机信号的统计特性。

然而,并不是任意一个平稳随机信号都是各态历经的,下面不加证明地给出平稳实随机信号是各态历经的条件。

(1) (均值各态历经定理)平稳随机信号 $X(t)$ 的均值具有各态历经性的充要条件为

$$
\lim_{T\to\infty}\frac{1}{T}\int_0^{2T}\left(1-\frac{\tau}{2T}\right)[R_X(\tau)-m_X^2]\mathrm{d}\tau = 0 \tag{4-50}
$$

(2) (自相关函数各态历经定理)平稳随机信号 $X(t)$ 的自相关函数具有各态历经性的充要条件为

$$
\lim_{T\to\infty}\frac{1}{T}\int_0^{2T}\left(1-\frac{\tau_1}{2T}\right)[B(\tau_1)-R_X^2(\tau)]\mathrm{d}\tau_1 = 0 \tag{4-51}
$$

其中

$$
B(\tau_1) = E[X(t)X(t+\tau)X(t+\tau_1)X(t+\tau+\tau_1)] \tag{4-52}
$$

若用 $\langle x(t)y(t-\tau)\rangle$ 代替 $\langle x(t)x(t-\tau)\rangle$,用 $R_{XY}(\tau)$ 代替 $R_X(\tau)$ 进行讨论,则可以相应得到互相关函数的各态历经定理。

(3) 对于正态平稳随机信号 $X(t)$,若其均值为零,自相关函数 $R_x(\tau)$ 连续,则 $X(t)$ 是各态历经的充分条件为

$$\int_0^\infty \mid R_X(\tau) \mid \mathrm{d}\tau < \infty \qquad (4\text{-}53)$$

需要指出的是,各态历经定理的条件是比较宽的,实际中碰到的大多数平稳信号都能够满足。然而,真要用这些定理给出的条件去判定一个平稳随机信号是否具有各态历经性是十分困难的。因此,在实际中,通常事先假定所研究的平稳信号具有各态历经性,然后再用实验检验这个假定是否合理。

4.4.3　平稳随机信号相关函数的性质

相关函数是平稳随机信号的重要数字特征,特别是对于正态随机信号,其均值和相关函数完全刻画了它的统计特性。假设 $X(t)$ 和 $Y(t)$ 都是平稳随机信号,$R_X(\tau)$、$R_Y(\tau)$ 和 $R_{XY}(\tau)$ 分别为它们的自相关函数和互相关函数,下面给出相关函数的一些性质。

（1）自相关函数在 $\tau=0$ 时的值是随机信号的均方值,即

$$R_X(0) = E[\mid X(t) \mid^2] = \psi_X^2 \geqslant 0 \qquad (4\text{-}54)$$

该性质可由自相关函数的定义式直接得到。$R_X(0)$ 代表了平稳随机信号的平均功率。

（2）相关函数具有共轭对称性,即

$$R_X(\tau) = R_X^*(-\tau) \qquad (4\text{-}55)$$

$$R_{XY}(\tau) = R_{YX}^*(-\tau) \qquad (4\text{-}56)$$

特别地,当 $X(t)$ 和 $Y(t)$ 都是实平稳随机信号时有

$$R_X(\tau) = R_X(-\tau), \quad R_{XY}(\tau) = R_{YX}(-\tau) \qquad (4\text{-}57)$$

这表明在实际中只需计算或测量 $R_X(\tau)$、$R_Y(\tau)$、$R_{XY}(\tau)$ 和 $R_{YX}(\tau)$ 在 $\tau \geqslant 0$ 时的值即可。

第 45 集
微课视频

（3）自相关函数在 $\tau=0$ 时取得最大值,即

$$\mid R_X(\tau) \mid \leqslant R_X(0) \qquad (4\text{-}58)$$

该性质可根据自相关函数的定义以及柯西-施瓦茨不等式直接推出。

类似地,可以推得如下互相关函数的不等式。

$$\mid R_{XY}(\tau) \mid^2 \leqslant R_X(0) R_Y(0) \qquad (4\text{-}59)$$

（4）若 $X(t)$ 是具有零均值的非周期性平稳随机信号,则当 $|\tau| \to \infty$ 时,$X(t)$ 和 $X(t-\tau)$ 一般呈现出独立或不相关特性,即

$$\lim_{|\tau| \to \infty} R_X(\tau) = \lim_{|\tau| \to \infty} C_X(\tau) = 0 \qquad (4\text{-}60)$$

4.4.4　平稳随机信号的功率谱密度及其性质

平稳随机信号的能量往往是无限的,而其平均功率可以是有限的。设 $x(t)$ 是平稳随机信号 $X(t)$ 的一个样本函数,其平均功率为

$$P_x = \lim_{T \to \infty} \frac{1}{T} \int_{-\frac{T}{2}}^{\frac{T}{2}} \mid x(t) \mid^2 \mathrm{d}t \qquad (4\text{-}61)$$

则 $X(t)$ 的平均功率 P_X 是所有样本函数平均功率集合 $\{P_x\}$ 的集平均值,即

$$P_X = E[P_x] = E\left[\lim_{T \to \infty} \frac{1}{T} \int_{-\frac{T}{2}}^{\frac{T}{2}} \mid x(t) \mid^2 \mathrm{d}t\right] \qquad (4\text{-}62)$$

构造 $x(t)$ 的一个截尾函数

$$x_T(t) = \begin{cases} x(t), & |t| \leqslant \dfrac{T}{2} \\ 0, & \text{其他} \end{cases} \tag{4-63}$$

则 $x_T(t)$ 的傅里叶变换 $X_T(\omega)$ 为

$$X_T(\omega) = \int_{-\infty}^{+\infty} x_T(t) e^{-j\omega t} dt = \int_{-\frac{T}{2}}^{\frac{T}{2}} x(t) e^{-j\omega t} dt \tag{4-64}$$

根据帕塞瓦尔定理,有

$$\int_{-\infty}^{+\infty} |x_T(t)|^2 dt = \int_{-\frac{T}{2}}^{\frac{T}{2}} |x(t)|^2 dt = \frac{1}{2\pi} \int_{-\infty}^{+\infty} |X_T(\omega)|^2 d\omega \tag{4-65}$$

将式(4-65)应用于式(4-62)可得

$$\begin{aligned} E\left[\lim_{T\to\infty} \frac{1}{T} \int_{-\frac{T}{2}}^{\frac{T}{2}} |x(t)|^2 dt\right] &= E\left[\lim_{T\to\infty} \frac{1}{T} \cdot \frac{1}{2\pi} \int_{-\infty}^{\infty} |X_T(\omega)|^2 d\omega\right] \\ &= \frac{1}{2\pi} \int_{-\infty}^{\infty} \lim_{T\to\infty} \frac{E[|X_T(\omega)|^2]}{T} d\omega \\ &= \frac{1}{2\pi} \int_{-\infty}^{\infty} S_X(\omega) d\omega \end{aligned} \tag{4-66}$$

其中,

$$S_X(\omega) = \lim_{T\to\infty} \frac{E[|X_T(\omega)|^2]}{T} \tag{4-67}$$

称为平稳随机信号 $X(t)$ 的功率谱密度,简称功率谱。功率谱密度 $S_X(\omega)$ 表示了平稳随机信号 $X(t)$ 的平均功率关于频率的分布,是从频域角度描述 $X(t)$ 统计特性的最主要的数字特征。

类似地,可以定义平稳随机信号 $X(t)$ 和 $Y(t)$ 的互功率谱密度 $S_{XY}(\omega)$ 为

$$S_{XY}(\omega) = \lim_{T\to\infty} \frac{E[X_T(\omega)Y_T^*(\omega)]}{T} \tag{4-68}$$

下面给出平稳随机信号功率谱的一些主要性质。

(1) $S_X(\omega)$ 是 ω 的非负实函数,即

$$S_X(\omega) \geqslant 0, \quad S_X(\omega) = S_X^*(\omega) \tag{4-69}$$

该性质可以由式(4-67)直接得到。进一步,当随机信号 $X(t)$ 是实信号时,由于有 $X_T(\omega) = X_T^*(-\omega)$,因此 $S_X(\omega)$ 还是 ω 的偶函数,即

$$S_X(\omega) = S_X(-\omega) \tag{4-70}$$

(2) 当 $X(t)$ 是各态历经的平稳随机信号时,其功率谱可以由任意一个样本函数求得,即

$$S_X(\omega) = \lim_{T\to\infty} \frac{|X_T(\omega)|^2}{T} \tag{4-71}$$

类似地,当平稳随机信号 $Y(t)$ 也是各态历经时,$X(t)$ 和 $Y(t)$ 的互功率谱为

$$S_{XY}(\omega) = \lim_{T\to\infty} \frac{X_T(\omega)Y_T^*(\omega)}{T} \tag{4-72}$$

(3) 互功率谱具有共轭对称性,即

$$S_{XY}(\omega) = S_{YX}^*(\omega) \tag{4-73}$$

该性质可由式(4-68)直接得到。进一步,当随机信号 $X(t)$ 和 $Y(t)$ 都是实信号时,由于有 $X_T(\omega) = X_T^*(-\omega), Y_T(\omega) = Y_T^*(-\omega)$,因此可以得到

$$S_{XY}(-\omega) = S_{XY}^*(\omega) \tag{4-74}$$

即 $S_{XY}(\omega)$ 或 $S_{YX}(\omega)$ 的实部是偶函数,虚部是奇函数。

(4) 互功率谱具有如下不等式。

$$|S_{XY}(\omega)|^2 \leqslant S_X(\omega) S_Y(\omega) \tag{4-75}$$

4.4.5 平稳随机信号的功率谱与自相关函数的关系

维纳-辛钦定理给出了平稳随机信号功率谱 $S_X(\omega)$ 与自相关函数 $R_X(\tau)$ 之间的关系,即

$$S_X(\omega) = \int_{-\infty}^{+\infty} R_X(\tau) \mathrm{e}^{-\mathrm{j}\omega\tau} \mathrm{d}\tau \tag{4-76}$$

$$R_X(\tau) = \frac{1}{2\pi} \int_{-\infty}^{+\infty} S_X(\omega) \mathrm{e}^{\mathrm{j}\omega\tau} \mathrm{d}\omega \tag{4-77}$$

从式(4-76)和式(4-77)可以看出,$S_X(\omega)$ 与 $R_X(\tau)$ 是一个傅里叶变换对。下面给出证明。

证明

将式(4-64)代入式(4-67)可得

$$\begin{aligned}
S_X(\omega) &= \lim_{T \to \infty} \frac{1}{T} E\left[\int_{-\frac{T}{2}}^{\frac{T}{2}} x(t_1) \mathrm{e}^{-\mathrm{j}\omega t_1} \mathrm{d}t_1 \int_{-\frac{T}{2}}^{\frac{T}{2}} x^*(t_2) \mathrm{e}^{\mathrm{j}\omega t_2} \mathrm{d}t_2\right] \\
&= \lim_{T \to \infty} \frac{1}{T} \int_{-\frac{T}{2}}^{\frac{T}{2}} \int_{-\frac{T}{2}}^{\frac{T}{2}} E[x(t_1) x^*(t_2)] \mathrm{e}^{-\mathrm{j}\omega(t_1 - t_2)} \mathrm{d}t_1 \mathrm{d}t_2 \\
&= \lim_{T \to \infty} \frac{1}{T} \int_{-\frac{T}{2}}^{\frac{T}{2}} \int_{-\frac{T}{2}}^{\frac{T}{2}} R_X(t_1 - t_2) \mathrm{e}^{-\mathrm{j}\omega(t_1 - t_2)} \mathrm{d}t_1 \mathrm{d}t_2
\end{aligned}$$

令 $\tau = t_1 - t_2, t' = t_2$,可重写为

$$\begin{aligned}
S_X(\omega) &= \lim_{T \to \infty} \frac{1}{T}\left[\int_{-T}^{0} \int_{-\frac{T}{2}-\tau}^{\frac{T}{2}} R_X(\tau) \mathrm{e}^{-\mathrm{j}\omega\tau} \mathrm{d}t' \mathrm{d}\tau + \int_{0}^{T} \int_{-\frac{T}{2}}^{\frac{T}{2}-\tau} R_X(\tau) \mathrm{e}^{-\mathrm{j}\omega\tau} \mathrm{d}t' \mathrm{d}\tau\right] \\
&= \lim_{T \to \infty} \frac{1}{T}\left[\int_{-T}^{0} (T+\tau) R_X(\tau) \mathrm{e}^{-\mathrm{j}\omega\tau} \mathrm{d}\tau + \int_{0}^{T} (T-\tau) R_X(\tau) \mathrm{e}^{-\mathrm{j}\omega\tau} \mathrm{d}\tau\right] \\
&= \lim_{T \to \infty} \frac{1}{T} \int_{-T}^{T} (T - |\tau|) R_X(\tau) \mathrm{e}^{-\mathrm{j}\omega\tau} \mathrm{d}\tau \\
&= \lim_{T \to \infty} \int_{-T}^{T} \left(1 - \frac{|\tau|}{T}\right) R_X(\tau) \mathrm{e}^{-\mathrm{j}\omega\tau} \mathrm{d}\tau \\
&= \int_{-\infty}^{\infty} R_X(\tau) \mathrm{e}^{-\mathrm{j}\omega\tau} \mathrm{d}\tau
\end{aligned}$$

证毕。

类似地,可推出平稳随机信号的互功率谱和互相关函数具有如下关系。

$$S_{XY}(\omega) = \int_{-\infty}^{\infty} R_{XY}(\tau) \mathrm{e}^{-\mathrm{j}\omega\tau} \mathrm{d}\tau \tag{4-78}$$

$$R_{XY}(\tau) = \frac{1}{2\pi} \int_{-\infty}^{\infty} S_{XY}(\omega) \mathrm{e}^{\mathrm{j}\omega\tau} \mathrm{d}\omega \tag{4-79}$$

维纳-辛钦定理描述了平稳随机过程时间域统计特性与频率域统计特性之间的内在联系,是求随机信号功率谱的重要途径。

【例 4-6】 求随机相位正弦信号 $X(t)=A\sin(\omega_0 t+\theta)$ 的功率谱密度。

解 例 4-2 已经计算出 $X(t)$ 的自相关函数为

$$R_X(\tau)=\frac{A^2}{2}\cos(\omega_0\tau)$$

因此,由维纳-辛钦定理可得 $X(t)$ 的功率谱为

$$S_X(\omega)=\frac{1}{2}\pi A^2[\delta(\omega+\omega_0)+\delta(\omega-\omega_0)]$$

【例 4-7】 已知 $X(t)$ 和 $Y(t)$ 是相互独立的零均值平稳随机信号,$X(t)$ 的自相关函数为 $R_X(\tau)$,功率谱密度为 $S_X(\omega)$,$Y(t)$ 的自相关函数为 $R_Y(\tau)$,功率谱密度为 $S_Y(\omega)$。试求随机信号 $Z(t)=X(t)Y(t)$ 的自相关函数和功率谱密度。

解 $Z(t)$ 的自相关函数为

$$R_Z(t_1,t_2)=E[Z(t_1)Z^*(t_2)]=E[X(t_1)Y(t_1)X^*(t_2)Y^*(t_2)]$$

由于 $X(t)$ 和 $Y(t)$ 相互独立,因此有

$$R_Z(t_1,t_2)=E[X(t_1)X^*(t_2)]E[Y(t_1)Y^*(t_2)]$$
$$=R_X(\tau)R_Y(\tau)=R_Z(\tau)$$

其中,$\tau=t_1-t_2$。这表明随机信号 $Z(t)$ 的自相关函数只与时间差有关。又因为 $E[Z(t)]=E[X(t)Y(t)]=E[X(t)]E[Y(t)]=0$,所以随机信号 $Z(t)$ 也是一个平稳信号。

由维纳-辛钦定理和傅里叶变换的性质可知,$Z(t)$ 的功率谱密度是 $X(t)$ 和 $Y(t)$ 功率谱密度的卷积,即

$$S_Z(\omega)=\frac{1}{2\pi}S_X(\omega)*S_Y(\omega)$$

第 46 集
微课视频

4.5 典型的随机信号

4.5.1 高斯随机信号

高斯随机信号又称为正态随机信号,它是一种普遍存在的随机信号。通信信道中的噪声通常是一种高斯随机信号。

对于任意正整数 k,高斯随机信号的 k 阶概率密度函数具有如下形式。

$$p(x_1,x_2,\cdots,x_k;t_1,t_2,\cdots,t_k)=\frac{1}{(2\pi)^{k/2}|C_X|^{1/2}}e^{-\frac{1}{2}(x-m_X)^T C_X^{-1}(x-m_X)} \tag{4-80}$$

其中,$(\cdot)^T$ 表示取转置;x 是 $k\times 1$ 维的随机向量,m_X 是其 $k\times 1$ 维的均值向量;C_X 是其 $k\times k$ 维的自协方差矩阵。x、m_X 和 C_X 的表达式分别为

$$x=\begin{bmatrix}X(t_1)\\\vdots\\X(t_k)\end{bmatrix},\quad m_X=\begin{bmatrix}m_X(t_1)\\\vdots\\m_X(t_k)\end{bmatrix}$$

$$\boldsymbol{C}_X = \begin{bmatrix} C_X(t_1,t_1) & C_X(t_1,t_2) & \cdots & C_X(t_1,t_k) \\ \vdots & \vdots & & \vdots \\ C_X(t_k,t_1) & C_X(t_k,t_2) & \cdots & C_X(t_k,t_k) \end{bmatrix}$$

从式(4-80)可以看出,高斯随机信号的概率密度函数由其均值函数和自协方差函数完全确定。所以,若高斯随机信号是宽平稳的,即其均值函数与时间无关,自协方差函数只与时间差有关,而与时间起点无关,则它的 k 维分布也将与时间起点无关,也即是严平稳的。也就是说,一个宽平稳的高斯随机信号必定是严平稳的。

另外,若不同时间点上的变量两两之间互不相关,也即对于任意 $j \neq k$,有 $C_X(t_j,t_k)=0$,则式(4-80)变为

$$p(x_1,x_2,\cdots,x_k;t_1,t_2,\cdots,t_k) = \frac{1}{(2\pi)^{k/2} \prod_{j=1}^{k} \left[C_X(t_j,t_j)\right]^{1/2}} e^{-\sum_{j=1}^{k} \frac{[X(t_j)-m_X(t_j)]^2}{2C_X(t_j,t_j)}}$$

$$= \prod_{j=1}^{k} \frac{1}{(2\pi)^{1/2}\sigma_X(t_j)} e^{-\frac{[X(t_j)-m_X(t_j)]^2}{2\sigma_X^2(t_j)}}$$

$$= \prod_{j=1}^{k} p(x_j;t_j) \tag{4-81}$$

式(4-81)表明,若高斯随机信号中各随机变量之间互不相关,则它们也是统计独立的。

4.5.2　白噪声

功率谱密度为正实数的平稳随机信号 $X(t)$ 称为白噪声,其功率谱密度为

$$S_X(\omega)=S_0, \quad -\infty < \omega < \infty, \quad S_0 > 0 \tag{4-82}$$

白噪声的自相关函数为

$$R_X(\tau)=\frac{1}{2\pi}\int_{-\infty}^{\infty} S_X(\omega) e^{j\omega\tau} d\omega = \frac{1}{2\pi}\int_{-\infty}^{\infty} S_0 e^{j\omega\tau} d\omega = S_0\delta(\tau) \tag{4-83}$$

从式(4-83)可以看出,当 $\tau \neq 0$,即 $t_1 \neq t_2$ 时,有 $R_X(\tau)=0$。这表明白噪声中两个不同时间点的随机变量 $X(t_1)$ 和 $X(t_2)$ 是正交的。进一步,当白噪声均值为零时,$X(t_1)$ 和 $X(t_2)$ 是不相关的。

白噪声的功率谱密度和自相关函数如图 4-6 所示。

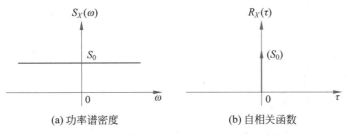

(a) 功率谱密度　　　　　　　　　　(b) 自相关函数

图 4-6　白噪声的功率谱密度和自相关函数

由式(4-83)可得白噪声的平均功率为

$$P_X=R_X(0)=S_0\delta(0) \tag{4-84}$$

从式(4-84)可以看出,白噪声的平均功率趋于无穷大,因此该信号是物理不可实现的。上述白噪声又称为理想白噪声。

当白噪声通过实际系统时,其频带必然会受到系统带宽的限制,由此得到的噪声称为带限白噪声,其功率谱的特点是仅在某些有限的频带范围内是非零的常数,而在这些频带范围外为零。下面讨论两种带限白噪声。

1. 理想低通白噪声

理想低通白噪声的功率谱密度为

$$S_X(\omega) = S_0 \operatorname{rect}\left(\frac{\omega}{2\omega_c}\right) \tag{4-85}$$

其中,ω_c 为理想低通白噪声的带宽。

根据维纳-辛钦定理,理想低通白噪声的自相关函数为

$$
\begin{aligned}
R_X(\tau) &= \frac{1}{2\pi}\int_{-\infty}^{\infty} S_X(\omega)\mathrm{e}^{\mathrm{j}\omega\tau}\,\mathrm{d}\omega = \frac{1}{2\pi}\int_{-\omega_c}^{\omega_c} S_0 \mathrm{e}^{\mathrm{j}\omega\tau}\,\mathrm{d}\omega \\
&= \frac{S_0}{2\pi}\cdot\frac{1}{\mathrm{j}\tau}\mathrm{e}^{\mathrm{j}\omega\tau}\Big|_{-\omega_c}^{\omega_c} = \frac{S_0}{\pi\tau}\sin(\omega_c\tau) \\
&= \frac{S_0\omega_c}{\pi}\operatorname{Sa}(\omega_c\tau)
\end{aligned}
\tag{4-86}
$$

从式(4-86)可以看出,当 $\tau = n\Delta\tau = n\pi/\omega_c$ 时,有 $R_X(\tau) = 0$。这表明理想低通白噪声在间隔时间为 $\tau = n\Delta\tau$ 时的两个取值是正交的。进一步,若均值为零,则这两个取值是不相关的。

理想低通白噪声的功率谱密度和自相关函数如图 4-7 所示。

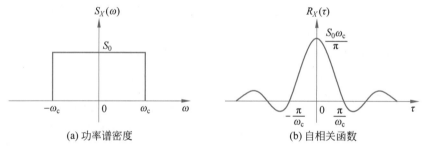

(a) 功率谱密度　　　　　(b) 自相关函数

图 4-7　理想低通白噪声的功率谱密度和自相关函数

理想低通白噪声的平均功率为

$$P_X = R_X(0) = \frac{S_0}{\pi}\omega_c = 2S_0 B \tag{4-87}$$

其中,$B = \omega_c/2\pi$ 是以赫兹(Hz)为单位的带宽。

2. 理想带通白噪声

理想带通白噪声的功率谱密度为

$$S_X(\omega) = S_0 \operatorname{rect}\left(\frac{\omega-\omega_0}{\omega_c}\right) + S_0 \operatorname{rect}\left(\frac{\omega+\omega_0}{\omega_c}\right) \tag{4-88}$$

其中,ω_0 和 ω_c 分别为理想带通白噪声的中心角频率和带宽。

根据维纳-辛钦定理,理想带通白噪声的自相关函数为

$$R_X(\tau) = \frac{1}{2\pi}\int_{-\infty}^{\infty} S_X(\omega) e^{j\omega\tau}\, d\omega$$

$$= \frac{1}{2\pi}\int_{\omega_0-\omega_c/2}^{\omega_0+\omega_c/2} S_0 e^{j\omega\tau}\, d\omega + \frac{1}{2\pi}\int_{-\omega_0-\omega_c/2}^{-\omega_0+\omega_c/2} S_0 e^{j\omega\tau}\, d\omega$$

$$= \frac{S_0}{\pi\tau}\left\{\sin\left[\left(\omega_0+\frac{\omega_c}{2}\right)\tau\right] - \sin\left[\left(\omega_0-\frac{\omega_c}{2}\right)\tau\right]\right\}$$

$$= \frac{S_0}{\pi\tau}\cdot 2\cos(\omega_0\tau)\sin\left(\frac{\omega_c\tau}{2}\right)$$

$$= \frac{S_0\omega_c}{\pi}\mathrm{Sa}\left(\frac{\omega_c\tau}{2}\right)\cos(\omega_0\tau) \tag{4-89}$$

从式(4-89)可以看出,理想带通白噪声的自相关函数以 $\dfrac{S_0\omega_c}{\pi}\mathrm{Sa}\left(\dfrac{\omega_c\tau}{2}\right)$ 为包络,且与 $\cos(\omega_0\tau)$ 具有相同的零点,因此自相关函数在时间间隔为 $\tau = n\Delta\tau = 2n\pi/\omega_c$ 或 $\tau = (2n+1)\pi/(2\omega_0)$ 时的两个取值是正交的。进一步,若均值为零,则这两个取值是不相关的。

理想带通白噪声的功率谱密度和自相关函数如图 4-8 所示。

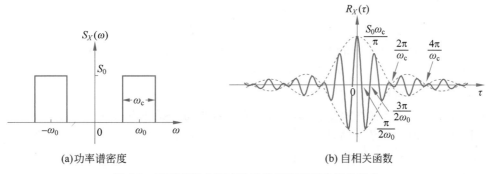

(a)功率谱密度　　　　　　　(b) 自相关函数

图 4-8　理想带通白噪声的功率谱密度和自相关函数

第 48 集
微课视频

4.5.3　窄带高斯随机信号

在通信系统中,许多实际的信号都满足"窄带"的假设,如果这时的信号是一个随机信号,则称它为窄带随机信号。窄带随机信号的功率谱分布在中心频率 f_0 附近一个很窄的频带内,信号的带宽 B(单位为 Hz)远小于 f_0,如图 4-9 所示。$\omega_0 = 2\pi f_0$ 是中心角频率。如果在示波器上观察窄带随机信号的一次实现,则可以发现它像一个包络与相位随时间缓慢变化的正弦波,如图 4-10 所示。

图 4-9　窄带随机信号功率谱密度

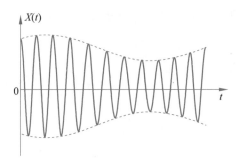

图 4-10 窄带随机信号 $X(t)$ 的一次实现

窄带随机信号 $X(t)$ 可以表示为

$$X(t) = A(t)\cos[\omega_0 t + \Phi(t)] \tag{4-90}$$

其中，$A(t)$ 和 $\Phi(t)$ 分别是窄带随机信号的包络函数和相位函数。$A(t)$ 和 $\Phi(t)$ 都是随机信号，且变化比 $\cos(\omega_0 t)$ 要缓慢得多。

将式(4-90)展开后可以得到 $X(t)$ 的另一种表示，即

$$X(t) = X_c(t)\cos(\omega_0 t) - X_s(t)\sin(\omega_0 t) \tag{4-91}$$

其中，随机信号 $X_c(t)$ 和 $X_s(t)$ 分别是 $X(t)$ 的同相分量和正交分量，其表达式为

$$X_c(t) = A(t)\cos[\Phi(t)] \tag{4-92}$$

$$X_s(t) = A(t)\sin[\Phi(t)] \tag{4-93}$$

从式(4-92)和式(4-93)可以看出，$X(t)$ 的统计特性可以由 $X_c(t)$、$X_s(t)$ 或 $A(t)$、$\Phi(t)$ 的统计特性确定。那么反过来，如果已知 $X(t)$ 的统计特性，如何确定 $X_c(t)$、$X_s(t)$ 或 $A(t)$、$\Phi(t)$ 的统计特性呢？

假定 $X(t)$ 是一个均值为零、方差为 σ^2 的窄带平稳高斯随机信号，下面讨论 $X_c(t)$、$X_s(t)$ 和 $A(t)$、$\Phi(t)$ 的统计特性。

(1) $X_c(t)$ 和 $X_s(t)$ 的统计特性。

对式(4-91)两边取期望可得

$$E[X(t)] = E[X_c(t)]\cos(\omega_0 t) - E[X_s(t)]\sin(\omega_0 t) \tag{4-94}$$

由于 $X(t)$ 是均值为零的平稳随机信号，即对于任意时间 t，有 $E[X(t)] = 0$，因此可以得到

$$E[X_c(t)] = E[X_s(t)] = 0 \tag{4-95}$$

接下来看 $X_c(t)$ 和 $X_s(t)$ 的自相关函数。第 3 章中介绍了确定信号的希尔伯特变换，类似地，可以定义随机信号的希尔伯特变换 $\hat{X}(t)$，即

$$\hat{X}(t) = H[X(t)] = \frac{1}{\pi}\int_{-\infty}^{\infty} \frac{X(\tau)}{t - \tau} d\tau \tag{4-96}$$

由第 3 章可知，对信号作希尔伯特变换，实际上就是将信号通过一个希尔伯特变换器，因此可以将 $\hat{X}(t)$ 看作 $X(t)$ 通过一个希尔伯特变换器的输出。在第 5 章中将证明，如果一个线性时不变系统的输入是宽平稳随机信号，则输出也是宽平稳随机信号。由于希尔伯特变换器是一个线性时不变系统，因此，当 $X(t)$ 平稳时，$\hat{X}(t)$ 也是平稳的，且与 $X(t)$ 联合平稳，此时有

$$R_X(\tau) = E[X(t)X(t-\tau)], \quad R_{\hat{X}}(\tau) = E[\hat{X}(t)\hat{X}(t-\tau)]$$

$$R_{X\hat{X}}(\tau) = E[X(t)\hat{X}(t-\tau)], \quad R_{\hat{X}X}(\tau) = E[\hat{X}(t)X(t-\tau)] \tag{4-97}$$

由于 $X_c(t)$ 和 $X_s(t)$ 相对于 $\cos(\omega_0 t)$ 和 $\sin(\omega_0 t)$ 来说是缓慢变化的，因此由第 3 章可知，$X(t)$ 的希尔伯特变换为

$$\hat{X}(t) = X_c(t)H[\cos(\omega_0 t)] - X_s(t)H[\sin(\omega_0 t)]$$
$$= X_c(t)\sin(\omega_0 t) + X_s(t)\cos(\omega_0 t) \tag{4-98}$$

由式(4-91)和式(4-98)可以得到

$$X_c(t) = X(t)\cos(\omega_0 t) + \hat{X}(t)\sin(\omega_0 t) \tag{4-99}$$

$$X_s(t) = \hat{X}(t)\cos(\omega_0 t) - X(t)\sin(\omega_0 t) \tag{4-100}$$

由式(4-97)和式(4-99)可得 $X_c(t)$ 的自相关函数为

$$R_{X_c}(t, t-\tau) = E[X_c(t)X_c(t-\tau)]$$
$$= R_X(\tau)\cos(\omega_0 t)\cos[\omega_0(t-\tau)] +$$
$$R_{\hat{X}X}(\tau)\sin(\omega_0 t)\cos[\omega_0(t-\tau)] +$$
$$R_{X\hat{X}}(\tau)\cos(\omega_0 t)\sin[\omega_0(t-\tau)] +$$
$$R_{\hat{X}}(\tau)\sin(\omega_0 t)\sin[\omega_0(t-\tau)] \tag{4-101}$$

在第 5 章中将证明

$$R_{\hat{X}}(\tau) = R_X(\tau), \quad R_{\hat{X}X}(\tau) = \hat{R}_X(\tau), \quad R_{X\hat{X}}(\tau) = -\hat{R}_X(\tau) \tag{4-102}$$

其中，$\hat{R}_X(\tau)$ 表示 $R_X(\tau)$ 的希尔伯特变换。将式(4-102)代入式(4-101)可得

$$R_{X_c}(t, t-\tau) = R_X(\tau)\{\cos(\omega_0 t)\cos[\omega_0(t-\tau)] + \sin(\omega_0 t)\sin[\omega_0(t-\tau)]\} +$$
$$\hat{R}_X(\tau)\{\sin(\omega_0 t)\cos[\omega_0(t-\tau)] - \cos(\omega_0 t)\sin[\omega_0(t-\tau)]\}$$
$$= R_X(\tau)\cos(\omega_0\tau) + \hat{R}_X(\tau)\sin(\omega_0\tau)$$
$$= R_{X_c}(\tau) \tag{4-103}$$

同理，由式(4-97)、式(4-100)和式(4-102)可得 $X_s(t)$ 的自相关函数为

$$R_{X_s}(t, t-\tau) = E[X_s(t)X_s(t-\tau)]$$
$$= R_X(\tau)\cos(\omega_0\tau) + \hat{R}_X(\tau)\sin(\omega_0\tau)$$
$$= R_{X_s}(\tau) \tag{4-104}$$

从式(4-103)和式(4-104)可以看出，随机信号 $X_c(t)$ 和 $X_s(t)$ 的自相关函数只与时间差 τ 有关，而与时间点 t 无关，且有

$$R_{X_c}(\tau) = R_{X_s}(\tau) \tag{4-105}$$

式(4-95)和式(4-105)表明 $X_c(t)$ 和 $X_s(t)$ 是零均值的平稳随机信号。进一步，当 $\tau = 0$ 时有

$$R_{X_c}(0) = R_{X_s}(0) = R_X(0) = \sigma^2 \tag{4-106}$$

式(4-106)表明 $X_c(t)$、$X_s(t)$ 和 $X(t)$ 具有相同的方差。

根据式(4-99)、式(4-100)和式(4-102)可得 $X_c(t)$ 和 $X_s(t)$ 的互相关函数为

$$R_{X_c X_s}(t, t-\tau) = E[X_c(t) X_s(t-\tau)]$$

$$= R_X(\tau)\sin(\omega_0\tau) - \hat{R}_X(\tau)\cos(\omega_0\tau)$$

$$= R_{X_c X_s}(\tau) \tag{4-107}$$

式(4-107)表明 $X_c(t)$ 和 $X_s(t)$ 是联合平稳随机信号。

进一步,由互相关函数的性质和式(4-102)可得

$$R_{\hat{X}X}(-\tau) = R_{\hat{X}X}(\tau) = -R_{\hat{X}X}(\tau) \tag{4-108}$$

由式(4-108)可知 $R_{\hat{X}X}(-\tau)$ 是奇函数,因此有

$$R_{\hat{X}X}(0) = 0 = \hat{R}_X(0) \tag{4-109}$$

将式(4-109)代入式(4-107),可得当 $\tau = 0$ 时有

$$R_{X_c X_s}(0) = 0 \tag{4-110}$$

同理可得

$$R_{X_s X_c}(0) = 0 \tag{4-111}$$

式(4-110)和式(4-111)表明在同一时刻 $X_c(t)$ 和 $X_s(t)$ 是不相关的。

到目前为止,讨论了 $X_c(t)$ 和 $X_s(t)$ 的一些集平均量,下面讨论当 $X(t)$ 进一步是高斯信号时,$X_c(t)$ 和 $X_s(t)$ 的分布。

在第 5 章中将证明,如果一个线性时不变系统的输入是高斯随机信号,则输出也是高斯随机信号。因为 $\hat{X}(t)$ 可以看作 $X(t)$ 通过一个希尔伯特变换器的输出,而希尔伯特变换器是一个线性时不变系统,因此,当 $X(t)$ 是高斯随机信号时,$\hat{X}(t)$ 也是高斯随机信号。又由 $E[X(t)] = E[\hat{X}(t)] = 0$ 以及 $R_{\hat{X}X}(0) = 0$ 可知,$X(t)$ 和 $\hat{X}(t)$ 是不相关的,因此,$X(t)$ 和 $\hat{X}(t)$ 是相互独立的。由式(4-99)和式(4-100)可知,$X_c(t)$ 和 $X_s(t)$ 是高斯随机信号 $X(t)$ 和 $\hat{X}(t)$ 的线性运算,因此 $X_c(t)$ 和 $X_s(t)$ 也是高斯随机信号。又因为 $X_c(t)$ 和 $X_s(t)$ 是不相关的,因此 $X_c(t)$ 和 $X_s(t)$ 也是相互独立的,其联合概率密度为

$$p(x_c, x_s) = p(x_c)p(x_s) = \frac{1}{2\pi\sigma^2} e^{-\frac{x_c^2 + x_s^2}{2\sigma^2}} \tag{4-112}$$

其中,$p(x_c)$ 和 $p(x_s)$ 分别为随机信号 $X_c(t)$ 和 $X_s(t)$ 的一维概率密度。

综上所述,一个均值为零、方差为 σ^2 的窄带平稳高斯随机信号 $X(t)$,它的同相分量 $X_c(t)$ 和正交分量 $X_s(t)$ 同样是均值为零、方差为 σ^2 的平稳高斯随机信号,且 $X_c(t)$ 和 $X_s(t)$ 是联合平稳的。在同一时间点上,$X_c(t)$ 和 $X_s(t)$ 是不相关的或统计独立的,其联合概率密度由式(4-112)给出。

(2) $A(t)$ 和 $\Phi(t)$ 的统计特性。

由式(4-92)和式(4-93)可知

$$A(t) = \sqrt{X_c^2(t) + X_s^2(t)} \tag{4-113}$$

$$\Phi(t) = \arctan \frac{X_s(t)}{X_c(t)} \tag{4-114}$$

设 $p(a, \varphi)$ 是 $A(t)$ 和 $\Phi(t)$ 的联合概率密度,则根据概率论的知识有

$$p(a,\varphi) = |J| \, p(x_c, x_s) \tag{4-115}$$

其中，$|J|$是雅可比行列式。根据式(4-92)和式(4-93)可得

$$|J| = \begin{vmatrix} \dfrac{\partial x_c}{\partial a} & \dfrac{\partial x_c}{\partial \varphi} \\[2mm] \dfrac{\partial x_s}{\partial a} & \dfrac{\partial x_s}{\partial \varphi} \end{vmatrix} = \begin{vmatrix} \cos\varphi & -a\sin\varphi \\ \sin\varphi & a\cos\varphi \end{vmatrix} = a \tag{4-116}$$

将式(4-112)和式(4-116)代入式(4-115)，再根据式(4-113)可以得到

$$p(a,\varphi) = \frac{a}{2\pi\sigma^2} e^{-\frac{x_c^2 + x_s^2}{2\sigma^2}} = \frac{a}{2\pi\sigma^2} e^{-\frac{a^2}{2\sigma^2}} \tag{4-117}$$

注意这里 $a \geqslant 0, 0 \leqslant \varphi \leqslant 2\pi$。

通过计算边缘概率密度可以得到 $A(t)$ 的一维概率密度，即

$$p(a) = \int_{-\infty}^{\infty} p(a,\varphi)\mathrm{d}\varphi = \int_0^{2\pi} \frac{a}{2\pi\sigma^2} e^{-\frac{a^2}{2\sigma^2}} \mathrm{d}\varphi$$

$$= \frac{a}{\sigma^2} e^{-\frac{a^2}{2\sigma^2}}, \quad a \geqslant 0 \tag{4-118}$$

由式(4-118)可知，包络 $A(t)$ 服从瑞利分布。

同样，可以求得 $\Phi(t)$ 的一维概率密度，即

$$p(\varphi) = \int_{-\infty}^{\infty} p(a,\varphi)\mathrm{d}a = \int_0^{\infty} \frac{a}{2\pi\sigma^2} e^{-\frac{a^2}{2\sigma^2}} \mathrm{d}\varphi$$

$$= \frac{1}{2\pi}, \quad 0 \leqslant \varphi \leqslant 2\pi \tag{4-119}$$

由式(4-119)可以看出，相位 $\Phi(t)$ 服从$[0, 2\pi]$的均匀分布。

根据式(4-117)～式(4-119)，有

$$p(a,\varphi) = p(a)p(\varphi) \tag{4-120}$$

因此，$A(t)$ 和 $\Phi(t)$ 也是相互独立的。

综上所述，一个均值为零、方差为 σ^2 的窄带平稳高斯随机信号 $X(t)$，其包络 $A(t)$ 的一维分布是瑞利分布，其相位 $\Phi(t)$ 的一维分布是均匀分布。$A(t)$ 和 $\Phi(t)$ 是相互独立的，其联合概率密度由式(4-117)给出。

习题 4

4-1 已知一个随机信号 $X(t) = 2\cos(2\pi t + \theta)$，其中 θ 是一个离散随机变量，且 $P(\theta = 0) = 1/2, P(\theta = \pi/2) = 1/2$，求 $m_X(0)$ 和 $R_X(0,1)$。

4-2 已知随机信号 $X(t)$ 的均值函数 $m_X(t)$ 和协方差函数 $C_X(t_1, t_2)$，$f(t)$ 是普通函数，求随机信号 $Y(t) = X(t) + f(t)$ 的均值函数和协方差函数。

4-3 已知一个实随机信号 $X(t)$，若定义另一个随机信号 $Y(t)$ 为

$$Y(t) = \begin{cases} 1, & X(t) \leqslant x \\ 0, & X(t) > x \end{cases}$$

试将 $Y(t)$ 的均值函数和自相关函数用 $X(t)$ 的一维和二维分布函数来表示。

4-4 设有随机信号 $X(t) = A\cos(\omega t) + B\sin(\omega t)$，其中 A 和 B 都是均值为零、方差为 σ^2 的高斯随机变量，A 和 B 相互独立，求：

(1) $X(t)$ 的均值函数和自相关函数；

(2) $X(t)$ 的一阶概率密度函数。

4-5 设有随机信号 $X(t) = A\cos(\omega t + \theta)$，其中 A 是均值为零、方差为 σ^2 的高斯随机变量，ω 和 θ 是常数，问 $X(t)$ 是不是平稳信号？

4-6 已知一个随机信号 $X(t)$ 的自相关函数为 $R_X(\tau) = (a/2)\mathrm{e}^{-a|\tau|}$，其中 a 为常数，求该随机信号的平均功率和功率谱密度。

4-7 已知一个零均值随机信号 $X(t)$ 的功率谱如图 4-11 所示，求该随机信号的平均功率和自相关函数。

4-8 设随机信号 $Y[n] = X[n] + \alpha X[n-1]$，其中 $X[n]$ 是均值为零、方差为 σ^2 的独立同分布随机变量序列，求 $Y[n]$ 的自相关函数和功率谱密度。

4-9 已知平稳随机信号 $X(t)$ 的功率谱密度为 $S_X(\omega)$，求随机信号 $Y(t) = X(t) + Y(t-T)$ 的功率谱密度。

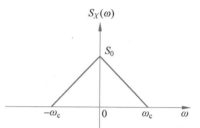

图 4-11　习题 4-7 随机信号 $X(t)$
的功率谱

4-10 已知一个随机信号 $X(t) = \sum_{i=1}^{N} A_i\cos(\omega_i t + \theta_i) + Z(t)$，其中 A_i、ω_i 是常数，各 ω_i 都不相同，θ_i 是在 $(0, 2\pi)$ 上服从均匀分布的随机变量，各 θ_i 之间相互独立，$Z(t)$ 是均值为零、方差为 σ^2 的高斯随机信号。求 $X(t)$ 的自相关函数和功率谱密度。

4-11 已知一个随机信号 $Z(t) = X(t)Y(t)$，其中 $X(t)$ 是一个宽平稳随机信号，自相关函数为 $R_X(\tau) = \mathrm{rect}(\tau/2)$，$Y(t) = \cos(\omega_0 t + \theta)$ 是随机相位正弦信号，$X(t)$ 和 $Y(t)$ 相互独立。

(1) 证明 $Z(t)$ 是宽平稳的；

(2) 求 $Z(t)$ 的自相关函数和功率谱密度。

4-12 设 $X(t)$ 和 $Y(t)$ 是两个联合宽平稳随机信号，若已知 $R_X(\tau)$、$S_X(\omega)$、$R_Y(\tau)$、$S_Y(\omega)$、$R_{XY}(\tau)$ 和 $S_{XY}(\omega)$，求随机信号 $Z(t) = X(t) + Y(t)$ 的自相关函数和功率谱密度。

4-13 已知 $X(t)$ 和 $Y(t)$ 是两个零均值的实高斯随机信号，定义复高斯随机信号 $Z(t) = X(t) + \mathrm{j}Y(t)$，试证明：

(1) 若 $X(t)$ 和 $Y(t)$ 独立同分布，则对任意 t_1 和 t_2 有 $E[Z(t_1)Z(t_2)] = 0$；

(2) 若对任意 t_1 和 t_2 有 $E[Z(t_1)Z(t_2)] = 0$，且 $R_Z(t_1, t_2)$ 为实函数，则 $X(t)$ 和 $Y(t)$ 独立同分布。

第 5 章

随机信号通过线性时不变系统

5.1 随机信号通过连续时间线性时不变系统的表示

设有连续时间随机信号 $X(t)$，$x(t)$ 是 $X(t)$ 的一个样本函数。由第 3 章的知识可以知道，当 $x(t)$ 通过一个单位冲激响应为 $h(t)$ 的线性时不变系统时，其输出为

$$y(t) = \int_{-\infty}^{\infty} x(\tau) h(t - \tau) \mathrm{d}\tau = x(t) * h(t) \tag{5-1}$$

显然，式(5-1)定义了一个从样本函数 $x(t)$ 到新的样本函数 $y(t)$ 的映射。所有样本函数 $y(t)$ 的集合将组成一个新的随机信号，这里记为 $Y(t)$。由此可知，当随机信号通过线性时不变系统时，将产生一个新的随机信号，如图 5-1 所示。此时，输出随机信号 $Y(t)$ 和输入随机信号 $X(t)$ 之间的关系可以表示为

$$\begin{aligned} Y(t) &= \int_{-\infty}^{\infty} X(\tau) h(t - \tau) \mathrm{d}\tau \\ &= \int_{-\infty}^{\infty} h(\tau) X(t - \tau) \mathrm{d}\tau \\ &= X(t) * h(t) \end{aligned} \tag{5-2}$$

第 49 集
微课视频

注意，式(5-2)是在均方意义上的相等，即当连续时间随机信号 $X(t)$ 通过一个单位冲激响应为 $h(t)$ 的连续时间线性时不变系统时，只要式(5-2)右端的均方积分存在，则输出随机信号就有式(5-2)的表示。

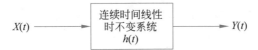

图 5-1 随机信号通过连续时间线性时不变系统

下面给出均方积分的概念。

设 $X(t)$ 为区间 $[a, b]$ 上的随机过程，$a = t_0 < t_1 < \cdots < t_n = b$ 为 $[a, b]$ 区间的一个分割，记 $\Delta t_i = t_i - t_{i-1}$，若

$$D = \sum_{i=1}^{n} X(\tau_i) \Delta t_i, \quad t_{i-1} \leqslant \tau_i \leqslant t_i \tag{5-3}$$

在 $\max \Delta t_i \to 0$ 时均方收敛，则称 $X(t)$ 在区间 $[a, b]$ 上均方可积，且 D 的均方极限 Y 称为 $X(t)$

在区间$[a,b]$上的均方积分,记为$Y=\int_a^b X(t)\mathrm{d}t$。有关均方收敛以及均方极限的概念将在5.3节中给出。

若一个连续时间随机信号$X(t)$的所有样本函数一致有界,则称该连续时间随机信号有界。若一个连续时间线性时不变系统的输入是有界随机信号,输出也是有界随机信号,则称该系统是稳定的。显然,系统稳定的一个充要条件为

$$\int_{-\infty}^{\infty}|h(t)|\mathrm{d}t<\infty$$

定义连续时间随机信号$X(t)$的傅里叶变换为

$$\hat{X}(\omega)=\int_{-\infty}^{\infty}X(t)\mathrm{e}^{-\mathrm{j}\omega t}\mathrm{d}t \tag{5-4}$$

则对式(5-2)作傅里叶变换可得

$$\hat{Y}(\omega)=\hat{X}(\omega)H(\omega) \tag{5-5}$$

其中,$\hat{Y}(\omega)$、$H(\omega)$分别是$Y(t)$、$h(t)$的傅里叶变换,即

$$\hat{Y}(\omega)=\int_{-\infty}^{\infty}Y(t)\mathrm{e}^{-\mathrm{j}\omega t}\mathrm{d}t \tag{5-6}$$

$$H(\omega)=\int_{-\infty}^{\infty}h(t)\mathrm{e}^{-\mathrm{j}\omega t}\mathrm{d}t \tag{5-7}$$

注意,式(5-4)和式(5-6)中的积分都是均方意义下的积分。

5.2　随机信号通过连续时间线性时不变系统的统计特性

第 50 集
微课视频

设随机信号$X(t)$是线性时不变系统的输入,系统的单位冲激响应为$h(t)$,输出随机信号为$Y(t)$。已知$X(t)$的均值函数为$m_X(t)$,自相关函数为$R_X(t_1,t_2)$,下面讨论输出随机信号的统计特性。

1. 均值函数$E[Y(t)]$

输出随机信号的均值函数为

$$m_Y(t)\triangleq E[Y(t)]=m_X(t)*h(t) \tag{5-8}$$

若$X(t)$为平稳随机信号,则进一步有

$$m_Y(t)=m_Y=m_X\int_{-\infty}^{\infty}h(\tau)\mathrm{d}\tau=m_X H(0) \tag{5-9}$$

证明

由式(5-2)可得

$$E[Y(t)]=E\left[\int_{-\infty}^{\infty}h(\tau)X(t-\tau)\mathrm{d}\tau\right]$$

$$=\int_{-\infty}^{\infty}h(\tau)E[X(t-\tau)]\mathrm{d}\tau$$

$$=\int_{-\infty}^{\infty}h(\tau)m_X(t-\tau)\mathrm{d}\tau$$

$$=m_X(t)*h(t)$$

当 $X(t)$ 为平稳随机信号时,由于有

$$E[X(t-\tau)]=E[X(t)]=m_X$$

因此可以得到

$$E[Y(t)]=\int_{-\infty}^{\infty}h(\tau)E[X(t-\tau)]d\tau$$

$$=\int_{-\infty}^{\infty}h(\tau)m_X d\tau$$

$$=m_X\int_{-\infty}^{\infty}h(\tau)d\tau$$

$$=m_X H(0)$$

证毕。

2. 互相关函数 $R_{YX}(t_1,t_2)$ 与 $R_{XY}(t_1,t_2)$

输出随机信号与输入随机信号的互相关函数为

$$R_{YX}(t_1,t_2)\triangleq E[Y(t_1)X^*(t_2)]=R_X(t_1,t_2)*h(t_1) \tag{5-10}$$

$$R_{XY}(t_1,t_2)\triangleq E[X(t_1)Y^*(t_2)]=R_X(t_1,t_2)*h^*(t_2) \tag{5-11}$$

若 $X(t)$ 为平稳随机信号,则进一步有

$$R_{YX}(t_1,t_2)=R_{YX}(\tau)=R_X(\tau)*h(\tau) \tag{5-12}$$

$$R_{XY}(t_1,t_2)=R_{XY}(\tau)=R_X(\tau)*h^*(-\tau) \tag{5-13}$$

其中,$\tau=t_1-t_2$。

证明

由式(5-2)可得

$$R_{YX}(t_1,t_2)=E[Y(t_1)X^*(t_2)]$$

$$=E\left[\int_{-\infty}^{\infty}h(\alpha)X(t_1-\alpha)d\alpha \cdot X^*(t_2)\right]$$

$$=\int_{-\infty}^{\infty}E[X(t_1-\alpha)X^*(t_2)]h(\alpha)d\alpha$$

$$=\int_{-\infty}^{\infty}R_X(t_1-\alpha,t_2)h(\alpha)d\alpha$$

$$=R_X(t_1,t_2)*h(t_1)$$

同理可证得式(5-11)。

当 $X(t)$ 为平稳随机信号时,由于有

$$E[X(t_1)X^*(t_2)]=R_X(t_1-t_2)=R_X(\tau)$$

其中,$\tau=t_1-t_2$。因此可以得到

$$R_{YX}(t_1,t_2)=\int_{-\infty}^{\infty}E[X(t_1-\alpha)X^*(t_2)]h(\alpha)d\alpha$$

$$=\int_{-\infty}^{\infty}R_X(\tau-\alpha)h(\alpha)d\alpha$$

$$=R_X(\tau)*h(\tau)$$

$$R_{XY}(t_1,t_2)=\int_{-\infty}^{\infty}E[X(t_1)X^*(t_2-\alpha)]h^*(\alpha)d\alpha$$

$$=\int_{-\infty}^{\infty} R_X(\tau+\alpha)h^*(\alpha)\mathrm{d}\alpha$$

$$=\int_{-\infty}^{\infty} R_X(\tau-\alpha')h^*(-\alpha')\mathrm{d}\alpha'$$

$$=R_X(\tau)*h^*(-\tau)$$

证毕。

3. 自相关函数 $R_Y(t_1,t_2)$

输出随机信号的自相关函数为

$$R_Y(t_1,t_2)\triangleq E[Y(t_1)Y^*(t_2)]=R_X(t_1,t_2)*h(t_1)*h^*(t_2) \tag{5-14}$$

若 $X(t)$ 为平稳随机信号,则进一步有

$$R_Y(t_1,t_2)=R_Y(\tau)=R_X(\tau)*h(\tau)*h^*(-\tau) \tag{5-15}$$

其中,$\tau=t_1-t_2$。

证明

$$R_Y(t_1,t_2)=E[Y(t_1)Y^*(t_2)]$$

$$=E\left[Y(t_1)\int_{-\infty}^{\infty} h^*(\alpha)X^*(t_2-\alpha)\mathrm{d}\alpha\right]$$

$$=\int_{-\infty}^{\infty} E[Y(t_1)X^*(t_2-\alpha)]h^*(\alpha)\mathrm{d}\alpha$$

$$=\int_{-\infty}^{\infty} R_{YX}(t_1,t_2-\alpha)h^*(\alpha)\mathrm{d}\alpha$$

$$=R_{YX}(t_1,t_2)*h^*(t_2)$$

将式(5-10)代入即可得到式(5-14)。

当 $X(t)$ 为平稳随机信号时,由式(5-12)可知 $R_{YX}(t_1,t_2)=R_{YX}(\tau)$,由此,$R_Y(t_1,t_2)$ 可重写为

$$R_Y(t_1,t_2)=\int_{-\infty}^{\infty} R_{YX}(t_1,t_2-\alpha)h^*(\alpha)\mathrm{d}\alpha$$

$$=\int_{-\infty}^{\infty} R_{YX}(\tau+\alpha)h^*(\alpha)\mathrm{d}\alpha$$

$$=\int_{-\infty}^{\infty} R_{YX}(\tau-\alpha')h^*(-\alpha')\mathrm{d}\alpha'$$

$$=R_{YX}(\tau)*h^*(-\tau)$$

将式(5-12)代入即可得到式(5-15)。

证毕。

4. 功率谱密度 $S_Y(\omega)$ 与互功率谱密度 $S_{YX}(\omega)$

由式(5-9)、式(5-12)、式(5-13)和式(5-15)可以看出,当输入信号 $X(t)$ 是宽平稳随机信号时,输出信号 $Y(t)$ 也是宽平稳随机信号,且与 $X(t)$ 联合宽平稳。输出随机信号的功率谱密度为

$$S_Y(\omega)=S_X(\omega)|H(\omega)|^2 \tag{5-16}$$

输出随机信号与输入随机信号的互功率谱密度为

$$S_{YX}(\omega)=S_X(\omega)H(\omega) \tag{5-17}$$

其中,$H(\omega)$ 是 $h(t)$ 的傅里叶变换。

证明

对式(5-12)两边作傅里叶变换,根据傅里叶变换的性质,可以得到

$$S_{YX}(\omega) = S_X(\omega)H(\omega)$$

对式(5-15)两边作傅里叶变换,根据傅里叶变换的性质,可以得到

$$S_Y(\omega) = S_X(\omega)H(\omega)H^*(\omega) = S_X(\omega) \mid H(\omega) \mid^2$$

证毕。

【例5-1】 已知如图5-2所示的理想低通滤波器的幅频响应为

$$\mid H(\omega) \mid = K_0 \mathrm{rect}\left(\frac{\omega}{2\omega_\mathrm{c}}\right)$$

求功率谱密度为 $S_X(\omega) = S_0$ 的白噪声通过该滤波器后,输出信号的功率谱、自相关函数和平均功率。

解 由式(5-16)可得输出信号的功率谱为

$$S_Y(\omega) = S_X(\omega) \mid H(\omega) \mid^2 = S_0 K_0^2 \mathrm{rect}\left(\frac{\omega}{2\omega_\mathrm{c}}\right)$$

由维纳-辛钦定理,对 $S_Y(\omega)$ 作傅里叶逆变换可得输出信号的自相关函数,即

$$R_Y(\tau) = \frac{1}{2\pi}\int_{-\infty}^{+\infty} S_Y(\omega) \mathrm{e}^{\mathrm{j}\omega\tau} \mathrm{d}\omega$$

$$= \frac{S_0 K_0^2}{2\pi}\int_{-\omega_\mathrm{c}}^{\omega_\mathrm{c}} \mathrm{e}^{\mathrm{j}\omega\tau} \mathrm{d}\omega$$

$$= \frac{S_0 K_0^2 \omega_\mathrm{c}}{\pi}\left(\frac{\sin\omega_\mathrm{c}\tau}{\omega_\mathrm{c}\tau}\right)$$

由 $R_Y(\tau)$ 可得输出信号的平均功率为

$$\sigma_Y^2 = R_Y(0) = \frac{S_0 K_0^2 \omega_\mathrm{c}}{\pi}$$

可以看到,输出信号的平均功率与 S_0、K_0^2 及 ω_c 成正比,符合实际。

【例5-2】 已知如图5-3所示的理想带通滤波器的幅频响应为

$$\mid H(\omega) \mid = \begin{cases} K_0, & \omega_\mathrm{c} < \mid \omega \mid < \omega_\mathrm{s} \\ 0, & \text{其他} \end{cases}$$

求功率谱密度为 $S_X(\omega) = S_0$ 的白噪声通过该滤波器后,输出信号的功率谱和自相关函数。

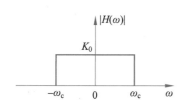

图5-2 理想低通滤波器的幅频响应

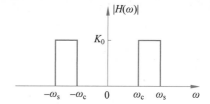

图5-3 理想带通滤波器的幅频响应

解 由式(5-16)可得输出信号的功率谱为

$$S_Y(\omega) = S_X(\omega) \mid H(\omega) \mid^2$$

$$= \begin{cases} S_0 K_0^2, & \omega_\mathrm{c} < \mid \omega \mid < \omega_\mathrm{s} \\ 0, & \text{其他} \end{cases}$$

对 $S_Y(\omega)$ 作傅里叶逆变换,可得输出信号的自相关函数为

$$R_Y(\tau) = \frac{1}{2\pi} \int_{-\infty}^{+\infty} S_Y(\omega) \mathrm{e}^{\mathrm{j}\omega\tau} \mathrm{d}\omega$$

$$= \frac{S_0 K_0^2}{2\pi} \left(\int_{-\omega_s}^{-\omega_c} \mathrm{e}^{\mathrm{j}\omega\tau} \mathrm{d}\omega + \int_{\omega_c}^{\omega_s} \mathrm{e}^{\mathrm{j}\omega\tau} \mathrm{d}\omega \right)$$

$$= \frac{S_0 K_0^2}{\pi\tau} \sin\frac{(\omega_s - \omega_c)\tau}{2} \cos\frac{(\omega_s + \omega_c)\tau}{2}$$

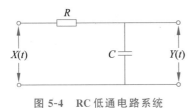

图 5-4　RC 低通电路系统

【例 5-3】　已知如图 5-4 所示的 RC 低通电路系统的单位冲激响应为

$$h(t) = a\mathrm{e}^{-at}u(t)$$

其中,$a > 0$ 是一个常数。求自相关函数为 $R_X(\tau) = S_0\delta(\tau)$ 的白噪声通过该系统后,输出信号 $Y(t)$ 的自相关函数 $R_Y(\tau)$ 和功率谱密度。

解　解法一:

由式(5-15)可知输出信号的自相关函数为

$$R_Y(\tau) = R_X(\tau) * h(\tau) * h^*(-\tau)$$

$$= S_0\delta(\tau) * h(\tau) * h^*(-\tau)$$

$$= S_0[h^*(-\tau) * h(\tau)]$$

$$= S_0 a^2 \int_{-\infty}^{\infty} \mathrm{e}^{av}u(-v)\mathrm{e}^{-a(\tau-v)}u(\tau-v)\mathrm{d}v$$

$$= S_0 a^2 \mathrm{e}^{-a\tau} \int_{-\infty}^{\infty} \mathrm{e}^{2av}u(-v)u(\tau-v)\mathrm{d}v$$

$$= \begin{cases} S_0 a^2 \mathrm{e}^{-a\tau} \int_{-\infty}^{\tau} \mathrm{e}^{2av}\mathrm{d}v, & \tau \leqslant 0 \\ S_0 a^2 \mathrm{e}^{-a\tau} \int_{-\infty}^{0} \mathrm{e}^{2av}\mathrm{d}v, & \tau > 0 \end{cases}$$

$$= \frac{S_0 a}{2} \mathrm{e}^{-a|\tau|}$$

对 $R_Y(\tau)$ 作傅里叶变换,并利用傅里叶变换对

$$\mathrm{e}^{-a|t|} \leftrightarrow \frac{2a}{a^2 + \omega^2}$$

可以得到输出信号的功率谱为

$$S_Y(\omega) = \frac{S_0 a^2}{a^2 + \omega^2}$$

解法二:

根据傅里叶变换对

$$\delta(\tau) \leftrightarrow 1, \quad a\mathrm{e}^{-at}u(t) \leftrightarrow \frac{a}{a + \mathrm{j}\omega}$$

可以得到输入信号的功率谱和系统的频率响应分别为

$$S_X(\omega)=S_0, \quad H(\omega)=\frac{a}{a+j\omega}$$

由此可得输出信号的功率谱为

$$S_Y(\omega)=S_X(\omega)\mid H(\omega)\mid^2=\frac{S_0 a^2}{a^2+\omega^2}$$

对 $S_Y(\omega)$ 作傅里叶逆变换，可以得到输出信号的自相关函数为

$$R_Y(\tau)=\frac{S_0 a}{2}e^{-a\mid\tau\mid}$$

不难看到，两种解法得到的结果相同。

【例 5-4】　仍考虑例 5-3 中的系统，求自相关函数为 $R_X(\tau)=\sigma^2 e^{-\beta\mid\tau\mid}$，$\beta>0$ 的随机信号 $X(t)$ 通过该系统后，输出信号的自相关函数和功率谱密度。

解　解法一：

由式(5-15)可知输出信号的自相关函数为

$$R_Y(\tau)=\int_{-\infty}^{\infty}\int_{-\infty}^{\infty}R_X(\tau+\alpha_1-\alpha_2)h(\alpha_1)h^*(\alpha_2)d\alpha_1 d\alpha_2$$
$$=a^2\sigma^2\int_0^{\infty}\int_0^{\infty}e^{-\beta\mid\tau+\alpha_1-\alpha_2\mid}e^{-a(\alpha_1+\alpha_2)}d\alpha_1 d\alpha_2$$

由于自相关函数具有共轭对称性，即

$$R_Y(\tau)=R_Y^*(-\tau)$$

因此，只用计算出 $\tau\geqslant0$ 时的 $R_Y(\tau)$ 即可。

当 $\tau\geqslant0$ 时，$R_Y(\tau)$ 可进一步写为

$$R_Y(\tau)=a^2\sigma^2\left[\iint_{\tau+\alpha_1-\alpha_2\geqslant0}e^{-\beta(\tau+\alpha_1-\alpha_2)-a(\alpha_1+\alpha_2)}d\alpha_1 d\alpha_2+\right.$$
$$\left.\iint_{\tau+\alpha_1-\alpha_2<0}e^{\beta(\tau+\alpha_1-\alpha_2)-a(\alpha_1+\alpha_2)}d\alpha_1 d\alpha_2\right]$$
$$=a^2\sigma^2\left[\int_0^{\infty}e^{-\beta\tau}e^{-\alpha_1(\beta+a)}d\alpha_1\int_0^{\tau+\alpha_1}e^{\alpha_2(\beta-a)}d\alpha_2+\right.$$
$$\left.\int_0^{\infty}e^{\beta\tau}e^{\alpha_1(\beta-a)}d\alpha_1\int_{\tau+\alpha_1}^{\infty}e^{-\alpha_2(\beta+a)}d\alpha_2\right]$$
$$=a^2\sigma^2\left[\frac{e^{-a\tau}}{2a(\beta-a)}-\frac{e^{-\beta\tau}}{\beta^2-a^2}+\frac{e^{-a\tau}}{2a(\beta+a)}\right]$$
$$=\frac{\sigma^2 a}{a^2-\beta^2}(ae^{-\beta\tau}-\beta e^{-a\tau})$$

再由自相关函数的共轭对称性，最终可得到

$$R_Y(\tau)=\frac{\sigma^2 a}{a^2-\beta^2}(ae^{-\beta\mid\tau\mid}-\beta e^{-a\mid\tau\mid})$$

对 $R_Y(\tau)$ 作傅里叶变换，可以得到输出信号的功率谱为

$$S_Y(\omega)=\frac{\sigma^2 a}{a^2-\beta^2}\left(\frac{2\beta a}{\beta^2+\omega^2}-\frac{2\beta a}{a^2+\omega^2}\right)$$

解法二：

对 $R_X(\tau)$ 作傅里叶变换，可得输入信号的功率谱为

$$S_X(\omega) = \frac{2\sigma^2\beta}{\beta^2 + \omega^2}$$

由此，可以得到输出信号的功率谱为

$$S_Y(\omega) = S_X(\omega) \mid H(\omega) \mid^2$$

$$= \frac{2\sigma^2\beta}{\beta^2 + \omega^2} \cdot \frac{a^2}{a^2 + \omega^2}$$

$$= \frac{2\sigma^2\beta a^2}{a^2 - \beta^2}\left(\frac{1}{\beta^2 + \omega^2} - \frac{1}{a^2 + \omega^2}\right)$$

$$= \frac{\sigma^2 a}{a^2 - \beta^2}\left(\frac{2\beta a}{\beta^2 + \omega^2} - \frac{2\beta a}{a^2 + \omega^2}\right)$$

对 $S_Y(\omega)$ 作傅里叶逆变换，利用例 5-3 中的傅里叶变换对，可以得到输出信号的自相关函数为

$$R_Y(\tau) = \frac{\sigma^2 a}{a^2 - \beta^2}(a e^{-\beta|\tau|} - \beta e^{-a|\tau|})$$

两种解法得到的结果相同。

【例 5-5】 已知实平稳随机信号 $X(t)$ 的希尔伯特变换为 $\hat{X}(t)$，$R_X(\tau)$ 和 $R_{\hat{X}}(\tau)$ 分别是 $X(t)$ 和 $\hat{X}(t)$ 的自相关函数，$\hat{R}_X(\tau)$ 是 $R_X(\tau)$ 的希尔伯特变换。试证明：

$$R_{\hat{X}}(\tau) = R_X(\tau)$$

$$R_{\hat{X}X}(\tau) = \hat{R}_X(\tau)$$

$$R_{X\hat{X}}(\tau) = -\hat{R}_X(\tau)$$

证明

由第 3 章可知，对信号作希尔伯特变换，实际上就是将信号通过一个单位冲激响应和频率响应分别为 $h(t) = \frac{1}{\pi t}$ 和 $H(\omega) = -j\mathrm{Sgn}(\omega)$ 的移相器，即希尔伯特变换器。因此，可以将 $\hat{X}(t)$ 看作随机信号 $X(t)$ 通过一个希尔伯特变换器的输出，如图 5-5 所示。

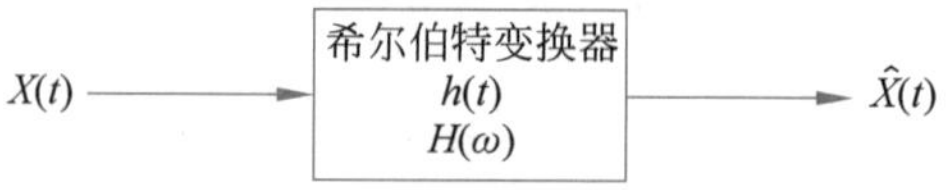

$$X(t) \longrightarrow \boxed{\begin{array}{c}希尔伯特变换器\\ h(t)\\ H(\omega)\end{array}} \longrightarrow \hat{X}(t)$$

图 5-5 $X(t)$ 通过希尔伯特变换器

由此，根据式(5-16)可得 $\hat{X}(t)$ 的功率谱密度为

$$S_{\hat{X}}(\omega) = S_X(\omega) \mid H(\omega) \mid^2 = S_X(\omega)$$

由维纳-辛钦定理，对 $S_{\hat{X}}(\omega)$ 作傅里叶逆变换，可以得到

$$R_{\hat{X}}(\tau) = R_X(\tau)$$

根据式(5-17)，可以得到 $\hat{X}(t)$ 与 $X(t)$ 的互功率谱密度为

$$S_{\hat{X}X}(\omega) = S_X(\omega)H(\omega)$$

对 $S_{\hat{X}X}(\omega)$ 作傅里叶逆变换,可以得到

$$R_{\hat{X}X}(\tau) = R_X(\tau) * h(\tau) = \hat{R}_X(\tau)$$

第3章中还定义了希尔伯特反变换器,其单位冲激响应和频率响应分别为

$$\hat{h}(t) = -\frac{1}{\pi t} = -h(t)$$

$$\hat{H}(\omega) = \mathrm{jSgn}(\omega) = -H(\omega)$$

因此,可以将随机信号 $X(t)$ 看作 $\hat{X}(t)$ 通过一个希尔伯特反变换器的输出,如图 5-6 所示。

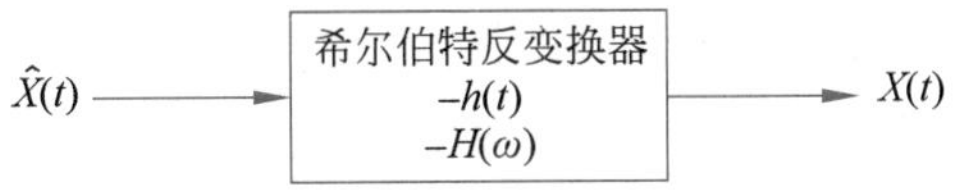

图 5-6　$\hat{X}(t)$ 通过希尔伯特反变换器

由此,根据式(5-17)可得 $X(t)$ 与 $\hat{X}(t)$ 的互功率谱密度为

$$S_{X\hat{X}}(\omega) = -S_{\hat{X}}(\omega)H(\omega)$$

对 $S_{X\hat{X}}(\omega)$ 作傅里叶逆变换,并利用 $R_{\hat{X}}(\tau) = R_X(\tau)$ 即可得到

$$R_{X\hat{X}}(\tau) = -R_{\hat{X}}(\tau) * h(\tau)$$

$$= -R_X(\tau) * h(\tau)$$

$$= -\hat{R}_X(\tau)$$

证毕。

【例 5-6】　已知一个线性时不变系统的输入和输出信号的功率谱分别为

$$S_X(\omega) = \frac{\omega^2 + 4}{\omega^2 + 9}, \quad S_Y(\omega) = 1$$

若系统稳定且为最小相位,试求该系统的频率响应 $H(\omega)$。

解　根据式(5-16)可得

$$|H(\omega)|^2 = \frac{S_Y(\omega)}{S_X(\omega)} = \frac{\omega^2 + 9}{\omega^2 + 4}$$

为了获得 $H(\omega)$,将其重新表示为

$$|H(\omega)|^2 = H(\omega)H^*(\omega)$$

$$= \frac{9 - (\mathrm{j}\omega)^2}{4 - (\mathrm{j}\omega)^2}$$

$$= \frac{(3 - \mathrm{j}\omega)(3 + \mathrm{j}\omega)}{(2 - \mathrm{j}\omega)(2 + \mathrm{j}\omega)}$$

由此可以得到以下 4 种可能的系统频率响应,即

$$H_1(\omega) = \frac{3 - \mathrm{j}\omega}{2 - \mathrm{j}\omega}, \quad H_2(\omega) = \frac{3 - \mathrm{j}\omega}{2 + \mathrm{j}\omega}$$

$$H_3(\omega) = \frac{3+j\omega}{2-j\omega}, \quad H_4(\omega) = \frac{3+j\omega}{2+j\omega}$$

若令 $j\omega = s$，则可以得到以下 4 种可能的系统函数（即系统单位冲激响应的拉普拉斯变换）。

$$H_1(s) = \frac{3-s}{2-s}, \quad H_2(s) = \frac{3-s}{2+s}$$

$$H_3(s) = \frac{3+s}{2-s}, \quad H_4(s) = \frac{3+s}{2+s}$$

已知系统稳定且为最小相位，因此该系统的系统函数的零极点应均在 s 平面的左半平面，也即零极点应均小于 0。$H_1(s) \sim H_4(s)$ 中只有 $H_4(s)$ 符合要求，因此，所求系统的频率响应应为

$$H(\omega) = \frac{3+j\omega}{2+j\omega}$$

5. 概率性质

已知输入随机信号的概率密度函数，要求输出随机信号的概率密度函数是一件困难的事。然而，对于高斯信号，有如下结论：如果一个线性系统的输入是高斯随机信号，则输出也是高斯随机信号。

证明

设输入随机信号为 $X(t)$，输出随机信号为 $Y(t)$，线性时不变系统的单位冲激响应为 $h(t)$，则由式(5-2)可知，输入和输出信号的关系为

$$Y(t) = \int_{-\infty}^{\infty} X(\tau) h(t-\tau) d\tau$$

$Y(t)$ 可以表示成一个和式的极限，即

$$Y(t) = \lim_{\Delta\tau_k \to 0} \sum_{k=-\infty}^{\infty} X(\tau_k) h(t-\tau_k) \Delta\tau_k$$

这表明输出信号在任意时刻上的值都是无限多个 $X(\tau_k)$ 的线性组合。若 $X(t)$ 是高斯随机信号，则对于任意时刻 τ_k，$X(\tau_k)$ 都是一个高斯随机变量。由于高斯随机变量的线性组合仍是高斯随机变量，因此，对于任意一个给定时刻 $t=t_1$，$Y(t_1) = \lim_{\Delta\tau_k \to 0} \sum_{k=-\infty}^{\infty} X(\tau_k) h(t_1 - \tau_k) \Delta\tau_k$ 是一个高斯随机变量，由此可知，输出信号 $Y(t)$ 是一个高斯随机信号。
证毕。

5.3 随机信号通过离散时间线性时不变系统的表示

设有离散时间随机信号 $X[n]$，$x[n]$ 是 $X[n]$ 的一个样本函数。由第 3 章的知识可以知道，当 $x[n]$ 通过一个单位冲激响应为 $h[n]$ 的线性时不变系统时，其输出为

$$y[n] = \sum_{m=-\infty}^{\infty} x[m] h[n-m] \tag{5-18}$$

与式(5-1)类似，式(5-18)定义了一个从样本函数 $x[n]$ 到新的样本函数 $y[n]$ 的映射。所有样本函数 $y[n]$ 的集合将组成一个新的随机信号，记为 $Y[n]$。由此可知，离散时间线性

时不变系统实际上是定义了一个从离散时间随机信号到一个新的离散时间随机信号的变换,如图 5-7 所示。此时,输出随机信号 $Y[n]$ 和输入随机信号 $X[n]$ 之间的关系可以表示为

$$Y[n] = \sum_{m=-\infty}^{\infty} X[m]h[n-m]$$

$$= \sum_{m=-\infty}^{\infty} h[m]X[n-m]$$

$$= X[n] * h[n] \tag{5-19}$$

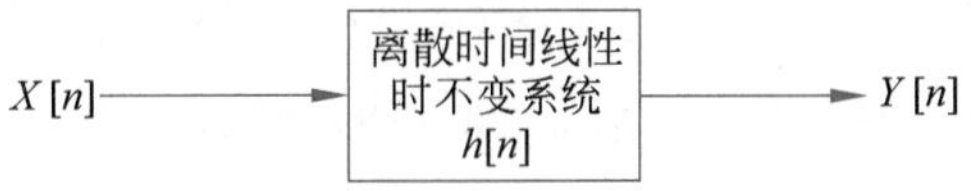

图 5-7　随机信号通过离散时间线性时不变系统

注意,式(5-19)是在均方意义上的相等,即当离散时间随机信号 $X[n]$ 通过一个单位冲激响应为 $h[n]$ 的离散时间线性时不变系统时,只要式(5-19)右端均方收敛,则输出随机信号就有式(5-19)的表示。

下面给出均方收敛的概念。

设有离散时间随机信号 $X[n]$ 和随机变量 X,且 $E[|X[n]|^2]<+\infty$,$E[|X|^2]<+\infty$,如果

$$\lim_{n\to\infty} E[|X[n]-X|^2] = 0 \tag{5-20}$$

则称 $X[n]$ 均方收敛于 X,称 X 是 $X[n]$ 的均方极限,记为

$$\underset{n\to\infty}{\mathrm{l.\,i.\,m.}} X[n] = X \tag{5-21}$$

其中,l. i. m. 是英文 limit in mean square 的缩写。

均方收敛具有如下性质。

(1) 若 $\underset{n\to\infty}{\mathrm{l.\,i.\,m.}} X[n]=X$,则有

$$\lim_{n\to\infty} E[X[n]] = E[\underset{n\to\infty}{\mathrm{l.\,i.\,m.}} X[n]] = E[X] \tag{5-22}$$

(2) 若 $\underset{m\to\infty}{\mathrm{l.\,i.\,m.}} X[m]=X$,$\underset{n\to\infty}{\mathrm{l.\,i.\,m.}} Y[n]=Y$,则有

$$\lim_{m,n\to\infty} E[X[m]Y[n]] = E[XY] \tag{5-23}$$

(3) 若 $\underset{n\to\infty}{\mathrm{l.\,i.\,m.}} X[n]=X$,$\underset{n\to\infty}{\mathrm{l.\,i.\,m.}} Y[n]=Y$,则对任意常数 a 和 b,有

$$\underset{n\to\infty}{\mathrm{l.\,i.\,m.}} (aX[n]+bY[n]) = aX+bY \tag{5-24}$$

(4) 均方极限具有唯一性,即若 $\underset{n\to\infty}{\mathrm{l.\,i.\,m.}} X[n]=X$,$\underset{n\to\infty}{\mathrm{l.\,i.\,m.}} X[n]=Y$,则有

$$P\{X=Y\} = 1$$

(5) (Loève 准则)当且仅当离散时间随机信号 $X[n]$ 的自相关函数 $R_X[n_1,n_2]$ 满足

$$\lim_{n_1,n_2\to\infty} R_X[n_1,n_2] = C \tag{5-25}$$

$X[n]$ 均方收敛,其中 C 为常数。

以上性质证明略。

若一个离散时间随机信号 $X[n]$ 的所有样本函数一致有界,则称该离散时间随机信号有界。若一个离散时间线性时不变系统的输入为有界随机信号,输出也是有界随机信号,则

称该系统是稳定的。显然，系统稳定的一个充要条件为

$$\sum_{n=-\infty}^{\infty} |h[n]| < \infty \tag{5-26}$$

定义离散时间随机信号 $X[n]$ 的傅里叶变换为

$$\hat{X}(e^{j\Omega}) = \sum_{n=-\infty}^{\infty} X[n] e^{-j\Omega n} \tag{5-27}$$

则对式(5-19)作傅里叶变换，可以得到

$$\hat{Y}(e^{j\Omega}) = \hat{X}(e^{j\Omega}) H(e^{j\Omega}) \tag{5-28}$$

其中，$\hat{Y}(e^{j\Omega})$ 和 $H(e^{j\Omega})$ 分别是 $Y[n]$ 和 $h[n]$ 的傅里叶变换，即

$$\hat{Y}(e^{j\Omega}) = \sum_{n=-\infty}^{\infty} Y[n] e^{-j\Omega n} \tag{5-29}$$

$$H(e^{j\Omega}) = \sum_{n=-\infty}^{\infty} h[n] e^{-j\Omega n} \tag{5-30}$$

注意，式(5-27)和式(5-29)右端都是均方极限意义上的无穷和。

5.4 随机信号通过离散时间线性时不变系统的统计特性

设随机信号 $X[n]$ 是离散时间线性时不变系统的输入，系统的单位冲激响应为 $h[n]$，输出随机信号为 $Y[n]$。已知 $X[n]$ 的均值函数为 $m_X[n]$，自相关函数为 $R_X[n_1,n_2]$，下面讨论输出随机信号的统计特性。

1. 均值函数 $E[Y[n]]$

输出随机信号的均值函数为

$$m_Y[n] \triangleq E[Y[n]] = m_X[n] * h[n] \tag{5-31}$$

若 $X[n]$ 为平稳随机信号，则进一步有

$$m_Y[n] = m_Y = m_X \sum_{k=-\infty}^{\infty} h[k] = m_X H(e^{j0}) \tag{5-32}$$

证明

根据式(5-19)，可以得到

$$E[Y[n]] = E\left[\sum_{m=-\infty}^{\infty} h[m] X[n-m]\right]$$

$$= \sum_{m=-\infty}^{\infty} h[m] E[X[n-m]]$$

$$= \sum_{m=-\infty}^{\infty} h[m] m_X[n-m]$$

$$= m_X[n] * h[n]$$

当 $X[n]$ 为平稳随机信号时，由于有

$$E[X[n-m]] = E[X[n]] = m_X$$

因此可以得到

$$E[Y[n]] = \sum_{m=-\infty}^{\infty} h[m]E[X[n-m]]$$

$$= m_X \sum_{m=-\infty}^{\infty} h[m]$$

$$= m_X H(e^{j0})$$

证毕。

2. 互相关函数 $R_{YX}[n_1,n_2]$ 与 $R_{XY}[n_1,n_2]$

输出随机信号与输入随机信号的互相关函数为

$$R_{YX}[n_1,n_2] \triangleq E[Y[n_1]X^*[n_2]] = R_X[n_1,n_2] * h[n_1] \tag{5-33}$$

$$R_{XY}[n_1,n_2] \triangleq E[X[n_1]Y^*[n_2]] = R_X[n_1,n_2] * h^*[n_2] \tag{5-34}$$

若 $X[n]$ 为平稳随机信号，则进一步有

$$R_{YX}[n_1,n_2] = R_{YX}[k] = R_X[k] * h[k] \tag{5-35}$$

$$R_{XY}[n_1,n_2] = R_{XY}[k] = R_X[k] * h^*[-k] \tag{5-36}$$

其中，$k = n_1 - n_2$。

证明

$$R_{YX}[n_1,n_2] = E[Y[n_1]X^*[n_2]]$$

$$= E\Big[\sum_{m=-\infty}^{\infty} h[m]X[n_1-m]\cdot X^*[n_2]\Big]$$

$$= \sum_{m=-\infty}^{\infty} E[X[n_1-m]X^*[n_2]]h[m]$$

$$= \sum_{m=-\infty}^{\infty} R_X[n_1-m,n_2]h[m]$$

$$= R_X[n_1,n_2] * h[n_1]$$

同理可证得式(5-34)。

当 $X[n]$ 为平稳随机信号时，由于有

$$E[X[n_1]X^*[n_2]] = R_X[n_1-n_2] = R_X(k)$$

其中，$k = n_1 - n_2$。因此可以得到

$$R_{YX}[n_1,n_2] = \sum_{m=-\infty}^{\infty} E[X[n_1-m]X^*[n_2]]h[m]$$

$$= \sum_{m=-\infty}^{\infty} R_X[k-m]h[m]$$

$$= R_X[k] * h[k]$$

$$R_{XY}[n_1,n_2] = \sum_{m=-\infty}^{\infty} E[X[n_1]X^*[n_2-m]]h^*[m]$$

$$= \sum_{m=-\infty}^{\infty} R_X[k+m]h^*[m]$$

$$= \sum_{m'=-\infty}^{\infty} R_X[k-m']h^*[-m']$$

$$= R_X[k] * h^*[-k]$$

证毕。

3. 自相关函数 $R_Y[n_1,n_2]$

输出随机信号的自相关函数为

$$R_Y[n_1,n_2] \overset{\triangle}{=} E[Y[n_1]Y^*[n_2]] = R_X[n_1,n_2] * h[n_1] * h^*[n_2] \tag{5-37}$$

若 $X[n]$ 为平稳随机信号,则进一步有

$$R_Y[n_1,n_2] = R_Y[k] = R_X[k] * h[k] * h^*[-k] \tag{5-38}$$

其中,$k = n_1 - n_2$。

证明

$$R_Y[n_1,n_2] = E[Y[n_1]Y^*[n_2]]$$

$$= E\Big[Y[n_1] \sum_{m=-\infty}^{\infty} h^*[m]X^*[n_2-m]\Big]$$

$$= \sum_{m=-\infty}^{\infty} E[Y[n_1]X^*[n_2-m]]h^*[m]$$

$$= \sum_{m=-\infty}^{\infty} R_{YX}[n_1,n_2-m]h^*[m]$$

$$= R_{YX}[n_1,n_2] * h^*[n_2]$$

将式(5-33)代入即可得到式(5-37)。

当 $X[n]$ 为平稳随机信号时,由式(5-35)可知 $R_{YX}[n_1,n_2]=R_{YX}[k]$,由此,$R_Y[n_1,n_2]$ 可重写为

$$R_Y[n_1,n_2] = \sum_{m=-\infty}^{\infty} R_{YX}[n_1,n_2-m]h^*[m]$$

$$= \sum_{m=-\infty}^{\infty} R_{YX}[k+m]h^*[m]$$

$$= \sum_{m'=-\infty}^{\infty} R_{YX}[k-m']h^*[-m']$$

$$= R_{YX}[k] * h^*[-k]$$

将式(5-35)代入即可得到式(5-38)。

证毕。

4. 功率谱密度与互功率谱密度

与连续时间随机信号类似,离散时间随机信号 $X[n]$ 的功率谱密度可定义为

$$S_X(e^{j\Omega}) = \lim_{N\to\infty} \frac{1}{2N+1} E\Big[\Big| \sum_{n=-N}^{N} X[n]e^{-j\Omega n}\Big|^2\Big] \tag{5-39}$$

随机信号 $X[n]$ 和 $Y[n]$ 的互功率谱密度可定义为

$$S_{XY}(e^{j\Omega}) = \lim_{N\to\infty} \frac{1}{2N+1} E\Big[\Big[\sum_{n=-N}^{N} X[n]e^{-j\Omega n}\Big]\Big[\sum_{n=-N}^{N} Y[n]e^{-j\Omega n}\Big]^*\Big] \tag{5-40}$$

与 4.4.5 节中的证明类似,可以得到离散时间随机信号功率谱密度和自相关函数之间的关系,即若 $X[n]$ 是宽平稳随机信号,其自相关函数为 $R_X[k]$,则有

$$S_X(\mathrm{e}^{\mathrm{j}\Omega}) = \sum_{k=-\infty}^{\infty} R_X[k] \mathrm{e}^{-\mathrm{j}\Omega k} \tag{5-41}$$

$$R_X[k] = \frac{1}{2\pi} \int_{-\pi}^{\pi} S_X(\mathrm{e}^{\mathrm{j}\Omega}) \mathrm{e}^{\mathrm{j}\Omega k} \,\mathrm{d}\Omega \tag{5-42}$$

从式(5-41)和式(5-42)可以看出,$S_X(\mathrm{e}^{\mathrm{j}\Omega})$ 与 $R_X[k]$ 是一个傅里叶变换对。

若随机信号 $X[n]$ 和 $Y[n]$ 联合宽平稳,且互相关函数为 $R_{XY}[k]$,则有

$$S_{XY}(\mathrm{e}^{\mathrm{j}\Omega}) = \sum_{k=-\infty}^{\infty} R_{XY}[k] \mathrm{e}^{-\mathrm{j}\Omega k} \tag{5-43}$$

$$R_{XY}[k] = \frac{1}{2\pi} \int_{-\pi}^{\pi} S_{XY}(\mathrm{e}^{\mathrm{j}\Omega}) \mathrm{e}^{\mathrm{j}\Omega k} \,\mathrm{d}\Omega \tag{5-44}$$

【例 5-7】 已知 $X[n]$ 是一个独立同分布随机变量序列,其均值为零,方差为 σ_X^2,试求其功率谱密度 $S_X(\mathrm{e}^{\mathrm{j}\Omega})$。

解　根据已知可得 $X[n]$ 的自相关函数为

$$R_X[n_1, n_2] = E[X[n_1]X^*[n_2]] = \begin{cases} E[|X[n_1]|^2], & n_1 = n_2 \\ E[X[n_1]]E[X^*[n_2]], & n_1 \neq n_2 \end{cases}$$

$$= \begin{cases} \sigma_X^2, & n_1 = n_2 \\ 0, & n_1 \neq n_2 \end{cases}$$

令 $k = n_1 - n_2$,则有

$$R_X[n_1, n_2] = R_X[n_1, n_1 - k] = \begin{cases} \sigma_X^2, & k = 0 \\ 0, & k \neq 0 \end{cases}$$

$$= \sigma_X^2 \delta[k] = R_X[k]$$

其中,$\delta[k]$ 为离散时间单位冲激信号。

由式(5-41)和傅里叶变换对 $\delta[n] \leftrightarrow 1$,可以得到 $X[n]$ 的功率谱密度为

$$S_X(\mathrm{e}^{\mathrm{j}\Omega}) = \sigma_X^2$$

本例中的随机信号 $X[n]$ 又称为离散时间白噪声信号。

【例 5-8】 已知 $Y[n] = X[n] + \alpha X[n-1]$,其中 α 为一实数,$X[n]$ 是例 5-7 中的离散时间白噪声信号,试求 $Y[n]$ 的功率谱密度 $S_Y(\mathrm{e}^{\mathrm{j}\Omega})$。

解　根据已知可得 $Y[n]$ 的均值为零,自相关函数为

$$\begin{aligned} R_Y[n_1, n_2] &= E[Y[n_1]Y^*[n_2]] \\ &= E[X[n_1]X^*[n_2]] + \alpha E[X[n_1]X^*[n_2-1]] + \alpha E[X[n_1-1]X^*[n_2]] + \\ &\quad \alpha^2 E[X[n_1-1]X^*[n_2-1]] \\ &= \begin{cases} (1+\alpha^2)\sigma_X^2, & n_1 = n_2 \\ \alpha \sigma_X^2, & n_1 - n_2 = \pm 1 \\ 0, & \text{其他} \end{cases} \end{aligned}$$

令 $k = n_1 - n_2$，则有

$$R_Y[n_1, n_2] = R_Y[n_1, n_1 - k] = \begin{cases} (1+\alpha^2)\sigma_X^2, & k=0 \\ \alpha\sigma_X^2, & k=\pm 1 \\ 0, & 其他 \end{cases}$$

$$= (1+\alpha)\sigma_X^2 \delta[k] + \alpha\sigma_X^2 \delta[k-1] + \alpha\sigma_X^2 \delta[k+1]$$

$$= R_Y[k]$$

可以看到 $Y[n]$ 是一个宽平稳随机信号，对 $R_Y[k]$ 作傅里叶变换，可得其功率谱密度为

$$S_Y(e^{j\Omega}) = (1+\alpha^2)\sigma_X^2 + \alpha\sigma_X^2(e^{-j\Omega} + e^{j\Omega})$$

$$= \sigma_X^2(1 + \alpha^2 + 2\alpha\cos\Omega)$$

【例 5-9】 已知 $Z[n] = X[n] + Y[n]$，其中 $X[n]$ 是一个宽平稳实随机信号，且对任意 n 有 $X[n] = A$，A 是一个均值为零，方差为 σ_A^2 的随机变量，$Y[n]$ 是一个均值为零，方差为 σ_Y^2 的离散时间白噪声信号。$X[n]$ 和 $Y[n]$ 相互独立，试求 $Z[n]$ 的功率谱密度 $S_Z(e^{j\Omega})$。

解 根据已知可得 $Z[n]$ 的均值为

$$E[Z[n]] = E[X[n]] + E[Y[n]] = E[A] = 0$$

$Z[n]$ 的自相关函数为

$$E[Z[n_1]Z^*[n_2]] = E[X[n_1]X[n_2]] + E[Y[n_1]Y^*[n_2]]$$

$$= \sigma_A^2 + \sigma_Y^2 \delta[k]$$

其中，$k = n_1 - n_2$。由 $Z[n]$ 的均值和自相关函数可知 $Z[n]$ 是一个宽平稳随机过程，因此其功率谱密度为

$$S_Z(e^{j\Omega}) = 2\pi\sigma_A^2 \sum_{k=-\infty}^{\infty} \delta(\Omega - 2k\pi) + \sigma_Y^2$$

由式(5-32)、式(5-35)、式(5-36)和式(5-38)可以看出，当宽平稳随机信号 $X[n]$ 通过线性时不变系统后，输出信号 $Y[n]$ 也是宽平稳随机信号，且与 $X[n]$ 联合宽平稳，此时输出随机信号的功率谱密度为

$$S_Y(e^{j\Omega}) = S_X(e^{j\Omega}) \mid H(e^{j\Omega}) \mid^2 \tag{5-45}$$

输出随机信号与输入随机信号的互功率谱密度为

$$S_{YX}(e^{j\Omega}) = S_X(e^{j\Omega})H(e^{j\Omega}) \tag{5-46}$$

其中，$H(e^{j\Omega})$ 是 $h[n]$ 的傅里叶变换。

证明

对式(5-35)两边作傅里叶变换，根据傅里叶变换的性质，可以得到

$$S_{YX}(e^{j\Omega}) = S_X(e^{j\Omega})H(e^{j\Omega})$$

对式(5-38)两边作傅里叶变换，根据傅里叶变换的性质，可以得到

$$S_Y(e^{j\Omega}) = S_X(e^{j\Omega})H(e^{j\Omega})H^*(e^{j\Omega}) = S_X(e^{j\Omega}) \mid H(e^{j\Omega}) \mid^2$$

证毕。

【例 5-10】 利用式(5-45)重新求解例 5-8。

解 设 $x[n]$ 是 $X[n]$ 的一个样本函数，$y[n]$ 是 $x[n]$ 通过系统后的输出，则由例 5-8 中输出与输入信号的关系可知

$$y[n] = x[n] + \alpha x[n-1]$$

作傅里叶变换,可以得到

$$Y(e^{j\Omega}) = X(e^{j\Omega}) + \alpha X(e^{j\Omega})e^{-j\Omega}$$

由此可得系统的频率响应为

$$H(e^{j\Omega}) = \frac{Y(e^{j\Omega})}{X(e^{j\Omega})} = 1 + \alpha e^{-j\Omega}$$

从而可以得到输出信号的功率谱密度为

$$S_Y(e^{j\Omega}) = S_X(e^{j\Omega}) \mid 1 + \alpha e^{-j\Omega} \mid^2$$
$$= \sigma_X^2(1 + \alpha^2 + 2\alpha\cos\Omega)$$

这与例 5-8 的结果是相同的。

【例 5-11】 已知一个线性时不变系统的单位冲激响应为

$$h[n] = n\alpha^{-n}u[n]$$

其中,$\alpha > 1$ 是一个常数。求自相关函数为 $R_X[k] = \sigma_X^2 \delta[k]$ 的离散时间白噪声通过该系统后,输出信号的自相关函数和功率谱密度。

解 由式(5-38)知输出信号的自相关函数为

$$R_Y[k] = R_X[k] * h[k] * h^*[-k]$$
$$= \sigma_X^2 \delta[k] * h[k] * h^*[-k]$$
$$= \sigma_X^2 \sum_{m=-\infty}^{\infty} h[k+m]h^*[m]$$
$$= \sigma_X^2 \sum_{m=-\infty}^{\infty} m(k+m)\alpha^{-(k+2m)}u[m]u[k+m]$$

与连续时间平稳随机信号类似,离散时间平稳随机信号的自相关函数也具有共轭对称性,即

$$R_Y[k] = R_Y^*[-k]$$

因此,只用计算出 $k \geqslant 0$ 时的 $R_Y[k]$ 即可。

当 $k \geqslant 0$ 时,$R_Y[k]$ 可进一步写为

$$R_Y[k] = \sigma_X^2 \alpha^{-k} \sum_{m=0}^{\infty} m(k+m)\alpha^{-2m}$$
$$= \sigma_X^2 \alpha^{-k} \left(k \sum_{m=0}^{\infty} m\alpha^{-2m} + \sum_{m=0}^{\infty} m^2\alpha^{-2m} \right)$$

令 $x = \alpha^{-2}$,$R_Y[k]$ 可重写为

$$R_Y[k] = \sigma_X^2 \alpha^{-k} \left(k \sum_{m=0}^{\infty} mx^m + \sum_{m=0}^{\infty} m^2 x^m \right)$$

因为 $x < 1$,所以有

$$\sum_{m=0}^{\infty} mx^m = \frac{d}{dx} \left(\sum_{m=0}^{\infty} x^{m+1} \right) - \sum_{m=0}^{\infty} x^m$$
$$= \frac{d}{dx} \left(\frac{x}{1-x} \right) - \frac{1}{1-x}$$

$$= \frac{1}{(1-x)^2} - \frac{1}{1-x}$$

$$= \frac{x}{(1-x)^2}$$

$$\sum_{m=0}^{\infty} m^2 x^m = \frac{\mathrm{d}}{\mathrm{d}x}\left(\sum_{m=0}^{\infty} mx^{m+1}\right) - \sum_{m=0}^{\infty} mx^m$$

$$= \frac{\mathrm{d}}{\mathrm{d}x}\left(x\sum_{m=0}^{\infty} mx^m\right) - \sum_{m=0}^{\infty} mx^m$$

$$= \sum_{m=0}^{\infty} mx^m + x \cdot \frac{\mathrm{d}}{\mathrm{d}x}\left(\sum_{m=0}^{\infty} mx^m\right) - \sum_{m=0}^{\infty} mx^m$$

$$= x \cdot \frac{\mathrm{d}}{\mathrm{d}x}\left(\sum_{m=0}^{\infty} mx^m\right)$$

将 $\sum_{m=0}^{\infty} mx^m = \dfrac{x}{(1-x)^2}$ 代入 $\sum_{m=0}^{\infty} m^2 x^m = x \cdot \dfrac{\mathrm{d}}{\mathrm{d}x}\left(\sum_{m=0}^{\infty} mx^m\right)$ 中,可以得到

$$\sum_{m=0}^{\infty} m^2 x^m = x \cdot \frac{\mathrm{d}}{\mathrm{d}x}\left[\frac{x}{(1-x)^2}\right]$$

$$= \frac{x(1+x)}{(1-x)^3}$$

将上述结果代入 $R_Y[k]$ 的表达式中,可以得到

$$R_Y[k] = \sigma_X^2 \alpha^{-k}\left[k\frac{x}{(1-x)^2} + \frac{x(1+x)}{(1-x)^3}\right]$$

$$= \sigma_X^2 \alpha^{-k}\frac{(1-k)x^2 + (k+1)x}{(1-x)^3}$$

$$= \sigma_X^2 \frac{(1+k)\alpha^2 - (k-1)}{(\alpha^2-1)^3}\alpha^{-k+2}, \quad k \geqslant 0$$

再由自相关函数的共轭对称性,最终可得

$$R_Y[k] = \sigma_X^2 \frac{(1+|k|)\alpha^2 - (|k|-1)}{(\alpha^2-1)^3}\alpha^{-|k|+2}$$

对 $h[n]$ 作傅里叶变换,可以得到系统的频率响应为

$$H(\mathrm{e}^{\mathrm{j}\Omega}) = \sum_{n=-\infty}^{\infty} n\alpha^{-n}u[n]\mathrm{e}^{-\mathrm{j}\Omega n}$$

$$= \sum_{n=0}^{\infty} n\alpha^{-n}\mathrm{e}^{-\mathrm{j}\Omega n}$$

$$= \sum_{n=0}^{\infty} n\left(\frac{1}{\alpha\,\mathrm{e}^{\mathrm{j}\Omega}}\right)^n$$

再利用 $\sum_{m=0}^{\infty} mx^m = \dfrac{x}{(1-x)^2}$,可进一步得到

$$H(e^{j\Omega}) = \frac{1/\alpha e^{j\Omega}}{(1-1/\alpha e^{j\Omega})^2}$$

$$= \frac{\alpha e^{j\Omega}}{(\alpha e^{j\Omega}-1)^2}$$

由此可得输出信号的功率谱密度为

$$S_Y(e^{j\Omega}) = S_X(e^{j\Omega}) \left| \frac{\alpha e^{j\Omega}}{(\alpha e^{j\Omega}-1)^2} \right|^2$$

$$= \sigma_X^2 \frac{\alpha e^{j\Omega}}{(\alpha e^{j\Omega}-1)^2} \frac{\alpha e^{-j\Omega}}{(\alpha e^{j\Omega}-1)^2}$$

$$= \frac{\sigma_X^2 \alpha^2}{(\alpha^2 - 2\alpha\cos\Omega + 1)^2}$$

【例 5-12】　已知一个理想带通滤波器的幅频响应如图 5-8 所示。若输入一个均值为零，功率谱密度为 $S_X(e^{j\Omega})$ 的平稳随机信号，试求输出信号 $Y[n]$ 的平均功率。

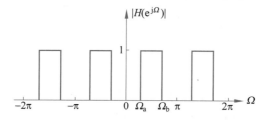

图 5-8　理想带通滤波器的幅频响应

解　由于输入信号为平稳随机信号，因此输出信号也为平稳随机信号。与连续时间平稳随机信号类似，离散时间平稳随机信号的平均功率是其自相关函数在 $k=0$ 时的值，即

$$E[|Y[n]|^2] = R_Y(0)$$

因此，由式(5-42)和式(5-45)可得输出信号的平均功率为

$$E[|Y[n]|^2] = \frac{1}{2\pi}\int_{-\pi}^{\pi} S_Y(e^{j\Omega})\,d\Omega$$

$$= \frac{1}{2\pi}\int_{-\pi}^{\pi} S_X(e^{j\Omega})\,|H(e^{j\Omega})|^2\,d\Omega$$

$$= \frac{1}{\pi}\int_{\Omega_a}^{\Omega_b} S_X(e^{j\Omega})\,d\Omega$$

5.5　由微分方程和差分方程定义的线性系统

第 3 章中已经指出，可以用线性常系数微分方程描述一些连续时间系统，即

$$\sum_{k=0}^{N} a_k \frac{d^k Y(t)}{dt^k} = \sum_{k=0}^{M} b_k \frac{d^k X(t)}{dt^k} \tag{5-47}$$

其中，$Y(t)$ 和 $X(t)$ 分别为连续时间系统的输出和输入随机信号。

对式(5-47)作傅里叶变换，可以得到

$$\sum_{k=0}^{N} a_k (j\omega)^k \hat{Y}(j\omega) = \sum_{k=0}^{M} b_k (j\omega)^k \hat{X}(j\omega) \tag{5-48}$$

由此可得式(5-47)所示系统的频率响应为

$$H(j\omega) = \frac{\sum_{k=0}^{M} b_k (j\omega)^k}{\sum_{k=0}^{N} a_k (j\omega)^k} \tag{5-49}$$

【例 5-13】 微分器的输出信号与输入信号之间满足

$$Y(t) = \frac{d}{dt}X(t)$$

不难看出,它是一个由微分方程定义的线性时不变系统。若输入的随机信号 $X(t)$ 是宽平稳的,求输出信号的自相关函数 $R_Y(\tau)$,以及输出与输入信号之间的互相关函数 $R_{YX}(\tau)$。

解 本例采用与例 5-3 中解法二类似的方法,先求出输出信号的功率谱密度 $S_Y(\omega)$、输出与输入信号的互功率谱密度 $S_{YX}(\omega)$,再利用傅里叶逆变换得到 $R_Y(\tau)$ 和 $R_{YX}(\tau)$。

由式(5-49)可知微分器的频率响应为

$$H(\omega) = j\omega$$

由此可得输出信号的功率谱密度为

$$S_Y(\omega) = S_X(\omega) \mid H(\omega) \mid^2 = S_X(\omega) \mid j\omega \mid^2$$
$$= \omega^2 S_X(\omega)$$

输出信号与输入信号的互功率谱为

$$S_{YX}(\omega) = S_X(\omega) H(\omega) = j\omega S_X(\omega)$$

对 $S_Y(\omega)$ 和 $S_{YX}(\omega)$ 作傅里叶逆变换,并利用傅里叶变换的性质

$$\frac{d^n x(t)}{dt^n} \leftrightarrow (j\omega)^n X(\omega)$$

可以得到输出信号的自相关函数以及输出与输入信号的互相关函数分别为

$$R_Y(\tau) = -\frac{d^2 R_X(\tau)}{d\tau^2}$$

$$R_{YX}(\tau) = \frac{dR_X(\tau)}{d\tau}$$

与连续时间系统类似,也可以用常系数差分方程来描述一些离散时间系统,即

$$\sum_{k=0}^{N} a_k Y[n-k] = \sum_{k=0}^{M} b_k X[n-k] \tag{5-50}$$

其中,$a_0 = 1$;$Y[n]$ 和 $X[n]$ 分别为离散时间系统的输出与输入随机信号。

对式(5-50)作傅里叶变换,可以得到

$$\sum_{k=0}^{N} a_k e^{-jk\Omega} \hat{Y}(e^{j\Omega}) = \sum_{k=0}^{M} b_k e^{-jk\Omega} \hat{X}(e^{j\Omega}) \tag{5-51}$$

由此可得式(5-50)所示系统的频率响应为

$$H(e^{j\Omega}) = \frac{\sum_{k=0}^{M} b_k e^{-jk\Omega}}{\sum_{k=0}^{N} a_k e^{-jk\Omega}} \tag{5-52}$$

当式(5-50)中输入信号 $X[n]$ 是一个自相关函数为 $R_X[k] = \sigma_X^2 \delta[k]$ 的离散时间白噪声时,输出信号 $Y[n]$ 称为自回归滑动平均过程(Autoregressive Moving Average Process),简称 ARMA(N,M) 过程。换句话说,当离散时间白噪声通过一个频率响应为式(5-52)所示的系统时,输出是一个 ARMA(N,M) 过程。

由式(5-52)可知,ARMA(N,M) 过程的功率谱密度为

$$S_Y(\mathrm{e}^{\mathrm{j}\Omega}) = \sigma_X^2 \frac{\left| \sum_{k=0}^{M} b_k \mathrm{e}^{-\mathrm{j}k\Omega} \right|^2}{\left| \sum_{k=0}^{N} a_k \mathrm{e}^{-\mathrm{j}k\Omega} \right|^2} \tag{5-53}$$

特别地,当式(5-50)中 $M=0$ 时,也即系统满足

$$\sum_{k=0}^{N} a_k Y[n-k] = b_0 X[n]$$

系统的频率响应为

$$H(\mathrm{e}^{\mathrm{j}\Omega}) = \frac{b_0}{\sum_{k=0}^{N} a_k \mathrm{e}^{-\mathrm{j}k\Omega}} \tag{5-54}$$

离散时间白噪声通过该系统后将产生一个自回归过程(Autoregressive Process),简称 AR(N) 过程。AR(N) 过程的功率谱密度为

$$S_Y(\mathrm{e}^{\mathrm{j}\Omega}) = \sigma_X^2 \frac{\left| b_0 \right|^2}{\left| \sum_{k=0}^{N} a_k \mathrm{e}^{-\mathrm{j}k\Omega} \right|^2} \tag{5-55}$$

当式(5-50)中 $N=0$ 时,也即系统满足

$$Y[n] = \sum_{k=0}^{M} b_k X[n-k]$$

系统的频率响应为

$$H(\mathrm{e}^{\mathrm{j}\Omega}) = \sum_{k=0}^{M} b_k \mathrm{e}^{-\mathrm{j}k\Omega} \tag{5-56}$$

离散时间白噪声通过该系统后将产生一个滑动平均过程(Moving Average Process),简称 MA(M) 过程。MA(M) 过程的功率谱密度为

$$S_Y(\mathrm{e}^{\mathrm{j}\Omega}) = \sigma_X^2 \left| \sum_{k=0}^{M} b_k \mathrm{e}^{-\mathrm{j}k\Omega} \right|^2 \tag{5-57}$$

AR(N) 过程和 MA(M) 过程都是 ARMA(N,M) 过程的特例。

【例 5-14】 已知一个差分方程定义的系统为

$$Y[n] - 0.5Y[n-1] + 0.8Y[n-2] = X[n] + 0.9X[n-2]$$

求单位方差白噪声通过该系统后,输出信号的功率谱密度。

解 由于输入是单位方差白噪声,因此输出信号是一个 ARMA$(2,2)$ 过程,且有 $\sigma_X^2 = 1$。由式(5-53)可知,输出信号的功率谱密度为

$$S_Y(\mathrm{e}^{\mathrm{j}\Omega}) = \frac{\left| 1 + 0.9\mathrm{e}^{-\mathrm{j}2\Omega} \right|^2}{\left| 1 - 0.5\mathrm{e}^{-\mathrm{j}\Omega} + 0.8\mathrm{e}^{-\mathrm{j}2\Omega} \right|^2}$$

$$= \frac{1.81 + 1.8\cos 2\Omega}{1.89 - 1.8\cos\Omega + 1.6\cos 2\Omega}$$

图 5-9 所示的就是本例中 ARMA(2,2)过程的功率谱密度。可以看到,ARMA(2,2)过程的功率谱呈现出周期特性。事实上,离散时间随机信号的功率谱密度都是以 2π 为周期的函数。在 $(-\pi, \pi)$ 区间内,ARMA(2,2)过程的功率谱既存在峰值,也存在谷值。

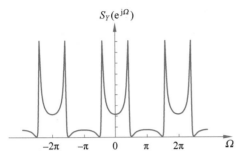

$S_Y(e^{j\Omega})$

图 5-9 ARMA(2,2)过程功率谱密度

【例 5-15】 已知一个线性时不变系统的单位冲激响应为

$$h[n] = b \cdot a^n u[n]$$

其中,a、b 都是实数,$|a| < 1$。求单位方差白噪声通过该系统后的输出信号的功率谱密度。

解 对 $h[n]$ 作傅里叶变换,可得系统的频率响应为

$$H(e^{j\Omega}) = \frac{b}{1 - a e^{-j\Omega}}$$

不难看出,输出信号是一个 AR(1)过程,其功率谱密度为

$$S_Y(e^{j\Omega}) = \frac{b^2}{|1 - a e^{-j\Omega}|^2}$$

$$= \frac{b^2}{1 + a^2 - 2a\cos\Omega}$$

图 5-10 所示的就是本例中 AR(1)过程在 a 取不同值时的功率谱密度,其中 b 的选择是使得功率谱密度的最大值为 1。可以看到,在 $(-\pi, \pi)$ 区间内,当 $a > 0$ 时,信号的功率集中在低频段,是一个低通过程;而当 $a < 0$ 时,信号的功率集中在高频段,是一个高通过程。还可以看到,当 $|a|$ 增大时,信号的带宽下降。

ARMA 过程的自相关函数和产生它的系统的系数之间存在一定的关系。设 $X[n]$ 是一个 ARMA(N,M)过程,它是由白噪声 $V[n]$ 通过频率响应为式(5-52)所示的线性时不变因果系统产生的,则其自相关函数 $R_X[k]$ 与系数 $\{a_l\}$、$\{b_l\}$ 之间存在如下关系式。

$$R_X[k] + \sum_{l=1}^{N} a_l R_X[k-l] = \begin{cases} \sigma_V^2 c_k, & 0 \leqslant k \leqslant M \\ 0, & k > M \end{cases} \tag{5-58}$$

其中,$c_k = \sum_{l=0}^{M-k} b_{l+k} h^*[l]$;$\sigma_V^2$ 是白噪声的方差;$h[n]$ 为系统的单位冲激响应。式(5-58)又称为 Yule-Walker 方程。

证明

由 ARMA(N,M)过程的定义可知,$X[n]$ 和 $V[n]$ 之间满足

$$X[n] + \sum_{l=1}^{N} a_l X[n-l] = \sum_{l=0}^{M} b_l V[n-l]$$

将等式两边都乘以 $X^*[n-k]$,并取数学期望,可得

$$R_X[k] + \sum_{l=1}^{N} a_l R_X[k-l] = \sum_{l=0}^{M} b_l E[V[n-l]X^*[n-k]]$$

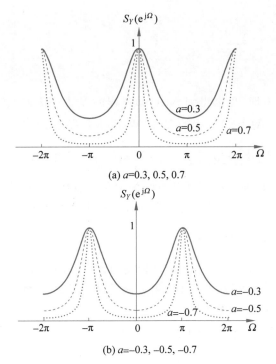

(a) a=0.3, 0.5, 0.7

(b) a=−0.3, −0.5, −0.7

图 5-10　AR(1)过程在 a 取不同值时的功率谱密度

由于有

$$X[n] = V[n] * h[n] = \sum_{m=-\infty}^{\infty} V[m]h[n-m]$$

因此可得

$$
\begin{aligned}
R_X[k] + \sum_{l=1}^{N} a_l R_X[k-l] &= \sum_{l=0}^{M} b_l E[V[n-l] \sum_{m=-\infty}^{\infty} V^*[m]h^*[n-k-m]] \\
&= \sum_{l=0}^{M} b_l \left\{ \sum_{m=-\infty}^{\infty} E[V[n-l]V^*[m]]h^*[n-k-m] \right\} \\
&= \sum_{l=0}^{M} b_l \left\{ \sum_{m=-\infty}^{\infty} \sigma_V^2 \delta[n-l-m]h^*[n-k-m] \right\} \\
&= \sum_{l=0}^{M} b_l \sigma_V^2 h^*[l-k] \\
&= \sigma_V^2 c_k
\end{aligned}
$$

其中，$c_k = \sum_{l=0}^{M} b_l h^*[l-k]$。

若系统为因果系统，当 $0 \leqslant k \leqslant M$ 时，c_k 可进一步写为

$$
\begin{aligned}
c_k &= \sum_{l=k}^{M} b_l h^*[l-k] \\
&= \sum_{l=0}^{M-k} b_{l+k} h^*[l]
\end{aligned}
$$

而当 $k > M$ 时,有

$$c_k = 0$$

由此可得式(5-58)。

证毕。

当式(5-58)中 $M=0$ 时,可以得到 AR(N) 过程的 Yule-Walker 方程。由于此时有 $c_0 = b_0 h^*[0] = |b_0|^2$,因此,AR($N$) 过程的 Yule-Walker 方程为

$$R_X[k] + \sum_{l=1}^{N} a_l R_X[k-l] = \sigma_V^2 |b_0|^2 \delta[k], \quad k \geqslant 0 \tag{5-59}$$

类似地,当式(5-58)中 $N=0$ 时,可以得到 MA(M) 过程的 Yule-Walker 方程。由式(5-56)可知,此时 $h[n]=b_n$,因此,MA(M) 过程的 Yule-Walker 方程为

$$R_X[k] + \sum_{l=1}^{N} a_l R_X[k-l] = \sigma_V^2 \sum_{l=0}^{M-k} b_{l+k} b_l^*, \quad k \geqslant 0 \tag{5-60}$$

Yule-Walker 方程给出了系统系数与自相关函数之间的关系,因此,它既可以用于由系统系数计算自相关函数,也可以用于由自相关函数估计系统系数。Yule-Walker 方程在信号建模和功率谱估计中都起着重要作用。

【例 5-16】 考虑例 5-15 中的系统,求单位方差白噪声通过该系统后,输出信号的自相关函数。

解 由例 5-15 可知系统频率响应为 $H(e^{j\Omega}) = \dfrac{b}{1 - a e^{-j\Omega}}$,由此可得系统系数为

$$b_0 = b, \quad a_0 = 1, \quad a_1 = -a$$

由于输出信号是一个 AR(1) 过程,因此,将上述系数代入式(5-59)可以得到该信号满足的 Yule-Walker 方程为

$$R_X[k] - a R_X[k-1] = b^2 \delta[k], \quad k \geqslant 0$$

取 $k=0$ 和 $k=1$,不难得到

$$\begin{cases} R_X[0] - a R_X[-1] = b^2 \\ R_X[1] - a R_X[0] = 0 \end{cases}$$

由于有 $R_X[-1] = R_X[1]$,因此,通过求解上述方程组可以得到

$$\begin{cases} R_X[0] = \dfrac{b^2}{1-a^2} \\ R_X[1] = a R_X[0] = a \cdot \dfrac{b^2}{1-a^2} \end{cases}$$

又由 Yule-Walker 方程可知,当 $k>0$ 时,$R_X[k] = a R_X[k-1]$,因此,可以递归得到当 $k \geqslant 0$ 时,输出信号的自相关函数为

$$R_X[k] = a^k R_X[0] = \frac{b^2}{1-a^2} a^k$$

再由自相关函数的对称性,即 $R_X[-k] = R_X[k]$,最终可以得到输出信号的自相关函数为

$$R_X[k] = \frac{b^2}{1-a^2} a^{|k|}$$

习题 5

5-1 考虑例 5-3 的 RC 低通电路系统,若输入信号是均值为零,功率谱密度为 S_0 的高斯白噪声,试求输出信号的一维概率密度函数。

5-2 已知一个线性时不变系统的单位冲激响应为 $h(t) = t e^{-2t} u(t)$,求自相关函数为 $R_X(\tau) = \delta(\tau)$ 的宽平稳随机信号 $X(t)$ 通过该系统后,输出信号 $Y(t)$ 的自相关函数、功率谱密度,以及 $X(t)$ 和 $Y(t)$ 的互功率谱密度。

5-3 已知一个 LR 低通系统如图 5-11 所示,若输入信号是均值为零,功率谱密度为 S_0 的高斯白噪声,求输出信号的自相关函数。

5-4 已知一个单输入两输出系统如图 5-12 所示,若输入信号 $X(t)$ 是宽平稳的,求输出信号 $Y_1(t)$ 与 $Y_2(t)$ 的互功率谱密度的表达式。

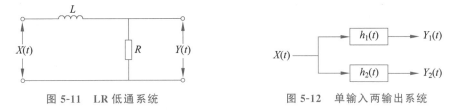

图 5-11 LR 低通系统   图 5-12 单输入两输出系统

5-5 已知一个系统如图 5-13 所示,若输入信号 $X(t)$ 是宽平稳的,且自相关函数为 $R_X(\tau)$,试求输出信号的自相关函数及功率谱密度。

图 5-13 系统的输入输出关系

5-6 已知离散时间线性时不变系统的单位冲激响应为 $h[n] = \delta[n] + \dfrac{1}{2}\delta[n-1] + \dfrac{1}{4}\delta[n-2]$,若输入一个均值为零,自相关函数为 $R_X[k] = \left(\dfrac{1}{2}\right)^{|k|}$ 的宽平稳随机信号 $X[n]$,试求:

(1) 输出信号的方差;

(2) 输出信号的自相关函数。

5-7 将零均值、单位方差白噪声 $V[n]$ 通过一个单位冲激响应为 $h[n]$ 的线性时不变系统,得到输出信号 $Y[n]$,再将 $Y[n]$ 通过一个单位冲激响应为 $g[n]$ 的线性时不变系统,得到输出信号 $Z[n]$,其中 $h[n] = \left(\dfrac{1}{2}\right)^n u[n]$,$g[n] = \left(\dfrac{1}{4}\right)^n u[n]$。试求:$S_Y(e^{j\Omega})$、$S_Z(e^{j\Omega})$、$R_{VY}[k]$、$R_{VZ}[k]$、$S_{VY}(e^{j\Omega})$、$S_{VZ}(e^{j\Omega})$。

5-8 考虑一个 AR(1) 过程,它是由差分方程 $Y[n] = aY[n-1] + V[n]$ 产生,其中 $V[n]$ 是均值为零,方差为 σ_V^2 的白噪声,试求:

(1) 由 $V[n]$ 产生 $Y[n]$ 的系统的单位冲激响应;

（2）$Y[n]$的自相关函数；

（3）$Y[n]$的功率谱密度。

5-9　考虑一个 MA(M) 过程，它是由差分方程 $Y[n]=\sum\limits_{k=0}^{M} b_k V[n-k]$ 产生，其中 $V[n]$ 是均值为零，方差为 σ_V^2 的白噪声，试求：

（1）由 $V[n]$ 产生 $Y[n]$ 的系统的单位冲激响应；

（2）$Y[n]$的自相关函数；

（3）$Y[n]$的功率谱密度。

5-10　已知一个线性时不变系统的频率响应为 $H(\mathrm{e}^{\mathrm{j}\Omega})=\dfrac{b}{1+a\mathrm{e}^{-\mathrm{j}\Omega}}$，其中 $b>0$。当输入是零均值、单位方差白噪声时，输出信号 $X[n]$ 的自相关函数为 $R_X[k]=\dfrac{4}{3}\cdot\left(\dfrac{1}{2}\right)^{|k|}$，试求系数 a 和 b。

<table>
<tr><td>

第 6 章

CHAPTER 6

</td><td>

模拟信号的数字化

</td></tr>
</table>

在实际中,往往需要将模拟信号数字化,以便计算机或信号处理芯片进行处理。采样定理建立了连续时间信号与离散时间信号之间的关系,揭示了在一定条件下,一个连续时间信号可以由其样本值完全无失真地恢复出来。通过采样,可以将模拟信号在时间上进行离散化;再通过量化,可以将信号的取值进行离散化。经过这两个步骤后,即可完成对模拟信号的数字化。

6.1 信号的采样

通过采样可以将一个连续时间信号变成一个离散时间信号。然而,在没有任何附加条件或说明的情况下,对于不同的连续时间信号采样可能会得到相同的离散时间信号。图 6-1 给出了一个简单的例子。可以看到,当以 T 为时间间隔对信号 $x_1(t)$、$x_2(t)$ 和 $x_3(t)$ 进行采样时得到了相同的样本值,即 $x_1(nT) = x_2(nT) = x_3(nT)$,其中 n 为任意整数,那么在这种情况下,得到的离散时间信号将不能唯一地表征原来的连续时间信号,因而无法无失真地恢复出原来的连续时间信号。

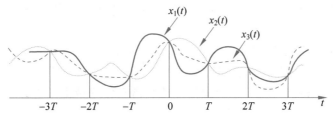

图 6-1 在 nT 采样时刻点上具有相同值的 3 个连续时间信号

怎样才能用信号的采样值唯一地表征原信号,并且能从这些采样值中完全无失真地恢复出原信号?采样定理给出了相应的条件。采样定理为模拟信号的数字传输奠定了理论基础,在信号与系统分析中起着极为重要的作用。

为了方便地表示一个连续时间信号 $x(t)$ 在均匀时间间隔上的采样,可以用一个单位冲激序列 $\delta_T(t)$ 乘以该连续时间信号。这种方法称为冲激串采样或理想采样,如图 6-2 所示。单位冲激序列的周期 T 称为采样周期,其基波角频率 $\omega_s = 2\pi/T$ 称为采样角频率。

在时域中,采样后的信号 $x_s(t)$ 可以表示为

$$x_s(t) = x(t)\delta_T(t) \tag{6-1}$$

第 51 集
微课视频

第 52 集
微课视频

第 53 集
微课视频

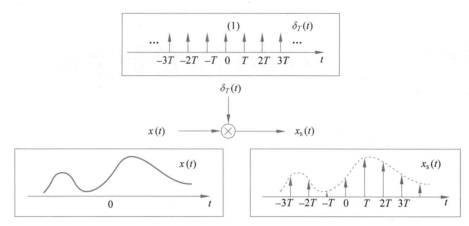

图 6-2 冲激串对信号采样的时间域示意图

其中,

$$\delta_T(t) = \cdots + \delta(t+2T) + \delta(t+T) + \delta(t) + \delta(t-T) + \delta(t-2T) + \cdots$$

$$= \sum_{n=-\infty}^{\infty} \delta(t-nT) \tag{6-2}$$

根据第 1 章中单位冲激信号的采样性质,即

$$x(t)\delta(t-t_0) = x(t_0)\delta(t-t_0) \tag{6-3}$$

式(6-1)可进一步表示为

$$x_s(t) = \sum_{n=-\infty}^{\infty} x(t)\delta(t-nT)$$

$$= \sum_{n=-\infty}^{\infty} x(nT)\delta(t-nT) \tag{6-4}$$

从式(6-4)可以看出,信号 $x_s(t)$ 也是一个冲激序列,其强度等于信号 $x(t)$ 在以 T 为时间间隔处的取值,如图 6-2 所示。

通过上述采样过程,可以将原来的连续时间信号转换为一个离散时间信号。

再从频率域分析经过采样后信号频谱的变化。根据傅里叶变换的时间域相乘性质:两个信号在时间域上的相乘对应于这两个信号的频谱在频率域上的卷积,因此信号 $x_s(t)$ 的频谱可以表示为

$$X_s(\omega) = \frac{1}{2\pi} X(\omega) * \delta_{\omega_s}(\omega) \tag{6-5}$$

其中,$X(\omega)$ 和 $\delta_{\omega_s}(\omega)$ 分别为 $x(t)$ 和 $\delta_T(t)$ 的傅里叶变换。

由第 2 章可知,单位冲激序列的傅里叶变换是一个频率域的冲激序列,如图 6-3 的上图所示,即

$$\delta_{\omega_s}(\omega) = \frac{2\pi}{T} \sum_{k=-\infty}^{\infty} \delta\left(\omega - k\frac{2\pi}{T}\right)$$

$$= \frac{2\pi}{T} \sum_{k=-\infty}^{\infty} \delta(\omega - k\omega_s) \tag{6-6}$$

将式(6-6)代入式(6-5)可得

$$X_s(\omega) = \frac{1}{T}X(\omega) * \sum_{k=-\infty}^{\infty} \delta(\omega - k\omega_s)$$

$$= \frac{1}{T}\sum_{k=-\infty}^{\infty} X(\omega - k\omega_s) \tag{6-7}$$

从式(6-7)可以看出,采样后信号的傅里叶变换 $X_s(\omega)$ 是一个频率域的周期函数,它是由一系列移位的 $X(\omega)$ 叠加组成,幅度上再乘以常数 $1/T$。换句话说,除了比例因子 $1/T$ 外,采样后信号的频谱是将原信号的频谱以 ω_s 为周期进行周期延拓,如图 6-3 的下图所示。

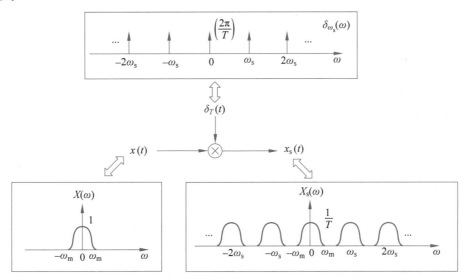

图 6-3 冲激串对信号采样的频率域示意图

从图 6-3 可以看出,若要从周期延拓后的频谱 $X_s(\omega)$ 中分离出原信号的频谱 $X(\omega)$,必须满足两个条件:第一,原信号本身是一个带限信号,即信号中不包含有 $|\omega| > \omega_m$ 的频率分量;第二,采样频率需满足 $\omega_s \geqslant 2\omega_m$。

满足上述条件,原信号的频谱在周期延拓时将不会发生频谱混叠现象,如图 6-3 所示。此时采用一个增益为 T,截止频率为 ω_c(满足 $\omega_m < \omega_c < \omega_s - \omega_m$)的低通滤波器即可完全无失真地恢复出原信号,如图 6-4 所示。

图 6-5 给出了当 $\omega_s < 2\omega_m$ 时的情况。可以看到,在这种情况下,原信号的频谱在周期延拓后发生了频谱混叠现象,此时将无法完全无失真地恢复原信号。

综上所述,可以归纳出如下的采样定理。

设信号 $x(t)$ 是一个带限信号,当 $|\omega| > \omega_m$ 时,$X(\omega) = 0$。对 $x(t)$ 进行采样,如果 $\omega_s \geqslant 2\omega_m$,其中 $\omega_s = 2\pi/T$,则信号 $x(t)$ 可以由其采样值 $x(nT)$ 唯一地确定,其中 $n = 0, \pm 1, \pm 2, \cdots$。将这样采样后的信号通过一个增益为 T,截止频率 ω_c 的满足 $\omega_m < \omega_c < \omega_s - \omega_m$ 的低通滤波器后,就可以完全无失真地恢复出原信号 $x(t)$。

通常将 $f_m = \omega_m/2\pi$ 称为奈奎斯特(Nyquist)频率,将最小的采样频率 $2f_m$ 称为奈奎斯特采样频率,将最大的采样间隔 $1/(2f_m)$ 称为奈奎斯特采样间隔。

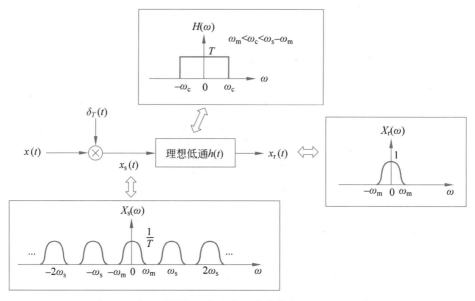

图 6-4　从已采样信号中完全无失真恢复原信号的示意图

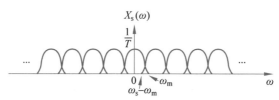

图 6-5　$\omega_s < 2\omega_m$ 情况下采样后信号频谱混叠

第 54 集
微课视频

6.2　脉冲串采样

6.2.1　曲顶 PAM

单位冲激序列 $\delta_T(t)$ 是一种理想信号,实际中很难实现。实际中通常采用矩形脉冲串 $g(t)$ 对信号进行采样,如图 6-6 所示。

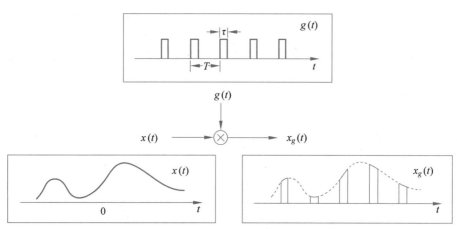

图 6-6　矩形脉冲串对信号采样的时间域示意图

将矩形脉冲串 $g(t)$ 乘以带限信号 $x(t)$ 后,可以得到采样后的信号 $x_g(t)$,即

$$x_g(t) = x(t)g(t) \tag{6-8}$$

从图 6-6 的下图可以看到,信号 $x_g(t)$ 的幅度携带了信号 $x(t)$ 的信息,因此 $x_g(t)$ 可以看作一种脉冲幅度调制(Pulse-Amplitude Modulation,PAM)信号。又由于 $x_g(t)$ 的脉冲顶部随信号 $x(t)$ 幅度的变化而变化,因此又称为曲顶 PAM。

所谓调制,是指将一个载有信息的信号嵌入另一个信号的过程,前者称为基带信号,后者称为载波信号。如果根据基带信号改变载波信号的幅度,则称为幅度调制(Amplitude Modulation,AM);而当载波信号为矩形脉冲串时,则称为 PAM。除了改变载波信号的幅度,还可以改变载波信号的其他参数,如相位、频率、脉冲宽度等。更多有关调制的内容将在本书的最后两章中进行介绍。

下面从频率域分析经过 $g(t)$ 采样后,信号频谱的变化情况。用 $G(\omega)$ 和 $X_g(\omega)$ 分别代表信号 $g(t)$ 和 $x_g(t)$ 的频谱,根据傅里叶变换的时间域相乘性质,$X_g(\omega)$ 可以表示为

$$X_g(\omega) = \frac{1}{2\pi} X(\omega) * G(\omega) \tag{6-9}$$

因为信号 $g(t)$ 是一个周期信号,周期为 T,所以 $G(\omega)$ 是由一系列在频率域上间隔 $\omega_s = 2\pi/T$ 的冲激序列组成,即

$$G(\omega) = 2\pi \sum_{k=-\infty}^{\infty} a_k \delta(\omega - k\omega_s) \tag{6-10}$$

其中,系数 a_k 是周期信号 $g(t)$ 的傅里叶级数系数。由第 2 章可知,有

$$a_k = \frac{\tau}{T} \mathrm{Sa}\left(\frac{k\pi\tau}{T}\right) \tag{6-11}$$

信号 $g(t)$ 的频谱如图 6-7 的上图所示。

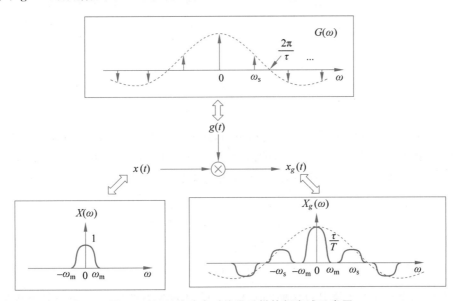

图 6-7　矩形脉冲串对信号采样的频率域示意图

将式(6-10)和式(6-11)代入式(6-9),可得

$$X_g(\omega) = \frac{1}{2\pi} X(\omega) * \frac{2\pi\tau}{T} \sum_{k=-\infty}^{\infty} \mathrm{Sa}\left(\frac{k\pi\tau}{T}\right) \delta(\omega - k\omega_s)$$

$$= \frac{\tau}{T} \sum_{k=-\infty}^{\infty} \mathrm{Sa}\left(\frac{k\pi\tau}{T}\right) X(\omega - k\omega_s) \tag{6-12}$$

从式(6-12)可以看出,$X_g(\omega)$是由一系列移位的 $X(\omega)$ 加权后叠加组成,如图 6-7 的下图所示。对比式(6-7)和式(6-12)可以发现,曲顶 PAM 信号的频谱 $X_g(\omega)$ 与冲激串采样后信号的频谱 $X_s(\omega)$ 之间的差别就在于加权系数,前者为 $(\tau/T)\mathrm{Sa}(k\pi\tau/T)$,而后者为 $1/T$。

从图 6-7 可以看出,只要 $\omega_s \geqslant 2\omega_m$,$X_g(\omega)$ 中各个加权的部分就不会互相重叠,此时采用与冲激串采样中相同的方法,应用一个增益为 T/τ,截止频率为 ω_c(满足 $\omega_m < \omega_c < \omega_s - \omega_m$)的低通滤波器即可完全无失真地恢复出原信号,如图 6-8 所示。

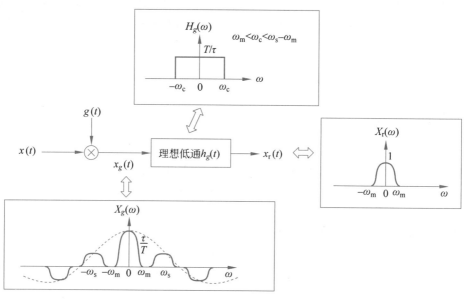

图 6-8　从曲顶 PAM 信号中恢复原信号

6.2.2　平顶 PAM

在实际中,曲顶 PAM 信号容易受到噪声的影响,因此很少采用。实际常用的是平顶脉冲,也即脉冲的幅度是采样时刻原信号的瞬时值,如图 6-9 所示。这种方式可以降低系统对噪声和失真的敏感性,而采样得到的信号则称为平顶 PAM 信号。

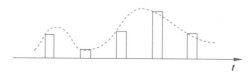

图 6-9　平顶 PAM 信号波形

在原理上,平顶 PAM 信号可按照图 6-10 产生,即首先对信号 $x(t)$ 进行冲激串采样,然后再将其通过一个单位冲激响应为 $h_0(t)$ 的系统,从而得到平顶 PAM 信号 $x_0(t)$。图 6-10 中,$h_0(t)$ 是一个矩形脉冲,其表达式为

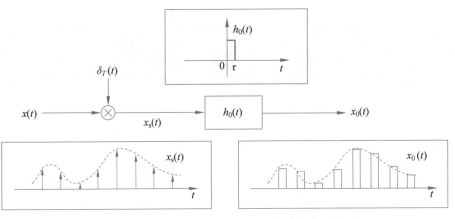

图 6-10　平顶 PAM 信号产生原理的时间域示意图

$$h_0(t) = \begin{cases} 1, & 0 \leqslant t \leqslant \tau \\ 0, & t < 0, t > \tau \end{cases} \tag{6-13}$$

信号 $x_0(t)$ 的表达式为

$$x_0(t) = [x(t)\delta_T(t)] * h_0(t) = x_s(t) * h_0(t) \tag{6-14}$$

由傅里叶变换的时间域相乘性质和卷积性质，$x_0(t)$ 的频谱可以表示为

$$X_0(\omega) = \left[\frac{1}{2\pi} X(\omega) * \delta_{\omega_s}(\omega) \right] H_0(\omega)$$

$$= X_s(\omega) H_0(\omega)$$

$$= \frac{1}{T} \sum_{k=-\infty}^{\infty} X(\omega - k\omega_s) H_0(\omega) \tag{6-15}$$

其中，$H_0(\omega)$ 表示 $h_0(t)$ 的频谱。由第 2 章给出的矩形脉冲频谱和傅里叶变换的时移性质可知

$$H_0(\omega) = \mathrm{e}^{-\frac{\mathrm{j}\omega\tau}{2}} \left[\tau \cdot \mathrm{Sa}\left(\frac{\omega\tau}{2} \right) \right] \tag{6-16}$$

将式（6-16）代入式（6-15），可得

$$X_0(\omega) = \frac{\tau}{T} \mathrm{e}^{-\frac{\mathrm{j}\omega\tau}{2}} \mathrm{Sa}\left(\frac{\omega\tau}{2} \right) \sum_{k=-\infty}^{\infty} X(\omega - k\omega_s) \tag{6-17}$$

对应于图 6-10 的平顶 PAM 信号产生原理的频率域示意图如图 6-11 所示。

对比式（6-12）和式（6-17）可以看到，曲顶 PAM 信号频谱中每个谱瓣的加权系数与频率 ω 无关，而平顶 PAM 信号中每个谱瓣的加权系数则与 ω 有关。这就意味着，与曲顶 PAM 信号不同，平顶 PAM 信号频谱中的每个谱瓣会有不均匀的失真，也即不再保持原信号频谱的"形状"。因此，当 $\omega_s \geqslant 2\omega_m$ 时，若采用如图 6-4 上图所示的通带内具有恒定增益的低通滤波器对信号进行恢复，则恢复出来的信号与原信号相比将会有一定的失真。

如果想要完全消除该失真，可以将平顶 PAM 信号通过一个频率响应为 $H_r(\omega)$ 的线性时不变系统，如图 6-12 所示，希望通过该系统的处理，使得 $x_r(t) = x(t)$。对比图 6-4 可以看出，若频率响应为 $H_0(\omega)$ 的系统与频率响应为 $H_r(\omega)$ 的系统级联后具有理想低通滤波器 $H(\omega)$ 的特性（如图 6-12 中虚线框所示），则有 $x_r(t) = x(t)$。因此，$H_r(\omega)$ 的表达式应满足

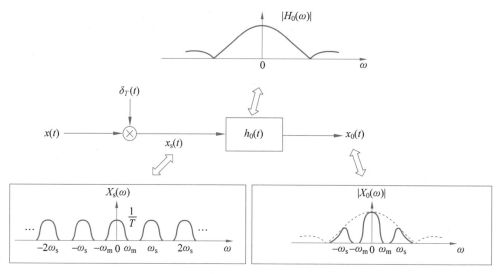

图 6-11 平顶 PAM 信号产生原理的频率域示意图

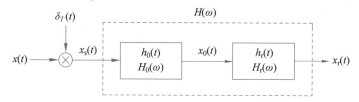

图 6-12 从平顶 PAM 信号中恢复原信号

$$H_{\mathrm{r}}(\omega) = \frac{H(\omega)}{H_0(\omega)} = \mathrm{e}^{\frac{\mathrm{j}\omega\tau}{2}} \frac{H(\omega)}{\tau \cdot \mathrm{Sa}\left(\frac{\omega\tau}{2}\right)} \tag{6-18}$$

图 6-13 给出了 $H_{\mathrm{r}}(\omega)$ 的频谱示意图,其中 $|H_{\mathrm{r}}(\omega)|$ 表示 $H_{\mathrm{r}}(\omega)$ 的幅频特性,$\varphi(\omega)$ 表示 $H_{\mathrm{r}}(\omega)$ 的相频特性。

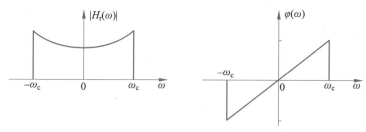

图 6-13 $H_{\mathrm{r}}(\omega)$ 的频谱

6.3 信号的量化

经过采样以后,模拟信号在时间上被离散化,但采样值还是连续变化的,所以采样后的信号仍是模拟信号。为了将它数字化,还必须将连续的采样值离散化,即进行幅度量化。利用预先规定的有限个电平值表示模拟采样值的过程称为量化,量化也就是指对信号采样值进行"分级"或"分层"。

将输入信号的取值按等间隔分层,并在各层的取值域中选定一个固定值作为该层的量化值,这种量化的方式称为均匀量化。均匀量化的量化间隔是一个常数,它的大小取决于输入信号的变化范围和量化电平数(分层数)。假设输入信号的最小值为 a,最大值为 b,量化电平数为 N,则均匀量化时的量化间隔为

$$\Delta v = \frac{b-a}{N} \tag{6-19}$$

定义 x_{i-1} 和 x_i 分别为第 i 个量化区间的起点电平和终点电平,$i=1,2,\cdots,N$,则量化器的输出 v_i 满足

$$x_{i-1} \leqslant v_i \leqslant x_i \tag{6-20}$$

实际中 v_i 的取法通常有 3 种:四舍五入法、舍去法和补足法。图 6-14 给出了一个均匀量化以及 v_i 采用不同取法的例子。图 6-14 中将模拟信号的取值范围分为 $N=6$ 个相等的区间,其中第 i 个量化区间的起点电平和终点电平分别为 $x_{i-1}=i-1$ 和 $x_i=i$。当信号值属于第 i 个量化区间,即 $x_{i-1} \leqslant x < x_i$ 时,输出量化值 v_i,此时量化误差为 $e_i = x - v_i$。

量化区间	v_i		
	四舍五入法	舍去法	补足法
1	0.5	0	1
2	1.5	1	2
3	2.5	2	3
4	3.5	3	4
5	4.5	4	5
6	5.5	5	6

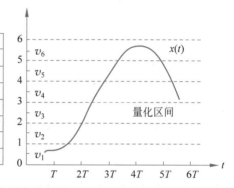

图 6-14　一个均匀量化的例子

四舍五入法是将各区间的量化电平设置为该区间起点电平和终点电平的中点,即 $v_i = (x_{i-1} + x_i)/2$。例如,当信号幅度为 $0 \sim \Delta v$ 时,量化值取 $0.5\Delta v$;当信号幅度为 $\Delta v \sim 2\Delta v$ 时,量化值取 $1.5\Delta v$。在这种量化方式下,量化误差有正有负,绝对值不超过 $0.5\Delta v$。

舍去法是将各区间的量化电平设置成该区间的起点电平,即 $v_i = x_{i-1}$。例如,当信号幅度为 $0 \sim \Delta v$ 时,量化值取 0;当信号幅度为 $\Delta v \sim 2\Delta v$ 时,量化值取 Δv。在这种量化方式下,量化误差为正,不超过 Δv。

与舍去法相反,补足法则是将各区间的量化电平设置成该区间的终点电平,即 $v_i = x_i$。例如,当信号幅度为 $0 \sim \Delta v$ 时,量化值取 Δv;当信号幅度为 $\Delta v \sim 2\Delta v$ 时,量化值取 $2\Delta v$。在这种量化方式下,量化误差为负,绝对值不超过 Δv。

舍去法与补足法的最大量化误差均可达到一个量化间隔 Δv,只不过舍去法的误差总是为正,而补足法的量化误差总是为负。在量化时,如果采用舍去法,则电路可以比四舍五入法来得简单。而在恢复信号时,对舍去法的输出补足半个量化间隔,则总的量化误差将与四舍五入法一样。现代数字电话中就是采用的这个方法。

输入信号值 x 和它的量化值 y 的关系曲线称为量化特性曲线。图 6-15 给出了 v_i 采用 3 种取法的量化特性曲线。

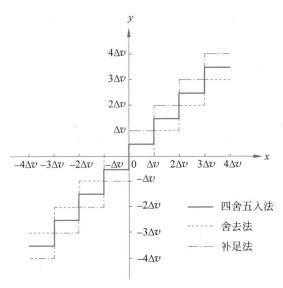

图 6-15 3 种取法的量化特性曲线

6.4 量化噪声

第 57 集
微课视频

  量化过程会在最后的信号重建中引入误差,而这是不能恢复的。量化的影响就好像在系统中引入了附加的噪声。下面讨论量化噪声的功率和量化信噪比。

  总的量化噪声功率 N_q 是各量化区间量化噪声功率的总和,即

$$N_q = \sum_{i=1}^{N} N_{qi} \tag{6-21}$$

其中,N_{qi} 是第 i 个量化区间量化噪声的平均功率,可以表示为

$$N_{qi} = E\left[(x - v_i)^2\right]$$
$$= \int_{x_{i-1}}^{x_i} (x - v_i)^2 p(x) \mathrm{d}x \tag{6-22}$$

其中,$E[\cdot]$ 表示取样本平均;$p(x)$ 为输入信号值 x 的概率密度函数。

  当量化区间数 $N \gg 1$,即量化间隔足够小时,可以得到一些简洁的结论。由于此时第 i 个量化区间的 $p(x)$ 可以近似为 $p(v_i)$,因此,式(6-22)可以重写为

$$N_{qi} = \int_{x_{i-1}}^{x_i} (x - v_i)^2 p(v_i) \mathrm{d}x$$
$$= \frac{1}{3} p(v_i) \left[(x_i - v_i)^3 - (x_{i-1} - v_i)^3\right] \tag{6-23}$$

  式(6-23)表明,量化噪声的平均功率与量化电平 v_i 有关。将式(6-23)对 v_i 求导并令其为零,可以得到使 N_{qi} 最小的 v_i 值。具体地讲,由 $\mathrm{d}N_{qi}/\mathrm{d}v_i = 0$ 可以得到,当

$$v_i = \frac{x_i + x_{i-1}}{2} \tag{6-24}$$

时,N_{qi} 取最小值。

  将式(6-24)代入式(6-23),可以得到此时最小的 N_{qi} 值为

$$N_{qi} = \frac{1}{12} p(v_i)(x_i - x_{i-1})^3 \tag{6-25}$$

若采用均匀量化,则有 $\Delta v = x_i - x_{i-1}$。在这种情况下,式(6-25)可进一步表示为

$$N_{qi} = \frac{1}{12} p(v_i)(\Delta v)^3 = \frac{1}{12} P_i (\Delta v)^2 \tag{6-26}$$

其中,$P_i = p(v_i) \cdot \Delta v$ 代表信号值落在第 i 个量化区间的概率。将式(6-26)代入式(6-21),可以得到此时总的最小噪声功率为

$$N_q = \frac{1}{12} (\Delta v)^2 \sum_{i=1}^{N} P_i = \frac{1}{12} (\Delta v)^2 \tag{6-27}$$

式(6-27)表明,只要 N 足够大,均匀量化的噪声功率仅与量化间隔 Δv 有关,而与信号值的概率分布没有关系。

如果不是均匀量化,则量化间隔与量化区间有关,也即有 $\Delta v_i = x_i - x_{i-1}$。在这种情况下,式(6-25)可以进一步表示为

$$N_{qi} = \frac{1}{12} p(v_i)(\Delta v_i)^3 = \frac{1}{12} P_i (\Delta v_i)^2 \tag{6-28}$$

将式(6-28)代入式(6-21),可以得到一般量化时,总的量化噪声功率为

$$N_q = \frac{1}{12} \sum_{i=1}^{N} P_i (\Delta v_i)^2 = \frac{1}{12} E[(\Delta v_i)^2] \tag{6-29}$$

由于量化器的输出是 N 个量化电平中的某一个,即 v_i,因此,量化器输出信号的功率可以表示为

$$S_q = E[(v_i)^2]$$
$$= \sum_{i=1}^{N} (v_i)^2 \int_{x_{i-1}}^{x_i} p(x) \mathrm{d}x \tag{6-30}$$

通常用量化信噪比 S_q/N_q 衡量量化器的量化性能。若已知输入信号值的概率密度函数,则可以计算出该比值。

【例 6-1】　设一个均匀量化器的量化电平数为 N,量化电平按四舍五入法设置。若输入信号值在 $[-a, a]$ 内均匀分布,试求该量化器的量化信噪比。

解　由于

$$p(x) = \frac{1}{2a}, \quad \Delta v = \frac{2a}{N}$$

根据式(6-21)式(6-22),可以得到此时的噪声功率为

$$N_q = \sum_{i=1}^{N} \int_{x_{i-1}}^{x_i} (x - v_i)^2 \frac{1}{2a} \mathrm{d}x$$

$$= \frac{1}{2a} \sum_{i=1}^{N} \int_{x_{i-1}}^{x_i} \left[x - \left(x_{i-1} + \frac{\Delta v}{2} \right) \right]^2 \mathrm{d}x$$

$$= \frac{1}{2a} \sum_{i=1}^{N} \int_{-a+(i-1)\Delta v}^{-a+i\Delta v} \left(x + a - i\Delta v + \frac{\Delta v}{2} \right)^2 \mathrm{d}x$$

$$= \frac{1}{2a} \sum_{i=1}^{N} \frac{(\Delta v)^3}{12}$$

$$= \frac{1}{12}(\Delta v)^2$$

根据式(6-30)，可以得到此时的信号功率为

$$S_q = \sum_{i=1}^{N}(v_i)^2 \int_{x_{i-1}}^{x_i} \frac{1}{2a} dx$$

$$= \frac{\Delta v}{2a} \sum_{i=1}^{N}(v_i)^2$$

$$= \frac{N^2-1}{12}(\Delta v)^2$$

因此，该量化器的量化信噪比为

$$\frac{S_q}{N_q} = N^2 - 1$$

当 $N \gg 1$ 时，有

$$\frac{S_q}{N_q} \approx N^2$$

若以 dB 为单位表示信噪比，则有

$$\left(\frac{S_q}{N_q}\right)_{dB} = 10\lg(N^2) = 20\lg N$$

可以看出，量化器的输出信噪比随量化电平数 N 的增加而提高。进一步，若取 $N = 2^m$，即用 m 个比特表示一个量化值，则信噪比可以重写为

$$\left(\frac{S_q}{N_q}\right)_{dB} = 20m\lg 2 \approx 6m$$

这表明，每增加一个比特(也即量化区间数增加一倍)，可以增加 6dB 的信噪比。

【例 6-2】 设一个均匀量化器的量化电平数为 N，量化电平按四舍五入法设置。若输入信号值服从零均值、方差为 σ^2 的高斯分布，试求该量化器的量化信噪比。

解 对于高斯分布的信号，已有分析表明，当 $N > 16$ 时，量化器输出信号的平均功率近似为 σ^2，即

$$S_q \approx \sigma^2$$

由式(6-27)可知，当 $N \gg 1$ 时，总的量化噪声功率为 $N_q = \frac{1}{12}(\Delta v)^2$。因此，该量化器的量化信噪比为

$$\frac{S_q}{N_q} = \frac{\sigma^2}{\frac{1}{12}(\Delta v)^2}$$

进一步，对于高斯分布的信号，由于其值大于 4σ 的概率很小，因此可以将量化器的量化区间设置为 $[-4\sigma, 4\sigma]$。由此，可以得到均匀量化时的量化间隔为

$$\Delta v = \frac{8\sigma}{N}$$

将 $\sigma = N\Delta v/8$ 代入量化器的量化信噪比表达式，可以进一步得到

$$\frac{S_q}{N_q} = \frac{\dfrac{N^2(\Delta v)^2}{64}}{\dfrac{1}{12}(\Delta v)^2} = \frac{3}{16}N^2$$

当 $N = 2^m$ 时,以 dB 为单位表示的信噪比为

$$\left(\frac{S_q}{N_q}\right)_{dB} = 20m\lg2 + 10\lg3 - 20\lg4 \approx 6m - 7.3$$

对于服从其他概率分布的输入信号值,其量化信噪比也有类似的关系,且 S_q/N_q 都与 N^2 成正比。这就表明,量化区间数每增加一倍,信噪比将提高 6dB。例如,对于话音信号,如果取 $N = 128$,则将有约 40dB 的量化信噪比。

从前述量化噪声功率的分析中可以看到,均匀量化的噪声功率与信号取值分布无关。这就意味着当给定量化级数后,无论采样值的大小如何,量化噪声的功率都是固定不变的。因此,当信号值较小时,会导致较小的量化信噪比,从而影响后续信号恢复的质量。通常,把满足一定信噪比要求的输入信号取值范围定义为动态范围。在均匀量化中,为了增大信号的动态范围,同时又要保证在信号值较小时也有足够的量化信噪比,需要尽可能地增加量化级数,而这将导致编码位数的增加。例如,对语音进行数字传输,从轻声细语到狂吼怒叫,语音的强度变化可达 40dB 以上。为了要听清楚轻声细语,至少要有 20dB 以上的信噪比,这就需要量化器有 $60 \sim 70$dB 的动态范围。如果采用 4096 个量化级(相当于 70dB 范围的动态变化),则每个采样值将对应一个 12 位的二进制码。这不仅会增加设备的复杂性,而且还会使传输所占用的频带太宽,从而增加系统成本。同时,在这种情况下,大信号值对应的信噪比也太大。为了克服上述均匀量化的缺点,实际中可以采用非均匀量化。

第 58 集
微课视频

6.5 非均匀量化

非均匀量化是根据信号的不同取值区间确定量化间隔的。对于信号值较小的区间,采用较小的量化间隔;反之,对于信号值较大的区间,则采用较大的量化间隔。与均匀量化相比,非均匀量化有两个突出的优点:第一,当输入信号具有非均匀分布的概率密度时(实际中常常是这样),非均匀量化器可以获得更高的平均量化信噪比;第二,采用非均匀量化时,量化噪声功率基本上与信号采样值成正比,即量化噪声对大、小信号的影响是大致相同的,由此可以改善小信号时的量化信噪比。

实际中实现非均匀量化的方法通常是将采样值先经过压缩,再进行均匀量化,最后在接收端采用一个扩张器恢复信号,过程如图 6-16 所示。

$$\rightarrow \boxed{压缩器} \rightarrow \boxed{均匀量化器} \rightarrow \boxed{扩张器} \rightarrow$$

图 6-16 非均匀量化过程

所谓压缩,实际上是用一个非线性变换将输入变量 x 变换为另一个变量 y,即

$$y = f(x) \tag{6-31}$$

其特点是对小信号有较大的放大倍数,而对大信号有较小的放大倍数。对 y 进行均匀量化就相当于对 x 进行了非均匀量化。扩张器具有与压缩器相反的特性,即扩张器采用如下变

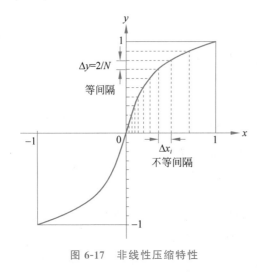

图 6-17 非线性压缩特性

换恢复 x。

$$x = f^{-1}(y) \quad (6\text{-}32)$$

下面分析非均匀量化时的量化噪声功率。图 6-17 给出了从 x 到 y 的一种非线性压缩特性，其中 x 和 y 的取值范围都被归一化为 $(-1,1)$。

从图 6-17 可以看出，对 y 进行 N 级的均匀量化，每级量化间隔为 $\Delta y = 2/N$，则对于 x 是进行了 N 级的非均匀量化。

将 x 的第 i 个量化区间的中点记为 x_i。当 $N \gg 1$ 时，x 的第 i 个量化区间内的压缩特性曲线可以近似为一条直线，其斜率为

$$f'(x_i) = \frac{\mathrm{d}y}{\mathrm{d}x}\Bigg|_{x=x_i} \quad (6\text{-}33)$$

由此可以得到 x 的第 i 个量化间隔为

$$\Delta x_i = \frac{\Delta y}{f'(x_i)} = \frac{2}{Nf'(x_i)} \quad (6\text{-}34)$$

将式(6-34)代入式(6-29)，并假定输入信号值的分布是对称的，即 $p(-x) = p(x)$，则可以得到非均匀量化时的归一化噪声功率为

$$
\begin{aligned}
N_q &= \frac{1}{12}E\big[(\Delta x_i)^2\big] = \frac{1}{12}\sum_{i=-\frac{N}{2}+1}^{N/2} P_i \cdot (\Delta x_i)^2 \\
&= \frac{1}{6}\sum_{i=1}^{N/2} p(x_i)\Delta x_i \left[\frac{2}{Nf'(x_i)}\right]^2 \\
&= \frac{2}{3N^2}\sum_{i=1}^{N/2} \frac{p(x_i)}{\big[f'(x_i)\big]^2}\Delta x_i
\end{aligned}
\quad (6\text{-}35)
$$

当 $N \gg 1$ 时，式(6-35)的右边可以用积分来近似，即

$$N_q = \frac{2}{3N^2}\int_0^1 \frac{p(x)}{\big[f'(x)\big]^2}\mathrm{d}x \quad (6\text{-}36)$$

从式(6-36)可以看出，在量化级数 N 和信号值概率密度 $p(x)$ 一定的情况下，量化噪声功率的大小由压缩特性曲线的斜率 $f'(x)$ 决定。由于有

$$f'(x_i) = \frac{\Delta y}{\Delta x_i} = \frac{\text{均匀量化第 } i \text{ 级量化间隔}}{\text{非均匀量化第 } i \text{ 级量化间隔}} \quad (6\text{-}37)$$

因此在非均匀量化时，对于 $f'(x_i) > 1$ 的区域，x 的量化间隔小(可设计在小信号范围)，量化噪声功率减小，量化信噪比得到改善；而对于 $f'(x_i) < 1$ 的区域，x 的量化间隔大(可设计在大信号范围)，量化噪声功率增加，量化信噪比下降。所以，具有压缩特性的非均匀量化实际上是以大信号时信噪比的下降换取小信号时信噪比的提高，从而扩大输入信号的动态范围。由于输入为大信号时，信噪比已足够高，因此，虽然非均匀量化会带来信噪比的损失，但只要符合通信要求，这种损失是值得的。

目前广泛采用的两种压缩特性是 A 律压缩特性(中国、西欧等地使用)和 μ 律压缩特性(北美等地使用)。

A 律压缩特性定义为

$$y = f(x) = \begin{cases} \dfrac{A \mid x \mid}{1 + \ln A} \mathrm{Sgn}(x), & 0 \leqslant \mid x \mid \leqslant \dfrac{1}{A} \\ \dfrac{1 + \ln(A \mid x \mid)}{1 + \ln A} \mathrm{Sgn}(x), & \dfrac{1}{A} \leqslant \mid x \mid \leqslant 1 \end{cases} \quad (6\text{-}38)$$

其中,x 和 y 分别为归一化的压缩器输入与输出电平,取值均为 $-1 \sim 1$;$A > 1$ 为压缩参数,表示压缩程度。$f(x)$ 的导数为

$$f'(x) = \begin{cases} \dfrac{A}{1 + \ln A}, & 0 \leqslant \mid x \mid \leqslant \dfrac{1}{A} \\ \dfrac{1}{(1 + \ln A) \mid x \mid}, & \dfrac{1}{A} \leqslant \mid x \mid \leqslant 1 \end{cases} \quad (6\text{-}39)$$

要实现非均匀量化的效果,需满足

$$f'(0) = \frac{A}{1 + \ln A} > 1 \quad (6\text{-}40)$$

图 6-18 给出了 A 取不同值时的 A 律压缩特性曲线。可以看到,A 越大,压缩效果越好,对小信号压缩时信噪比的改善就越好。当 $A = 1$ 时,压缩特性曲线是一条通过原点的直线,没有压缩效果,对应于均匀量化的情况。实际中通常取 $A = 87.6$。

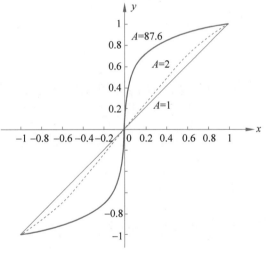

图 6-18　A 律压缩特性曲线

μ 律压缩特性定义为

$$y = f(x) = \frac{\ln(1 + \mu \mid x \mid)}{\ln(1 + \mu)} \mathrm{Sgn}(x), \quad 0 \leqslant \mid x \mid \leqslant 1 \quad (6\text{-}41)$$

其中,μ 为压缩参数,表示压缩程度。$f(x)$ 的导数为

$$f'(x) = \frac{\mu}{(1 + \mu \mid x \mid) \ln(1 + \mu)} \quad (6\text{-}42)$$

要实现非均匀量化的效果,需满足

$$f'(0) = \frac{\mu}{\ln(1 + \mu)} > 1 \quad (6\text{-}43)$$

图 6-19 给出了 μ 取不同值时的 μ 律压缩特性曲线。可以看到,μ 越大,压缩效果越好,对小信号压缩时信噪比的改善就越好。当 $\mu=0$ 时,压缩特性曲线是一条通过原点的直线,没有压缩效果,对应于均匀量化的情况。实际中通常取 $\mu=255$。

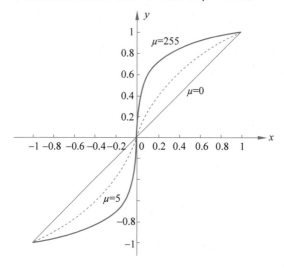

图 6-19 μ 律压缩特性曲线

当信号值服从高斯分布时,有

$$p(x) = \frac{1}{\sqrt{2\pi}\sigma_x} e^{-\frac{x^2}{2\sigma_x^2}}, \quad x \in (-1,1) \tag{6-44}$$

根据式(6-36)和式(6-42),可以得到此时 μ 律压缩的量化噪声功率为

$$N_q = \frac{2}{3N^2} \int_0^1 \frac{p(x)}{[f'(x)]^2} dx$$

$$= \frac{2}{3N^2} \left[\frac{\ln(1+\mu)}{\mu} \right]^2 \int_0^1 \frac{1}{\sqrt{2\pi}\sigma_x} e^{-\frac{x^2}{2\sigma_x^2}} (1+\mu x)^2 dx$$

$$= \frac{1}{3N^2} \left[\frac{\ln(1+\mu)}{\mu} \right]^2 \left(2 \int_0^1 \frac{1}{\sqrt{2\pi}\sigma_x} e^{-\frac{x^2}{2\sigma_x^2}} dx + 2\mu \cdot 2 \int_0^1 \frac{x}{\sqrt{2\pi}\sigma_x} e^{-\frac{x^2}{2\sigma_x^2}} dx + \mu^2 \cdot 2 \int_0^1 \frac{x^2}{\sqrt{2\pi}\sigma_x} e^{-\frac{x^2}{2\sigma_x^2}} dx \right)$$

$$= \frac{1}{3N^2} \left[\frac{\ln(1+\mu)}{\mu} \right]^2 \left(1 + 2\sqrt{\frac{2}{\pi}} \mu\sigma_x + \mu^2 \sigma_x^2 \right) \tag{6-45}$$

由例 6-2 可知,当输入为高斯信号且 $N \gg 1$ 时,量化器输出信号的平均功率为

$$S_x = \sigma_x^2 \tag{6-46}$$

因此,可以得到此时 μ 律压缩的量化信噪比为

$$\frac{S_x}{N_q} = \frac{3N^2}{[\ln(1+\mu)]^2} \cdot \frac{1}{1 + \dfrac{2\sqrt{2}}{\sqrt{\pi}\mu\sigma_x} + \dfrac{1}{\mu^2\sigma_x^2}} \tag{6-47}$$

当取 $N=128, \mu=255$ 时,有

$$\frac{S_x}{N_q} = \frac{3 \times 128^2}{[\ln(1+255)]^2} \cdot \frac{1}{1 + \dfrac{2\sqrt{2}}{255\sqrt{\pi}\sigma_x} + \dfrac{1}{255^2 \cdot \sigma_x^2}}$$

$$\approx \frac{1598.5}{1 + \dfrac{1}{159.8\sigma_x} + \dfrac{1}{65025\sigma_x^2}} \tag{6-48}$$

仍由例 6-2 可知,当输入为高斯信号时,均匀量化的信噪比为

$$\frac{S_x}{N_q} = \frac{\sigma_x^2}{\dfrac{1}{12}(\Delta v)^2} = \frac{\sigma_x^2}{\dfrac{1}{12}\left(\dfrac{2}{N}\right)^2} = 3N^2\sigma_x^2 \tag{6-49}$$

因此,当 $N = 128$ 时,有

$$\frac{S_x}{N_q} = 3 \times 128^2 \sigma_x^2 = 49152\sigma_x^2 \tag{6-50}$$

根据式(6-48)和式(6-50),表 6-1 给出了 $N = 128$,σ_x 取不同值时,采用 μ 律压缩特性的非均匀量化($\mu = 255$)与采用均匀量化时的量化信噪比值。这里,允许的最大输入信号幅度为 1。图 6-20 给出了两种量化信噪比的对比曲线。

表 6-1 $N = 128$ 时 μ 律压缩与均匀量化的量化信噪比对比

σ_x	σ_x/dB	量化信噪比/dB	
		μ 律压缩($\mu = 255$)	均匀量化
0.0010	−60	18.5	−13.1
0.0016	−56	21.6	−9.1
0.0032	−50	25.5	−3.1
0.0050	−46	27.5	0.9
0.0100	−40	29.5	6.9
0.0501	−26	31.5	20.9
0.1000	−20	31.8	26.9
0.1995	−14	31.9	32.9
0.3981	−8	32.0	38.9
1.0000	0	32.0	46.9

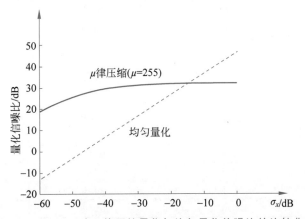

图 6-20 $N = 128$ 时 μ 律压缩量化与均匀量化信噪比的比较曲线

从图 6-20 可以看出,采用 μ 律压缩特性进行非均匀量化时,量化信噪比在较大的输入信号范围内几乎不变,即对信号大小的改变不敏感,只有当 σ_x 降到 -40dB 以下时,量化信噪比才明显下降。而均匀量化的量化信噪比则随信号的大小呈线性变化。只有当 σ_x 在 -15dB 以上,即当输入信号较大时,均匀量化的信噪比才会高于 μ 律压缩量化的信噪比。另外还可以看到,采用非均匀量化可以提高小信号的量化信噪比,从而扩大输入信号的动态范围。例如,当要求量化信噪比大于 20dB 时,对于 μ 律压缩量化,输入信号只要大于 -58dB 即可,而对于均匀量化,则要求输入信号必须大于 -30dB。

6.6　信号的编码

模拟信号经过采样和量化后变成一个时间离散且幅度离散的多电平数字信号。然而,这种数字信号往往并不适合直接在通信信道中传输。为了更有利于传输,需要对这些量化的采样值进行编码。所谓编码,就是用一组二进制或多进制码元表示采样量化电平的大小。在数字通信中,最常用的是二进制码。这种将多电平信号转换为二进制符号的过程称为脉冲编码调制(Pulse Code Modulation,PCM),其本质上是一种信源编码方式。

6.6.1　线性 PCM 编码

第 59 集
微课视频

对于 n 位二进制码元,有 $M=2^n$ 种不同的组合,其中任何一种组合能成为一个码字。如果用不同的码字表示不同的电平,则 n 位二进制码元可表示 2^n 个不同的电平。在这 2^n 个码字与 2^n 个电平的对应过程中,可以遵循不同的规律,从而编出具有不同特点的码字。

本节只介绍最简单的两种二进制码,即自然二进制码和折叠二进制码。表 6-2 列出了用 4 位码表示 16 个量化级时,这两种码的编码规律。

表 6-2　常用二进制码表示

样值脉冲极性	量化级序号	自然二进制码	折叠二进制码
正极性部分	15	1111	1111
	14	1110	1110
	13	1101	1101
	12	1100	1100
	11	1011	1011
	10	1010	1010
	9	1001	1001
	8	1000	1000
负极性部分	7	0111	0000
	6	0110	0001
	5	0101	0010
	4	0100	0011
	3	0011	0100
	2	0010	0101
	1	0001	0110
	0	0000	0111

1. 自然二进制码

自然二进制码是最普通的二进制代码。从低位算起，第 i 位码的权重为

$$q_i = 2^{i-1} \tag{6-51}$$

因此，若有 n 位自然二进制码组成的码字 $(a_{n-1}a_{n-2}\cdots a_1 a_0)$，它的每位码的权重分别为 $2^{n-1}, 2^{n-2}, \cdots, 2^1, 2^0$，所以码字对应的量化电平为

$$V = a_{n-1}2^{n-1} + a_{n-2}2^{n-2} + \cdots + a_1 2^1 + a_0 2^0 = \sum_{i=0}^{n-1} a_i 2^i \tag{6-52}$$

自然二进制码是按照二进制数的自然规律排列的，它的优点是简单直观、易记，但对于双极性信号编码不如折叠二进制码方便，且由错码引起的统计误差较大。

2. 折叠二进制码

折叠二进制码可由自然二进制码演变生成。除最高位外，其余各位在上半部（相应于正极性部分）与自然二进制码相同，下半部则是上半部对折而成。折叠二进制码因此得名。至于最高位，上半部为 1，下半部为 0。用这种码对双极性信号（如语音信号）编码时非常方便，因为可以用最高位简单地表示信号的正、负极性，而用其余的码位表示信号幅度的绝对值。常用的 A/D 转换器就是用这种编码。

折叠二进制码与自然二进制码相比有一个优点：在传输过程中如果出现误码，对小电压信号的影响较小。例如，由大信号 1111 误传为 0111，从表 6-2 中可以看出，对自然二进制码解码后得到的采样值脉冲与原信号相比，误差 8 个量化级；而对于折叠二进制码则为 15 个量化级。显然，在大信号发生误码时，折叠码的误差更大。但如果误码发生在小信号时，由 1000 误传为 0000，这时对于自然二进制码，误差仍为 8 个量化级；而对折叠二进制码，误差只有 1 个量化级。由于实际（语音）信号中，小信号出现的概率比大信号出现的概率大，所以折叠二进制码的误码所引起的统计误差要小。

第 60 集
微课视频

6.6.2 非线性 PCM 编码

无论是自然二进制码还是折叠二进制码，码组中符号的位数都直接和量化值数目有关。量化间隔越多，量化值也越多，则码组中符号的位数也随之增多。当位数增加后，会使信号的传输量和存储量增大。为保证量化信噪比和信号输入动态范围，在不增加输出码率的条件下，可以采用非均匀量化，然后再对数字化的信号（线性）编码。该过程也可以通过非线性 PCM 的方式实现。非线性 PCM 可以通过数字压扩编码和直接非线性编码等方法来实现，实现的电路可以多种多样。本节仅以 A 律 A 87.6/13 折线编码为例说明 12 位线性编码如何通过数字压缩编码技术变成 8 位数字码。

图 6-21 所示为 13 折线 A 律压缩特性曲线。在对 x 轴上的输入信号归一化后，取值范围按 1/2 递减规律分为 8 段，分段点依次为 $1/2, 1/4, \cdots, 1/128$，再对 y 轴上的压缩输出归一化，取值范围均匀分为 8 段，即每段长 1/8。然后将 x 轴和 y 轴的相应分段的交点连接起来，共得到 8 段斜线。从各段的斜率计算可知，第一、二段的斜率均是 $\dfrac{1}{8} \div \dfrac{1}{128} = 16$，其余 6 段的斜率依次减少。对于正向，实际得到 7 段不同斜率的折线。负向的 7 段折线与正向呈奇对称。由于负向的第一、二段与正向的第一、二段折线斜率相同，因此可将它们连成一条线，这样共得到 13 段折线。这 13 段折线是逼近 A 律压缩特性的。由于小信号的折线斜率

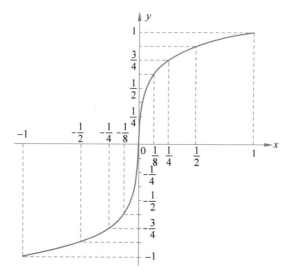

图 6-21 13 折线 A 律压缩特性曲线

为 16,将此值代入式(6-39)的 A 律的斜率关系中,有

$$y'(0) = \frac{A}{1+\ln A} = 16 \tag{6-53}$$

求解可得

$$A = 87.6 \tag{6-54}$$

因此,该曲线称为 A 87.6/13 折线。表 6-3 列出了各段起始点坐标值对应的 A 律和 13 折线律的输出 y 值,可以看出它们十分接近。

表 6-3 对应的 A 律和 13 折线律的输出 y 值

段　　号	1	2	3	4	5	6	7	8
x	0	$\frac{1}{128}$	$\frac{1}{64}$	$\frac{1}{32}$	$\frac{1}{16}$	$\frac{1}{8}$	$\frac{1}{4}$	$\frac{1}{2}$	1
y (13 折线)	0	$\frac{1}{8}$	$\frac{2}{8}$	$\frac{3}{8}$	$\frac{4}{8}$	$\frac{5}{8}$	$\frac{6}{8}$	$\frac{7}{8}$	1
y $A=87.6$	0	$\frac{1}{8}$	$\frac{210}{876}$	$\frac{321}{876}$	$\frac{432}{876}$	$\frac{543}{876}$	$\frac{654}{876}$	$\frac{765}{876}$	1

13 折线的量化方案为:对 x 轴上的 8 段,每段再均匀分成 16 个量化间隔,各段的量化间隔记为 $\Delta V_1, \Delta V_2, \cdots, \Delta V_8$;对 y 轴上的 8 段也每段再均匀分成 16 个量化间隔。这样 x 与 y 都被分成 128 个间隔,但两者间隔不相等。y 轴的间隔总是 $\frac{1}{128}$,而 x 轴在小信号时 $\Delta V_1 = \frac{1}{2048}$,在大信号时则为 $\Delta V_8 = \frac{1}{2} \cdot \frac{1}{16} = \frac{1}{32}$。这表明在保持小信号量阶相同的情况下,128 级非均匀量化相当于 2048 级均匀量化。下面展开说明非线性 PCM 的情况。

仅讨论正极性部分。输入的 2048 级均匀量化,可用 11 位二进制码字来表示。而在非线性 PCM 中,包括极性位的共 12 位线性码字,需变换到 8 位非线性码字,记为 PXYZABCD,其中 P 表示信号的极性,XYZ 称为段落码,而 ABCD 称为段内码。表 6-4 列出了 8 个段落的序号、段内量化间隔、起始电平、段落长度及段内码的位值。表 6-5 则给出

了 A 律 13 折线中线性码对非线性码的编码规律。

表 6-5 中非线性 PCM 码的位值由表 6-4 给出,而线性码的位值为 $2^i \Delta V_1$。最后一位码位 a_0' 在发送端编码时无此码位,即 $a_0' = 0$。而在接收端解码时,对第一、二段则有码位 $a_0' = 1$,这相当于加上 $\frac{1}{2} \Delta V_1$ 电平;对其余各段也在最低码位的后面加上 1,这相当于整个系统按四舍五入方式进行量化。

表 6-4　非线性 PCM 码

段落码			段落序号	段内量化间隔	段落起始电平	段落长度	段内码位(ΔV_1)			
X	Y	Z					A	B	C	D
0	0	0	1	$\Delta V_1 = \frac{1}{2048}$	0	$16\Delta V_1$	8	4	2	1
0	0	1	2	$\Delta V_2 = \Delta V_1$	$16\Delta V_1$	$16\Delta V_2 = 16\Delta V_1$	8	4	2	1
0	1	0	3	$\Delta V_3 = \frac{1}{1024} = 2\Delta V_1$	$32\Delta V_1$	$16\Delta V_3 = 32\Delta V_1$	16	8	4	2
0	1	1	4	$\Delta V_4 = \frac{1}{512} = 4\Delta V_1$	$64\Delta V_1$	$16\Delta V_4 = 64\Delta V_1$	32	16	8	4
1	0	0	5	$\Delta V_5 = \frac{1}{256} = 8\Delta V_1$	$128\Delta V_1$	$16\Delta V_5 = 128\Delta V_1$	64	32	16	8
1	0	1	6	$\Delta V_6 = \frac{1}{128} = 16\Delta V_1$	$256\Delta V_1$	$16\Delta V_6 = 256\Delta V_1$	128	64	32	16
1	1	0	7	$\Delta V_7 = \frac{1}{64} = 32\Delta V_1$	$512\Delta V_1$	$16\Delta V_7 = 512\Delta V_1$	256	128	64	32
1	1	1	8	$\Delta V_8 = \frac{1}{32} = 64\Delta V_1$	$1024\Delta V_1$	$16\Delta V_8 = 1024\Delta V_1$	512	256	128	64

表 6-5　A 律 13 折线中线性码对非线性码的编码规律

段落号	非线性码							线性码										
	X	Y	Z	A	B	C	D	a_{10}	a_9	a_8	a_7	a_6	a_5	a_4	a_3	a_2	a_1	a_0	a_0'
1	0	0	0	a	b	c	d	0	0	0	0	0	0	0	0	a	b	c	D	1*
2	0	0	1	a	b	c	d	0	0	0	0	0	0	0	1	a	b	c	D	1*
3	0	1	0	a	b	c	d	0	0	0	0	0	0	1	a	b	c	d	1*	0
4	0	1	1	a	b	c	d	0	0	0	0	0	1	a	b	c	d	1*	0	0
5	1	0	0	a	b	c	d	0	0	0	0	1	a	b	c	d	1*	0	0	0
6	1	0	1	a	b	c	d	0	0	0	1	a	b	c	d	1*	0	0	0	0
7	1	1	0	a	b	c	d	0	0	1	a	b	c	d	1*	0	0	0	0	0
8	1	1	1	a	b	c	d	0	1	a	b	c	d	1*	0	0	0	0	0	0

根据式(6-37),A 87.6/13 折线编码在小信号时,量化信噪比提高了

$$20\lg y'(x) = 20\lg 16 = 24\text{dB}$$

而在大信号(第 8 段)时,量化信噪比降低了

$$20\lg \frac{1}{4} = -12\text{dB}$$

A 律是国际电话电报咨询委员会(Consultative Committee on International Telephone and Telegraph,CCITT)建议使用的,它比 μ 律容易编码,且有较大的动态范围;只是小信号时量化信噪比稍逊于 μ 255/15 折线编码。

习题 6

6-1 已知带限信号 $x(t)$ 的最高频率为 f_H,试确定下列各信号的奈奎斯特采样频率:

(1) $x(2t)$;

(2) $x(t)-x(t-1)$;

(3) $\dfrac{\mathrm{d}x(t)}{\mathrm{d}t}$;

(4) $x^2(t)$。

6-2 对一个最高角频率为 $\omega_m=200\pi$ 的带限信号 $x(t)$ 进行单位冲激串采样,要使已采样信号通过一个理想低通滤波器后能完全恢复 $x(t)$,则:

(1) 采样间隔 T 应满足什么条件?

(2) 若采样间隔 $T=0.001\mathrm{s}$,则理想低通滤波器的截止频率 ω_c 应满足什么条件?

6-3 已知信号 $x(t)=2\cos2\pi t+\cos4\pi t$,用单位冲激串 $\delta_T(t)$ 对该信号进行采样。

(1) 为了不失真地从已采样信号 $x_s(t)$ 中恢复 $x(t)$,采样间隔应如何选择?

(2) 若采样间隔取 $0.2\mathrm{s}$,试画出已采样信号的频谱图。

6-4 已知信号 $y(t)=x_1(t)*x_2(t)$,其中 $x_1(t)$ 与 $x_2(t)$ 的频谱分别满足

$$X_1(\omega)=0,\ |\omega|>100\pi$$

$$X_2(\omega)=0,\ |\omega|>200\pi$$

现在用单位冲激序列 $\delta_T(t)$ 对 $y(t)$ 进行采样得到信号 $y_s(t)$,试给出能从 $y_s(t)$ 中恢复出 $y(t)$ 的采样间隔 T 的范围。

6-5 已知信号 $y(t)=x_1(t)x_2(t)$,其中 $x_1(t)$ 与 $x_2(t)$ 的频谱如图 6-22 所示。

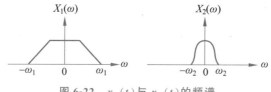

图 6-22 $x_1(t)$ 与 $x_2(t)$ 的频谱

若用单位冲激序列 $\delta_T(t)$ 对 $y(t)$ 进行采样,求最大的采样间隔 T,使得能从已采样信号中完全无失真地恢复出 $y(t)$。

6-6 已知信号 $y(t)=x(t)\delta_T(t-1)$,其中 $x(t)$ 为带限信号,其最高角频率为 ω_m,采样间隔 $T<\pi/\omega_m$。若要利用一个滤波器从 $y(t)$ 中完全无失真地恢复出 $x(t)$,试求该滤波器的频率响应。

6-7 已知带限信号 $x(t)$ 的最高角频率为 ω_m,若用如图 6-23 所示的脉冲串 $q(t)$ 对其进行采样,试确定已采样信号及其频谱的表达式。

6-8 对带限信号 $x(t)$ 进行单位冲激序列采样后得到信号 $x_s(t)$,将 $x_s(t)$ 通过一个单

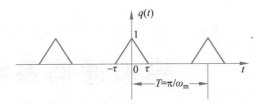

图 6-23　脉冲串 $q(t)$ 的波形图

位冲激响应为 $h_0(t)$ 的系统得到 $y(t)$，如图 6-24 所示。若要从 $y(t)$ 中完全无失真地恢复 $x(t)$，可以考虑用一个线性时不变系统来处理 $y(t)$，试求该系统频率响应 $H_r(\omega)$ 的表达式。

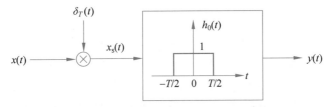

图 6-24　对 $x(t)$ 进行采样与恢复

6-9　已知信号 $x(t)=10+10\cos\omega_m t$，若将其均匀量化为 40 个电平，每个电平用一个 n 比特的二进制码来表示，试确定 n 和量化间隔。

6-10　将信号 $x(t)=A\cos\omega_m t$ 均匀量化为 N 个电平，$N\gg1$，按四舍五入法设置量化电平。若用量化器输入信号的功率近似其输出信号的功率，求该量化器的量化信噪比。

6-11　设一个均匀量化器的量化电平数为 4，量化电平按四舍五入法设置。若输入信号值的概率密度如图 6-25 所示，试求该量化器的量化信噪比。

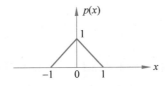

图 6-25　输入信号值的概率密度

6-12　已知信号 $x(t)\in(-1,1)$ 服从零均值、方差为 $\sigma_x^2=10^{-6}$ 的高斯分布，若采用 μ 律压缩特性 $(\mu=255)$ 对 $x(t)$ 进行非均匀量化，并且用 n 比特的二进制码表示量化电平，则要使得量化信噪比高于 20dB，n 至少应取多少？

6-13　阿波罗载人登月飞船曾用 22 位自然二进制码表示它与地面站的距离。已知地球与月球的距离为 36200km。

（1）求这种码表示的最小距离增量；

（2）若收到的码字为 1011001011100101001010，求此时飞船与地面站的距离；

（3）若飞船与地面站的距离是 285000km，求此时地面站收到的码字。

6-14　设 PCM 系统采用 13 折线 A 律编码与译码，最小量阶为 ΔV_1。如果编码输出的码字为 01011110。试求：

（1）发送端的编码电平 V；

（2）接收端译码后的线性码表示；

（3）若编码输出的码字为 00110101，重做（1）和（2）。

第 7 章

模拟通信系统

通信系统（Communication System）是最常见的也是近年来发展得最快的系统之一。简而言之，通信是由一个地方（发信端）向另一个地方（收信端）传输消息或传输信息的系统。现代通信系统主要利用电信号运载信息。而通信系统所传输的消息有各种不同的形式，可以用声音、图像、数据等信号形式来表征。根据所传输信息的不同，当前通信业务包括电报、电话、广播、电视和数据传输等。从广义的通信角度来看，雷达、导航、遥控遥测等也属于通信的范畴，这些信息传输系统也被视为广义的通信系统。

通信系统可以分为模拟通信系统（Analog Communication System）和数字通信系统（Digital Communication System）两大类。本书前面所建立的许多概念和方法在通信系统的分析和设计中都起着核心的作用。本章将基于这些基本概念和原理介绍模拟通信系统的分析和设计问题，而数字通信系统的分析与设计将在第 8 章中讲述。

第 61 集
微课视频

7.1 通信系统概述

在当今社会中，通信系统几乎无处不在，其在人、物和计算机之间的信息传递上都起着至关重要的作用。事实上，广义上的通信系统存在的时间比现有的大多数系统都要长得多。例如，人类最早的手势与语音交流都可以看作通信系统的史前案例。这些通信方式的有效距离显然是非常有限的。为实现较远距离的传播，早期的通信系统设计主要包括将烟雾、火炬、信号弹和鼓声等作为信息载体。中国古长城的烽火台，以及古代的击鼓传信，都属于该类系统。这些通信方式从传输速率、可靠性、距离等方面依然是很受限的。19 世纪以来，现代意义上的通信系统则主要利用电信号运载信息，基于（有线）电缆、光纤或（无线）电磁波的传播特性，实现高速率、高可靠和远距离的通信。

虽然不同通信系统的具体设备、构造和业务功能会有所不同，但经过抽象后，都可以用如图 7-1 所示的模型表示。它们的基本组成包括信源（Information Source）、信源变换器（Source Converter）、发信变换器（Transmitter Converter）、信道（Information Channel）、收信变换器（Receiving Converter）、信宿变换器（Sink Converter）和信宿（Information Sink）等部分。

信息源简称信源，是信息传输系统的起点。广播员讲话的声音是信源；雷达系统中目标反射电磁波，目标是信源。信源输出的是消息。消息可以是包含信息的语言、文字、符号、数据等，它一般不适宜于传输，需要经过变换才能传输。

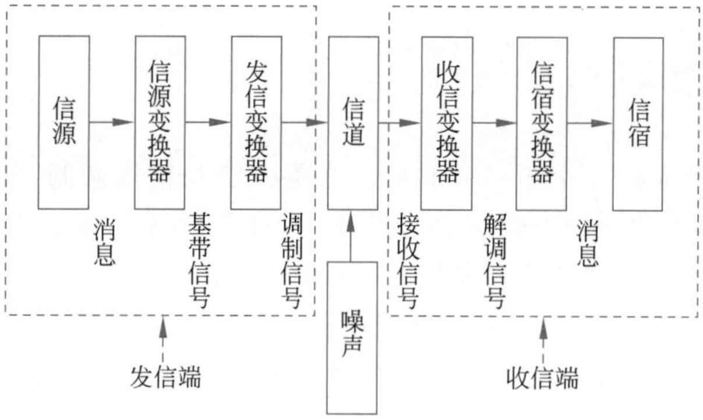

图 7-1 通信系统模型

在发信端,要将消息变换为适合信道传输的物理量后才能传输,这分别由信源变换器和发信变换器来实现。信源变换器的作用是将消息变成电信号。这一变换主要考虑信源的特性,利用声-电、光-电等变换器实现消息到电信号的变换,即要与消息相匹配。但这样的信号往往还不完全适合于传输。例如,话筒的输出为低频电流,而低频电流不能有效地辐射到空间去传输。这个电信号也称为基带信号。为使基带信号能有效地在相应的通信介质(信道)中传输,需要借助发信变换器。例如,在无线电话通信中,需把低频电流变换为高频电流,才能有效地通过空间传输。这个过程通常也称为调制。这个变换主要使信号与信道的特性相匹配。

信道是指发信端到收信端之间的传输介质。它可以是一对导线、一条同轴电缆或光纤,也可以是辐射空间的一个频带。

在收信端,则由与发信端两个变换器相对应的收信变换器和信宿变换器实现信号的变换。信号经过信道,由发信端传输到收信端。为了得到它所携带的信息,收信端必须将信号恢复成消息,然后从消息中获知信息。这个变换是发信变换器的逆过程,即收信变换器将已调制信号变换回基带信号。这个过程通常称为解调。信宿变换器的作用是将基带信号变换成消息。对不同的消息可相应地采用不同的变换器,如电-声、电-光变换器等。

信宿是信息传输系统的终端。

此外,信息传输过程还需要考虑通信系统内外各种噪声干扰的影响。这些噪声来自发信设备、信道与收信设备 3 方面。图 7-1 将其集中在一起并由信道引入,这样做是为了分析问题的方便。

必须指出,从消息的发送到消息的恢复,事实上并非只有以上变换,系统中可能还有滤波器、放大器、天线等设备。但在研究信息传输系统时,这些设备的作用都可以被认为是理想的,即不会使被传输信号的频谱发生改变,因此不会影响对通信系统特点的讨论。

在模拟通信系统中,信源变换器为麦克风、摄影机等音像采集设备,其通过声-电、光-电转换器将信源输出的(携带信息的)语音声波信号、影像信号等转换为幅度连续、时间连续的模拟电信号。一般而言,信源变换器输出的基带信号需要通过发信变换器,将其变换为在信道上更适宜传输的形式。发信变换器通常采用以正弦波为载波的调制形式来实现,即令正弦载波的参数根据输入的连续时间基带信号发生连续变化,从而将载有信息的信号嵌入能有效地传输的正弦载波信号中。正弦波调制一般可分为幅度调制和角度调制两大类,接下来的章节中将分别进行介绍。此外,调制技术不仅可将信息嵌入能有效传输的载波中,而且还能够把多个信号通过频分复用的方式同时传输。

7.2 正弦幅度调制系统

正弦波调制（Sinusoidal Modulation）的一大类方法是幅度调制，即用待传输的基带信号调制（改变）正弦载波信号的振幅。幅度调制属于线性调制（Linear Modulation）。所谓线性调制，是指调制后信号的频谱为调制信号（即基带信号）频谱的平移及线性变换。该（频域上的）线性定义与第 1 章中给出的（时域上的）线性系统定义本质上是一致的。幅度调制的典型实例包括常规调幅（AM）、抑制载波双边带（Double Sideband-Suppressed Carrier，DSB-SC）调幅、单边带（Single Sideband，SSB）调幅和残留边带（Vestigial Sideband，VSB）调幅，以下将依次介绍。

7.2.1 常规调幅

模拟调幅通信的最成功范例是无线电音频广播（收音机服务）。最早发展的无线电广播所采用的幅度调制方式是使已调信号的包络随基带信号而变化。于是 AM 的名称为这种调制方式所专用。

1. AM 信号的时域表示

常规 AM 信号的时间域表达式为

$$s(t) = A[1 + K_m m(t)]\cos\omega_c t \qquad (7\text{-}1)$$

其中，ω_c 和 A 分别为载波信号的角频率和振幅；$m(t)$ 为调制信号，通常假设是均值为 0 的带限（确定性或随机）信号，其基带带宽 $\omega_m \ll \omega_c$；$K_m > 0$ 称为调幅指数（Amplitude Modulation Index），应满足

$$|K_m m(t)|_{\max} \leqslant 1 \qquad (7\text{-}2)$$

如图 7-2(a) 和图 7-2(b) 所示，当式 (7-2) 满足时，AM 信号的显著特点是其包络为调制信号 $m(t)$ 的再现。如图 7-2(c) 所示，若因 K_m 值过大而使式 (7-2) 不满足，则会出现过调制现象，从而给后面将提到的包络检波解调方法带来失真。

2. 调制信号为确定信号时的 AM 信号频谱

首先考虑调制信号 $m(t)$ 为确定信号的情况。假设 $m(t)$ 的频谱为 $M(\omega)$，则 AM 信号频谱可由式 (7-1) 作傅里叶变换得到，即

$$S(\omega) = \pi A[\delta(\omega - \omega_c) + \delta(\omega + \omega_c)] + \frac{AK_m}{2}[M(\omega - \omega_c) + M(\omega + \omega_c)] \qquad (7\text{-}3)$$

调制前后的频谱如图 7-2(a) 和图 7-2(b) 的右图所示。通常将已调信号频谱中位于 $|\omega| \geqslant \omega_c$ 处的部分称为上边带（Upper Sideband，USB），位于 $|\omega| \leqslant \omega_c$ 处的部分称为下边带（Lower Sideband，LSB）。显然，AM 信号的频谱由载频分量、上边带、下边带 3 部分组成，其带宽为调制信号 $m(t)$ 带宽的 2 倍。上下边带的频谱结构均与调制信号 $m(t)$ 的频谱结构相同。

需要指出，由于 AM 信号的频谱包含载频分量（即在正负载波频率的两个冲激分量），严格意义上说，它不满足线性调制的定义。但是，基于其近似线性性，AM 仍常常被视为线性调制方式。

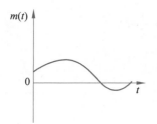
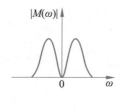

(a) 调制信号m(t)的波形与频谱

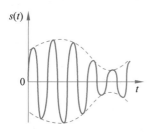
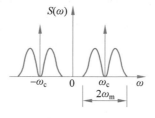

(b) AM信号s(t)的波形与频谱

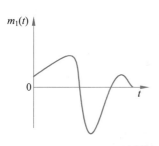
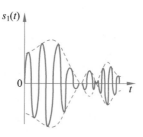

(c) 过调制AM信号的波形

图 7-2　AM 信号的波形、频谱与过调制时的波形

3. AM 信号的功率利用率

式(7-1)可以改写为

$$s(t) = A\cos\omega_c t + AK_m m(t)\cos\omega_c t = A\cos\omega_c t + f(t)\cos\omega_c t \tag{7-4}$$

AM 信号在 1Ω 电阻上的平均功率等于 $s(t)$ 的均方值,即

$$P = \overline{s^2(t)} = \frac{1}{2}A^2 + \frac{1}{2}\overline{f^2(t)} = P_o + P_{SB} \tag{7-5}$$

其中,$P_o = \frac{1}{2}A^2$ 是载波功率(Carrier Power);$P_{SB} = \frac{1}{2}\overline{f^2(t)}$ 是已调信号中的边带功率(Sideband Power)。在 AM 信号的功率中,只有边带功率才与调制信号有关,而载波分量并不携带信息。通常将有用功率(传输信息的边带功率)占信号总功率的比例称为功率利用率 η,即

$$\eta = \frac{P_{SB}}{P} = \frac{P_{SB}}{P_o + P_{SB}} \tag{7-6}$$

当调制信号为单频正弦信号 $m(t) = A_m\cos\omega_m t$,且 $K_m A_m = 1$,即实现百分之百的调制(过调制的临界状态)时,边带功率为

$$P_{\text{SB}} = \frac{1}{2} \cdot \frac{1}{2} A^2 \tag{7-7}$$

此时,功率利用率为

$$\eta = \frac{\dfrac{1}{4} A^2}{\dfrac{1}{2} A^2 + \dfrac{1}{4} A^2} = \frac{1}{3} \tag{7-8}$$

可见,载波占了 2/3 的功率,功率利用率较低。在实际无线电广播系统中,为了使包络检波器不出现失真,调幅指数通常取得很小,如 $K_{\text{m}} A_{\text{m}} = 0.3$,此时 $\eta = 0.05$,即载波功率约占 95%,此时的功率利用率就很低了。

由上可知,AM 信号中载波分量并不携带信息,却占据了大部分功率。这部分功率实际上是白白浪费的。如果抑制载波分量的传输,则可演变出另一种调制方式,即抑制载波双边带调幅。这将在后面接着讨论。

4. 调制信号为随机信号时 AM 信号的功率谱密度

前面给出了调制信号为确定信号时 AM 信号的频谱。而一般情况下,调制信号 $m(t)$ 往往是随机信号。此时,AM 信号的频域表示需用功率谱密度来描述。在通信中,常常可假设调制信号是各态历经的零均值平稳随机信号。对于广义平稳随机信号,其功率谱密度与自相关函数是一对傅里叶变换与反变换的关系。因此,可以首先求 AM 信号的自相关函数,然后导出其功率谱密度。

令 $f(t) = A K_{\text{m}} m(t)$,显然 $f(t)$ 是均值为 0 的各态历经平稳随机信号,其统计平均与时间平均是一致的,则 AM 信号 $s(t)$ 的自相关函数为

$$R(\tau) = E[s(t)s(t-\tau)] = \overline{s(t)s(t-\tau)} \tag{7-9}$$

将式(7-4)代入,得到

$$R(\tau) = \overline{[A + f(t)]\cos\omega_{\text{c}} t [A + f(t-\tau)]\cos\omega_{\text{c}}(t-\tau)}$$
$$= \overline{[A^2 + Af(t) + Af(t-\tau) + f(t)f(t-\tau)]\cos\omega_{\text{c}} t \cos\omega_{\text{c}}(t-\tau)} \tag{7-10}$$

利用三角关系式 $\cos\omega_{\text{c}} t \cos\omega_{\text{c}}(t-\tau) = \dfrac{1}{2}\cos\omega_{\text{c}}\tau + \dfrac{1}{2}\cos(2\omega_{\text{c}} t - \omega_{\text{c}}\tau)$,并考虑到 $\overline{\cos(2\omega_{\text{c}} t - \omega_{\text{c}}\tau)} = 0$ 和 $\overline{f(t)} = 0$,可得

$$R(\tau) = \frac{A^2}{2}\cos\omega_{\text{c}}\tau + \frac{1}{2}\overline{f(t)f(t-\tau)}\cos\omega_{\text{c}}\tau = \frac{A^2}{2}\cos\omega_{\text{c}}\tau + \frac{1}{2}R_{\text{f}}(\tau)\cos\omega_{\text{c}}\tau \tag{7-11}$$

其中,$R_{\text{f}}(\tau)$ 是随机信号 $f(t)$ 的自相关函数。

对式(7-11)作傅里叶变换,可得 AM 信号的功率谱密度为

$$P(\omega) = \frac{A^2 \pi}{2}[\delta(\omega - \omega_{\text{c}}) + \delta(\omega + \omega_{\text{c}})] + \frac{1}{4}[P_{\text{f}}(\omega - \omega_{\text{c}}) + P_{\text{f}}(\omega + \omega_{\text{c}})] \tag{7-12}$$

其中,$P_{\text{f}}(\omega)$ 是 $f(t)$ 的功率谱密度。

这种情况下,AM 信号的平均功率为

$$P = \frac{1}{2\pi}\int_{-\infty}^{\infty} P(\omega)\,\mathrm{d}\omega = P_{\text{o}} + P_{\text{SB}} \tag{7-13}$$

其中,

$$P_{\text{o}} = \frac{1}{2\pi}\int_{-\infty}^{\infty} \frac{A^2\pi}{2}[\delta(\omega-\omega_{\text{c}})+\delta(\omega+\omega_{\text{c}})]\mathrm{d}\omega = \frac{A^2}{2}$$

$$P_{\text{SB}} = \frac{1}{2\pi}\int_{-\infty}^{\infty} \frac{1}{4}[P_{\text{f}}(\omega-\omega_{\text{c}})+P_{\text{f}}(\omega+\omega_{\text{c}})]\mathrm{d}\omega = \frac{1}{2\pi}\int_{-\infty}^{\infty} \frac{1}{2}P_{\text{f}}(\omega)\mathrm{d}\omega$$

相应地,功率利用率为

$$\eta = \frac{P_{\text{SB}}}{P_{\text{o}}+P_{\text{SB}}} = \frac{\dfrac{1}{2\pi}\displaystyle\int_{-\infty}^{\infty} P_{\text{f}}(\omega)\mathrm{d}\omega}{A^2 + \dfrac{1}{2\pi}\displaystyle\int_{-\infty}^{\infty} P_{\text{f}}(\omega)\mathrm{d}\omega} \tag{7-14}$$

5. AM 信号的产生和解调

从式(7-1)可知,调制信号 $m(t)$ 以调幅指数 K_{m} 放缩后,将其叠加一个直流偏量 1 再与载波 $A\cos\omega_{\text{c}}t$ 相乘,即可形成 AM 信号 $s(t)$,如图 7-3 所示。实际中,这个相乘的过程可以通过平衡调制器、环形调制器等非线性器件来实现。调制电路种类很多,这里不作具体介绍,有兴趣的读者可参考相关的书籍。

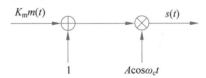

图 7-3　AM 信号的调制过程

在收信端,AM 信号通常使用包络检波器来解调,它的电路原理和相应的波形如图 7-4 所示。图 7-4 中 RC 电路的时间常数满足 $\dfrac{\omega_{\text{m}}}{2\pi} \leqslant \dfrac{1}{RC} \leqslant \dfrac{\omega_{\text{c}}}{2\pi}$。

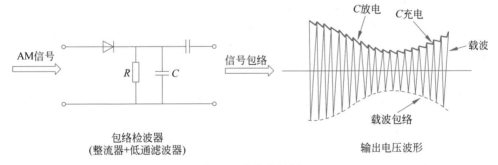

图 7-4　包络检波器

当输入信号在正半周期上升时,二极管导通,内阻很小,电容器迅速充电到输入信号的峰值电压;当输入信号下降时,二极管截止,电容 C 通过电阻 R 放电。由于时间常数 RC 远大于 $2\pi/\omega_{\text{c}}$,放电较慢,在下一个正向半周期到来之前,电容电压基本上仍是包络的值。然后二极管导通,电容再次充电。恰当的时间常数 RC 可以使电路的输出以指数衰减和迅速充电形式,近似地跟随输入信号的包络。包络检波器的输出还包含着直流分量和频率为 ω_{c} 的纹波电压,这些可以通过隔直电容和低通滤波器消除。

AM 的优点在于系统结构简单,价格低廉,所以至今仍广泛用于无线电广播。

7.2.2 抑制载波双边带调幅

如前所述,因载波并不携带任何信息,在常规 AM 中载波功率是无用的。如果将载波抑制,即可得到更有效的抑制载波双边带(DSB-SC)调幅方式。

1. DSB-SC 信号的时域与频域表示

将调制信号与载波相乘,便得到 DSB-SC 信号,其时间波形表达式为

$$s(t) = m(t)\cos\omega_c t \qquad (7\text{-}15)$$

简便起见,后续只考虑调制信号为确定信号的情况(随机信号情况也可参照 AM 相应部分类似地推导)。通过对式(7-15)作傅里叶变换,可以得到 DSB-SC 信号的频谱表示式为

$$S(\omega) = \frac{1}{2}\big[M(\omega - \omega_c) + M(\omega + \omega_c)\big] \qquad (7\text{-}16)$$

DSB-SC 信号的波形与频谱如图 7-5 所示。与 AM 信号相比,DSB-SC 信号的频谱只包含上下边带,但其带宽依然是调制信号 $m(t)$ 带宽的 2 倍。因为不存在载波分量,DSB-SC 信号的功率利用率为 100%,即全部功率都用于信息传输。但从其波形可以看出,DSB-SC 信号的包络不再与调制信号的变化规律一致,因而不能采用简单的包络检波恢复调制信号。

第 63 集
微课视频

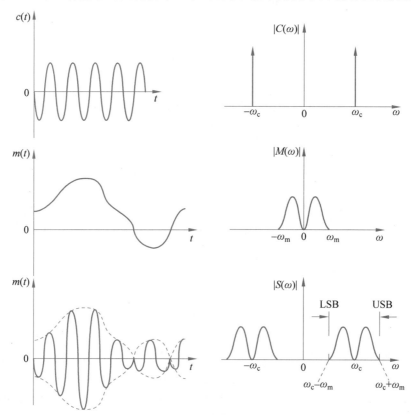

图 7-5 DSB-SC 信号的波形与频谱

2. DSB-SC 信号的解调

DSB-SC 信号的调制过程就是简单地将调制信号与载波信号相乘。这个相乘的过程可以通过平衡调制器、环形调制器等实现。而 DSB-SC 信号解调时需采用相干解调(也称同步

检波),比包络检波器复杂得多。图 7-6 给出了 DSB-SC 相干解调器框图及频谱关系。

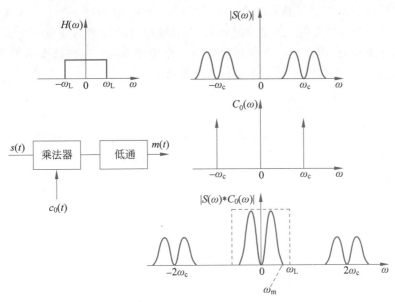

图 7-6　DSB-SC 解调器框图及频谱关系

可以看到,在收信端,本地振荡器必须产生一个频率和相位与发信端载波一致的信号与接收信号相乘,然后用低通滤波器取出调制信号 $m(t)$。乘法的实现同样可用平衡调制器或环形调制器。

设到达接收端的信号表示式为

$$x(t) = m(t)\cos(\omega_c t + \theta_c) \tag{7-17}$$

本地产生的载波信号为

$$c_0(t) = \cos(\omega_0 t + \theta_0) \tag{7-18}$$

两者相乘,得到

$$x(t)c_0(t) = m(t)\cos(\omega_c t + \theta_c)\cos(\omega_0 t + \theta_0)$$

$$= \frac{1}{2}m(t)\cos[(\omega_c - \omega_0)t + \theta_c - \theta_0] + \frac{1}{2}m(t)\cos[(\omega_c + \omega_0)t + \theta_c + \theta_0]$$

$$\tag{7-19}$$

如果 $c_0(t)$ 的频率和相位(ω_0 和 θ_0)能够精确地等于到达载波的频率 ω_c 和相位 θ_c,则式(7-19)成为

$$x(t)c_0(t) = \frac{1}{2}m(t) + \frac{1}{2}m(t)\cos(2\omega_c t + 2\theta_c) \tag{7-20}$$

再经低通滤波即得到调制信号 $m(t)$。

当本地载波和到达载波之间存在频率误差 $\Delta\omega = |\omega_0 - \omega_c|$ 和相位误差 $\Delta\theta = |\theta_0 - \theta_c|$ 时,经低通滤波后的输出则变为

$$v_0(t) = \frac{1}{2}m(t)\cos(\Delta\omega t + \Delta\theta) \tag{7-21}$$

此时无法准确地恢复原信号。因此,相干解调对本地振荡器的频率和相位有严格的要求。为做到这一点,要利用各种频率稳定系统,或在发送 DSB-SC 信号时,还传输一定的载波分

量作为导频,以便于产生本地振荡信号。

DSB-SC 信号虽然节省了载波功率,但它所需的传输(双边带)带宽与 AM 信号带宽相同,仍是基带信号带宽的 2 倍。注意到 DSB-SC 信号两个边带中的任意一个其实都包含了 $M(\omega)$ 的所有频谱成分,因此理论上仅传输其中一个边带即可。这样既节省发送功率,还可节省一半传输频带。这就是下面要介绍的单边带调幅方式。

7.2.3 单边带调幅

单边带(SSB)调幅信号是将双边带信号中的一个边带滤掉而形成的。如图 7-7 所示,根据滤除方法的不同,产生 SSB 信号的方式有滤波法和相移法。

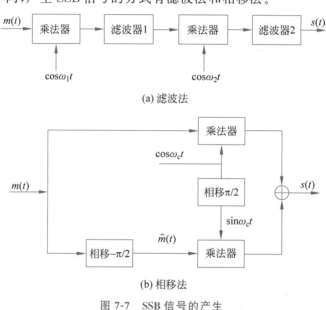

(a) 滤波法

(b) 相移法

图 7-7 SSB 信号的产生

1. 滤波法及 SSB 信号的频率域表示

产生 SSB 信号最直观的方法是先产生一个双边带信号,然后滤除不要的边带,即可得到单边带信号。这就是滤波法的基本思路。

当 $m(t)$ 为实函数时,其频谱 $M(\omega)$ 对 $\omega = 0$ 是共轭对称的。将其 $\omega > 0$ 部分记为 $M_+(\omega)$,其 $\omega < 0$ 部分记为 $M_-(\omega)$,则 $M(\omega)$ 可写为

$$M(\omega) = \begin{cases} M_+(\omega) = M(\omega)u(\omega), & 0 < \omega \leqslant \omega_{\mathrm{m}} \\ M_-(\omega) = M(\omega)u(-\omega), & -\omega_{\mathrm{m}} \leqslant \omega < 0 \end{cases} \tag{7-22}$$

其中,$u(\omega)$ 是关于 ω 的单位阶跃函数。如果 SSB 信号取的是 DSB-SC 信号的上边带,其频谱可表示为

$$S_{\mathrm{U}}(\omega) = M_+(\omega - \omega_{\mathrm{c}}) + M_-(\omega + \omega_{\mathrm{c}}) \tag{7-23}$$

类似地,下边带 SSB 信号频谱可表示为

$$S_{\mathrm{L}}(\omega) = M_+(\omega + \omega_{\mathrm{c}}) + M_-(\omega - \omega_{\mathrm{c}}) \tag{7-24}$$

可见,单边带信号的带宽等于基带信号的带宽。SSB 信号的频谱如图 7-8 所示。

由图 7-8 可知,SSB 信号可以由 DSB-SC 信号经过一个窄带带通滤波器获得。但这要求滤波器在载频 ω_{c} 处具有陡峭的截止特性,在实际中很难实现,因此往往采用多次频移及

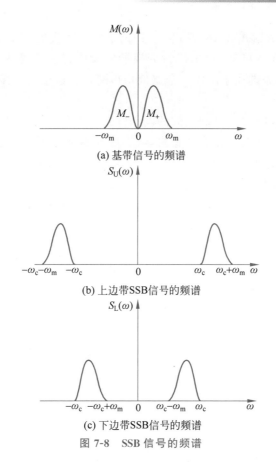

(a) 基带信号的频谱

(b) 上边带SSB信号的频谱

(c) 下边带SSB信号的频谱

图 7-8　SSB 信号的频谱

多次滤波的方法来实现,正如图 7-7(a)所示。例如,经过滤波后的话音信号的最低频率为
300Hz,则上、下边带之间的频率间隔为 600Hz。过渡带为 600Hz 的滤波器的实现难易程度
与过渡带相对载频的归一化值有关。在不太高的载频情况下,该滤波器不难实现。但当载
频较高时,则一般采用两级 DSB 调制及边带滤波的方法,即先在较低的载频上进行 DSB 调
制,以利于滤波器的制作;经单边带滤波后再在要求的载频上进行第 2 次调制及滤波。显
然,当调制信号中含有直流或极低频分量时,滤波法就不适用了。

2. 相移法及 SSB 信号的时间域表示

以上边带 SSB 为例,式(7-23)可改写为

$$S_U(\omega) = [M(\omega)u(\omega)] * \delta(\omega - \omega_c) + [M(\omega)u(-\omega)] * \delta(\omega + \omega_c) \tag{7-25}$$

对式(7-25)作傅里叶逆变换,即可得 SSB 信号的时间域表达式为

$$s_U(t) = m(t) * \left[\frac{1}{2}\delta(t) - \frac{1}{j2\pi t}\right] \cdot e^{j\omega_c t} + m(t) * \left[\frac{1}{2}\delta(t) + \frac{1}{j2\pi t}\right] \cdot e^{-j\omega_c t}$$

$$= \frac{1}{2}m(t)[e^{j\omega_c t} + e^{-j\omega_c t}] - m(t) * \frac{1}{j2\pi t}[e^{j\omega_c t} - e^{-j\omega_c t}]$$

$$= m(t)\cos\omega_c t - \hat{m}(t)\sin\omega_c t \tag{7-26}$$

其中,$\hat{m}(t) = m(t) * \frac{1}{\pi t}$ 为 $m(t)$ 的希尔伯特变换。

类似地,对下边带 SSB 信号有

$$s_L(t) = m(t)\cos\omega_c t + \hat{m}(t)\sin\omega_c t \tag{7-27}$$

所谓相移法，就是依据式(7-26)或式(7-27)的运算关系实现 SSB 信号的方法，其原理如图 7-7(b)所示。由第 3 章可知，希尔伯特变换器实质上是一个宽带相移网络。为了实现 $m(t)$ 的希尔伯特变换，关键在于制作一个宽带相移网络。这也是相移法的技术难点。

3. SSB 信号的解调

与 DSB-SC 一样，SSB 也是抑制载波的调制方式。因此，SSB 信号也需采用相干解调的方法。接收到的 SSB 信号先经过带通滤波器，然后与本地相干振荡信号相乘，将信号频带移回低频处，再用低通滤波恢复出 $m(t)$。

相干解调器的输出为

$$v(t) = s(t)\cos\omega_c t = m(t)\cos^2\omega_c t \mp \hat{m}(t)\sin\omega_c t\cos\omega_c t$$

$$= \frac{1}{2}m(t) + \frac{1}{2}[m(t)\cos2\omega_c t \mp \hat{m}(t)\sin2\omega_c t] \tag{7-28}$$

方括号内是位于 $2\omega_c$ 周围的频谱分量，它不能通过低通滤波器。因此，低通滤波即可得到 $m(t)$。解调时频谱变化如图 7-9 所示。

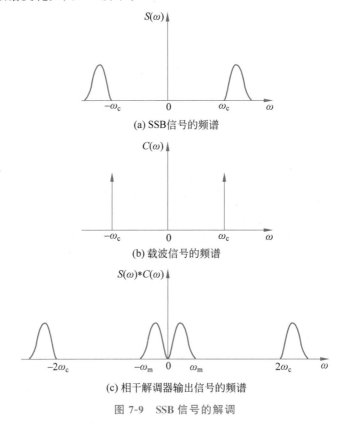

(a) SSB信号的频谱

(b) 载波信号的频谱

(c) 相干解调器输出信号的频谱

图 7-9　SSB 信号的解调

除了相干解调的方法外，SSB 调制也可采用载波重插入技术实现非相干解调。即类似于 AM 信号，在 SSB 调制时加入足够大的载波信号。在附加大载波的情况下，SSB 信号的包络有 $m(t)$ 的形状，因而可以用包络检波法来解调。

综上所述，SSB 的实现比 AM 和 DSB-SC 要复杂，但 SSB 方式在传输信息时，不仅可节省发射功率，而且所占用的频带宽度比 AM 和 DSB-SC 减少了一半。因此，SSB 已成为有线长途载波通信和远距离短波通信的重要调制方式。

7.2.4 残留边带调幅

残留边带（VSB）调幅是介于 SSB 与 DSB-SC 之间的一种折中方式。如图 7-10 所示，在这种调制方式中，不是对一个边带完全抑制，而是使其逐渐截止，即让被抑制的边带仍残留一小部分。对于具有低频及直流分量的调制信号，用滤波法实现 SSB 调幅时需要过渡带无限陡的理想滤波器，而在 VSB 调幅中则不再需要，这就避免了实现上的困难。当然其代价是传输频带增宽了一些。

为了相干解调时无失真地恢复调制信号，图 7-10 中残留边带滤波器的频率响应在载频附近必须具有互补对称特性。设 $H(\omega)$ 是所要求的滤波器的频率响应，若调制信号的频谱为 $M(\omega)$，则 VSB 信号 $s_v(t)$ 的频谱 $S_v(\omega)$ 为

$$S_v(\omega) = \frac{1}{2}[M(\omega + \omega_c) + M(\omega - \omega_c)]H(\omega)$$

$$(7\text{-}29)$$

接收到的 VSB 信号与本地相干振荡信号 $\cos\omega_c t$ 相乘，得到

$$F[v(t)] = F[s_v(t)\cos\omega_c t]$$
$$= \frac{1}{2}[S_v(\omega + \omega_c) + S_v(\omega - \omega_c)]$$

$$(7\text{-}30)$$

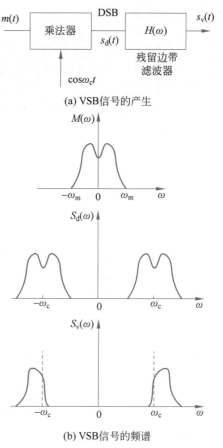

(a) VSB信号的产生

(b) VSB信号的频谱

图 7-10 VSB 信号的产生与频谱

第 65 集
微课视频

将式（7-29）代入后，可得

$$F[v(t)] = \frac{1}{4}\{[M(\omega + 2\omega_c) + M(\omega)]H(\omega + \omega_c) + [M(\omega) + M(\omega - 2\omega_c)]H(\omega - \omega_c)\}$$

$$(7\text{-}31)$$

其中，$M(\omega + 2\omega_c)$ 和 $M(\omega - 2\omega_c)$ 两项可由低通滤波器滤除，则所得的信号为

$$F[v_o(t)] = \frac{1}{4}M(\omega)[H(\omega + \omega_c) + H(\omega - \omega_c)]$$

$$(7\text{-}32)$$

为实现无失真接收，需要 $F[v_o(t)] \propto M(\omega)$，所以残留边带滤波器的频率响应 $H(\omega)$ 必须满足 $H(\omega + \omega_c) + H(\omega - \omega_c) = C$（常数）。

在式（7-32）中，由于 $M(\omega)$ 在 $|\omega| > \omega_m$ 时为零，所以仅需在 $|\omega| \leqslant \omega_m$ 时满足即可。换言之，有

$$H(\omega + \omega_c) + H(\omega - \omega_c) = C, \quad |\omega| \leqslant \omega_m$$

$$(7\text{-}33)$$

如图 7-11 所示，$H(\omega + \omega_c)$ 和 $H(\omega - \omega_c)$ 分别表示 $H(\omega)$ 搬移了 $\mp\omega_c$，这两项之和在 $|\omega| \leqslant \omega_m$ 内应为常数。该条件的含义就是残留边带滤波器的频率响应 $H(\omega)$ 在 $\mp\omega_c$ 处必须具有互补对称（奇对称）特性。

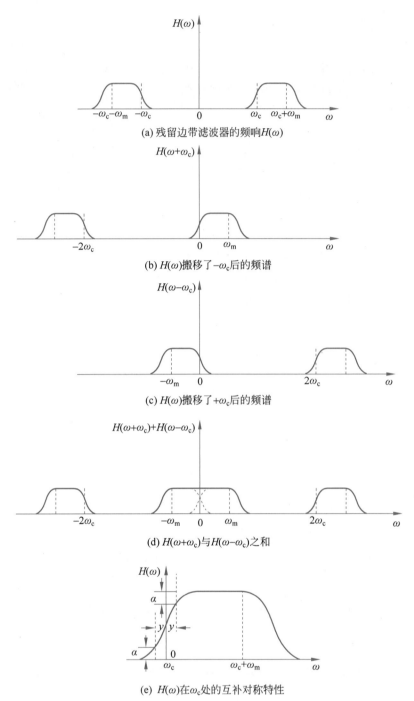

(a) 残留边带滤波器的频响$H(\omega)$

(b) $H(\omega)$搬移了$-\omega_c$后的频谱

(c) $H(\omega)$搬移了$+\omega_c$后的频谱

(d) $H(\omega+\omega_c)$与$H(\omega-\omega_c)$之和

(e) $H(\omega)$在ω_c处的互补对称特性

图 7-11 残留边带滤波器的特性

　　满足互补对称特性的频率响应的形状可以有无穷多种,目前应用最多的是直线滚降和余弦滚降。它们分别应用在电视信号传输和数据信号传输中。

　　残留边带滤波器的互补对称特性也可以从另一个角度来理解。如图 7-12 所示,残留边带滤波器的频率响应 $H_{VSB}(\omega)$可以看作截止频率为载频的理想滤波频率响应 $H_{SSB}(\omega)$与载频附近奇对称的频率响应 $H_C(\omega)$的线性叠加。因此,VSB 信号可以看作 DSB-SC 信号分

别经单边带滤波器 $H_{\mathrm{SSB}}(\omega)$ 和互补对称滤波器 $H_{\mathrm{C}}(\omega)$ 后的线性叠加。

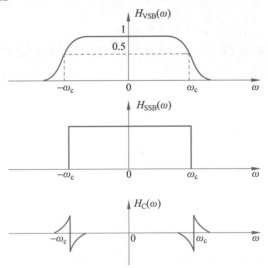

图 7-12 残留边带滤波器的互补对称特性解析

VSB 信号所需的带宽实际上只比 SSB 信号宽一点(通常为 $1.1\sim 1.25\omega_{\mathrm{m}}$),而其逐渐截止的滤波器实现比较简单。如果在 VSB 信号中加入大的载波,也可以通过包络检波器解调,从而具备 AM 信号解调简单的优点。因为这些优点,VSB 调幅被用在早期模拟电视系统及有线(电话线路)数据传输中。

7.3 正弦调幅系统的抗噪声性能

在信号的传输过程中,噪声的影响是不可避免的。由第 4 章的有关内容可知,信道中的加性高斯白噪声是普遍存在的一种噪声。本节讨论在加性高斯白噪声的背景下,正弦调幅系统的抗噪声性能。

由于加性噪声只对已调信号的接收产生影响,因而调幅系统的抗噪声性能可以用解调器的抗噪声性能来衡量。分析解调器抗噪声性能的模型如图 7-13 所示。其中 $s(t)$ 为已调信号,$n(t)$ 为传输过程中附加的高斯白噪声。带通滤波器的作用是滤除已调信号频带以外的噪声。经过带通滤波器后到达解调器输入端的信号为 $s_{\mathrm{i}}(t)$,噪声为 $n_{\mathrm{i}}(t)$。解调器输出的有用信号为 $s_{\mathrm{o}}(t)$,噪声为 $n_{\mathrm{o}}(t)$。

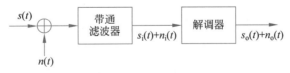

图 7-13 分析解调器抗噪声性能的模型

在模拟通信系统中,常用解调器输出信噪比 $\mathrm{SNR_o}$ 衡量通信质量。输出信噪比与调制方式有关,也与解调方式有关。在已调信号平均功率相同且噪声功率谱密度也相同,即解调器输入信噪比 $\mathrm{SNR_i}$ 相同的情况下,输出信噪比 $\mathrm{SNR_o}$ 反映了系统的抗噪声性能。因此,通常用解调信噪比增益 G 作为不同调制方式下系统抗噪声性能的度量,定义为

$$G = \frac{\mathrm{SNR_o}}{\mathrm{SNR_i}} \tag{7-34}$$

显然,解调增益越高,系统的抗噪声性能越好。

下面先给出相干解调下 DSB-SC 系统和 SSB 系统的信噪比增益,然后再讨论包络检波下 AM 系统的抗噪声性能。

7.3.1 DSB-SC 系统的抗噪声性能

DSB-SC 相干解调器的输入信号为

$$x(t) = m(t)\cos\omega_c t + n_i(t) \tag{7-35}$$

其中信号功率为

$$S_i = \overline{[m(t)\cos\omega_c t]^2} = \frac{1}{2}\overline{m^2(t)} \tag{7-36}$$

由随机过程理论可知,平稳高斯白噪声通过窄带滤波器(带通滤波器带宽远小于中心频率 ω_c)后,得到平稳窄带高斯噪声。这里 $n_i(t)$ 即为窄带高斯噪声,它可表示为

$$n_i(t) = n_c(t)\cos\omega_c t - n_s(t)\sin\omega_c t \tag{7-37}$$

而且 $n_c(t)$、$n_s(t)$ 与 $n_i(t)$ 具有相同的方差,即

$$\overline{n_i^2(t)} = \overline{n_c^2(t)} = \overline{n_s^2(t)} = N_i \tag{7-38}$$

若平稳高斯白噪声的功率谱密度为 $n_0/2$,带通滤波器频率响应为理想矩形函数,单边带宽为 B,则解调器的输入噪声功率为

$$N_i = n_0 B \tag{7-39}$$

解调的过程是先用本地相干载波信号 $\cos\omega_c t$ 乘以信号 $x(t)$,再经过低通滤波器,然后得到所需的基带信号,即

$$[m(t)\cos\omega_c t + n_i(t)]\cos\omega_c t$$

$$= m(t)\cos^2\omega_c t + [n_c(t)\cos\omega_c t - n_s(t)\sin\omega_c t]\cos\omega_c t$$

$$= \frac{1}{2}m(t) + \frac{1}{2}n_c(t) + \frac{1}{2}[m(t) + n_c(t)]\cos2\omega_c t - \frac{1}{2}n_s(t)\sin2\omega_c t$$

因此,解调器的输出为

$$v_o(t) = s_o(t) + n_o(t) = \frac{1}{2}[m(t) + n_c(t)] \tag{7-40}$$

其中,有用基带信号的功率为

$$S_o = \overline{\left[\frac{1}{2}m(t)\right]^2} = \frac{1}{4}\overline{m^2(t)} = \frac{1}{2}S_i \tag{7-41}$$

输出噪声功率为

$$N_o = \overline{\left[\frac{1}{2}n_c(t)\right]^2} = \frac{1}{4}N_i \tag{7-42}$$

因此,DSB-SC 系统的解调增益为

$$G = \frac{\mathrm{SNR_o}}{\mathrm{SNR_i}} = \frac{S_o/N_o}{S_i/N_i} = 2 \tag{7-43}$$

这表明,DSB-SC 解调器输出端的信噪比是输入端的 2 倍。这个效果可以解释为噪声

是随机的,相对于本地相干信号既有同相分量又有正交分量。通过相干解调,正交分量被抑制,噪声功率消除了一半,从而使信噪比明显改善。

7.3.2 SSB 系统的抗噪声性能

在 SSB 系统的解调器输入端接收到的信号为

$$x(t)=m(t)\cos\omega_c t + \hat{m}(t)\sin\omega_c t + n_i(t) \tag{7-44}$$

其中,$\hat{m}(t)$ 是 $m(t)$ 的希尔伯特变换。由于 $\hat{m}(t)$ 和 $m(t)$ 的功率谱相同,因此有用信号功率为

$$S_i = \frac{1}{2}\overline{m^2(t)} + \frac{1}{2}\overline{\hat{m}^2(t)} = \overline{m^2(t)} \tag{7-45}$$

相干解调后,输出的有用信号为

$$s_o(t) = \frac{1}{2}m(t) \tag{7-46}$$

输出信号功率为

$$S_o = \overline{\left[\frac{1}{2}m(t)\right]^2} = \frac{1}{4}\overline{m^2(t)} = \frac{1}{4}S_i \tag{7-47}$$

对于噪声,解调过程和 DSB-SC 系统完全相同,只不过带宽是 DSB 的一半,所以仍有

$$N_o = \frac{1}{4}N_i \tag{7-48}$$

于是该系统的解调增益为

$$G = \frac{\text{SNR}_o}{\text{SNR}_i} = 1 \tag{7-49}$$

即 SSB 系统的信噪比没有得到改善。造成这个结果的原因是 SSB 信号中的 $\hat{m}(t)\sin\omega_c t$ 分量被解调器滤除。

需要指出,尽量 DSB-SC 系统的信噪比增益为 2,但同时 DSB 信号带宽是 SSB 信号的 2 倍。当两者在解调器输入端信号功率相同时,DSB-SC 系统输入端的噪声功率比 SSB 系统大一倍,因而 DSB-SC 系统和 SSB 系统在解调输出端的信噪比仍是相同的。从这个角度来看,两者的抗噪声性能是相同的。但 SSB 所需的传输带宽仅是 DSB-SC 的一半,因此 SSB 得到普遍应用。

VSB 系统抗噪声性能的分析方法与上面类似。但由于采用的残留边带滤波器的频率响应形状不同,抗噪声性能的计算比较复杂。边带的残留部分不是太大时,可以近似认为其抗噪声性能与 SSB 系统的抗噪声性能相同。

7.3.3 AM 系统的抗噪声性能

对于 AM 系统,解调器输入端的信号为

$$x(t)=A[1+K_m m(t)]\cos\omega_c t + n_i(t) \tag{7-50}$$

相应的有效信号功率为

$$S_i = \frac{1}{2}A^2 + \frac{1}{2}A^2 K_m^2 \overline{m^2(t)} \tag{7-51}$$

式(7-51)中已假定基带信号的均值 $\overline{m(t)}=0$。

输入噪声功率为

$$N_i = \overline{n_i^2(t)} = n_0 B \tag{7-52}$$

AM 系统用包络检波器解调。信号 $x(t)$ 的包络可写为

$$x(t) = [A + AK_m m(t) + n_c(t)]\cos\omega_c t - n_s(t)\sin\omega_c t$$
$$= r(t)\cos[\omega_c t + \phi(t)] \tag{7-53}$$

其中,

$$r(t) = \sqrt{[A + AK_m m(t) + n_c(t)]^2 + n_s^2(t)} \tag{7-54}$$

$$\phi(t) = \arctan\frac{n_s(t)}{A + AK_m m(t) + n_c(t)} \tag{7-55}$$

对于包络检波器,其输出正比于信号包络 $r(t)$。下面分别讨论输入信噪比很大和很小两种不同的情况。

1. 大信噪比情况

当调幅信号远大于噪声时,$A[1+K_m m(t)] \gg n_c(t)$ 及 $A[1+K_m m(t)] \gg n_s(t)$ 以大概率成立。这时 $r(t)$ 可近似表示为

$$r(t) \approx A[1+K_m m(t)] + n_c(t) \tag{7-56}$$

包络检波器的输出信号功率和噪声功率分别为

$$S_o = A^2 K_m^2 \overline{m^2(t)} \tag{7-57}$$

$$N_o = \overline{n_c^2(t)} = \overline{n_i^2(t)} = N_i \tag{7-58}$$

这里要注意,不携带信息的载波,在解调器输入时其功率计入信号功率,否则不能用包络检波来解调;而在输出时它被隔离。于是 AM 系统的解调增益为

$$G = \frac{\text{SNR}_o}{\text{SNR}_i} = \frac{2K_m^2 \overline{m^2(t)}}{1 + K_m^2 \overline{m^2(t)}} \tag{7-59}$$

对于 $m(t)$ 为单音正弦信号及 $|K_m m(t)|_{\max}=1$ 的满调制情况,$G=2/3$。如果调制度减少,则 G 更小。由此可见,AM 系统的抗噪声性能不如 DSB-SC 和 SSB 系统。

2. 小信噪比情况

当调幅信号远小于噪声时,$A[1+K_m m(t)] \ll n_c(t)$ 及 $A[1+K_m m(t)] \ll n_s(t)$ 以大概率成立。这时 $r(t)$ 可近似表示为

$$r(t) \approx \sqrt{n_c^2(t) + n_s^2(t) + 2n_c(t)A[1+K_m m(t)]}$$
$$= \sqrt{[n_c^2(t) + n_s^2(t)]\left\{1 + \frac{2n_c(t)A[1+K_m m(t)]}{n_c^2(t) + n_s^2(t)}\right\}}$$
$$= R(t)\sqrt{1 + \frac{2A[1+K_m m(t)]}{R(t)}\cos\theta(t)}$$
$$\approx R(t) + A[1+K_m m(t)]\cos\theta(t) \tag{7-60}$$

其中,

$$\theta(t) = \arctan \frac{n_\mathrm{s}(t)}{n_\mathrm{c}(t)}$$

$$R(t) = \sqrt{n_\mathrm{c}^2(t) + n_\mathrm{s}^2(t)}$$

由式(7-60)可见,包络检波器的输出没有单独的信号项,而只有受到 $\cos\theta(t)$ 调制的 $m(t)\cos\theta(t)$ 项。由于 $\cos\theta(t)$ 是一个依赖于噪声变换的随机信号,因而输出无法正确反映 $m(t)$ 所要传输的信息,即有用信号已"淹没"在噪声之中。

在小信噪比的情况下,解调输出信噪比不再按比例随着输入信噪比下降,而是急剧恶化。通常将这种现象称为解调器的门限效应,而开始出现门限效应的输入信噪比称为门限值。这种效应是由包络检波器的非线性解调作用所引起的。

有必要指出,常规 AM 信号也可以采用相干解调,所得的解调增益与式(7-59)相同,但它不存在包络检波时的门限效应。原因是此时信号与噪声可分别进行解调,解调器输出端总是单独存在有用信号项。由于大多数情况下 AM 系统的信噪都比较高,特别是在无线电广播中为了保证收听质量,发射功率都很大,包络检波很容易实现,因而得到广泛应用。

7.4　正弦角度调制系统

正弦载波有 3 个参量:振幅、频率和相位。信息除了能调制在载波振幅上外,也可以调制在载波频率或相位上。角度调制(Angle Modulation)是频率调制(Frequency Modulation,FM)和相位调制(Phase Modulation,PM)的总称。在这两种调制过程中,载波的振幅都保持恒定不变,因而角度调制具有比幅度调制更好的抗噪声干扰性能,在需要高保真地重现信号波形的场合经常使用。角度调制与幅度调制的另一个显著不同点是,已调信号频谱不再是原调制信号频谱的线性搬移,而是频谱的非线性变换,会产生与频谱搬移不同的新的频率成分,故通常又称为非线性调制。也正因如此,角度调制需占用比幅度调制信号更宽的带宽。

第 66 集
微课视频

7.4.1　调频波与调相波

未调制载波通常可以写为

$$c(t) = A\cos\theta(t) = A\cos(\omega_c t + \theta_0) \tag{7-61}$$

其中,相角 $\theta(t)$ 称为载波信号的瞬时相位。将 $\theta(t)$ 对 t 求导,所得的 $\mathrm{d}\theta(t)/\mathrm{d}t$ 定义为信号的瞬时频率 $\omega(t)$,即

$$\omega(t) = \frac{\mathrm{d}\theta(t)}{\mathrm{d}t} \tag{7-62}$$

由此可得

$$\theta(t) = \int_{-\infty}^{t} \omega(\tau)\mathrm{d}\tau \tag{7-63}$$

显然,瞬时频率与瞬时相位之间互为微分或积分关系。

当载波受到角度调制时,$\omega(t)$ 不再是常数 ω_c。被调信号的一般表示式可写为

$$s(t) = A\cos[\omega_c t + \varphi(t)] \tag{7-64}$$

则角度调制信号的瞬时频率为 $\omega(t) = \mathrm{d}[\omega_c t + \varphi(t)]/\mathrm{d}t$。

如果使载波的相位 $\theta(t)$ 和基带调制信号 $m(t)$ 具有如下线性关系

$$\theta(t) = \omega_c t + \varphi(t) = \omega_c t + \theta_0 + K_p m(t) \tag{7-65}$$

其中, K_p 称为相移常数, 则得到的已调信号称为调相(PM)信号, 其表达式为

$$s(t) = A\cos[\omega_c t + \theta_0 + K_p m(t)] \tag{7-66}$$

调相信号的瞬时频率为

$$\omega(t) = \frac{\mathrm{d}\theta(t)}{\mathrm{d}t} = \omega_c + K_p \frac{\mathrm{d}m(t)}{\mathrm{d}t} \tag{7-67}$$

而如果使载波的瞬时频率与基带调制信号 $m(t)$ 具有如下线性关系

$$\omega(t) = \omega_c + K_f m(t) \tag{7-68}$$

$$\theta(t) = \int_{-\infty}^{t} \omega(\tau)\mathrm{d}\tau = \omega_c t + K_f \int_{-\infty}^{t} m(\tau)\mathrm{d}\tau \tag{7-69}$$

其中, K_f 称为频偏常数, 则得到的已调信号被称为调频(FM)信号, 其表达式为

$$s(t) = A\cos\left[\omega_c t + \theta_0 + K_f \int_{-\infty}^{t} m(\tau)\mathrm{d}\tau\right] \tag{7-70}$$

由式(7-66)和式(7-70)可以看出, PM 信号和 FM 信号尽管表示式有一定的差别, 但本质是相通的。基于频率和相位之间的微分与积分关系, 如果对基带信号 $m(t)$ 先积分再调相, 即得到 FM 信号。反之, 如果对基带信号 $m(t)$ 先微分再进行调频, 则得到 PM 信号。图 7-14 给出了调频波与调相波的转换关系。

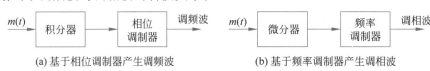

(a) 基于相位调制器产生调频波   (b) 基于频率调制器产生调相波

图 7-14 PM 与 FM 信号的转换

图 7-15 展示了方波与三角波的调频和调相波形。可以看到, 方波的调频波形与三角波的调相波形是一致的。也就是说, 在预先不知道基带信号形式时, 仅从已调信号波形上无法分辨是调频波还是调相波。这再次表明调频与调相无本质区别。因此, 在研究角度调制时, 只需对其中一种方式进行讨论即可。后续将选择在实际中更常用的 FM 方式进行讨论。

在 FM 信号中, 两个重要参数是最大频偏和调频指数。式(7-68)中的 $K_f m(t)$ 是对载波频率 ω_c 的瞬时频偏。最大频偏 $\Delta\omega$ 为瞬时频偏的最大值, 即

$$\Delta\omega = K_f \mid m(t) \mid_{\max} \tag{7-71}$$

相应地, 式(7-69)中的 $K_f \int_{-\infty}^{t} m(\tau)\mathrm{d}\tau$ 是瞬时的相位偏移。最大瞬时相位偏移被称为调频指数, 记为

$$\beta = K_f \left| \int_{-\infty}^{t} m(\tau)\mathrm{d}\tau \right|_{\max} \tag{7-72}$$

7.4.2 调频信号的频谱与带宽

调频是一种非线性调制方式, 因此它不像线性调幅那样, 可以简明地给出已调信号的频谱。由于分析一般调频信号的频谱很困难, 下面的频谱分析主要考虑 $m(t)$ 为单频正弦波 (单音信号)的简单情况。由于不能应用叠加原理, 对于某种特定类型的调制信号的分析结论不能轻易地应用到另一种信号。显然, 前述的单频正弦波对于载有信息的随机信号是一

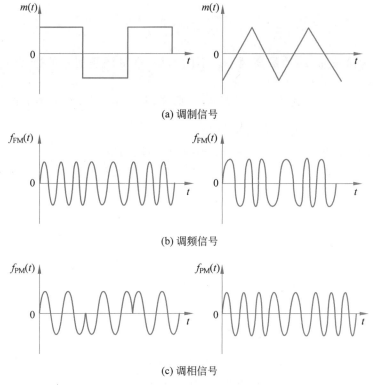

图 7-15　方波与三角波调频与调相波形

种非常粗略的近似。但是,通过对小信号单频正弦波和大信号单频正弦波的调频信号分析所得到的有关带宽的结论,可以推广到其他种类的实际调制信号。

1. 窄带调频

如果 FM 信号的调频指数满足

$$\beta = K_f \left| \int_{-\infty}^{t} m(\tau) d\tau \right|_{\max} \ll \frac{\pi}{2} \tag{7-73}$$

则称为窄带调频。通常要求 $\beta < 0.2$。

由式(7-70),并令 $\theta_0 = 0$,则有

$$
\begin{aligned}
s(t) &= A\cos\left[\omega_c t + K_f \int_{-\infty}^{t} m(\tau) d\tau\right] \\
&= A\cos\omega_c t\cos\left[K_f \int_{-\infty}^{t} m(\tau) d\tau\right] - A\sin\omega_c t\sin\left[K_f \int_{-\infty}^{t} m(\tau) d\tau\right] \\
&\approx A\cos\omega_c t - A K_f \int_{-\infty}^{t} m(\tau) d\tau \cdot \sin\omega_c t
\end{aligned}
\tag{7-74}
$$

式(7-74)中,当 $|x| = K_f \left| \int_{-\infty}^{t} m(\tau) d\tau \right| \ll 1$ 时,利用了近似关系 $\cos x \approx 1$ 及 $\sin x \approx x$。基于式(7-74),可得窄带调频信号频谱为

$$S(\omega) = \pi A\left[\delta(\omega - \omega_c) + \delta(\omega + \omega_c)\right] + \frac{A K_f}{2}\left[\frac{M(\omega - \omega_c)}{\omega - \omega_c} - \frac{M(\omega + \omega_c)}{\omega + \omega_c}\right] \tag{7-75}$$

将式(7-75)与 AM 信号的频谱表示式(7-3)进行比较,可以清楚地看出窄带调频与 AM 这两种调制的相似性和不同处。两者均含有载波分量和两个边带,所以它们具有相同的带

宽,即

$$B = 2f_m \tag{7-76}$$

其中,$f_m = \dfrac{\omega_m}{2\pi}$ 为信号 $m(t)$ 的最高频率。不同的是,窄带调频信号的边带分量以 $\dfrac{1}{\omega - \omega_c}$ 或

$\dfrac{1}{\omega + \omega_c}$ 衰减(非线性失真),而不是像 AM 信号那样,只是将 $M(\omega)$ 在频率轴上进行线性搬移。此外,窄带调频的一个边带和 AM 反相。

如果调制信号是单音信号 $m(t) = A_m \cos\omega_m t$,则调频指数为

$$\beta = K_f \left| \int_{-\infty}^{t} A_m \cos\omega_m \tau \, d\tau \right|_{max} = \frac{K_f A_m}{\omega_m} \tag{7-77}$$

此时窄带调频信号可表示为

$$
\begin{aligned}
s(t) &= A\cos\omega_c t - A\beta\sin\omega_m t \sin\omega_c t \\
&= A\cos\omega_c t - \frac{A\beta}{2}\cos(\omega_c - \omega_m)t + \frac{A\beta}{2}\cos(\omega_c + \omega_m)t
\end{aligned} \tag{7-78}
$$

将式(7-78)以矢量表示,则有

$$s(t) = A\,\mathrm{Re}\left[\mathrm{e}^{\mathrm{j}\omega_c t}\left(1 - \frac{\beta}{2}\mathrm{e}^{-\mathrm{j}\omega_m t} + \frac{\beta}{2}\mathrm{e}^{\mathrm{j}\omega_m t}\right) \right] \tag{7-79}$$

其中,$\mathrm{e}^{\mathrm{j}\omega_c t}$ 可以用一个以 ω_c 的速率依逆时针方向旋转的单位矢量表示。如果不管 ω_c 的连续旋转,而只关注括号内 3 项,图 7-16(a)给出了式(7-79)对应的矢量图。可以看到,合成矢量在相位上偏离未调矢量,而它的幅度几乎不变。也可以将这种矢量法用到 AM 信号上。在式(7-1)中,令 $m(t) = A_m\cos\omega_m t$,可得

$$
\begin{aligned}
s(t) &= A\cos\omega_c t + AK_m\cos\omega_m t\cos\omega_c t \\
&= A\cos\omega_c t + \frac{AK_m}{2}\left[\cos(\omega_c - \omega_m)t + \cos(\omega_c + \omega_m)t\right]
\end{aligned} \tag{7-80}
$$

将式(7-80)3 项画在图 7-16(b)中,这时的合成矢量在幅度上有变化,而相位与未调载波相同。

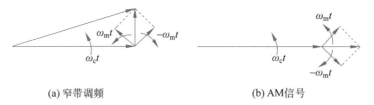

(a) 窄带调频　　　　　　　　　　　　(b) AM 信号

图 7-16 窄带调频与 AM 信号的矢量表示

由于窄带调频信号最大频率偏移较小,占据的带宽较窄,但是其抗干扰性比 AM 系统要好得多,因此得到较广泛的应用。但对于高质量通信(调频立体声广播、电视伴音等)需要采用宽带调频。

2. 宽带调频

宽带调频是指 $\beta \gg 1$ 的情况,一般要求 $\beta > 5$。对于单音调制,设 $\theta_0 = 0$,则调频信号的相位为

$$\theta(t) = \omega_c t + K_f \int_{-\infty}^{t} A_m \cos\omega_m \tau \, d\tau = \omega_c t + \beta \sin\omega_m t \qquad (7\text{-}81)$$

相应的调频信号为

$$s(t) = A\cos[\omega_c t + \beta\sin\omega_m t]$$
$$= A\cos(\beta\sin\omega_m t)\cos\omega_c t - A\sin(\beta\sin\omega_m t)\sin\omega_c t \qquad (7\text{-}82)$$

对于周期函数 $\cos(\beta\sin\omega_m t)$ 和 $\sin(\beta\sin\omega_m t)$，可以借助傅里叶级数展开为

$$\begin{cases} \cos(\beta\sin\omega_m t) = J_0(\beta) + 2\sum_{n=1}^{\infty} J_{2n}(\beta)\cos2n\omega_m t \\ \sin(\beta\sin\omega_m t) = 2\sum_{n=1}^{\infty} J_{2n-1}(\beta)\sin(2n-1)\omega_m t \end{cases} \qquad (7\text{-}83)$$

其中，第1类贝塞尔函数定义为

$$J_n(\beta) = \frac{1}{2\pi}\int_{-\pi}^{\pi} e^{j(\beta\sin x - nx)} \, dx \qquad (7\text{-}84)$$

它满足两个性质：$J_n(\beta) = (-1)^n J_{-n}(\beta)$；$\sum_{n=-\infty}^{\infty} J_n^2(\beta) = 1$。

将式(7-83)代入式(7-82)，且令 $A=1$，即得到单音调频信号的级数展开式为

$$s(t) = J_0(\beta)\cos\omega_c t - J_1(\beta)[\cos(\omega_c - \omega_m)t - \cos(\omega_c + \omega_m)t] +$$
$$J_2(\beta)[\cos(\omega_c - 2\omega_m)t + \cos(\omega_c + 2\omega_m)t] - \cdots$$
$$= \sum_{n=-\infty}^{\infty} J_n(\beta)\cos(\omega_c + n\omega_m)t \qquad (7\text{-}85)$$

由此可见，即使 $m(t)$ 是一个单频的正弦信号，由它产生的 FM 波也包含有无穷多项不同的频率分量。这些频率分量对称地分布在载频的两侧(当 n 为奇数时为奇对称)，谱线的间隔为 ω_m。作为例子，图 7-17 给出了一个 $\beta=3$ 的单音调频信号的频谱，其中全部谱线的功率就是调频波的功率。

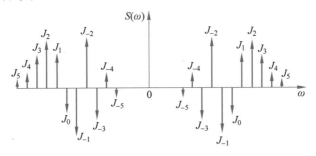

图 7-17　单音调频信号频谱($\beta=3$)

调频信号的频谱包含无穷多个频率分量，因此理论上调频信号的频带宽度为无限宽。但实际上边频幅度 $J_n(\beta)$ 随着 n 的增大而逐渐减小，因而只要取适当的 n 值使边频分量小到可以忽略的程度，调频信号的频谱可近似认为是有限的。贝塞尔函数 $J_n(\beta)$ 中的 n 称为阶次。某些阶次的贝塞尔函数与 β 的关系如图 7-18 所示。

为计算方便起见，表 7-1 列出了 $J_n(\beta)$ 的一些值及相应的信号有效带宽。

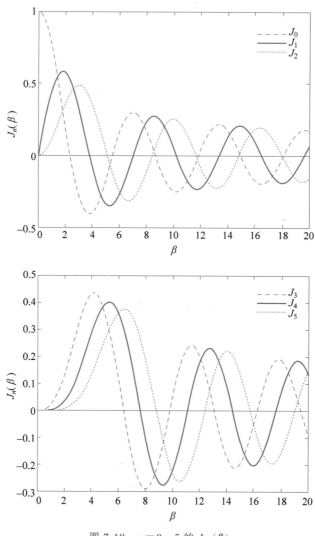

图 7-18 $n = 0 \sim 5$ 的 $J_n(\beta)$

表 7-1 $J_n(\beta)$ 数值及相应带宽

β	$J_0(\beta)$	$J_1(\beta)$	$J_2(\beta)$	$J_3(\beta)$	$J_4(\beta)$	$J_5(\beta)$	$J_6(\beta)$	$J_7(\beta)$	$J_8(\beta)$	有效边带数	带宽
0.2	0.99	0.10	$\cdots$							1	$2f_m$
0.5	0.94	0.24	0.03	$\cdots$						1	$2f_m$
1.0	0.77	0.44	0.11	0.02	$\cdots$					2	$4f_m$
2.0	0.22	0.53	0.35	0.13	0.01	$\cdots$				3	$6f_m$
3.0	-0.26	0.34	0.49	0.31	0.13	0.04	$\cdots$			4	$8f_m$
4.0	-0.40	-0.07	0.36	0.43	0.28	0.13	0.04	$\cdots$		5	$10f_m$
5.0	-0.18	-0.33	0.05	0.36	0.39	0.26	0.13	0.05	$\cdots$	6	$12f_m$
6.0	0.15	-0.28	-0.24	0.11	0.36	0.36	0.25	0.13	0.05	7	$14f_m$
7.0	0.30	-0.00	-0.30	-0.17	0.16	0.35	0.34	0.23	0.13	8	$16f_m$

由图 7-18 可知,当 $\beta < 0.5$ 时,仅 $J_0(\beta)$ 与 $J_1(\beta)$ 具有足够大的幅度,而 $J_2(\beta)$ 及 $J_3(\beta)$

等均可忽略；当 β 增大时，有效的次边带的数目增多。如果信号的带宽以有效边带（其幅度大于 0.1）来计算，则表 7-1 显示信号的带宽为

$$B = 2(\beta + 1) f_m = 2(\Delta F + f_m) \tag{7-86}$$

其中，ΔF 为 FM 系统的最大频偏。式(7-86)又称为卡松(Carson)规则。

最大频偏 $\Delta F = 75\text{kHz}$ 固定时，不同单音信号调制所得的 3 个调频波的振幅谱如图 7-19 所示。这时 ΔF 固定而 f_m 不同，所以 β 也不同。可以看到，有效带宽相差并不多。对于调频广播，系统的最大频偏为 75kHz，基带信号的频率范围为 50Hz~15kHz，故调频广播所需要的带宽 B 约为 180kHz，通常取 225kHz。

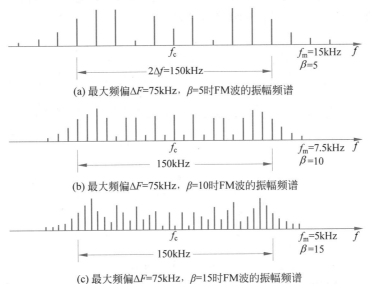

(a) 最大频偏ΔF=75kHz，β=5时FM波的振幅频谱

(b) 最大频偏ΔF=75kHz，β=10时FM波的振幅频谱

(c) 最大频偏ΔF=75kHz，β=15时FM波的振幅频谱

图 7-19 最大频偏 ΔF 固定而 f_m 不同时 3 个 FM 波的振幅频谱

第 68 集
微课视频

以上讨论的是单音调频的频谱和带宽。当调制信号不是单一频率时，由于调频是一种非线性过程，其频谱分析更加复杂。但当最大频偏给定为 ΔF 而调制信号的最高频率为 f_m 时，对于任意带限信号调制的 FM 信号，分析和经验表明其带宽仍可用式(7-86)来估算。

7.4.3 调频信号的产生

FM 信号的产生通常有两种方法：直接调频法和间接调频法。

1. 直接调频法

直接调频法就是用基带信号通过电压控制元件控制振荡回路的参数，使载波频率在 ω_c 附近随调制信号变化，从而产生调频信号。若被控制的是 LC 振荡器，则只需控制振荡回路的某个电抗元件（电感或电容），使其参数随调制信号变化。目前常用的电抗元件是变容二极管，由于其电路简单，性能良好，已成为目前最广泛采用的调频电路元件之一。在 LC 振荡器中，振荡频率为 $f = \dfrac{1}{2\pi\sqrt{LC}}$。

如果回路的电容量随基带信号而变化，即

$$C = C_0 + \Delta C = C_0 + K_c m(t) \tag{7-87}$$

则有

$$f = \frac{1}{2\pi}\left[LC_0\left(1+\frac{K_c}{C_0}m(t)\right)\right]^{-\frac{1}{2}} = f_c\left(1+\frac{K_c}{C_0}m(t)\right)^{-\frac{1}{2}} \approx f_c\left(1-\frac{1}{2}K_f m(t)\right)$$

$$(7\text{-}88)$$

其中，$f_c = \omega_c/(2\pi)$，$K_f = K_c/C_0 \ll 1$。

在直接调频法中，振荡器与调制器合二为一。这种方法的主要优点是在实现线性调频的要求下，可以获得较大的频偏；主要缺点是频率稳定度不高。因此，往往需要采用自动频率控制系统稳定中心频率。应用锁相环(Phase-Locked Loop，PLL)调制器，可以获得高质量的 FM 信号或 PM 信号。这种方案的载频稳定度很高，可以达到晶体振荡器的频率稳定度。但是，它的一个显著缺点是低频调制特性较差。

2. 间接调频法

间接调频法是先将调制信号积分，然后基于式(7-74)对载波进行调相，即可产生一个窄带调频信号，再经 n 次倍频器得到宽带调频信号。其原理框图如图 7-20 所示。

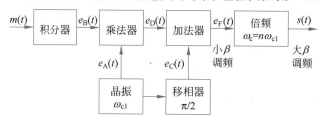

图 7-20　间接调频系统

在图 7-20 中，晶体振荡信号为

$$e_A(t) = -A\sin\omega_{c1}t$$

调制信号 $m(t)$ 经积分器得到 $e_B(t)$，然后与 $e_A(t)$ 相乘，乘法器的输出为

$$e_D(t) = K_{f1}e_B(t) \cdot e_A(t) = -AK_{f1}\int_{-\infty}^{t}m(\tau)\mathrm{d}\tau \cdot \sin\omega_{c1}t$$

另外，晶振信号经 $\pi/2$ 移相后的输出信号为

$$e_C(t) = -A\sin\left(\omega_{c1}t - \frac{\pi}{2}\right) = A\cos\omega_{c1}t$$

则加法器的输出为

$$e_F(t) = e_C(t) + e_D(t) = A\cos\omega_{c1}t - AK_{f1}\int_{-\infty}^{t}m(\tau)\mathrm{d}\tau \cdot \sin\omega_{c1}t$$

若 $\beta_1 = K_{f1}\left|\int_{-\infty}^{t}m(\tau)\mathrm{d}\tau\right|_{\max} \ll 1$，则对比式(7-74)，有

$$e_F(t) \approx A\cos\left[\omega_{c1}t + K_{f1}\int_{-\infty}^{t}m(\tau)\mathrm{d}\tau\right]$$

即 $e_F(t)$ 为小 β_1 的窄带调频信号。再经过倍频器，将相角增大 n 倍，有

$$s(t) = A\cos\left[n\omega_{c1}t + nK_{f1}\int_{-\infty}^{t}m(\tau)\mathrm{d}\tau\right] = A\cos\left[\omega_c t + K_f\int_{-\infty}^{t}m(\tau)\mathrm{d}\tau\right]$$

于是得到载波频率 $\omega_c = n\omega_{c1}$ 及大调频指数 $\beta = nK_{f1}\left|\int_{-\infty}^{t}m(\tau)\mathrm{d}\tau\right|_{\max} = n\beta_1$ 的宽带调频信号。

如上所述，经 n 倍频后窄带调频信号的调频指数可增大 n 倍，从而获得所需的宽带调频信号。以 FM 广播为例，在发射机中首先以 200kHz 为载频，调制信号最高频率为 15kHz 时频偏仅 25Hz，因而调频指数很小（只有 0.00167），可基于式（7-74）生成窄带调频信号。而 FM 广播规定的最大频偏为 75kHz，因此需要经过 75000/25＝3000 倍频。倍频后新的载波频率为 600MHz，可再用下变频的方法将发射频率搬移到 88～108MHz 的调频广播频带内。

图 7-20 所示的间接调频法是由阿姆斯特朗（Armstrong）于 1930 年提出的，因此又称为阿姆斯特朗法。间接调频法的优点是频率稳定度好。这个方法提出后，使调频技术得到很大发展。目前高质量的 FM 系统多采用间接调频方式。

7.4.4 调频信号的解调

因为调频信号的瞬时频率与基带信号呈线性关系，所以解调的关键是要产生一个幅度与 FM 信号瞬时频率呈线性关系的电压（或电流）。一般称这种频率-幅度的变换装置为鉴频器。

对式（7-70）进行微分运算，可得

$$\frac{\mathrm{d}s(t)}{\mathrm{d}t} = -A\sin\theta(t)\frac{\mathrm{d}\theta(t)}{\mathrm{d}t} = -A[\omega_c + K_f m(t)]\sin\theta(t) \qquad (7\text{-}89)$$

这表明 FM 信号经微分后得到调幅调频信号，其包络为

$$A[\omega_c + K_f m(t)] = A\omega_c\left[1 + \frac{K_f}{\omega_c}m(t)\right]$$

即包络包含了所需要的基带信号 $m(t)$。当满足 $\left|\dfrac{K_f}{\omega_c}m(t)\right|_{\max} < 1$ 时，可通过包络检波得到 $m(t)$。

图 7-21 描述了用振幅鉴频器进行非相干解调的特性与原理。

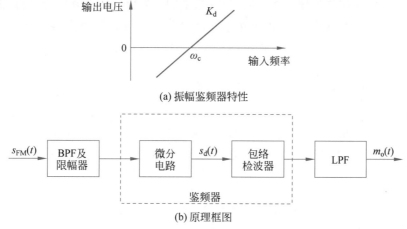

(a) 振幅鉴频器特性

(b) 原理框图

图 7-21 用振幅鉴频器进行非相干解调的特性与原理

这里限幅器的作用是消除信道噪声及其他原因引起的调频波幅度起伏，而带通滤波器（BPF）是让调频信号顺利通过，同时滤除带外噪声及高次谐波分量。微分器和包络检波器构成了具有近似理想鉴频特性的鉴频器。微分器的作用是把幅度恒定的调频波变成式（7-89）中幅度和频率都随调制信号变化的调幅调频波。包络检波器则将其幅度变化检出并滤去直流，再经低通滤波后即得解调输出。

　　上述解调方法中,微分器实际上类似于一个 FM-AM 转换器。它可以用一个谐振回路来实现,但其鉴频特性的线性范围较小。采用如图 7-22 所示的由两个谐振回路组成的平衡鉴频器可以扩大鉴频特性的线性范围,因而得到广泛应用。

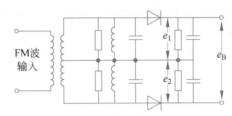

(a) 由两个谐振回路组成的平衡鉴频器

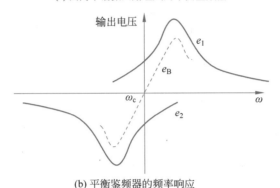

(b) 平衡鉴频器的频率响应

图 7-22　平衡鉴频器及其频率响应

　　鉴频器的种类很多。除了上述振幅鉴频器之外,还有相位鉴频器、比例鉴频器、正交鉴频器、斜率鉴频器、调频负回授鉴频器、锁相环鉴频器等。在普通调频收音机中更多使用的是具有限幅特性的比例鉴频器。在保密通信中,空间的发射功率极其珍贵,通常采用反馈技术改善噪声中信号的鉴别能力,因而常用锁相环鉴频器和调频负回授鉴频器等。这些电路和原理在高频电子线路课程中都有详细的讨论,这里不再赘述。

7.5　正弦调频系统的抗噪声性能

　　本节讨论前述非相干解调情况下正弦调频系统的抗噪声性能。所采用的分析模型与正弦调幅系统时相同,如图 7-13 所示。信道所引入的加性噪声为平稳高斯白噪声,其单边功率谱密度设为 n_0。

7.5.1　大信噪比时的解调增益

　　对调频信号,调制前载波功率与调制后的已调信号功率完全相同,所以解调器的输入信号功率为

$$S_i = \frac{1}{2}A^2$$

　　对于宽带调频,FM 信号的带宽为

$$2\pi B = 2(\beta + 1)\omega_m = 2(\Delta\omega + \omega_m)$$

其中，ω_m 为基带信号的最高频率；$\Delta\omega$ 为最大频偏。则解调器输入端的噪声功率为

$$N_i = n_0 B$$

于是有

$$SNR_i = \frac{\frac{1}{2}A^2}{n_0 B} = \frac{A^2}{2n_0 B} \tag{7-90}$$

在输入信噪比足够大的条件下，信号和噪声的相互作用可以忽略，这时可以将输出信号功率和噪声功率分开来计算。

设输入噪声为 0 时，解调输出信号为

$$m_o(t) = K_d K_f m(t)$$

其中，K_d 为鉴频器灵敏度（即图 7-21 中直线的斜率）。因此，输出信号平均功率为

$$S_o = \overline{m_o^2(t)} = (K_d K_f)^2 \overline{m^2(t)} \tag{7-91}$$

接着计算解调器输出端噪声的平均功率。设调制信号 $m(t)=0$，则加到解调器输入端的是未调载波与窄带高斯噪声之和，即

$$A\cos\omega_c t + n_i(t) = A\cos\omega_c t + n_c(t)\cos\omega_c t - n_s(t)\sin\omega_c t$$
$$= [A + n_c(t)]\cos\omega_c t - n_s(t)\sin\omega_c t = A(t)\cos[\omega_c t + \psi(t)]$$

包络和相移分别为

$$A(t) = \sqrt{[A + n_c(t)]^2 + n_s^2(t)}$$

$$\psi(t) = \arctan\frac{n_s(t)}{A + n_c(t)}$$

在大信噪比时，即 $A \gg n_c(t)$ 及 $A \gg n_s(t)$，相位偏移 $\psi(t)$ 可近似为

$$\psi(t) = \arctan\frac{n_s(t)}{A + n_c(t)} \approx \arctan\frac{n_s(t)}{A}$$

当 $x \ll 1$ 时，有 $\arctan x \approx x$，故有

$$\psi(t) \approx \frac{n_s(t)}{A}$$

由于鉴频器的输出正比于输入的频率偏移，故鉴频器的输出噪声为

$$n_o(t) = K_d \frac{d\psi(t)}{dt} = \frac{K_d}{A}\frac{dn_s(t)}{dt}$$

由于 $\dfrac{dn_s(t)}{dt}$ 是 $n_s(t)$ 通过理想微分电路的输出，它的功率谱密度等于 $n_s(t)$ 的功率谱密度乘以理想微分电路的功率传输函数。理想微分电路的功率传输函数为

$$|H(\omega)|^2 = |j\omega|^2 = \omega^2$$

注意到 $n_s(t)$ 与 $n_i(t)$ 功率谱密度相同，则鉴频器输出噪声的功率谱密度为

$$P_n'(\omega) = \left(\frac{K_d}{A}\right)^2 \omega^2 n_0 = \frac{K_d^2}{A^2}n_0\omega^2, \quad |\omega| \leqslant \pi B$$

最后经低通滤波，即得到解调器输出噪声的功率谱密度为

$$P_n(\omega) = \frac{n_0 K_d^2}{A^2}\omega^2, \quad |\omega| \leqslant \omega_m$$

这是一个抛物线型的功率谱,如图 7-23 所示。最后,输出噪声功率为

$$N_o = \frac{1}{2\pi} \int_{-\omega_m}^{\omega_m} P_n(\omega)\,\mathrm{d}\omega = \frac{n_0 K_d^2}{3\pi A^2}\omega_m^3 \tag{7-92}$$

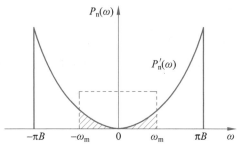

图 7-23　输出噪声的功率谱密度

于是得到 FM 系统的解调增益为

$$G = \frac{\mathrm{SNR}_o}{\mathrm{SNR}_i} = \frac{6\pi B K_f^2 \overline{m^2(t)}}{\omega_m^3}$$

对于单音调制,有 $m(t) = A_m \cos\omega_m t$ 及 $2\pi B = 2(\beta+1)\omega_m$,此时有

$$G = 3\frac{K_f^2 A_m^2}{\omega_m^2}\frac{(\beta+1)\omega_m}{\omega_m} = 3\beta^2(\beta+1)$$

可见 FM 系统的解调增益远大于调幅系统。例如,当 $\beta=5$ 时,G 可高达 450。还可看出,通过加大调制指数 β,可使 FM 系统的抗噪声性能迅速改善。

7.5.2　FM 与 AM 的输出信噪比比较

为了更好地说明在大信噪比情况下,宽带调频系统具有高抗噪声性能这一特点,我们将 FM 系统与 AM 系统的输出信噪比进行比较。

由式(7-57)和式(7-58),大信噪比情况下 AM 系统包络检波的输出信号功率和噪声功率分别为

$$S_o = A^2 K_m^2 \overline{m^2(t)}$$

$$N_o = N_i = 2n_0 f_m$$

设 $m(t)$ 为单音信号 $A_m \cos\omega_m t$,且 AM 信号为 100% 调制(即 $K_m A_m = 1$),则有

$$(\mathrm{SNR}_o)_{\mathrm{AM}} = \frac{\frac{1}{2}A^2}{2n_0 f_m} \tag{7-93}$$

根据式(7-91)式(7-92),FM 系统的输出信噪比为

$$(\mathrm{SNR}_o)_{\mathrm{FM}} = \frac{3\pi A^2}{2n_0}\frac{\Delta\omega^2}{\omega_m^3} \tag{7-94}$$

其中,$\Delta\omega = K_f A_m$ 为系统的最大频偏。比较式(7-93)和式(7-94),可得

$$\frac{(\mathrm{SNR}_o)_{\mathrm{FM}}}{(\mathrm{SNR}_o)_{\mathrm{AM}}} = 3\left(\frac{\Delta\omega}{\omega_m}\right)^2 = 3\beta^2 \tag{7-95}$$

由式(7-95)可知,当 $\beta=5$ 时,FM 系统输出信噪比是 AM 系统的 75 倍,但付出的代价

是带宽增大约 5 倍。当 $\beta>10$ 时,可以近似地认为 FM 信号的带宽 $B_{FM}=2\beta f_m$,而 AM 信号的带宽总为 $B_{AM}=2f_m$。于是式(7-95)又可写为

$$\frac{(SNR_o)_{FM}}{(SNR_o)_{AM}}=3\left(\frac{B_{FM}}{B_{AM}}\right)^2$$

可见,宽带调频输出信噪比相对于调幅的改善与它们带宽比的平方成正比。这就意味着,对于 FM 系统,增加传输带宽就可以改善抗噪声性能。调频方式的这种以带宽换取信噪比的特性是十分有益的。而在 AM 系统中,由于信号带宽是固定的,无法进行带宽与信噪比的互换。这也正是在抗噪声性能方面 FM 系统优于 AM 系统的重要原因。由此可得到如下结论:在大信噪比情况下,FM 系统的抗噪声性能比 AM 系统优越,且其优越程度将随传输带宽的增加而提高。

但是,FM 系统以带宽换取输出信噪比改善并不是无止境的。随着传输带宽的增加(相当于 β 变大),输入噪声功率增大,在输入信号功率不变的条件下,输入信噪比下降。当输入信噪比降到一定程度时就会出现下面所说的门限效应,输出信噪比将急剧恶化。

7.5.3 小信噪比时的门限效应

在 FM 系统中,当输入信噪比较小时,解调器输出的信噪比急剧下降,即同样存在 7.3.3 节所说的门限效应,而且比起 AM 系统要显著得多。

仍考虑窄带高斯噪声,则频率解调器的输入端信号为

$$x(t)=A\cos[\omega_c t+\phi(t)]+R(t)\cos[\omega_c t+\theta(t)]$$

其中,

$$\phi(t)=K_f\int_{-\infty}^t m(\tau)d\tau$$

$$R(t)=\sqrt{n_c^2(t)+n_s^2(t)}$$

$$\theta(t)=\arctan\frac{n_s(t)}{n_c(t)}$$

它们的矢量关系如图 7-24 所示。

由图 7-24 可见,有

$$x(t)=E(t)\cos[\omega_c t+\theta(t)+\beta(t)]$$

其中,

$$\beta(t)=\arctan\frac{A\sin[\phi(t)-\theta(t)]}{R(t)+A\cos[\phi(t)-\theta(t)]}$$

在大噪声情况下,即 $R(t)\gg A$,$\beta(t)$ 可化简为

$$\beta(t)\approx\arctan\frac{A\sin[\phi(t)-\theta(t)]}{R(t)}\approx\frac{A}{R(t)}\sin[\phi(t)-\theta(t)]$$

解调器的输出为

$$y(t)=K_d\frac{d}{dt}[\omega_c t+\theta(t)+\beta(t)]=K_d[\omega_c+\dot\theta(t)+\dot\beta(t)]$$

其中,$K_d\dot\theta(t)$ 为噪声部分。基带信号 $m(t)$ 的信息包含在 $\beta(t)$ 中,但 $\beta(t)$ 中有一个相乘因子 $1/R(t)$,它是窄带噪声的包络,所以解调器无法取出与 $m(t)$ 成正比的信号。这就是引起

输出信噪比急剧下降的原因。

一般 FM 系统的信噪比特性曲线如图 7-25 所示。可以看到,在 FM 输入信噪比下降时,出现门限效应。实验表明:对于 $\beta=4$,当 $SNR_i<13dB$ 时,FM 输出信噪比迅速变坏;当 $SNR_i<8dB$ 时,FM 输出信噪比比 DSB-SC 系统还要差;而当 $SNR_i>18dB$ 时,FM 输出信噪比比 DSB-SC 系统信噪比高 14dB。

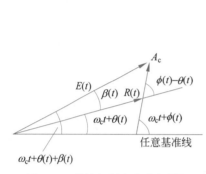

图 7-24　载波与噪声合成矢量图

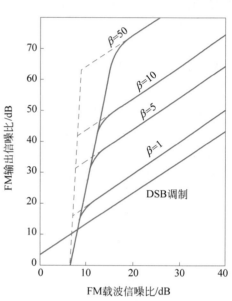

图 7-25　FM 系统的输出信噪比特性曲线

门限效应是 FM 系统存在的一个实际问题。尤其在采用调频的远距离通信和卫星通信等领域中,对调频接收机的门限效应十分关注,希望门限点向低输入信噪比方向扩展。降低门限值(也称为门限扩展)的方法有很多。例如,可以采用调频负反馈和锁相环解调器,它们的门限比一般鉴频器的门限电平低 6~10dB。门限扩展后信噪比特性如图 7-24 中虚线所示。注意,这些新鉴频技术都不改变门限以上的 *FM* 解调性能。

7.5.4　预加重和去加重技术

如前所述,鉴频器输出噪声功率谱随 ω 呈抛物线状增大。但在调频广播中所传输的语音和音乐信号的能量却主要分布在低频端,其功率谱密度随频率的增高而下降。换言之,在 FM 高频端的信号功率谱密度最小,而噪声功率谱密度最大,致使高频端的输出信噪比明显恶化。这对解调信号质量会带来很大的影响。

为了进一步改善 FM 解调器的输出信噪比,针对鉴频器输出噪声功率谱呈抛物线形状这一特点,在调频系统中广泛采用加重技术,包括预加重和去加重措施。预加重和去加重的设计思想是在保持输出信号功率不变的情况下,有效地降低输出噪声功率,以达到提高输出信噪比的目的。

所谓预加重,即在调频之前先将调制信号 $m(t)$ 通过预加重网络,使 $m(t)$ 中的高频部分得到加强,然后用经过预加重的信号 $m'(t)$ 进行频率调制。在接收端,解调器输出 $m'(t)$ 与噪声信号,其中噪声的功率谱密度呈抛物线型。将这个输出再经过(与预加重相逆的)去加重网络减弱高频分量,便得到 $m(t)$。由于采用预加重,原来信噪比较低的高频部分信噪比有了改善,而去加重网络还进一步压低了高频部分的噪声功率。这样,就从两方面改进了输出信噪比。

最简单的预加重网络如图 7-26(a)所示,它的渐近频率响应如图 7-26(b)所示($r>R$)。它有两个频率转折点 $\omega_1=1/rC$ 和 $\omega_2=1/RC$。ω_1 选择在 $m(t)$ 频谱的低频端,而 ω_2 选择在 $m(t)$ 的最高频率之外,即 $\omega_2>\omega_1$。这样,预加重网络在 $\omega_1\sim\omega_2$ 对信号进行加重。相应的去加重网络及其渐近频率响应如图 7-26(c)和图 7-26(d)所示,其频率特性为

$$H(\omega)=\frac{1}{1+j\dfrac{\omega}{\omega_1}} \rightarrow |H(\omega)|^2=\frac{\omega_1^2}{\omega_1^2+\omega^2}$$

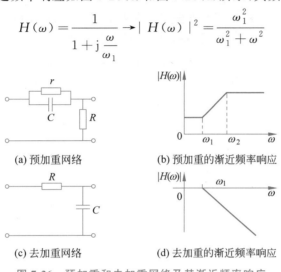

(a) 预加重网络　　　　(b) 预加重的渐近频率响应

(c) 去加重网络　　　　(d) 去加重的渐近频率响应

图 7-26　预加重和去加重网络及其渐近频率响应

经过去加重网络后,噪声的功率谱密度为

$$P'_n(\omega)=\frac{K_d^2\omega^2 n_0}{A^2}|H(\omega)|^2=\frac{K_d^2\omega^2 n_0\omega_1^2}{A^2(\omega_1^2+\omega^2)}$$

相应的输出噪声功率为

$$N'_o=\frac{1}{2\pi}\int_{-\omega_m}^{\omega_m}P'_n(\omega)\,d\omega=\frac{K_d^2\omega_1^2 n_0}{\pi A^2}\int_0^{\omega_m}\frac{\omega^2}{\omega_1^2+\omega^2}\,d\omega=\frac{K_d^2\omega_1^3 n_0}{\pi A^2}\left(\frac{\omega_m}{\omega_1}-\arctan\frac{\omega_m}{\omega_1}\right)$$

由于采用预加重/去加重系统的输出信号功率与没有采用预加重/去加重系统的功率相同,所以调频解调器的输出信噪比的改善程度可用加重前的输出噪声功率 N_o 与加重后的输出噪声功率 N'_o 的比值 ρ 确定,即

$$\rho=\frac{N_o}{N'_o}=\frac{1}{3}\cdot\frac{\omega_m^3}{\omega_1^3}\cdot\frac{1}{\dfrac{\omega_m}{\omega_1}-\arctan\dfrac{\omega_m}{\omega_1}}$$

对于 FM 系统,可以看到 ρ 随 ω_m/ω_1 的增加而增大,因而降低 ω_1 可以增加去加重的效果。但这种效果是有限度的,因 ω_1 变小时,信号 $m(t)$ 中高频分量被提升很多,会产生大振幅的尖峰。而频偏常数 K_f 对于实际系统是固定的,所以大振幅的尖峰会引起频偏的增加,从而导致传输带宽也随之增加。这是不希望出现的现象。利用图 7-26 中简单的加重网络,在保持信号传输带宽基本不变的条件下,可使 FM 解调输出信噪比提高 6dB 左右。在允许传输带宽稍微增大的情况下,可以进一步获得更加显著的信噪比改善。

加重技术不但在调频系统中得到了实际应用,也常用在音频传输和录音系统的录音和放

音设备中。例如,录音和放音设备中广泛应用的杜比(Dolby)降噪声系统就采用了加重技术。

7.6　频分多路复用系统

如 7.1 节所述,正弦调制技术不仅可将信息嵌入能有效传输的载波信号中,还能够将多路信号通过频分复用(Frequency-Division Multiplexing,FDM)的方式同时传输。

图 7-27 给出了频分复用系统原理框图。在发信端,首先使各路基带信号通过低通滤波器(LPF),以限制其最高频率。然后,将各路信号调制到不同的载波频率上,即将其频谱搬移到指定的频段范围内,合成一个宽带的信号后送入信道传输。在收信端,则采用一系列不同中心频率的带通滤波器(BPF)分离出各路已调信号,将其分别解调后即可恢复出各路相应的基带信号。显然,为了防止多路信号之间产生相互干扰,应合理选择载波频率 f_{c1}, f_{c2},…,f_{cn},并使各路已调信号频谱之间留有一定的防护频带。

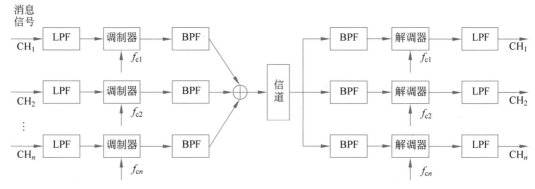

图 7-27　频分复用系统原理框图

频分复用技术主要用于模拟信号,其主要优点是信道利用率高,技术成熟;缺点是设备复杂,滤波器难以制作,并且在复用和传输过程中,调制、解调等操作会不同程度地引入非线性失真,从而产生各路信号的相互干扰。频分多路复用普遍应用于长途载波电话、立体声调频、电视广播、空间遥测以及模拟(第一代)移动通信等系统中。

下面通过几个具体的实例来说明。

1. 多路载波电话等级系统

在多路载波电话中,采用单边带调幅频分复用以最大限度节省传输带宽。根据电信标准,每路电话信号频带限制在 300～3400Hz。单边带调幅后的信号带宽与电话信号相同。为了在各路已调信号间留有保护间隙,以便滤波器有可实现的过渡带,因而每路取 4kHz 作为标准带宽。

考虑到大容量载波电话传输中合群与分群的方便,现已形成一套标准的等级,如表 7-2 所示。

表 7-2　多路载波电话分群等级

分 群 等 级	容量/路	带宽/kHz	基本频率/kHz
基群	12	48	60～108
超群	60＝12×5	240	312～552
主群	300＝60×5	1200	812～2044

续表

分 群 等 级	容量/路	带宽/kHz	基本频率/kHz
巨群	900＝300×3	3600	8516～12388
12MHz 系统	2700＝900×3	10800	
60MHz 系统	10800＝900×12	43200	

在该 FDM 系统中,基群(Basic Group)由 12 路电话信号构成,频分复用后的基群信号频谱如图 7-28(a)所示,每路采用的是下边带。基群信号的产生过程如图 7-28(b)所示。该基群由 12 个下边带组成,占用 60～108kHz 的频率范围。复用中所有载波都由一个振荡器合成,起始频率为 64kHz,间隔为 4kHz。因此,可以计算出各载波频率为

$$f_{cn} = 64 + 4(12-n), \quad n = 1,2,\cdots,12$$

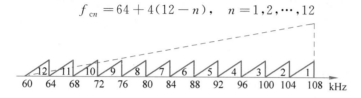

(a) 基群信号频谱图

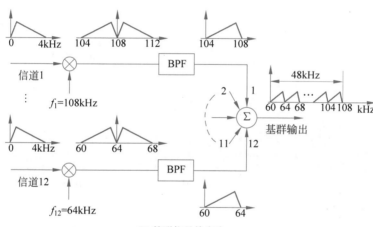

(b) 基群信号的产生

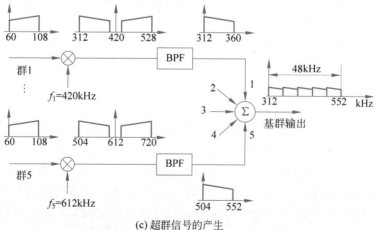

(c) 超群信号的产生

图 7-28 多路载波电话等级系统框图

其中，f_{cn} 为第 n 路信号的载波频率(kHz)。

然后，由 5 个基群复用为一个超群(Super Group)，共 60 路电话信号；超群信号的频谱如图 7-28(c)所示。再由 5 个超群复用为一个主群(Master Group)，共 300 路电话信号。如果需要传输更多路电话信号，可以将多个主群进行复用，组成巨群(Jumbo Group)。多路载频信号通过同轴电缆传输，也可以进一步调制到微波频率上($4\sim6$GHz)，以微波中继线路进行宽带传输。

2. 空间遥测用二级调频系统

图 7-29 所示为一个空间遥测 FM/FM 二级调制多路复用系统。该系统共有 21 个信道，每个信道的带宽各不相同，从 6Hz 到 2.5kHz。每路信道均先进行 $\beta=5$ 的频率调制，然后 21 路信号合成一个信号，其带宽为 180kHz，再进行一次调频，频偏为 1.4MHz。载波频率为 2200MHz(微波波段)。地面接收之后再将这个组合信号分成 21 路空间遥测信号。

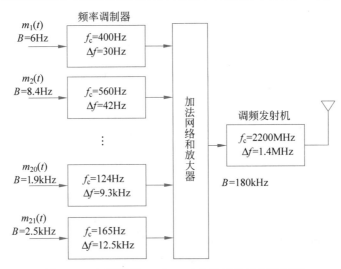

图 7-29　空间遥测 FM/FM 二级调制多路复用系统

3. 电视广播系统

电视图像信号频带很宽，而且有很丰富的低频分量，因而难以采用单边带调幅。因此，电视广播信号一般采用残留边带调幅，并插入很强的载波，从而可以用简单包络检波的方法接收图像信号，使电视接收机简化。

在我国黑白电视系统中，采用残留边带调幅的图像信号与采用频率调制的伴音信号，以频分复用的方式合成一个总的信号。其频谱如图 7-30(a)所示，其中伴音载频与图像载频相差 6.5MHz，信号总频宽为 8MHz。残留边带信号在载频附近的互补特性是在接收端形成的，接收机中放的理想频率特性为一斜切特性。

而彩色电视中彩色是由红、蓝、绿三原色构成的。为了在接收端分出这 3 种颜色，重现彩色，并且考虑到与黑白电视的兼容(即可以相互接收)，因而在彩色电视信号中除了传输由这三色线性组合得到的亮度信号(黑白电视信号)之外，还需要传输两路色差信号 R-Y(红色与亮度之差)和 B-Y(蓝色与亮度之差)。在我国彩色电视所采用的逐行倒相制(PAL 制)中，这两路色差信号用 4.43361875MHz 彩色副载波进行正交的抑制载波双边带调幅，即采用频率相同而相位差 90°的两个载波分别进行 DSB-SC 调幅，其频谱如图 7-30(b)所示。为了克服传输过程中相位失真对色调的影响,在 PAL 制中 R-Y 这一路色差信号在调制时每隔一个扫描行将副载波倒相一次(显然,两路色差信号调制后的正交性不变),这也是逐行倒相制名称的由来。

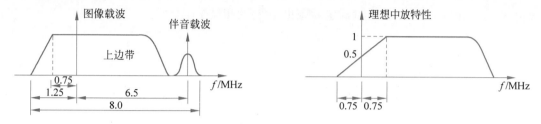

(a) 黑白电视信号的频谱

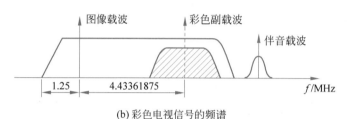

(b) 彩色电视信号的频谱

图 7-30　电视广播信号的频谱

习题 7

7-1 试判断并给出理由:

(1) AM 系统是线性系统吗?是时不变系统吗?

(2) DSB-SC 系统是线性系统吗?是时不变系统吗?

(3) SSB 系统是线性系统吗?是时不变系统吗?

(4) VSB 系统是线性系统吗?是时不变系统吗?

7-2 考虑 AM 信号 $s(t)=[10+\sin(300\pi t)-5\cos(600\pi t)]\cos(10000\pi t)$,试求:

(1) 每个频率分量的平均功率;

(2) 边带功率、总功率及功率利用率。

7-3 考虑 AM 信号 $s(t)=A[1+K_{\mathrm{m}}m(t)]\cos\omega_{\mathrm{c}}t$。若调制信号 $m(t)=A_{\mathrm{m}}\cos\omega_{\mathrm{m}}t$,为了能够无失真地通过包络检波恢复出 $m(t)$,K_{m} 的取值应满足什么条件?

7-4 设调制信号 $m(t)=\cos(100\pi t)+\sin(300\pi t)$,载波为 $c(t)=\cos(2000\pi t)$。

(1) 若进行 100% 调制的 AM,试确定已调信号的时间域表示式,并画出频谱图;

(2) 若进行 DSB-SC 调幅,试确定已调信号的时间域表示式,并画出频谱图;

(3) 若进行 SSB 下边带调幅,试确定已调信号的时间域表示式,并画出频谱图。

7-5 考虑调制信号 $m(t)$ 是随机信号的情况。参照 AM 相应部分,推导:

(1) DSB-SC 调幅信号的功率谱密度;

(2) SSB(下边带)调幅信号的功率谱密度。

7-6 对于基带信号 $m(t)$,其频谱 $M(\omega)=0,|\omega|>\omega_{\mathrm{m}}$;而另一个信号 $s(t)$ 的频谱为 $S(\omega)=2M(\omega-\omega_{\mathrm{c}})+2M(\omega+\omega_{\mathrm{c}})$。

(1) 试确定一信号 $c(t)$，使 $s(t)=m(t)c(t)$；

(2) 在什么条件下，可以从 $s(t)$ 无失真地恢复 $m(t)$？如何恢复？

7-7   对图 7-31(a)所示的系统，其输入信号是 $x(t)$，输出信号是 $y(t)$。若输入信号的频谱 $X(\omega)$ 如图 7-31(b)所示，试确定并画出 $y(t)$ 的频谱 $Y(\omega)$。

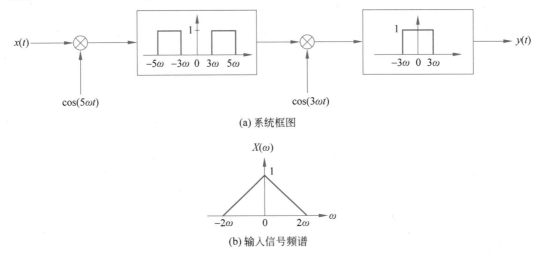

(a) 系统框图

(b) 输入信号频谱

图 7-31   习题 7-7 的系统框图和输入信号频谱

7-8   对于接收到的 AM 信号 $y(t)=A[1+K_m m(t)]\cos(\omega_c t+\theta_c)$，可以用包络检波器进行非同步解调。实际上还有另外一种解调系统，它也不要求相位同步，但要求频率同步。如图 7-32 所示，该系统中的两个低通滤波器截止频率都为 ω_c，信号 $y(t)$ 中的相位 θ_c 为常数但大小未知。信号 $m(t)$ 是带限的，最大频率为 ω_m，即 $M(\omega)=0$，$|\omega|>\omega_m$ 且 $\omega_m<\omega_c$。与包络检波器的要求相同，对所有 t，有 $1+K_m m(t)>0$。试证明：图 7-32 中的系统可用于从 $y(t)$ 中恢复出 $m(t)$ 而无须知道相位 θ_c 的值。

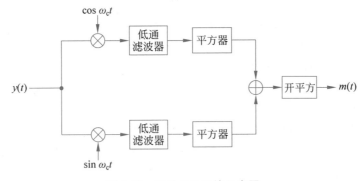

图 7-32   习题 7-8 系统示意图

7-9   在幅度调制系统中，调制和解调都是通过使用乘法器来完成的。在许多实际系统中都采用如图 7-33 所示的一种非线性单元实现乘法器。该系统由两部分组成：先将调制信号和载波相加再平方，然后通过带通滤波获得已调信号。假设 $m(t)$ 带限，即 $M(\omega)=0$，$|\omega|>\omega_m$。试确定带通滤波器的参数 ω_1、ω_h 和 A，使得 $s(t)$ 就是用 $m(t)$ 进行 DSC-SC 调幅的结果，即有 $s(t)=m(t)\cos\omega_c t$，并给出 ω_c 和 ω_m 之间需满足的条件。

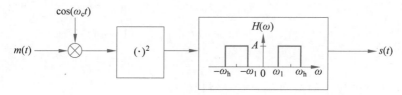

图 7-33　习题 7-9 系统示意图

7-10　若采用如图 7-34(a)所示的调制框图,调制信号 $m(t)$ 的频谱如图 7-34(b)所示,其中载波频率 $\omega_1 \ll \omega_2$,$\omega_1 > \omega_m$,且理想低通滤波器的截止频率为 ω_1,试求输出信号 $s(t)$,并判断 $s(t)$ 为何种已调信号。

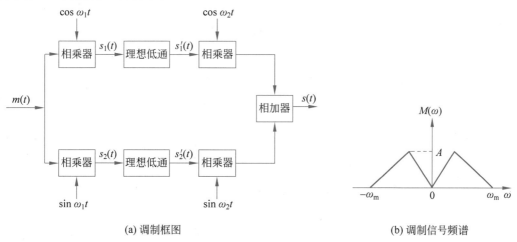

(a) 调制框图　　　　　　　　　　　　(b) 调制信号频谱

图 7-34　习题 7-10 调制框图和调制信号频谱

7-11　设上边带 SSB 信号为 $s(t)$,它的希尔伯特变换为 $\hat{s}(t)$;而调制信号为 $m(t)$,它的希尔伯特变换为 $\hat{m}(t)$;载波幅度为 A,频率为 f_c。

(1) 试证明：$m(t) = \dfrac{2}{A}\left[s(t)\cos(2\pi f_c t) + \hat{s}(t)\sin(2\pi f_c t)\right]$;

(2) 画出基于上式原理构成的单边带接收机框图。

7-12　考虑一个 VSB 调幅系统,其中采用的残留边带滤波器频率响应 $H(\omega)$ 如图 7-35所示(斜线段为直线)。当调制信号为 $m(t) = 2\cos(100\pi t) + 3\sin(400\pi t) + 4\cos(2000\pi t)$,载波为 $c(t) = \cos(10000\pi t)$ 时,试确定所得 VSB 信号的时间域表示式。

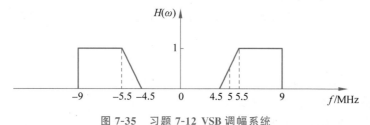

图 7-35　习题 7-12 VSB 调幅系统

7-13　考虑如下升余弦函数

$$H(f) = \begin{cases} 1, & |f \pm 2f_c| \leqslant (1-\alpha)f_c \\ \dfrac{1}{2}\left[1+\cos\left(\dfrac{\pi}{2\alpha f_c}(|f \pm 2f_c|-(1-\alpha)f_c)\right)\right], & (1-\alpha)f_c < |f \pm 2f_c| \leqslant (1+\alpha)f_c \\ 0, & |f \pm 2f_c| > (1+\alpha)f_c \end{cases}$$

(1) 试证明该函数在 $\pm f_c$ 处满足互补对称特性;

(2) 在满足什么条件时,它可以用作 VSB 调幅残留边带滤波器的频率响应函数?

7-14 如图 7-36 所示,让两个(带宽相同的)信号被频率相同但相位正交的载波所调制,可以实现用一个载波同时发送两个不同的信号。这种方案称为正交复用。

(1) 试证明在该方式下,这两个信号可由频率相同、相位正交的本地振荡进行相干解调予以恢复;

(2) 试比较该正交复用方式与 SSB 调幅的功率利用率、频谱利用率及实现复杂度,讨论二者的优劣。

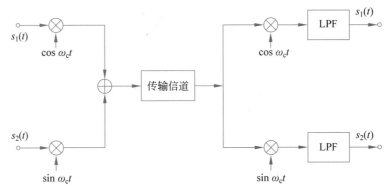

图 7-36 正交复用

7-15 考虑 DSB-SC 信号传输。设信道具有均匀的双边噪声功率谱密度 $P_n(f) = 1 \times 10^{-6}\,\text{W/Hz}$,调制信号 $m(t)$ 的频带限制在 10kHz,载波为 200kHz,已调信号的功率为 100W。若收信端的信号在加至解调器之前,先经过一理想带通滤波器,试问:

(1) 该带通滤波器的中心频率和通带宽度应如何设置?

(2) 如上设置的理想带通滤波器的冲激响应是什么?

(3) 解调器输入端的信噪比为多少?

(4) 解调器输出端的信噪比为多少?

7-16 在习题 7-15 中,将 DSB-SC 改为 SSB(上边带)传输,其中载波功率为 400W,其他情况均不变。试问:

(1) 此时理想带通滤波器的中心频率和通带宽度应如何设置?

(2) 如上设置的理想带通滤波器的冲激响应是什么?

(3) 解调器输入端的信噪比为多少?

(4) 解调器输出端的信噪比为多少?

7-17 在习题 7-15 中,将 DSB-SC 改为 AM 传输,理想带通滤波器的中心频率和通带宽度如习题 7-15(1)中选取,其他情况均不变。试问:

(1) 解调器输入端的信噪比为多少?

（2）解调器输出端的信噪比为多少？

（3）解调增益 G 为多少？

7-18 试证明：当 AM 信号采用相干解调时，解调增益 G 与式(7-59)的结果相同。

7-19 考虑 DSB-SC 调幅传输。设加至接收机的调制信号 $m(t)$ 的功率谱密度为

$$P_m(\omega) = \begin{cases} \dfrac{|\omega|}{\omega_m}, & |\omega| \leqslant \omega_m \\ 0, & |\omega| > \omega_m \end{cases}$$

试求：

（1）解调器输入端的信号功率；

（2）解调器输出端的信号功率；

（3）若叠加于 DSB-SC 信号的白噪声具有双边功率谱密度 $n_0/2$，解调器的输出端接有截止频率为 ω_m 的理想低通滤波器，那么输出信噪比为多少？

7-20 设被接收的 AM 信号为 $s_m(t) = A[1+m(t)]\cos\omega_c t$，采用包络检波法解调，其中 $m(t)$ 的功率谱密度与习题 7-19 相同，叠加于已调信号的白噪声具有双边功率谱密度 $n_0/2$，解调器的输出端接有截止频率 ω_m 的理想低通滤波器，试求解调器输出的信噪功率比。

7-21 考虑 DSB-SC 信号传输。设信道噪声功率谱密度 $P_n(f)$ 如图 7-37 所示，其中功率谱的单位是 W/Hz。调制信号 $m(t)$ 的最大频率为 5kHz，载波频率为 100kHz，已调信号的功率为 1kW。接收信号在进入解调器前经过理想带通滤波。

（1）求解调器输入端的信噪比；

（2）求解调器输出端的信噪比；

（3）求解调器输出的噪声功率谱密度并画出曲线。

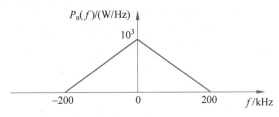

图 7-37 习题 7-21 的信道噪声功率谱密度

7-22 在一个 AM 接收机的输入端，测量得到每单位带宽的平均噪声功率为 10^{-5} W/Hz。正弦载波功率为 8kW，每个边带功率为 1kW，调制信号的带宽为 4kHz。若在接收机中用包络检波，求系统的输出信噪比。

7-23 已知输入信噪比为 10dB，且调制信号为单频正弦信号，计算并比较下列情况的输出信噪比：

（1）25% 和 100% 的 AM；

（2）SSB 调幅；

（3）调频指数为 1 和 10 的 FM。

7-24 令 2MHz 载波受 10kHz 单频正弦调频，最大频偏为 20kHz，求：

（1）调频信号的带宽；

（2）调制信号振幅加倍时，调频信号的带宽；

(3) 调制信号频率加倍时,调频信号的带宽;

(4) 若最大频偏减为 2kHz,重作(1)、(2)、(3)。

7-25 用单频正弦信号 $m(t)=2\cos(1000\pi t)$ 进行 3 种不同的角调制。若所得信号的带宽分别为 1kHz、80kHz 和 50Hz,它们可能各是什么调制方式(调频或调相,窄带或宽带)?

7-26 单音角度调制时,若调制信号幅度 A_m 不变,改变其频率 ω_m,试确定:

(1) 在 PM 中,信号最大相移与 ω_m 的关系,以及最大频偏与 ω_m 的关系;

(2) 在 FM 中,信号最大相移、最大频偏与 ω_m 的关系。

7-27 试证明:周期函数 $\cos(\beta\sin\omega_m t)$ 和 $\sin(\beta\sin\omega_m t)$ 的傅里叶级数展开如式(7-83)所示。

7-28 一个角度调制波的表达式为 $s(t)=5\cos(4000\pi t+8\sin200\pi t)$,试确定:

(1) 已调信号的功率;

(2) 信号的最大频偏与最大相移;

(3) 信号的带宽;

(4) 能否确定这是调频波还是调相波?

7-29 考虑已调信号 $s(t)=10\cos[2000\pi t+4\sin(200\pi t)]$。

(1) 假设 $s(t)$ 是 FM 信号,求其调频指数及带宽;

(2) 若调频灵敏度不变,调制信号振幅不变,但频率加倍,重做(1);

(3) 假设 $s(t)$ 是 PM 信号,求其带宽;

(4) 若调相灵敏度不变,调制信号振幅不变,但频率加倍,重做(3)。

7-30 已知单频调频波的振幅是 5V,瞬时频率为 $f(t)=10^5+10^3\cos(200\pi t)$Hz,试求:

(1) 此调频波的表达式;

(2) 此调频波的最大频率偏移、调频指数和频带宽度;

(3) 若调制信号频率提高到 200Hz,则调频波的最大频偏、调频指数和频带宽度如何变化?

7-31 一个 FM 系统的载波频率为 100MHz。单音调制信号的振幅为 10V,频率 $f_m=$ 200kHz。调制器的灵敏度为 25kHz/V。

(1) 利用卡松规则求 FM 信号的近似带宽;

(2) 如果将载波 1% 幅度的分量包括进去,计算此时所需的近似带宽;

(3) 假定振幅增加一倍,重做(1)和(2)。

7-32 用 2kHz 正弦信号对 400kHz 载波进行调频,最大频偏为 150Hz,求:

(1) 所得调频波的带宽;

(2) 上述调频信号经 32 倍频后的带宽。

7-33 已知调频波 $s(t)=A\cos[90000\pi t+2\sin(600\pi t)+4\sin(400\pi t)]$。

(1) 求该调频波的频谱(要求保留大于未调载波幅度 1% 的边频分量);

(2) 计算(1)中各频谱分量的总功率,并与调频波总功率相比(用百分比表示)。

7-34 已知调制信号是 8MHz 的单频正弦信号,且设信道噪声单边功率谱密度 $n_0=2\times10^{-15}$W/Hz。若要求解调器输出信噪比为 20dB,试求解调器输入端:

(1) 100% 调制时 AM 信号的带宽和功率;

(2) 调频指数为 5 时 FM 信号的带宽和功率。

7-35 考虑 FM 信号在具有白噪声的信道中传输。设调制信号 $m(t)$ 的均方值为

$\overline{m^2(t)}=4/3,m(t)$ 的积分的正向峰值为 2V,负向峰值为 -2V,$f_{\mathrm{m}}=5$kHz。若解调器输出端的信噪比改善要求为 60dB,求需要的传输带宽。

7-36 考虑最大值为 1V、带宽为 4kHz 的语音信号 $m(t)$ 的 FM 传输。发射机采用阿姆斯特朗法设计:首先生成载频为 320kHz、最大频偏 80Hz 的窄带调频信号 $s_{\mathrm{NBFM}}(t)$,然后采用上边带 SSB 作二次频谱搬移(载频为 440kHz)得到 $s_{\mathrm{SSB}}(t)$,最后经 128 倍倍频及带通滤波后输出 FM 信号 $s_{\mathrm{FM}}(t)$。

(1) 画出以上发射机的总体框图;

(2) 给出 $s_{\mathrm{NBFM}}(t)$ 的时间域表达式及其带宽;

(3) 给出 $s_{\mathrm{SSB}}(t)$ 的时间域表达式及其带宽;

(4) 给出 $s_{\mathrm{FM}}(t)$ 的时间域表达式及其带宽。

7-37 一个 FM 接收机包括以下部分:一个带宽为 225kHz 的理想带通滤波器,中心频率位于载波频率上;一个理想的限幅器和鉴频器,在输出端有一个理想低通滤波器,其带宽为 10kHz。限幅器的输出平均载波功率与总的平均噪声功率之比为 40dB,调制信号是正弦波,其频率为 10kHz,它产生的最大频偏为 50kHz。

(1) 求低通滤波器输出端的信噪比 $S_{\mathrm{o}}/N_{\mathrm{o}}$;

(2) 设在输出滤波器之前,插入一个时间常数 $\tau=RC=75\mu$s 的去加重网络,求此时的 $S_{\mathrm{o}}/N_{\mathrm{o}}$;

(3) 设调制信号是 1kHz 的正弦波,其振幅与 10kHz 的情况下相同,重做(1)和(2);若幅度减半,结果又如何(设载波振幅和滤波器带宽不变)?

7-38 用单频 10kHz 的正弦信号进行调频,若信道引入加性白噪声,要求解调输出信噪比为 20dB,试求:

(1) 不采用预加重/去加重时要求的最大频偏;

(2) 采用预加重/去加重后要求的最大频偏。

7-39 预加重/去加重系统中,若加性噪声功率谱为 $\mathrm{e}^{10^{-4}|\omega|}\mu$W/Hz。设计一个去加重滤波器,使上述输入加性噪声在 $0\leqslant f\leqslant 10$kHz 的频率范围内输出为白噪声谱密度。

(1) 给出相应的预加重滤波器的频率响应 $H(\omega)$;

(2) 设 $H(0)=1$,则与不采用预加重/去加重相比,输出信噪比改善了多少?

7-40 在调相系统中采用预加重/去加重技术,若加重和去加重网络的频率响应分别为 $H_{\mathrm{pe}}(\omega)=1+(\mathrm{j}\omega/\omega_1)$ 和 $H_{\mathrm{de}}(\omega)=1/[1+(\mathrm{j}\omega/\omega_1)]$,其中 $\omega_1=1/(RC)$。试证明解调输出信噪比改善为 $G=\dfrac{\omega_{\mathrm{m}}/\omega_1}{\arctan(\omega_{\mathrm{m}}/\omega_1)}$,其中 ω_{m} 为调制信号的带宽。

7-41 国家规定 VHF 频段的 48.5~72.5MHz、76~92MHz 以及 UHF 频段的 167~223MHz、470~566MHz 与 606~958MHz 为电视广播频段。每个电台需要占用 8MHz 有效频带。试问在每个频段内最多能容纳多少个电视节目?请由此推出第 5 频道、第 14 频道、第 26 频道的频率范围。

7-42 考虑一个 FM 频分多路复用系统,使用的频带为 500~5500Hz。待传输 6 路信号的基带带宽分别为 2Hz、3Hz、15Hz、30Hz、80Hz、100Hz,采用卡松规则确定所需传输带宽,并至少留出总传输带宽的 20% 作为保护间隔以抑制相互间串扰。

(1) 若各路信号采用相同的调频指数 β,求所能使用的 β 最大的整数值;

(2) 给出(1)中 β 值下各路信号采用的载波频率,并画出相应的频谱草图。

7-43 考虑一个 4 路频分复用系统,其调制信号为 $m_1(t)$、$m_2(t)$、$m_3(t)$ 和 $m_4(t)$,最高频率均为 ω_{m}。它们分别用载波 $c_k(t) = \cos(2\pi f_a t + \theta_k) + \cos(2\pi f_b t + \varphi_k)$,$k = 1,2,3,4$,作双边带抑制载波调幅,然后相加合成一个多路信号。在接收端分别用 4 个相干载波与多路信号相乘,然后用滤波器消除不需要的分量。

(1) 画出该频分复用系统的接收机框图;

(2) 为使各解调器输出分别为 $m_k(t)$,$k = 1,2,3,4$,θ_k 和 φ_k 应满足什么条件?

(3) 为保证系统正常工作,求载频 f_a 与 f_b 的最小间距与信号带宽间的关系。

7-44 调频立体声广播中,声音在空间上被分成两路音频信号,一个左声道信号 L,一个右声道信号 R,频率都在 50Hz~15kHz。左声道与右声道相加形成和信号(L+R),相减形成差信号(L−R)。在调频之前,差信号(L−R)先对 38kHz 的副载波进行 DSB-SC 调幅,然后将它与基带的和信号(L+R)以及 19kHz 的导频信号相加成一个频分组合信号,再用它来调制 FM 广播的载波,其中 19kHz 的频率供接收机同步用。形成过程如图 7-38 所示。

(1) 画出上述频分组合信号的频谱示意图;

(2) 假定最大频偏为 75kHz,试计算 FM 立体声广播信号所需的传输带宽;

(3) 为从接收到的 FM 波中恢复左右声道信号 L 和 R,试画出接收机的框图。

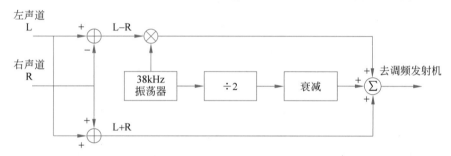

图 7-38 调频立体声形成示意图

7-45 在欧洲与我国使用的第一代移动通信系统中,从基站到用户的下行信道占用 935~960MHz 的频带,采用 FDM/FM 的方式提供语音信号传输。在共 25MHz 带宽中,左右两端各 20kHz 带宽用作(与邻近系统之间的)防护频带。每个用户的语音服务使用 30kHz 的带宽,其中 FM 已调信号占用 24kHz,而其余 6kHz 用作防护频带(左右两边各 3kHz)。

(1) 若用户语音信号的基带带宽为 4kHz,求 FM 信号采用的调频指数 β;

(2) 求该 FDM/FM 系统总共能支持的用户数;

(3) 画出该 FDM/FM 系统的频谱示意图。

第8章

CHAPTER 8

数字通信系统

通信系统可以分为模拟通信系统和数字通信系统两大类。传统信源产生的模拟信号除了用模拟通信系统传输外,也可通过第 6 章介绍的采样和量化过程转换为数字信号,然后利用数字通信方式传输。现代通信中,数字通信所占的比重越来越大,适用范围越来越广。在电子计算机系统和网络出现与发展之前,数字化数据并不普遍。而现在的计算机和其他电子设备上存储的或通过互联网交换的一切信息都是数字化的,包括电子邮件、语音通话、音乐流媒体、视频和网络浏览等。因此,数字通信已逐渐取代模拟通信成为有线或无线通信的主流方式。

在第 7 章所述的模拟通信系统的基础上,本章首先简要概述数字通信系统的发展,然后以第 6 章所述的 PAM 和 PCM 信号为例,简要讨论 PAM/PCM 传输和时分多路复用方式,再依次概括性地介绍无码间串扰的基带传输设计、接收匹配滤波器、数字键控调制等关键技术以及噪声对数字通信系统的影响。

8.1 数字通信系统的发展

相对于模拟通信系统,数字通信系统事实上要出现得更早。例如,人类最早的手势交流方式本质上采用的就是数字通信形式。古代到中世纪期间以烟雾、火炬、信号弹和鼓声等作为信息载体的军用和民用通信系统,也大都属于广义的数字通信系统。而以电信号为载体的现代有线和无线通信系统,最早发展的也是便捷可靠的数字通信方式。19 世纪最常见的有线通信系统是电报,它使用莫尔斯电码,通过导线跨国甚至跨洋发送由字母、数字、点与空格组成的数字报文。马可尼 1896 年发明的无线电报系统,则利用电磁波便利地传输数字报文信息,并于 1901 年成功发送了第 1 条横跨大西洋的莫尔斯报文。

随着电子管等高效模拟元器件的发明以及第 7 章所述的模拟调制解调技术的发展和成熟,模拟通信技术很快取代数字通信技术占据主导地位,并在几乎整个 20 世纪一直是现代通信系统应用的主要方式。模拟通信系统的成功范例包括调幅(AM)和调频(FM)无线音频广播(收音机服务)、旧式广播电视以及早期的军用和民用移动通信系统,其中一些系统至今仍在使用。

20 世纪 90 年代以来,随着数字化数据的普及和半导体技术的进步,数字通信又逐渐取代模拟通信成为通信系统应用的主流方式。特别是集成电路的发展使得通信设备的数值计算、数据存储及数字信号处理能力加速提升。这些技术趋势推动了数字通信的发展。而

1948 年香农提出的信息论,更是为数字通信技术提供了原理基础与创新源泉,驱动其不断快速地迭代更新与发展。如今伴随着全球性的社会与产业数字化转型,当前和(正在开发的)下一代的通信系统几乎都采用数字通信技术。事实上,如今在商业、军事和消费领域凡是还有采用模拟通信应用的情况,就会有提案建议使用数字通信将其取代。

数字通信系统经过抽象后,可以用与图 7-1 对应的模型来表示。根据现代数字通信的特点,给出一个数字通信系统模型,如图 8-1 所示。

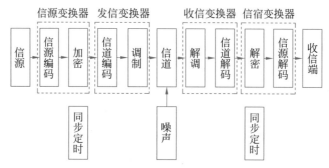

图 8-1 数字通信系统模型

如图 8-1 所示,发信端的起点是信源。这里信源可以是离散的数字信源(如计算机等电子设备直接产生的多媒体数据),也可以是连续时间/连续幅度的模拟信源。连续的模拟信源需经过第 6 章所介绍的采样和量化过程转换为数字信号,才能以数字通信方式进行传输。数字化后的信源,为了适合高效可靠的传输,还需通过由信源编码、加密等操作组成的信源变换器转换为恰当的数字信号。该信号再通过由信道编码、调制等操作组成的发信变换器,进一步转换为适合在物理信道传输的电信号后发送。

经过信道后的信号在收信端,则由与发信端两个变换器相对应的收信变换器(解调、信道解码)和信宿变换器(解密、信源解码)实现信号的逆变换,恢复获得所发送的信息。

在数字通信系统中,发信端发出的数字信号是按一定的时间间隔逐个传输的。在收信端,对接收到的信号波形进行适当的处理后,必须按照与发信端相同的时间间隔选择最佳时刻逐个判定收到的数字信号。这一判定时间的选择称为比特同步或码元同步。在数字(时分)多路通信中,常要把多路信号合并后传输,只有正确区分多个码组的起始时刻才能恢复各路原始信号,这一分组时刻的确定称为帧同步、群同步或码组同步。此外,在数字通信网络中,必须保持通信网内各地时钟一致,方能实现信息的正确传输,这称为网同步。以上统称为同步定时。同步定时是实现有效可靠的数字通信的关键。

对图 8-1 中的各个模块,本章将基于前面章节所述的信号与系统基本原理,重点介绍基带脉冲调制、无码间串扰的基带信号传输、数字键控正弦波调制等内容。对信源编码、加密和信道编码,本章并不作阐述,感兴趣的读者可以参阅数字通信的相关教科书进行了解。接下来的两节将先以最早期的现代数字传输方式,即第 6 章中介绍过的 PAM 和 PCM 为例,简要说明如何对模拟信源数字化(并编码)后以恰当的信号形式进行传输。

8.2 PAM 传输与时分多路复用

对一个带宽有限的连续时间模拟信源信号以足够高的频率(大于奈奎斯特采样频率)进行采样,再将采样值进行幅度量化。这样采样和量化后的信号,已经是时间离散且幅度离散的多电平数字信号。对于该信号,可以采用第6章所述的脉冲幅度调制(PAM)的形式进行传输。

8.2.1 脉冲幅度调制(PAM)

令$\{a_n\}$表示对连续时间信号$x(t)$采样和量化后的数字信息符号序列。这个序列对应的信号在数学上可表示为

$$d(t) = \sum_{n=-\infty}^{\infty} a_n \delta(t - nT_s) \tag{8-1}$$

这个信号是由时间间隔为T_s的单位冲激函数$\delta(t)$构成的序列,其中每个冲激$\delta(t - nT_s)$的强度由a_n决定。如第6章所述,实际常用的是平顶PAM信号。与$\{a_n\}$对应的平顶PAM信号可以如式(6-14)所示,用发送滤波的形式实现,即用式(8-1)中的序列激励一个发送滤波器,产生如下信号。

$$s(t) = d(t) * g_0(t) = \sum_{n=-\infty}^{\infty} a_n g_0(t - nT_s) \tag{8-2}$$

其中,滤波器的冲激响应$g_0(t) = \begin{cases} 1, & 0 \leqslant t \leqslant \tau \\ 0, & \text{其他} \end{cases}$ 为宽度为$\tau < T_s$的矩形脉冲。

由式(8-2),发送信号$s(t)$也可以等效地看作符号$\{a_n\}$序列对周期脉冲信号$\bar{g}_0(t) = \sum_n g_0(t - nT_s)$进行幅度调制产生的,因而该过程也常称为脉冲调制。

对应式(8-2),图8-2(a)显示了一个四电平PAM信号波形。矩形脉冲的主要特征参量包括幅度、位置和宽度。原则上,脉冲的这些特征都可以用来承载信息比特,从而形成相应的调制方法。因此,除了PAM外,还可以有脉冲位置调制(Pulse Position Modulation,PPM)和脉冲宽度调制(Pulse Duration Modulation,PDM)等形式。与图8-2(a)中PAM信号对应的PPM与PDM信号波形如图8-2(b)和图8-2(c)所示。事实上除了矩形脉冲,承载多电平数字符号的脉冲信号(即滤波器的冲激响应)可以有多种形式。时间域形态简洁的矩形脉冲经常在教科书中被用于描述脉冲调制的机理。然而,实际上大多数通信系统中脉冲调制采用的并不是(无限带宽的)矩形脉冲,而是其他形式的(有限带宽的)脉冲波形。脉冲波形设计

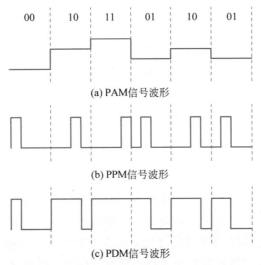

(a) PAM信号波形

(b) PPM信号波形

(c) PDM信号波形

图8-2 PAM、PPM与PDM信号波形

的准则与原理将在 8.3 节中详述。对非矩形脉冲波形,脉冲幅度调制是最便利的方式,另外两种方式并不常见。

8.2.2 PAM 系统的带宽

由于矩形脉冲频谱的带宽为无穷大,由第 6 章的频谱分析可知,PAM 信号理论上具有无限的带宽。若要无失真地传输 PAM 信号,要求通信系统的带宽无穷大。然而,显然任何实际系统的信道带宽总是有限的。考虑 PAM 信号在最简单的加性噪声信道中传输的情况,此时信道可等效为理想低通系统,其截止频率用 F_c 表示。下面利用第 6 章中介绍的采样定理推导,可令 PAM 系统接收端能完整恢复信息信号 $x(t)$ 所需的信道带宽 F_c。

PAM 信号实际上可看作连续时间信号 $x(t)$ 的采样脉冲序列,其采样间隔为 T_s。由采样定理可知,对于能从间隔 T_s 的采样数据信号中被精确恢复出来的(带限)信息信号,其最高频率(即信号带宽)为 $f_m = \dfrac{1}{2T_s}$。而为了使不超过这个频率范围的信号所有频率成分都能通过,传输 PAM 信号的最小信道带宽应为 $F_c = \dfrac{1}{2T_s}$。

若已知信息信号 $x(t)$ 的最高频率为 f_m,采样频率应满足 $F_s \geqslant 2f_m$,则 PAM 传输系统所需的最小信道带宽应为

$$F_c = \frac{1}{2T_s} = \frac{1}{2}F_s \geqslant f_m \tag{8-3}$$

第 73 集
微课视频

需要指出的是,PAM 信号经过上述的带限信道传输后,其时间域脉冲波形必然产生失真。不过由前面的频域分析可知,此时信息信号 $x(t)$ 的频谱仍可(基本)完整地保留。换言之,只要传输 PAM 信号的信道带宽满足式(8-3),就能使 PAM 信号所携带的 $x(t)$ 信息在传输过程中基本不会有损失。

平顶 PAM 会给 $x(t)$ 的频谱引入失真。为使失真尽量小,应令矩形脉冲频谱尽量"平坦",即令其主瓣(角频率)宽度 $\dfrac{2\pi}{\tau}$ 尽量大;换言之,脉冲宽度 τ 尽量小,即 $\tau \ll T_s$。矩形脉冲频谱的带宽理论上是无限的,因而在实际系统中传输一定会有失真。一般希望 PAM 信号波形在传输中失真小一些,则可采用脉冲宽度的倒数作为信道带宽,即

$$F_c = \frac{1}{\tau} \tag{8-4}$$

以保证矩形脉冲频谱的主瓣(即其频谱主要部分)可以通过。

在一般原理分析时,可以按式(8-4)确定 PAM 传输系统所需的最小信道带宽。而在实际工程中,PAM 传输系统的带宽要根据有关性能指标具体确定,其值往往比上述最小带宽还要大得多。

8.2.3 PAM 信号的传输

在一些(如市内电话中继传输)应用中,PAM 信号可以直接沿一对导线传输。但由于 PAM 信号的频谱一般集中在靠近直流附近的低频段,大多情况下其实并不适宜直接在(如无线)信道中传输。因此,可将 PAM 信号用第 7 章中介绍的正弦幅度调制方式将其频谱搬移到高频处,然后再送入满足带宽要求的信道传输。在接收时则对信号进行解调,把其频谱

移回原处。此时解调器输出的是 PAM 脉冲序列,将它通过低通滤波器,即可恢复出信息信号 $x(t)$。该系统称为 PAM/AM 系统,是一个二级调制系统,其系统框图如图 8-3 所示。

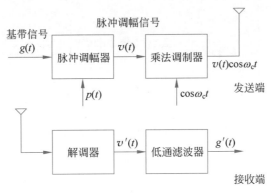

图 8-3　PAM/AM 系统框图

8.2.4　时分多路复用系统

由式(8-4)可知,当(为保证 PAM 信号波形在传输中失真小)令脉冲宽度 $\tau \ll T_s$ 时,PAM 系统所需的传输带宽 $F_c = \dfrac{1}{\tau}$ 远大于信息信号 $x(t)$ 的带宽 f_m。如果单是传输一路 PAM 信号,频谱资源会极大浪费。注意到当 $\tau \ll T_s$ 时,其实完全可以在两次采样的间隔内插入另一路(或多路)由其他信源生成的 PAM 采样脉冲。这称为时分多路复用(Time-Division Multiplexing,TDM)。利用这种时分多路复用方式,在时间上参差排列的多路 PAM 脉冲序列可以通过一个信道同时传输。图 8-4 展示了两路 PAM 信号时分多路复用后生成的信号波形。显然,时分多路复用可更集约有效地利用时间和频谱资源。

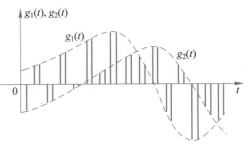

图 8-4　两路 PAM 信号时分复用后的信号波形

图 8-5 给出了一个时分多路复用系统的发送与接收框图。在发送端,有一个受定时电路控制的转换开关,按照定时电路给出的顺序完成多路输入信号间的切换。转换开关与采样脉冲同步,因此采样电路的输出是所有信号的采样值交织成的一个信号。在接收端,另有一个与发送端同步的定时电路用于控制转换开关接通不同的信号通道,使各路信号的采样值得到相应的分离。在各个通道中,再用低通滤波器恢复各自的信息信号。

采用时分多路复用后,所合成的信号可以等效地看作"一路"PAM 信号。若传输路数为 N,且各路信号均匀地等时间间隔顺序插入,则所合成的信号可看作采样间隔变为 T_s/N 的一路 PAM 信号。根据式(8-3),该系统所需的最小带宽为

$$F_c = \frac{1}{2T_s/N} = \frac{1}{2}NF_s \tag{8-5}$$

若对每路信号均满足 $F_s = 2f_m$(即采样频率为奈奎斯特采样频率),则式(8-5)中的 F_c 就是 N 路信号的总带宽。值得注意的是,这个合成的"一路"PAM 信号与原来单路 PAM

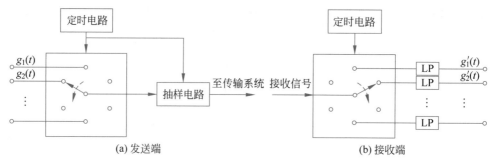

图 8-5   时分多路复用系统的发送与接收框图

信号采用的都是宽带为 τ 的脉冲波形。由式(8-4)，为保证 PAM 信号波形在传输中失真小，上述两个系统都应采用 $F_c = 1/\tau$ 的传输带宽。而在此相同传输带宽下，时分多路复用系统的频谱利用率比单路 PAM 系统可提高 N 倍。

需要指出的是，若 N 路信号均使用相同的采样频率 F_s，则 PAM 所能采用的脉冲宽度需满足 $\tau < \dfrac{1}{NF_s} = \dfrac{T_s}{N}$。换言之，给定脉冲宽度 τ 时，可以复用的信号路数 $N < \dfrac{T_s}{\tau}$。在实际系统中，若考虑邻路防护(即两路间信号需间隔一定时间以免在时域混叠)，一般须令 τ 尽量小，如令 $\tau < \dfrac{T_s}{2N}$。则给定脉冲宽度 τ 时，可以复用的路数 $N < \dfrac{T_s}{2\tau}$。

时分多路复用系统频率利用率提高的代价是系统复杂度的提升，主要是要解决精确同步的问题。特别是，接收端的转换开关要同步地把各路采样信号送到相应的信号通道。常见的同步方法有以下几种。

(1) 应用特殊的标识脉冲，令其很容易与正常的采样数据脉冲区别开来。把该标识脉冲按预定的时间间隔周期地插入发送信号之中。

(2) 传输已知相位和频率的连续正弦波，在接收端将其滤出以提取所需的定时信息。

(3) 从所传输的信号脉冲本身导出定时信息。

时分多路复用已广泛用于无线电通信、电传打字机、电话及遥控、遥测等方面。例如，从空间探测器来的测量数据，如空间温度、电子密度、磁场强度以及许多其他传感器输出的数据，都先进行采样，再按顺序发送。如果采样进行得相当快，足以适应所要发送的最快变化的信号，那么通过时分复用只要共用一个传输信道就可以了。

但在实际系统中，需要时分复用的多路信息信号的带宽往往并不一致，甚至相差很大。这种情况下，如果简单地按其中具有最大带宽的信号对所有信号设置同样的采样频率 F_s，则对于其中带宽很小的信号，时频资源会被极大浪费，从而令系统的频谱利用率不必要地过低。因此，时分多路复用系统的设计须根据实际工程要求，权衡考虑频谱利用率和系统复杂度。下面以一个无线电遥测 PAM 系统为例说明时分多路复用系统的设计方法。

考虑一个无线电遥测 PAM 系统，它需要对 318 路不同的数据信号进行采样及时分复用，并通过天线发送，所涉及的数据信号带宽从 1Hz 到 2kHz 不等。此时，主干多路复用器设计成处理 16 个信号通道，对各通道依次轮换，每秒切换 2500 次，即每个通道的采样速率为 2500Hz。综合考虑 16 个通道，则系统每次采样的间隔时间为 $\dfrac{1}{16 \times 2500\text{Hz}} = 25\mu s$。通常将每次采样的时间间隔称为"时隙",并按信号通道轮换的次序对时隙进行循环编号,每轮的时隙组合起来称为一帧。显然,利用主干多路复用时还必须先将多路低速数据信号通过次级(预)时分多路复用的方式分组组合起来,以合理分配每个通道所需的时隙。表 8-1 列出了对每路数据信号的采样频率和(共享)时隙的分配方案。

表 8-1　时分多路复用方案

组　　号	数据信号个数	每路信号带宽	采样频率(每秒样本数)	主干多路器中的时隙分配
1	3	2kHz	5000	2 和 10、4 和 12、5 和 13
2	2	1kHz	2500	3、6
3	5	100Hz	312.5	7
4	28	25Hz	78	8
5	55	5Hz	39	9
6	115	5Hz	19.5	14
7	110	1Hz	19.5	15

从表 8-1 可以看出,3 路大带宽的 PAM 信号编为第 1 组,各需每秒 5000 个采样值。因而这 3 路信号的每个必须每轮为其分配两个时隙,即占用主干多路复用器的两路时隙。第 2 组的两路 1kHz 带宽信号以每秒 2500 个样本值采样,只用为每个信号分配 1 个时隙即可,可以直接接到主干复用器。但是,第 3 组到第 7 组中的各路信号的带宽均很小,若也为每路信号分配一个时隙,则十分浪费主干信道时频资源,可以将它们组合起来,进行预时分多路复用。为了定时方便,按每秒 2500 个样本值速率的 2^n 分频进行采样实现这种预复用。图 8-6 所示为第 3 组的预时分多路复用,其采样速率是 2500Hz 的 8 分频。这一组只利用了预时分复用中的 5 个时隙作为数据信号通道,留有 3 路时隙供同步校准或以后需要再增加数据通道之用。对第 4 组到第 7 组的信号也采用类似这样的预时分多路复用。最后的主干多路复用信号形式如图 8-7 所示。第 1 组中 3 路宽带信号占用的时隙分别用 1A、1B、1C 标出,两个 1kHz 带宽的信号占用的时隙用 2A、2B 标出。16 个时隙组成的整个脉冲序列称为一帧。图 8-7 中携带信息信号的脉冲宽度占每个时隙的 50%,以实现邻路保护。为便于提供同步信号,所有数据采样值都设置位于一个熄火脉冲电平之上,这个电平约为数据信号最大电平(也称为满度电平)的 20%。在时隙 1 和时隙 11 中缺少脉冲信号,就是用作为同步时隙。可以在这些同步时隙内插入专用的识别脉冲。时隙 16 作为备用同步时隙。

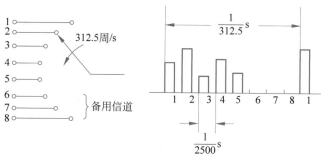

图 8-6　时分多路复用系统第 3 组的预多路复用

图 8-8 给出了整个 PAM 时分多路复用系统发送端的框图。定时发生器为所有多路复用器提供时钟脉冲。从 40kHz 的时钟频率开始,以 2^n 的方式逐次分频。通过复用合成的

PAM 信号可通过满足带宽要求的有线信道直接传输,或者采用图 8-3 中的 PAM/AM 形式进行传输。而该无线电遥测系统接收端的功能是完成对数据采样值的分路匹配及低通滤波,将其准确地分别送到相应的接收通道。

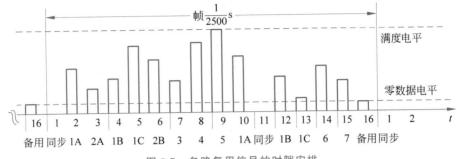

图 8-7　多路复用信号的时隙安排

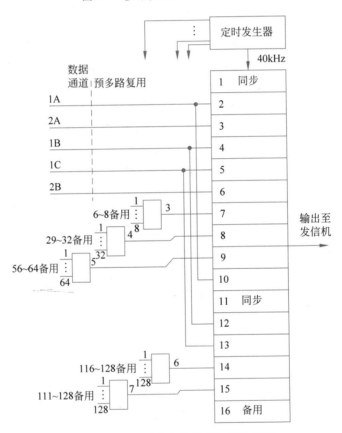

图 8-8　PAM 时分多路复用系统发送端

8.3　PCM 传输系统

　　PCM 传输系统由里弗斯于 1937 年提出,这一概念为现代数字通信奠定了基础。如第 6 章所述,为了令信号更适宜在信道中传输,通常并不是直接采用 PAM 方式,而是将多电平数字符号用二进制符号表示,变成所希望的等效代码形式(编码后还可以用密码加密,增强通信的保密性)。这种将多电平信号转换为二进制符号的过程就是脉冲编码调制(PCM),其本质上是一种信源编码方式。该技术于 20 世纪 40 年代在通信技术中采用。目前,它不仅用于通信领域,还广泛应用于计算机、遥控遥测和数字仪表等许多领域。在这些领域中,常将其称为模拟/数字(Analog/Digital,A/D)转换。

8.3.1　PCM 信号的传输

PCM 系统原理如图 8-9 所示。在发送端,对输入的模拟信号 $x(t)$ 进行采样、量化和编码。对 $x(t)$ 采样和量化后,即可得到多电平数字符号序列 $\{a_n\}$。所谓编码,就是用一组二进制码元表示采样量化电平的大小。若量化后有 $M=2^m$ 种不同的电平,则可以将其编码为 m 位二进制码。编码后的 PCM 信号是一个二进制数字符号序列 $\{\tilde{a}_{n,0}, \tilde{a}_{n,1}, \cdots, \tilde{a}_{n,m-1}\}$,即符号 $\tilde{a}_{n,k}$ 的取值仅为 0 或 1(或者 -1 或 $+1$)。该序列可表示为

$$\tilde{d}(t) = \sum_n \sum_{k=0}^{m-1} \tilde{a}_{n,k} \delta(t - nT_s - k\Delta T)$$

其中,ΔT 为一个码字($\tilde{a}_{n,0}, \tilde{a}_{n,1}, \cdots, \tilde{a}_{n,m-1}$)中相邻码元的时间间隔。用该序列激励以矩形脉冲 $g_0(t)$ 为冲激响应的滤波器,产生发送信号

$$\tilde{s}(t) = \sum_n \sum_{k=0}^{m-1} \tilde{a}_{n,k} g_0(t - nT_s - k\Delta T) \tag{8-6}$$

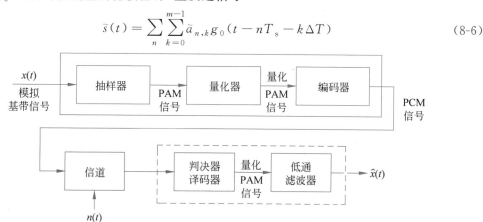

第 75 集
微课视频

第 76 集
微课视频

图 8-9　PCM 系统原理

显然,要令相邻的脉冲在时间上不混叠,需满足脉冲宽度 $\tau < \Delta T$。不难看出,$\tilde{s}(t)$ 可看作 m 路(二元)PAM 信号"时分复用"合成的一路 PAM 信号。该信号的传输可以采用 8.2节所述的直接传输方式或 PAM/AM 形式。在接收端,PCM 信号经采样判决,再译码后还原为量化值序列(含有误差),最后经低通滤波器滤除高频分量,便可得到重建的模拟信号 $\hat{x}(t)$。

8.3.2　PCM 基群结构

PCM 系统早期主要应用于市内电话中继传输。在该类系统中,PCM 生成二进制码元序列后,采用(二元)PAM 方式在有线电话信道上传输。为提高系统的频谱利用率,如 8.2.4 节所述,可将多路 PCM 对应的二元 PAM 信号通过时分复用的方式合成一路进行传输。本节介绍该类时分多路复用 PCM 系统的基群结构。国际上通用的 PCM 有两种标准,即 A 律与 μ 律,其编码规则与帧结构均不相同。下面仅介绍 A 律 PCM 基群结构。

该标准下采样频率为 $f_s=8000\text{Hz}$,故每帧的长度为 $125\mu s$。在 A 律 PCM 集群中,一

帧共有 32 个时间间隙,称为时隙,如图 8-10 所示。各个时隙以 0～31 顺序编号,分别记为 TS0,TS1,…,TS31。其中,TS1～TS15 和 TS17～TS31 这 30 路时隙用来传输 30 路电话信号的 8 位编码码字。TS0 分配给帧同步,TS16 专用于传输随路的信令。每个时隙包含 8 位码,占时 3.91μs,每位码占 488ns。一帧共含 256 个码元。对应于式(8-6),这里 $T_s=125$μs,每路 PCM 码字中相邻码元的时间间隔 $\Delta T=488$ns,因而脉冲宽度应满足 $\tau<488$ns。每路这样的 PCM(二元 PAM)信号占据一个 3.91μs 的时隙,32 个时隙构成一帧。

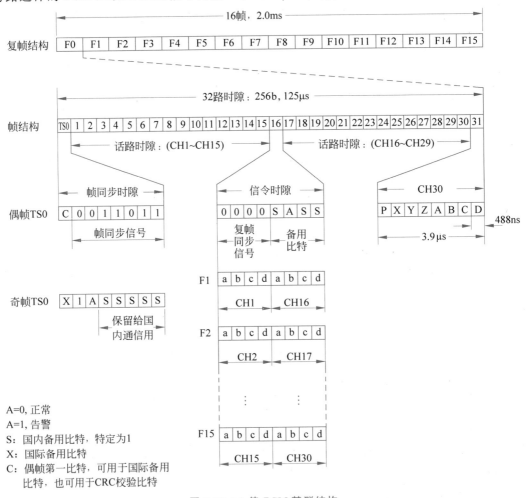

图 8-10　A 律 PCM 基群结构

帧同步码必须为 C001011,其中第 1 位码 C 保留作循环冗余校验(Cyclic Redundancy Check,CRC)码用。它是每帧插入 TS0 的固定码位。接收端识别出帧同步码后,即可建立正确的次序。在不传帧同步的奇数帧 TS0 的第 2 位固定为 1,以避免接收端错误识别帧同步位。在传输信令时,可以将 TS16 所包含的总比特率 64kb/s 集中使用,这称为共路信令传输方式;也可以按规定的时间顺序分配给各分话路,直接传输各话路所需的信令,这称为随路信令传输方式。

采用共路信令传输方式时,必须将 16 个帧构成一个更大的帧,称为复帧。复帧的重复频率为 500Hz,周期为 2.0ms。复帧中各帧顺序编号为 F0,F1,…,F15。其中,F0 的 TS16

前4位码用来传输复帧同步码0000,而后4位码为备用比特;F1~F15的TS16则用来传输各话路的信令,每个信令用4位的码组(a,b,c,d)表示与用户接续、拆除、控制和网络参数的有关信息。因此,每个TS16可以传输两路信令。这种帧结构中每帧共有32个时隙,但真正能用于传输电话或用户数据的时隙只有30路,因此常称为30/32路基群。

在PCM基群中,在每帧125μs中有256比特码元,因此总的速率是2048kb/s,在基群以上更有各高次群。基群又称为一次群E1,速率为2.048Mb/s,可提供30路电话信号时分复用;二次群E2,速率为8.448Mb/s,由4个E1合成,可传输120路电话信号;三次群E3,速率为34.368Mb/s,由4个E2合成,传输480路电话信号;四次群E4,速率为139.264Mb/s,由4个E3合成,传输1920路电话信号。在各个低次群合成上一级群信号时,要增加新的帧号位及同步位,因此速率增加并不是整4倍速率,帧的结构也更加复杂,这里就不再叙述。

由于现代通信中光纤传输已十分普遍,四次群以上合路复用已不再被采纳,而采用SDH同步数字系列(Synchronous Digital Hierarchy,SDH)。SDH各个系列基本上还是沿用了以4个低次群合成一个高次群的规则。常用的合成复用群(也称为同步传输模块,STM)的数据速率如下。

(1) STM-1:155.520Mb/s;

(2) STM-4:622.080Mb/s;

(3) STM-16:2488.320Mb/s(常称为2.5Gb/s);

(4) STM-64:9953.280Mb/s(常称为10Gb/s)。

SDH重新定义了合成复用数据帧的结构,高次群的数据速率严格等于4个低次群速率的整4数倍。限于篇幅,这里不再展开介绍。

8.3.3 PCM系统中噪声的影响

下面讨论噪声对PCM传输系统的影响。PCM系统中的噪声有两种,即量化噪声和传输中引入的加性噪声。下面将先分别对其讨论,再给出考虑两者后的总信噪比。

首先考虑加性噪声的影响。如图8-9所示,收信端对接收到的PCM信号波形进行适当的处理后,需按照与发信端相同的时间间隔在给定的采样时刻逐个判定收到的数字符号信息。由于加性噪声的影响,将会使接收端对数字符号信息的判决发生错误(即产生错码),从而造成信噪比下降。通常把上述判决错误的概率称为误码率P_e。关于接收采样判决设计及误码率分析,将在8.4节进一步展开介绍。

现在仅对较简单的情况进行分析,即仅讨论加性白高斯噪声对均匀量化的自然码的影响。这种情况下,可以认为码字中出现的错码是彼此独立和均匀分布的。此时一般仅需考虑在码字中有一位错码的情况,因为在同一码字中出现两个以上错码的概率非常小,可以忽略。例如,当误码率为$P_e = 10^{-4}$时,在一个8位码字中出现一位错码的概率为

$$P_1 \approx 8P_e = 8 \times 10^{-4}$$

而出现两位错码的概率为

$$P_2 \approx C_8^2 P_e^2 = \frac{8 \times 7}{2} \times (10^{-4})^2 = 2.8 \times 10^{-7}$$

显然$P_2 \ll P_1$。

设码字长度为n,从最高位到最低位的权值分别为$2^{n-1}, 2^{n-2}, \cdots, 2^1, 2^0$。在考虑噪声

对每个码元的影响时,要知道该码元所代表的权值。设量化间隔为 Δv,则第 i 位码元代表的信号权值为 $2^{i-1}\Delta v$。若该位码元发生错误,由 0 变成 1 或由 1 变成 0,则产生的权值误差将为 $2^{i-1}\Delta v$ 或 $-2^{i-1}\Delta v$。由于假设错码是均匀分布的,若一个码组中有一个错误码元引起的误差电压为 Q_Δ,则其功率的(统计)平均值为

$$E\left[Q_\Delta^2\right]=\frac{1}{n}\sum_{i=1}^{n}(2^{i-1}\Delta v)^2=\frac{(\Delta v)^2}{n}\sum_{i=1}^{n}(2^{i-1})^2=\frac{2^{2n}-1}{3n}(\Delta v)^2\approx\frac{2^{2n}}{3n}(\Delta v)^2 \quad (8\text{-}7)$$

由于错码产生的平均间隔为 $1/P_e$ 个码元,每个码字包含 n 个码元,所以有错码码字产生的平均间隔为 $1/(nP_e)$ 个码字。这相当于平均间隔时间为 $T_s/(nP_e)$,其中 T_s 为码字的持续时间,即采样间隔时间。故考虑到此错码码字的平均间隔后,将式(8-7)中的误差功率按时间平均,得到误差功率的时间平均值为

$$\langle Q_\Delta^2(t)\rangle=NP_eE\left[Q_\Delta^2\right]=nP_e\frac{2^{2n}}{3n}(\Delta v)^2=\frac{2^{2n}P_e}{3}(\Delta v)^2$$

为了得到加性噪声影响下的输出信噪比,需要知道输出信号功率。令 $M=2^n$。设双极性信号的幅度在 $\left[-\frac{(M-1)\Delta v}{2},\frac{(M-1)\Delta v}{2}\right]$ 是均匀分布的,则信号的平均功率为

$$S_o=\int_{-\frac{(M-1)\Delta v}{2}}^{\frac{(M-1)\Delta v}{2}}x^2\left[\frac{1}{(M-1)\Delta v}\right]\mathrm{d}x=\frac{(M-1)^2}{12}(\Delta v)^2\approx\frac{M^2}{12}(\Delta v)^2$$

所以,加性噪声影响下的输出信噪比为

$$\frac{S_o}{\langle Q_\Delta^2(t)\rangle}=\frac{M^2}{2^{2(N+1)}P_e} \quad (8\text{-}8)$$

现在讨论量化误差的影响。由量化误差功率的式(6-27),即

$$N_q=\frac{(\Delta v)^2}{12}$$

可以得出输出信号量化噪声功率比为

$$\frac{S_o}{N_q}=M^2=2^{2n} \quad (8\text{-}9)$$

最后得到 PCM 系统的总输出信噪比为

$$\frac{S_o}{N}=\frac{S_o}{\langle Q_\Delta^2(t)\rangle+N_q}=\frac{2^{2n}}{1+2^{2(n+1)}P_e} \quad (8\text{-}10)$$

在大信噪比条件下,即当 $2^{2(n+1)}P_e\ll1$ 时,式(8-10)可以化简为

$$\frac{S_o}{N}\approx2^{2n}$$

而在小信噪比条件下,即当 $2^{2(n+1)}P_e\gg1$ 时,式(8-10)可以写作

$$\frac{S_o}{N}\approx\frac{1}{4P_e}$$

此外,由式(8-9)可以看出,PCM 系统的输出信噪比仅与编码位数 n 有关,且随 n 按指数规律增大。另外,对于一个频带限制在 f_m 的低通信号,按照采样定理,要求采样速率不低于每秒 $2f_m$ 次。对于 PCM 系统,这相当于要求传输速率至少为 $2nf_m\mathrm{b/s}$。故要求系统带宽 B 至少等于 $nf_m\mathrm{Hz}$。用 B 表示 n 代入式(8-9),可以得到

$$\frac{S_{\mathrm{o}}}{N_{\mathrm{q}}} = 2^{2B/f_{\mathrm{m}}} \tag{8-11}$$

这表明,当低通信号最高频率 f_{m} 给定时,PCM 系统的输出信噪比随系统的带宽 B 呈指数规律增长。

8.4 基带传输原理

如前所述,PAM 和 PCM 信号可以直接在信道上传输,或者经正弦调制后再进行传输。正弦调制会将 PAM/PCM 信号频谱搬移到高频段处。在数字通信中,通常把信源产生(及经采样、量化和编码后)的没有经过频谱搬移的原始信号称为基带信号;而经过高频正弦调制后的信号则称为带通信号。根据数字信号的不同传输方式,数字通信系统可分为基带传输(Baseband Transmission)系统和带通传输(Bandpass Transmission)系统。PAM/PCM 的两种传输方式正是分别对应这两类系统。相应地,数字调制方式分为两类:基带调制和带通调制。在基带调制(又称为脉冲调制)中,待发送的数字信息符号被映射为连续时间的电脉冲信号。PAM/PCM 信号就是采用矩形脉冲波形的一种基带调制方式。承载数字符号的脉冲信号实际上可以有多种形式。脉冲波形设计的准则与方法是基带传输系统设计中的重要课题。围绕此切入点,本节展开讲述基带调制与基带传输的基本原理。而带通调制(即第 7 章所述的正弦调制方式)和传输将在 8.5 节加以介绍。

一个典型的数字信号基带传输系统框图如图 8-11 所示。它主要由发信变换器(信道信号形成器)、信道、收信变换器(接收滤波器)和采样判决器组成。为了保证系统可靠有序地工作,还应有同步系统。

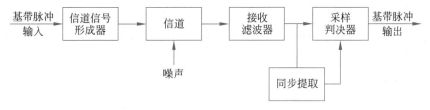

图 8-11 数字基带传输系统框图

图 8-11 中各部分的功能和信号传输的物理过程简述如下。

(1) 发信变换器(信道信号形成器):产生适合信道传输的基带信号波形。如式(8-2)所示,其一般可采用发送滤波器的形式实现。前述 PAM/PCM 信号采用的是矩形脉冲,其频谱很宽,并不利于传输。发送滤波器需把信息符号变换成适合信道传输的信号波形。

(2) 信道:允许基带信号通过的媒质,通常为有线信道,如双绞线、同轴电缆等。信道的传输特性一般不满足无失真传输条件,因此会引起传输波形的失真。另外,信道还会引入噪声 $n(t)$,通常假设它是均值为零的高斯白噪声。

(3) 收信变换器(接收滤波器):用来接收信号,尽可能滤除信道噪声和其他干扰,对信道特性进行均衡,使输出的基带波形有利于采样判决。

(4) 采样判决器:在传输特性不理想及噪声背景下,在规定时刻(由定时脉冲控制)对接收滤波器的输出波形进行采样判决,以恢复或再生基带信号。

(5) 定时脉冲和同步提取:用来采样的定时脉冲依靠同步提取电路从接收信号中提

取,定时的准确与否将直接影响判决效果。

目前,实际应用的数字通信系统中,基带传输不如带通传输应用广泛。但是,对于基带传输系统的研究仍具有重要的意义,原因如下。

(1) 在现代有线通信中,基带传输方式在迅速发展。例如,在数字电话系统和计算机网络中,信号的传输仍常采用基带传输。

(2) 即便对于带通信号传输系统,大多数信号处理部分仍然在基带进行。从信号处理的角度,带通信号与带通信道可以用(与载波频率无关的)复数基带等效信号与复基带等效信道来表征(参见通信原理相关教科书)。换言之,带通传输系统可等效为基带传输系统来讨论。

8.4.1 基带信号的基本码型

在基带传输系统中,信源经过(如 PCM)编码后,需进行基带调制,将离散的信息符号转换为连续时间的电脉冲信号。承载信息符号的脉冲信号(即单个码元波形)可以有多种形式。根据实际需要,码元波形可以是矩形脉冲,也可以是后面推导得出的升余弦脉冲、根升余弦脉冲、三角形脉冲、高斯型脉冲等。PAM/PCM 采用的是矩形脉冲。时间域形态简洁的矩形脉冲也经常在教科书中被用于描述脉冲调制的机理。然而,该脉冲实际上是物理难以实现的,而且具有很大的带宽,很多时候并不适宜在信道上传输。脉冲波形设计的准则与方法将在 8.4.3 节中详述。基于矩形脉冲或其他脉冲的基带调制,均可如式(8-2)所示,通过对信息符号序列进行发送滤波(也称脉冲成形滤波)的形式实现。不同的脉冲对应不同的滤波器冲激响应,从理论上说其本质是一致的。方便起见,下面仍先以简洁的矩形脉冲组成的基带信号为例,介绍常用的一些基本码型。

第 77 集
微课视频

1. 单极性不归零码

在整个码元持续时间内,用一个固定电平表示信息。例如,用电平 A 表示二进制符号 1,用零电平表示二进制符号 0,如图 8-12(a)所示。

2. 双极性不归零码

在码元持续时间内,用正电平 A 与负电平 $-A$ 分别表示二进制符号 1 和 0,如图 8-12(b)所示。当 1 码和 0 码等概率出现时,这种码序列无直流成分。

3. 单极性归零码

用宽度小于码元持续时间的固定电平 A 表示二进制符号 1,用零电平表示二进制符号 0,如图 8-12(c)所示。每个脉冲总要在码元周期内回到零电平。归零码能显示连续发 1 码时的码元间隔,有利于同步信息的提取。

4. 双极性归零码

这是双极性码的归零形式,如图 8-12(d)所示。此时对 1 码或 0 码都有零电平的间歇产生。它属于二元三电平码,有较强的抗干扰能力,且能较好地提供同步信息。

5. 交替传号反转码

交替传号反转码(Alternative Mark Inversion,AMI)是一种三电平码。它是用交替极性电平(+A 或 -A)表示 1(传号),用零电平表示 0(空号),如图 8-12(e)所示。这种码的直流和低频分量很小,频带利用率高,并具有一定的自检能力,因此在基带传输系统中被广泛应用。

6. 差分码

上述的几种码都直接表示信息,称为绝对码。差分码是利用相邻前后码元电平的相对变化来表示信息,称为相对码。例如,用相邻前后码元的电平改变表示 0,不改变表示 1,称为 0 差分码。若相邻码元电平的改变表示 1,不改变表示 0,称为 1 差分码。码型如图 8-12(f)所示。这种编码形式在解码时不需要绝对相位标准,因而十分有用。

7. 多电平码

多电平码的每个码元可以表示 $n=\mathrm{lb}M$ 个二进制符号,其中 M 为电平数。第 6 章所述的(量化后的)PAM 即为多电平码。图 8-12(g)给出了一个四电平码的例子,其中电平 $+3A$ 表示 11,电平 $+A$ 表示 10,电平 $-A$ 表示 01,电平 $-3A$ 表示 00。由于多电平码的一个码元可以代表多个二进制符号,因此信息传输速率高,适用于高速数据传输。

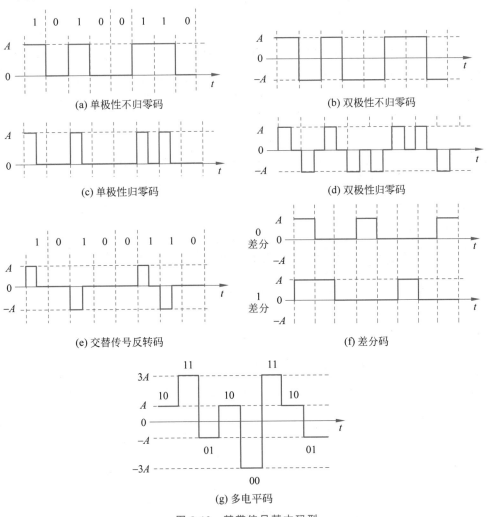

第 78 集
微课视频

图 8-12　基带信号基本码型

8.4.2　基带信号的频谱特性

基带信号是数字信息符号的电信号形式。由于传输信息的形式、传输的条件及对传输的要求各不相同,为了使基带信号在信道中顺利传输并符合规定的技术要求,必须选择适当的码元波形。对传输波形大致考虑以下特性。

（1）所需的带宽要窄。在实际的传输系统中，信道的传输带宽是有限的。由本节下面的分析可知，基带信号（功率谱密度）的带宽很大程度由传输码元波形的带宽决定。为了充分利用信道，提高信息传输速率，显然传输波形的带宽越窄越好。

（2）不易受隔直特性的影响。在有线基带传输中，传输线上的信号一般是交流耦合的，而且中继器也是通过传输线实现直流供电的。因此，基带信号中应尽量避免有直流分量。

（3）容易提取比特同步信息。在数字通信中，接收端恢复发送序列时需要采样判决。采样判决时间的确定称为定时同步。如果得不到良好的同步，数字通信的误码率将大大增加，甚至不能正常通信。因此，基带信号波形的设计应该易于提取稳定的同步信息。

（4）抗干扰能力强。信号在传输过程中，会收到噪声的影响，从而产生误码。抗干扰能力强表示码元信号本身不易受到干扰而发生判决错误，或在发生错判后可以发现并纠正。除了采用附加码元的纠错（信道）编码外，选择适当的传输码元波形也可以达到这一目的。

从上面的讨论可知，对传输码元波形的要求与码元信号的频谱特性密切相关。因此，分析码元信号的频谱特性非常重要。基带信号通常是一个随机脉冲序列，但对于不同的随机脉冲序列，如果组成序列的各基本信号波形一样，且各基本波形在序列中出现的概率相同，仅仅是基本波形在序列中排列顺序不同，则这样的随机脉冲序列的功率谱是相同的。根据这一特点，下面分析基带随机脉冲序列的功率谱密度。

设二进制基带信号是一个平稳各态历经的随机脉冲序列，如图 8-13(a)所示。其中，$g_1(t)$ 和 $g_2(t)$ 分别表示二进制符号 1 和 0，它们出现的概率分别是 P 和 $1-P$。

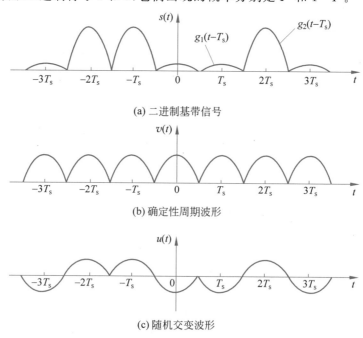

(a) 二进制基带信号

(b) 确定性周期波形

(c) 随机交变波形

图 8-13　基带随机脉冲序列及其分解波形

设 T_s 为基带信号码元的宽度，则这个随机脉冲序列可以表示为

$$s(t) = \sum_{n=-\infty}^{\infty} s_n(t) \tag{8-12}$$

其中,

$$s_n(t) = \begin{cases} g_1(t - nT_s), & \text{以概率 } P \\ g_2(t - nT_s), & \text{以概率 } 1 - P \end{cases}$$

任何波形均可分解为若干波形的叠加。考虑到需要了解基带信号中是否存在离散频谱分量,而周期信号的频谱是离散的,因此可尝试将 $s(t)$ 分解为一个(确定性)周期波形 $v(t)$ 和一个随机交变波形 $u(t)$ 的叠加,即

$$s(t) = v(t) + u(t) \tag{8-13}$$

显然,$v(t)$ 可以看作 $s(t)$ 的"平均"分量,如图 8-13(b)所示。它可以表示为

$$v(t) = \sum_{n=-\infty}^{\infty} [P g_1(t - nT_s) + (1 - P) g_2(t - nT_s)] \tag{8-14}$$

$u(t)$ 的波形如图 8-13(c)所示,它可以表示为

$$u(t) = s(t) - v(t) = \sum_{n=-\infty}^{\infty} u_n(t) \tag{8-15}$$

其中,

$$
\begin{aligned}
u_n(t) &= \begin{cases} g_1(t - nT_s) - v(t), & \text{以概率 } P \\ g_2(t - nT_s) - v(t), & \text{以概率 } 1 - P \end{cases} \\
&= \begin{cases} (1 - P)[g_1(t - nT_s) - g_2(t - nT_s)], & \text{以概率 } P \\ -P[g_1(t - nT_s) - g_2(t - nT_s)], & \text{以概率 } 1 - P \end{cases} \\
&= a_n[g_1(t - nT_s) - g_2(t - nT_s)] \tag{8-16}
\end{aligned}
$$

$$a_n = \begin{cases} 1 - P, & \text{以概率 } P \\ -P, & \text{以概率 } 1 - P \end{cases}$$

由式(8-14)和式(8-15)可以看出,周期波形和交变波形都有相应的确定表示式,可以分别求出它们的功率谱密度,然后由式(8-13)确定 $s(t)$ 的功率谱密度。

先求 $v(t)$ 的功率谱密度。因为 $v(t)$ 是一个以 T_s 为周期的周期信号,故可用傅里叶级数表示为

$$v(t) = \sum_{m=-\infty}^{\infty} C_m e^{jm\omega_s t} \tag{8-17}$$

其中,$\omega_s = 2\pi/T_s$,而

$$C_m = \frac{1}{T_s} \int_{-T_s/2}^{T_s/2} v(t) e^{-jm\omega_s t} \, dt$$

令 $f_s = 1/T_s$,将式(8-16)代入,可得

$$
\begin{aligned}
C_m &= f_s \int_{-\frac{T_s}{2}}^{\frac{T_s}{2}} \left\{ \sum_{n=-\infty}^{\infty} [P g_1(t - nT_s) + (1 - P) g_2(t - nT_s)] \right\} e^{-jm\omega_s t} \, dt \\
&= f_s \sum_{n=-\infty}^{\infty} \int_{-nT_s - \frac{T_s}{2}}^{-nT_s + \frac{T_s}{2}} [P g_1(t') + (1 - P) g_2(t')] e^{-jm\omega_s(t' + nT_s)} \, dt' \\
&= f_s \int_{-\infty}^{\infty} [P g_1(t) + (1 - P) g_2(t)] e^{-jm\omega_s t} \, dt
\end{aligned}
$$

$$= f_s [PG_1(m\omega_s) + (1-P)G_2(m\omega_s)] \tag{8-18}$$

其中,

$$G_1(m\omega_s) = \int_{-\infty}^{\infty} g_1(t) e^{-jm\omega_s t} dt$$

$$G_2(m\omega_s) = \int_{-\infty}^{\infty} g_2(t) e^{-jm\omega_s t} dt$$

根据周期信号的功率谱密度公式,可得

$$p_v(\omega) = 2\pi \sum_{m=-\infty}^{\infty} |C_m|^2 \delta(\omega - m\omega_s)$$

$$= 2\pi \sum_{m=-\infty}^{\infty} |f_s[PG_1(m\omega_s) + (1-P)G_2(m\omega_s)]|^2 \delta(\omega - m\omega_s) \tag{8-19}$$

接着求交变波形 $u(t)$ 的功率谱。由于 $s(t)$ 是一个功率型的平稳各态历经的随机信号,去掉确定性周期波形 $v(t)$ 后,$u(t)$ 仍是一个功率型的平稳各态历经的随机信号。其功率谱密度可以用任意一个截短的样本函数(实现)的统计平均来表示,即

$$p_u(\omega) = \lim_{T \to \infty} \frac{E[|U_T(\omega)|^2]}{T}$$

设截取时间 $T = (2N+1)T_s$,其中 N 为足够大的整数,则截短的样本函数 $u_T(t)$ 可表示为

$$u_T(t) = \sum_{n=-N}^{N} u_n(t) \tag{8-20}$$

于是,有

$$U_T(\omega) = \int_{-\infty}^{\infty} u_T(t) e^{-j\omega t} dt$$

$$= \sum_{n=-N}^{N} a_n \int_{-\infty}^{\infty} u_T(t) [g_1(t - nT_s) - g_2(t - nT_s)] e^{-j\omega t} dt$$

$$= \sum_{n=-N}^{N} a_n e^{-jm\omega T_s} [G_1(\omega) - G_2(\omega)] \tag{8-21}$$

其中,

$$G_1(\omega) = \int_{-\infty}^{\infty} g_1(t) e^{-j\omega t} dt$$

$$G_2(\omega) = \int_{-\infty}^{\infty} g_2(t) e^{-j\omega t} dt$$

因此,有

$$|U_T(\omega)|^2 = U_T(\omega) \cdot U_T^*(\omega)$$

$$= \sum_{n=-N}^{N} \sum_{m=-N}^{N} a_n a_m e^{j(m-n)\omega T_s} [G_1(\omega) - G_2(\omega)][G_1^*(\omega) - G_2^*(\omega)]$$

其统计平均值为

$$E[|U_T(\omega)|^2] = \sum_{n=-N}^{N} \sum_{m=-N}^{N} E[a_n a_m] e^{j(m-n)\omega T_s} |G_1(\omega) - G_2(\omega)|^2 \tag{8-22}$$

不难看出,当 $m = n$ 时,有

$$a_n a_m = a_n^2 = \begin{cases} (1-P)^2, & \text{以概率 } P \\ P^2, & \text{以概率 } 1-P \end{cases}$$

所以有

$$E[a_n^2] = P(1-P)^2 + (1-P)P^2 = P(1-P) \tag{8-23}$$

而当 $m \neq n$ 时,有

$$a_n a_m = \begin{cases} (1-P)^2, & \text{以概率 } P^2 \\ P^2, & \text{以概率}(1-P)^2 \\ -P(1-P), & \text{以概率 } 2P(1-P) \end{cases}$$

所以有

$$E[a_n a_m] = P^2(1-P)^2 + (1-P)^2 P^2 - 2P(1-P)P(1-P) = 0 \tag{8-24}$$

即当 $m \neq n$ 时,各交叉项乘积的统计平均为零。于是有

$$\begin{aligned} p_u(\omega) &= \lim_{N \to \infty} \frac{E[|U_T(\omega)|^2]}{(2N+1)T_s} \\ &= \lim_{N \to \infty} \frac{|G_1(\omega) - G_2(\omega)|^2 \cdot \sum_{n=-N}^{N} P(1-P)}{(2N+1)T_s} \\ &= f_s P(1-P) |G_1(\omega) - G_2(\omega)|^2 \end{aligned} \tag{8-25}$$

第79集
微课视频

第80集
微课视频

这表明交变波形的功率谱密度与 $g_1(t)$、$g_2(t)$ 的频谱及出现概率有关。

由式(8-24)和式(8-25),可以得到基带随机脉冲序列 $s(t)$ 的功率谱密度为

$$\begin{aligned} p_s(\omega) &= p_v(\omega) + p_u(\omega) \\ &= 2\pi \sum_{m=-\infty}^{\infty} |f_s[PG_1(m\omega_s) + (1-P)G_2(m\omega_s)]|^2 \delta(\omega - m\omega_s) + \\ &\quad f_s P(1-P) |G_1(\omega) - G_2(\omega)|^2 \end{aligned} \tag{8-26}$$

式(8-26)表明,基带随机脉冲序列的功率谱包括两部分:离散谱 $p_v(\omega)$ 和连续谱 $p_u(\omega)$。对于连续谱,由于代表数字信息的 $g_1(t)$ 与 $g_2(t)$ 不能完全相同,故 $G_1(\omega) \neq G_2(\omega)$,因而 $p_u(\omega)$ 总是存在的,所需带宽由 $G_1(\omega)$ 及 $G_2(\omega)$ 中带宽大的一个来决定。对于离散谱,一般情况下也是存在的。特例是当 $g_1(t)$ 与 $g_2(t)$ 是双极性脉冲,且波形出现概率相同,即 $P = 1/2$ 时,离散谱消失。

在上面的讨论中,对代表二进制符号1和0的波形 $g_1(t)$ 与 $g_2(t)$ 并没有加以限制,所以式(8-26)对任意波形组成的二进制随机脉冲序列都适用,即使它们不是基带信号,而是数字带通调制信号也是适用的。

图 8-14 给出单极性不归零与单极性归零矩形波的等概率随机脉冲序列的功率谱,其中冲激函数的高度代表相应频率上离散分量的幅度。

8.4.3　无码间串扰的基带信号传输

在基带传输系统中,脉冲调制后的码元信号进入信道传输,受到信道频响特性和加性噪声的影响,会导致误码。误码是由接收端采样判决器的错误判决造成的,而造成错误判决的

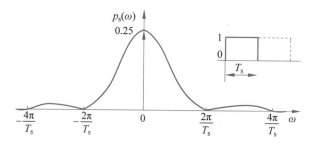

(a) 单极性不归零码的功率谱

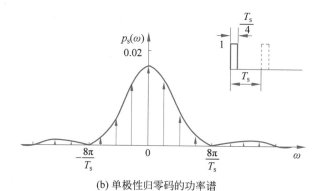

(b) 单极性归零码的功率谱

图 8-14 随机脉冲序列的功率谱密度

原因主要有两个：一是码间串扰，二是信道加性噪声的影响。所谓码间串扰(Inter-Symbol Interference,ISI)，是由于系统传输总特性(包括收、发滤波器和信道的特性)不理想，导致前后码元的波形畸变、展宽，即令前后的码元波形出现很长的拖尾，蔓延到当前码元的采样时刻上，从而对当前码元的判决造成干扰。码间串扰严重时，会造成大规模的码元错误判决。本节主要介绍如何(通过收、发滤波器联合设计)消除码间串扰。

1. 码间串扰的定量分析

图 8-15 给出了数字基带传输系统的简化模型。如前所述，基带脉冲调制一般可采用对数字信息符号进行发送滤波的形式实现。为了定量地表示基带脉冲传输过程，设$\{a_n\}$为发送滤波器的输入符号序列。考虑简单的二进制的情况，即符号 a_n 的取值为 0、1 或 -1、$+1$。由式(8-1)，这个序列对应的基带信号可表示为

$$d(t) = \sum_{n=-\infty}^{\infty} a_n \delta(t - nT_s) \tag{8-27}$$

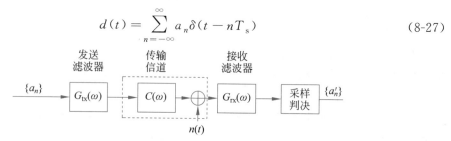

图 8-15 数字基带传输系统的简化模型

用该序列激励信号形成器(即发送滤波器)，产生发送信号

$$s(t) = \sum_{n=-\infty}^{\infty} a_n g_{tx}(t - nT_s) \tag{8-28}$$

其中,$g_{tx}(t)$是单个$\delta(t)$作用下形成的发送基带波形,即发送滤波器的冲激响应。

若发送滤波器的频响为$G_{tx}(\omega)$,则$g_{tx}(t)$为

$$g_{tx}(t)=\frac{1}{2\pi}\int_{-\infty}^{\infty}G_{tx}(\omega)e^{j\omega t}d\omega \tag{8-29}$$

信号$s(t)$通过信道时,会发送波形畸变,同时还要叠加上噪声。如图 8-15 所示,设信道的频响为$C(\omega)$,而接收滤波器的频响为$G_{rx}(\omega)$,则接收滤波器的输出信号为

$$r(t)=\sum_{n=-\infty}^{\infty}a_n h(t-nT_s)+n_R(t) \tag{8-30}$$

其中

$$h(t)=\frac{1}{2\pi}\int_{-\infty}^{\infty}G_{tx}(\omega)C(\omega)G_{rx}(\omega)e^{j\omega t}d\omega \tag{8-31}$$

而$n_R(t)$为加性信道噪声$n(t)$通过接收滤波器后的噪声。

信号$r(t)$被送入采样判决电路,在kT_s+t_0时刻采样,其中t_0是可能的时偏,通常由信道的特性和接收滤波器决定,以保证在基带波形中心附近采样。为了确定第k个符号a_k的取值,由式(8-30)可得

$$r(kT_s+t_0)=\sum_n a_n h(kT_s+t_0-nT_s)+n_R(kT_s+t_0)$$
$$=a_k h(t_0)+\sum_{n\neq k}a_n h[(k-n)T_s+t_0]+n_R(kT_s+t_0) \tag{8-32}$$

这里,$a_k h(t_0)$是第k个接收基带波形在采样时刻的取值。式(8-32)是确定a_k取值的依据。值得注意的是,即使发送脉冲$g_{tx}(t)$的宽带限制在T_s内,由于信道与接收滤波器的作用,会使脉冲加宽,从而延伸到邻近码元中;$\sum_{n\neq k}a_n h[(k-n)T_s+t_0]$即表示除了第$k$个以外所有其他发送符号的基带波形在第$k$个采样时刻的干扰总和(代数和)。这个值称为码间串扰值。图 8-16 展示了码间串扰过程。如果邻近码元的拖尾相加达到过高的量值,发送"无"(对应符号 0)就可能变为"有"(对应符号 1)。可以有意地加宽传输频带使这种串扰减小到任意程度,然而这会不必要地浪费带宽,并给系统引入过大的噪声。

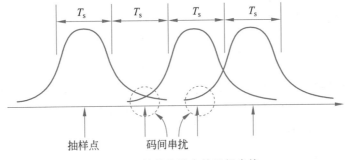

图 8-16　基带传输中的码间串扰

2. 无码间串扰的条件

一个性能良好的基带传输系统,必须令码间串扰和噪声两方面的影响足够小,从而使系统的总误码率达到规定的要求。由式(8-32)可知,码间串扰的大小取决于a_n的取值和系统总冲激响应$h(t)$在采样时刻上的取值。a_n是随信息内容变换的。从统计观点看,它总是以某种概率随机取值的。而由式(8-31),$h(t)$依赖于从发送滤波器、信道到接收滤波器的传

输特性 $H(\omega)=G_{tx}(\omega)C(\omega)G_{rx}(\omega)$。简便起见，假设在式(8-32)中，$t_0=0$，则对任意符号序列$\{a_n\}$，可通过发送和接收滤波器(联合)设计，令$h(t)$在采样时刻$kT_s$，满足

$$h(kT_s)=\begin{cases} 1, & k=0 \\ 0, & k\neq 0 \end{cases} \tag{8-33}$$

便可实现无码间串扰，即$\sum_{n\neq k}a_n h((k-n)T_s)=0$。式(8-33)称为无码间串扰条件。该条件下，$h(t)$的值除$t=0$时不为零外，在其他所有采样时刻上均为零，如图8-17所示。

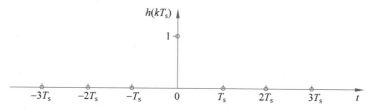

图8-17 无码间串扰条件下$h(t)$在各采样时刻的取值

根据式(8-31)，$h(t)$是单位冲激函数经基带滤波系统$H(\omega)$形成的波形。因此，如何形成无码间串扰的传输波形$h(t)$，实际是如何设计基带系统总频响$H(\omega)$的问题。下面推导可满足无码间串扰条件的$H(\omega)$。事实上，满足该条件的$H(\omega)$可以有很多种。容易想到的一种极限情况，是第3章中提到的理想低通滤波器频响，即

$$H(\omega)=\begin{cases} T_s, & |\omega|\leqslant \dfrac{\pi}{T_s} \\ 0, & |\omega|>\dfrac{\pi}{T_s} \end{cases} \tag{8-34}$$

相应地，其冲激响应为

$$h(t)=\frac{\sin\dfrac{\pi}{T_s}t}{\dfrac{\pi}{T_s}t} \tag{8-35}$$

上述$H(\omega)$和$h(t)$如图8-18所示。显然，在kT_s时刻，有

$$h(kT_s)=\begin{cases} 1, & k=0 \\ 0, & k\neq 0 \end{cases}$$

符合无码间串扰条件。即$h(t)$在$t=\pm kT_s(k\neq 0)$时有周期性零点；当发送序列的时间间隔为T_s时，正好巧妙地利用了这些零点(见图8-18(b)中虚线)。这表明，若$H(\omega)$是理想低通滤波器频响，则可以消除码间串扰。

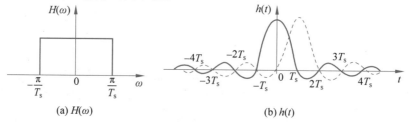

(a) $H(\omega)$ (b) $h(t)$

图8-18 理想低通滤波器的频响及冲激响应

由图 8-18 可见,在无码间串扰时,传输速率为 $f_s = 1/T_s$,此时的传输带宽 $B = \dfrac{1}{2\pi} \cdot \dfrac{\pi}{T_s} = \dfrac{1}{2} f_s$。这意味着带宽为 B 的理想低通滤波系统可以传输的脉冲速率为每秒 $2B$ 个脉冲。传输速率用每秒传输的码元数目来描述,称为码元速率,单位为码元/秒,也称为"波特"(Baud)。当传输 PAM 脉冲序列时,其频谱利用率为 2Baud/Hz;对于二进制脉冲,其频谱利用率为 2b/(s·Hz)。上述每赫兹带宽的传输速率是无码间串扰情况下的极限速率,称为奈奎斯特速率。

虽然理想低通传输特性达到了基带系统的极限传输速率和极限频带利用率(2Baud/Hz),但这种特性在物理上是无法实现的。而且,即使获得了相当逼近理想的特性,把它的冲激响应作为传输波形仍然是不合适的。这是因为,理想低通的冲激响应波形 $h(t)$ 的"尾巴"的衰减振荡幅度较大,如果采样定时稍有偏差(即 $t_0 \neq 0$),或外界对传输特性稍有影响,如信号频率发生漂移等,就会导致严重的码间串扰。考虑到实际的传输系统总是可能存在定时误差的,所以对理想低通频响的研究只有理论上的指导意义,还需寻找物理可实现的等效理想低通特性的其他频响形式。

下面进一步推导满足时间域无码间串扰条件的频域形式,以便于获得其他可实现无码间串扰的系统频响函数。因为有

$$h(kT_s) = \frac{1}{2\pi} \int_{-\infty}^{\infty} H(\omega) e^{j\omega kT_s} d\omega$$

把积分区间用角频率 $2\pi/T_s$ 分割,如图 8-19 所示,可得

$$h(kT_s) = \frac{1}{2\pi} \sum_i \int_{\frac{(2i-1)\pi}{T_s}}^{\frac{(2i+1)\pi}{T_s}} H(\omega) e^{j\omega kT_s} d\omega \tag{8-36}$$

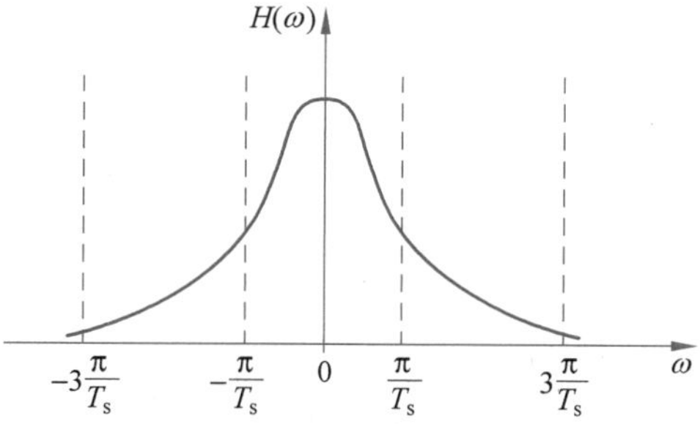

图 8-19 $H(\omega)$ 的分割

令 $\omega' = \omega - \dfrac{2\pi i}{T_s}$,则有 $d\omega' = d\omega$ 及 $\omega = \omega' + \dfrac{2\pi i}{T_s}$,于是式(8-36)变为

$$h(kT_s) = \frac{1}{2\pi} \sum_i \int_{-\frac{\pi}{T_s}}^{\frac{\pi}{T_s}} H\left(\omega' + \frac{2\pi i}{T_s}\right) e^{j\omega' kT_s} e^{j2\pi ik} d\omega' \tag{8-37}$$

由于 $h(t)$ 是必须收敛的,求和与积分可以互换,得

$$h(kT_s) = \frac{1}{2\pi} \int_{-\frac{\pi}{T_s}}^{\frac{\pi}{T_s}} \sum_i H\left(\omega + \frac{2\pi i}{T_s}\right) e^{j\omega kT_s} d\omega \tag{8-38}$$

这里把变量 ω' 重新记为 ω。由式(8-38)可以看出,$\sum_i H\left(\omega + \dfrac{2\pi i}{T_s}\right)$ 实际上是把 $H(\omega)$ 的分割各段平移到 $-\pi/T_s \sim \pi/T_s$ 的区间对应叠加求和,此时的积分区间仅存在于 $|\omega| \leqslant \pi/T_s$ 内。前面已讨论得出,理想低通滤波器的频响式(8-34)满足无码间串扰条件。若有

$$H_{eq}(\omega) = \begin{cases} \sum_i H\left(\omega + \dfrac{2\pi i}{T_s}\right) = T_s, & |\omega| \leqslant \dfrac{\pi}{T_s} \\ 0, & |\omega| > \dfrac{\pi}{T_s} \end{cases} \tag{8-39}$$

则称 $H(\omega)$ 满足等效理想低通特性。显然,此时由式(8-38)得到的 $h(kT_s)$ 同样满足无码间串扰条件。这表示把一个基带传输系的频响 $H(\omega)$ 分割为 $2\pi/T_s$ 宽度,且各段在 $(-\pi/T_s,$ $\pi/T_s)$ 区间内能叠加成一个矩形频响(其幅值为任意正常数,不一定取 T_s),那么它在以 f_s 速率传输基带信号时,就能做到无码间串扰。因此,如允许使用比 $f_s/2$ 更大的带宽,消除码间串扰的基带系统频响 $H(\omega)$ 的形式并不是唯一的。

3. 奈奎斯特脉冲

图 8-20 展示了实现上述等效低通滤波器特性的一种形式。具体而言,只要在理想低通滤波频响的截止频率 $\pm\omega_c=\pm\pi/T_s$ 处加上一个对 $\pm\omega_c$ 奇对称的函数,则经过相应的分割、平移、叠加,即可满足式(8-39)。这时所需的总带宽不大于 $2\pi/T_s$。

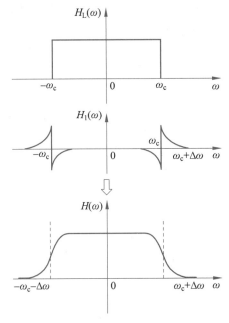

图 8-20 奈奎斯特滤波器频响的构成

图 8-20 所示的频响函数可表示为

$$H(\omega)=\begin{cases} T_s + H_1(\omega), & |\omega| \leqslant \dfrac{\pi}{T_s} = \omega_c \\ H_1(\omega), & \omega_c < |\omega| < 2\omega_c \\ 0, & \text{其他} \end{cases} \tag{8-40}$$

其中,$H_1(\omega)$ 具有对 $\pm\omega_c$ 奇对称的特性,即有

$$H_1(\pm\omega_c + \omega) = -H_1(\pm\omega_c - \omega) \quad |\omega \pm \omega_c| \leqslant \omega_c \tag{8-41}$$

对式(8-40)作傅里叶逆变换,求出的 $h(t)$ 是两项的叠加,即

$$h(t) = \frac{\sin\omega_c t}{\omega_c t} + h_1(t) \tag{8-42}$$

其中,

$$h_1(t) = \frac{1}{2\pi}\int_{-\infty}^{\infty} H_1(\omega)\mathrm{e}^{\mathrm{j}\omega t}\,\mathrm{d}\omega$$

一般要求 $H(\omega)$ 具有线性相位。具有线性相位的 $H_1(\omega)$ 必为 ω 的偶函数。考虑

$\omega > 2\omega_c$ 时，$H_1(\omega) = 0$，于是有

$$h_1(t) = \frac{1}{\pi} \int_0^{\omega_c} H_1(\omega) \cos\omega t \, d\omega + \frac{1}{\pi} \int_{\omega_c}^{2\omega_c} H_1(\omega) \cos\omega t \, d\omega \tag{8-43}$$

利用 $H_1(\omega)$ 对 ω_c 的奇对称特性，在式(8-43)的第 1 项积分内令 $\omega = \omega_c - x$，在第 2 项积分内令 $\omega = \omega_c + x$，则新变量 x 的范围对两个积分都是 $0 \sim \omega_c$。应用奇对称特性，可以把式(8-43)的两个积分合并成一个积分，即

$$h_1(t) = \frac{1}{\pi} \int_0^{\omega_c} H_1(\omega_c - x)[\cos(\omega_c - x)t - \cos(\omega_c + x)t] \, dx$$

$$= \frac{2}{\pi} \sin\omega_c t \int_0^{\omega_c} H_1(\omega_c - x) \sin xt \, dx \tag{8-44}$$

式(8-44)积分前的 $\sin\omega_c t$ 保证了 $h_1(t)$ 在相隔 $T_s = \pi/\omega_c$ 的各点上等于零，而与积分值无关。这些零点的间隔正好是原采样间隔 T_s，因此式(8-42)中的 $h(t)$ 也满足无码间串扰条件。

图 8-21 所示的升余弦滚降频响函数是式(8-40)的一个实例，它可表示为

$$H(\omega) = \begin{cases} T_s, & |\omega| \leqslant \omega_c - \Delta\omega = \omega_c(1-r) \\ \dfrac{T_s}{2}\left\{1 + \cos\left[\dfrac{\pi}{2}\dfrac{|\omega| - (1-r)\omega_c}{r\omega_c}\right]\right\}, & \omega_c(1-r) < |\omega| < \omega_c(1+r) \\ 0, & |\omega| > \omega_c(1+r) \end{cases}$$
$$\tag{8-45}$$

其中，$r = \Delta\omega/\omega_c$ 称为滚降因子。不同的滚降因子对应的冲激响应 $h(t)$ 也在图 8-21 中给出。显然，r 越小，所需带宽 $\omega_c(1+r) = \omega_c + \Delta\omega$ 越小，相应的滤波器设计越复杂，定时控制要求也越严格。特别地，$r = 0$ 时称为零滚降情况，也就是理想低通滤波的情况；而 $r = 1$ 称为单位滚降情况，也就是升余弦频响特性的情况。此时，式(8-45)可写为

$$H(\omega) = \begin{cases} \dfrac{T_s}{2}\left(1 + \cos\dfrac{\pi\omega}{2\omega_c}\right), & |\omega| \leqslant 2\omega_c \\ 0, & |\omega| > 2\omega_c \end{cases} \tag{8-46}$$

其冲激响应为

$$h(t) = \frac{\sin\omega_c t}{\omega_c t} \frac{\cos\omega_c t}{1 - (2\omega_c t/\pi)^2} \tag{8-47}$$

由式(8-45)得到的冲激响应 $h(t)$ 都是非因果的。为保证其在实际系统中是可以实时实现的，可以在式(8-45)的基础上增加一个线性相位项，即令式(8-45)为幅频响应 $|H(\omega)|$，而总频响为 $H(\omega) = |H(\omega)|\mathrm{e}^{\mathrm{j}\phi(\omega)} = |H(\omega)|\mathrm{e}^{-\mathrm{j}\omega t_0}$。一般滚降因子为 r、线性相位、时延 $t_0 = -\dfrac{\mathrm{d}\phi(\omega)}{\mathrm{d}\omega}$ 时，相应的冲激响应为

$$h(t) = \frac{\sin\omega_c(t - t_0)}{\omega_c(t - t_0)} \frac{\cos r\omega_c(t - t_0)}{1 - [2r\omega_c(t - t_0)/\pi]^2} \tag{8-48}$$

通过选取足够大的 t_0，然后关于 t_0 对称地截断 $h(t)$ 中小到可以忽略的"尾部"，即可获得逼近理想 $h(t)$ 的因果冲激响应函数。需要注意的是，当采用式(8-48)中的 $h(t)$ 脉冲时，接收端应如式(8-32)所示，在 $kT_s + t_0$ 时刻对信号进行采样判决。

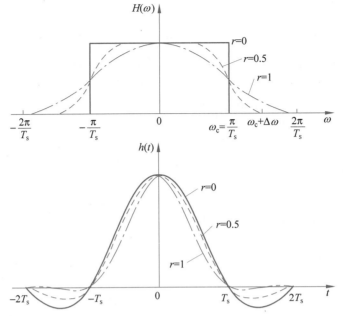

图 8-21　不同 r 的升余弦滚降频响特性及其冲激响应

采用升余弦滚降时,每赫兹带宽的脉冲速率取决于滚降因子 r。如果希望脉冲传输速率为每秒 $1/T_s$ 个脉冲,则要求以赫兹计的带宽为

$$B = \frac{1}{2T_s}(1+r) \tag{8-49}$$

如果给定了带宽 B,则无码间串扰情况下每秒最高可传输的脉冲数为

$$\frac{1}{T_s} = \frac{2B}{1+r} \tag{8-50}$$

由此可见,每秒可传输的脉冲范围是从 B 个($r=1$)到通常难以达到的(奈奎斯特速率)极限 $2B$ 个。数字电话系统及很多无线数字通信系统均采用奈奎斯特脉冲。

8.4.4　匹配滤波器

本节接着讨论在无码间串扰情况下,如何通过接收滤波器设计,减小信道噪声的影响,从而令基带传输的误码率最小。考虑采用时延 t_0(并截断的)奈奎斯特脉冲进行基带传输,即系统总冲激响应 $h(t)$ 如式(8-48)所示。相应地,接收端在 $kT_s + t_0$ 时刻对信号进行采样判决。由式(8-32)可知,接收信号在采样判决时,$r(kT_s + t_0)$ 为 3 项之和,即

$$r(kT_s + t_0) = 信号取值 + 码间串扰 + 随机噪声取值$$

其中,第 1 项是对信号判决的依据;第 2、3 项则是妨碍正确判决的干扰项,也就是引起误码的原因,应尽量减小。对于第 2 项,如 8.4.3 节所述,可通过联合设计发送和接收滤波器的频响 $G_{tx}(\omega)$ 和 $G_{rx}(\omega)$,令系统总频响 $H(\omega) = G_{tx}(\omega)C(\omega)G_{rx}(\omega)$ 满足无码间串扰条件,则可完全消除在采样时刻的码间串扰。而由图 8-15 可知,随机噪声 $n(t)$ 是在传输信道中混入的。信号加噪声的混合信号经接收滤波器处理后便进入采样判决电路,而系统的误码率仅依赖于采样时刻的信噪比。该信噪比越大,误码率 P_e 越小。下面介绍如何设计最佳的(线性)接收滤波器的频响 $G_{rx}(\omega)$,使得采样判决器能在采样时刻得到最大的信噪比。

1. 匹配滤波器的频响

设式(8-28)的发送信号 $s(t)$ 经信道传输后，在接收滤波器输入端得到信号

$$x(t) = \sum_n a_n g_T(t - nT_s) + n(t) \tag{8-51}$$

其中

$$g_T(t) = \frac{1}{2\pi} \int_{-\infty}^{\infty} G_T(\omega) e^{j\omega t} d\omega = \frac{1}{2\pi} \int_{-\infty}^{\infty} G_{tx}(\omega) C(\omega) e^{j\omega t} d\omega$$

其中，$G_T(\omega) = G_{tx}(\omega) C(\omega)$。若通过收发滤波器联合设计，系统总冲激响应 $h(t)$ 满足无码间串扰条件，则经接收滤波器后在 $kT_s + t_0$ 时刻的采样值为

$$r(kT_s + t_0) = a_k h(t_0) + n_R(kT_s + t_0)$$

这里零均值噪声 $n(t)$ 与信号互不相关。设噪声 $n(t)$ 的双边带功率谱密度为 $P_n(\omega)$，则输出噪声 $n_R(t)$ 的平均功率为

$$N_R = \overline{n_R^2(t)} = \frac{1}{2\pi} \int_{-\infty}^{\infty} |G_{rx}(\omega)|^2 P_n(\omega) d\omega \tag{8-52}$$

不失一般性，假设数字符号具有单位能量，即 $E[a_k^2] = 1$，则在采样时刻信号的平均功率为

$$S_R = E[a_k^2] |h(t_0)|^2 = |h(t_0)|^2 \tag{8-53}$$

而

$$h(t_0) = \frac{1}{2\pi} \int_{-\infty}^{\infty} G_T(\omega) G_{rx}(\omega) e^{j\omega t_0} d\omega \tag{8-54}$$

因此，采样时刻的信噪比为

$$SNR = \frac{S_R}{N_R} = \frac{\left| \frac{1}{2\pi} \int_{-\infty}^{\infty} G_T(\omega) G_{rx}(\omega) e^{j\omega t_0} d\omega \right|^2}{\frac{1}{2\pi} \int_{-\infty}^{\infty} |G_{rx}(\omega)|^2 P_n(\omega) d\omega} \tag{8-55}$$

根据柯西-施瓦茨不等式，若 $F_1(\omega)$、$F_2(\omega)$ 为复变函数，则有

$$\left| \int_{-\infty}^{\infty} F_1(\omega) F_2(\omega) d\omega \right|^2 \leqslant \int_{-\infty}^{\infty} |F_1(\omega)|^2 d\omega \cdot \int_{-\infty}^{\infty} |F_2(\omega)|^2 d\omega \tag{8-56}$$

其只有在 $F_1(\omega) = cF_2^*(\omega)$，$c$ 为任意常数时等号成立。

令 $F_1(\omega) = \sqrt{P_n(\omega)} \cdot G_{rx}(\omega)$，$F_2(\omega) = \frac{G_T(\omega)}{\sqrt{P_n(\omega)}} \cdot e^{j\omega t_0}$。由式(8-56)和式(8-55)可得

$$SNR \leqslant \frac{\frac{1}{4\pi^2} \int_{-\infty}^{\infty} P_n(\omega) |G_{rx}(\omega)|^2 d\omega \cdot \int_{-\infty}^{\infty} |G_T(\omega)|^2 / P_n(\omega) d\omega}{\frac{1}{2\pi} \int_{-\infty}^{\infty} |G_{rx}(\omega)|^2 P_n(\omega) d\omega} = \frac{1}{2\pi} \int_{-\infty}^{\infty} \frac{|G_T(\omega)|^2}{P_n(\omega)} d\omega \tag{8-57}$$

当 $G_{rx}(\omega) = c \dfrac{G_T^*(\omega)}{P_n(\omega)} e^{-j\omega t_0}$ 时等号成立，此时接收滤波器的输出信噪比最大。常数 c（可看作滤波器的恒定增益）和相位因子 $e^{-j\omega t_0}$ 与信噪比的确定无关，所以由该式表示的接收滤波器频响可以看作与滤波器输入端的码元波形频谱特性匹配的，故称为匹配滤波器，即能获得最大信噪比的最佳接收滤波器是匹配滤波器。

这里所谓"匹配"的含义如下。

（1）滤波器的幅频特性与输入码元波形的幅度谱成正比。在码元波形频谱分量较小的频率上，滤波器的幅频特性也小，能有效地抑制噪声。

（2）在每个频率上滤波器频响的相位与码元波形频谱的相位符号相反。这样，滤波器对所有码元波形各频谱分量的相位进行调整，使这些频谱分量在 t_0 相加时达到最大。而滤波器引入的线性相位 $-\omega t_0$ 代表一个恒定的时延。

（3）如果噪声的功率谱密度是非均匀的，则在每个频率上的加权与此频率上的噪声功率谱密度成反比。

如果噪声是白噪声，则其功率谱密度 $P_n(\omega)=N_0/2$。在引入任意常数后，匹配滤波器的表示式可化简为

$$G_{rx}(\omega)=cG_T^*(\omega)e^{-j\omega t_0} \tag{8-58}$$

相应的最大输出信噪比为

$$\mathrm{SNR}_{max}\leqslant \frac{\frac{1}{2\pi}\int_{-\infty}^{\infty}|G_T(\omega)|^2 d\omega}{\frac{N_0}{2}}=\frac{2E}{N_0} \tag{5-59}$$

其中，E 为输入码元波形能量。此时，最大输出信噪比只与接收滤波器输入码元波形的能量及白噪声的功率谱密度有关，而与具体的码元波形无关。在噪声功率谱密度相同的情况下，增加输入码元波形的能量（如增加发送功率）便可提高匹配滤波器的输出信噪比。

简便起见，下面的讨论均只考虑白噪声的情况。

2. 匹配滤波器的冲激响应和输出波形

根据式(8-58)的频响函数，下面推导与其对应的冲激响应 $g_{rx}(t)$。

$$
\begin{aligned}
g_{rx}(t)&=\frac{1}{2\pi}\int_{-\infty}^{\infty}G_{rx}(\omega)e^{j\omega t}d\omega=\frac{1}{2\pi}\int_{-\infty}^{\infty}cG_T^*(\omega)e^{-j\omega t_0}e^{j\omega t}d\omega\\
&=\frac{c}{2\pi}\int_{-\infty}^{\infty}\left[\int_{-\infty}^{\infty}g_T(\tau)e^{-j\omega\tau}d\tau\right]^*e^{-j\omega(t_0-t)}d\omega\\
&=c\int_{-\infty}^{\infty}\left[\frac{1}{2\pi}\int_{-\infty}^{\infty}e^{-j\omega(\tau-t_0+t)}d\omega\right]g_T^*(\tau)d\tau\\
&=c\int_{-\infty}^{\infty}g_T^*(\tau)\delta(\tau-t_0+t)d\tau=cg_T^*(t_0-t)
\end{aligned} \tag{8-60}
$$

为了保证匹配滤波器的因果性（物理可实现性），匹配滤波器的冲激响应须满足

$$g_{rx}(t)=\begin{cases}cg_T^*(t_0-t), & t>0\\ 0, & t<0\end{cases} \tag{8-61}$$

因此必须有：当 $t<0$ 时，$g_T^*(t_0-t)=0$；即当 $t>t_0$ 时，$g_T^*(t)=0$。式(8-60)表明，匹配滤波器的冲激响应 $g_{rx}(t)$ 可由其输入码元波形 $g_T^*(t)$ 的镜像 $g_T^*(-t)$ 在时间轴上平移 t_0 后得到。若输入码元波形的持续时间为 $(0,T)$，则当采样时刻 $t_0\geqslant T$ 时，匹配滤波器才是因果的。一般总希望时延 t_0 尽量小，故通常取 $t_0=T$。

由式(8-60)得到匹配滤波器的输出码元波形为

$$h(t)=\int_{-\infty}^{\infty}g_T(t-\tau)g_{rx}(\tau)d\tau=c\int_{-\infty}^{\infty}g_T(t-\tau)g_T^*(t_0-\tau)d\tau$$

$$= c \int_{-\infty}^{\infty} g_T(\tau') g_T^*(\tau' + t_0 - t) \mathrm{d}\tau' = cR(t - t_0) \tag{8-62}$$

由此可见,匹配滤波器的输出码元波形是输入码元波形的自相关函数 $R(t)$ 的时移形式,因此在本节最后将说明,在某些情况下匹配滤波器也可用相关器来实现。当 $t = t_0$ 时,输出波形的幅度为

$$h(t_0) = cR(0) = cE \tag{8-63}$$

因此,输出波形的最大幅度值出现在 $t = t_0$ 时刻,并且其值等于输入波形 $g_T(t)$ 的能量 E 的 c 倍。图 8-22 展示了这个卷积积分的过程。匹配滤波器输出波形的最大幅值与具体的输入波形无关,而仅与输入波形的能量有关。

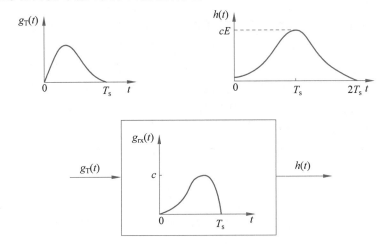

图 8-22 匹配滤波器的输出波形

3. 根升余弦滤波器

考虑简单的加性白噪声信道,此时不失一般性,可假设 $C(\omega) = 1$,则有 $H(\omega) = G_{tx}(\omega)G_{rx}(\omega)$,$G_T(\omega) = G_{tx}(\omega)$,$g_T(t) = g_{tx}(t)$。根据式(8-58)和式(8-60),匹配滤波器的频响和冲激响应为(以下不作说明时均取 $c = 1$)

$$G_{rx}(\omega) = G_{tx}^*(\omega) \mathrm{e}^{-\mathrm{j}\omega t_0} \tag{8-64}$$

$$g_{rx}(t) = g_{tx}^*(t_0 - t) \tag{8-65}$$

为消除码间串扰,如 8.4.3 节所述,可令系统总频响 $H(\omega)$ 采用如式(8-46)所示的升余弦函数作为幅频特性,并在此基础上增加一个线性相位项 $\mathrm{e}^{-\mathrm{j}\omega t_0}$(以满足系统因果性),即

$$H(\omega) = \begin{cases} \dfrac{T_s}{2}\left(1 + \cos\dfrac{\pi\omega}{2\omega_c}\right)\mathrm{e}^{-\mathrm{j}\omega t_0}, & |\omega| \leqslant 2\omega_c \\ 0, & |\omega| > 2\omega_c \end{cases} \tag{8-66}$$

为实现以上系统频响,并满足式(8-64)的匹配滤波器要求,可令发送滤波器频响为根升余弦函数(即升余弦函数的"平方根")形式,即

$$G_{tx}(\omega) = \begin{cases} \sqrt{\dfrac{T_s}{2}\left(1 + \cos\dfrac{\pi\omega}{2\omega_c}\right)}\,\mathrm{e}^{-\mathrm{j}\omega t_0/2}, & |\omega| \leqslant 2\omega_c \\ 0, & |\omega| > 2\omega_c \end{cases} \tag{8-67}$$

其时间域冲激响应为

$$g_{tx}(t) = \frac{4}{\pi\sqrt{T_s}} \frac{\cos[2\pi(t-t_0/2)/T_s]}{1-[4(t-t_0/2)/T_s]^2} \tag{8-68}$$

通过选取足够大的 t_0,然后关于 $t_0/2$ 对称地截断 $g_{tx}(t)$ 中小到可以忽略的"尾部",即可令 $g_{tx}(t)$ 的持续时间为 $(0,t_0)$,从而满足因果性。相应地,接收匹配滤波器的频响为

$$G_{rx}(\omega) = G_{tx}^*(\omega)e^{-j\omega t_0} = G_{tx}(\omega) \tag{8-69}$$

因而有 $g_{rx}(t) = g_{tx}(t)$,即根升余弦滤波器就是它自身的匹配滤波器。经过根升余弦发送滤波器和接收匹配滤波器后,系统总冲激响应 $h(t)$ 由式(8-48)给出。(如前述截断后)其持续时间为 $(0,2t_0)$。

由 8.4.2 节的频谱分析可知,发送信号的带宽由发送码元波形的带宽决定(特别是发送符号序列 $\{a_n\}$ 等概率取 -1 或 $+1$,因而没有离散频谱的情况)。采用根升余弦发送及接收滤波器,系统传输速率为 $f_s = 1/T_s$,所需的传输带宽 $B = f_s$。使用根升余弦接收滤波器还有另一个好处,就是在对零均值的加性白高斯噪声滤波并采样后仍可保持噪声样本原有的互不相关性。因为这些特性,根升余弦滤波器在现代数字通信系统中被广泛使用。

4. 积分和清除匹配滤波器

仍考虑加性白噪声信道。若采用简洁的矩形脉冲作为发送滤波器的冲激响应,即

$$g_{tx}(t) = \begin{cases} 1, & 0 \leqslant t \leqslant T_s \\ 0, & \text{其他} \end{cases} \tag{8-70}$$

这就是 8.4.1 节中的单极性或双极性不归零码情况。则它对应的频响为

$$G_{tx}(\omega) = \frac{1}{j\omega}(1-e^{-j\omega T_s}) \tag{8-71}$$

相应的匹配滤波器的频响为(取 $c=1$)

$$G_{rx}(\omega) = \left[\frac{1}{j\omega}(1-e^{-j\omega T_s})\right]^* e^{-j\omega t_0} = \frac{1}{j\omega}(e^{j\omega T_s}-1)e^{-j\omega t_0} \tag{8-72}$$

取 $t_0 = T_s$,则式(8-72)成为

$$G_{rx}(\omega) = \frac{1}{j\omega}(1-e^{-j\omega T_s}) = G_{tx}(\omega) \tag{8-73}$$

同样地,此时有 $g_{rx}(t) = g_{tx}(t)$,即式(8-70)的矩形脉冲也是它自身的匹配滤波器的冲激响应。上述发送和接收滤波器组成的系统总冲激响应 $h(t)$ 为三角形脉冲(两个相同的矩形脉冲的卷积是三角形脉冲),其持续时间为 $(0,2T_s)$。以 kT_s 作为采样时刻,该三角脉冲满足式(8-33)中的无码间串扰条件。

以式(8-73)中 $G_{rx}(\omega)$ 为频响的匹配滤波器可用图 8-23(a)所示系统实现。其中的因子 $1/j\omega$ 可由积分器实现,而延迟线产生 T_s 的时延,两者相减即可满足要求。如前所述,此时匹配滤波器的输出波形是一个持续时间为 $2T_s$ 的三角形脉冲,且在 $t=T_s$ 时有最大值 T_s。由于此匹配滤波器的输出波形持续时间大于输入波形持续时间,而采样是在 $t=T_s$ 时进行的,故 $t>T_s$ 以后的输出已无用处,还可能会产生对下一个码元信号的干扰,应该立即清除掉。为此,图 8-23(a)中的 T_s 延迟线已无用,可简化为如图 8-23(b)所示的系统。而清除是通过一个短路开关并联在积分器输出的两端来实现的。在 $t=T_s$ 时进行采样后,经过短暂的 Δ 时间将积分器的输出短路一次,恢复原始状态,就不会影响下一个码元信号的接收。

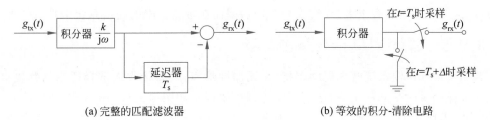

(a) 完整的匹配滤波器   (b) 等效的积分-清除电路

图 8-23 矩形脉冲的匹配滤波器

前面说过，形式简洁的矩形脉冲实际上是物理难以实现的，而且理论上其频谱具有无穷的带宽。因而在带宽严格受限的数字通信系统(如无线通信系统)中，很少被采用。

5. 匹配滤波器的相关实现

事实上，图 8-23(b)中的积分器可以看作相关操作。因为 $g_{tx}(t)$ 具有式(8-70)的形式，则在 $(0, T_s)$ 期间，有

$$\int_0^{T_s} x(\tau)\mathrm{d}\tau = \int_0^{T_s} g_{tx}^*(\tau)x(\tau)\mathrm{d}\tau = \int_{-\infty}^{\infty} g_{tx}^*(\tau)x(\tau)\mathrm{d}\tau$$

即对输入信号 $x(t)$ 的积分等同于 $g_{tx}(t)$ 与 $x(t)$ 的互相关。

更一般地，只要 $g_{tx}(t)$ 的持续时间在 $(0, T_s)$ 内，可定义

$$\bar{g}_{tx}(t) = \sum_n g_{tx}(t - nT_s)$$

则匹配滤波器可以用如图 8-24 所示的相关和清除系统来实现。令采样判决电路在 kT_s 时刻采样。考虑 $k=1$ 的情况。则在 $(0, T_s)$ 期间，匹配滤波器的输入可写为

$$x(t) = a_0 g_{tx}(t) + n(t) \quad 0 \leqslant t \leqslant T_s \tag{8-74}$$

而匹配滤波器的冲激响应为

$$g_{rx}(t) = g_{tx}^*(T_s - t)$$

其输出为

$$r(t) = \int_{-\infty}^{\infty} g_{rx}(t - \tau)x(\tau)\mathrm{d}\tau$$

考虑到 $g_{rx}(t)$ 和 $g_{tx}(t)$ 只存在于 $0 \leqslant t \leqslant T_s$，则有

$$r(T_s) = \int_{-\infty}^{\infty} g_{tx}^*(\tau)x(\tau)\mathrm{d}\tau = a_0 \int_0^{T_s} g_{tx}^*(\tau)g_{tx}(\tau)\mathrm{d}\tau + n_R(T_s)$$

这表明匹配滤波器在 $t = T_s$ 时刻的输出等于 $g_{tx}(t)$ 与 $x(t)$ 的互相关在 T_s 时刻的值。在该相关器后接上与图 8-23(b)中类似的清除电路，则图 8-24 中的系统在 $t = kT_s$ 时的采样输出可以获得与匹配滤波器同样的最大信噪比。

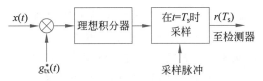

图 8-24 匹配滤波器的相关实现

需要指出的是，匹配滤波器与相关器的输出并不总是一致的。当匹配滤波器的输入码元波形 $g_{tx}(t)$ 不是限制在 $(0, T_s)$ 之内时，不能简单地采用图 8-24 中的相关器代替匹配滤波器(消除码间串扰及最大化输出信噪比)的作用。而若 $g_{tx}(t)$ 限制在 $(0, T_s)$ 内，与矩形脉冲

类似,理论上其频谱具有很大(无穷大)的带宽,因而在带宽受限的通信系统中难以被采用。

8.4.5　噪声对基带传输的影响

若一个基带传输系统既无码间串扰,又无加性噪声,只要接收端选择适当的判决电平,并保证采样判决时刻基本正确,便不会发送判决错误。如图 8-25(a)所示,设基带信号为单极性脉冲,无脉冲表示 0,幅度为 A 的脉冲表示 1。在无噪声时,经带限传输后接收的波形如图 8-25(b)所示。由于信道噪声的影响,输入采样判决电路的实际波形如图 8-25(c)所示。显然,在两种情况下将发送判决错误:传输 1 码时,如果采样时刻有一个很大幅度的负噪声与信号相加,使采样值低于判决电平,则接收端错判为 0;而传输 0 码时,如果采样时刻有一个很大的正噪声,其幅度超过判决电平,则接收端错判为 1。通常把这些判决错误的概率称为误码率。

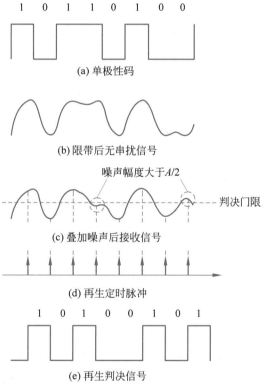

图 8-25　信道噪声对基带信号传输的影响

通过接收和发送滤波器联合设计,可以实现在判决时刻消除码间串扰及最大化输出信噪比。下面具体计算无码间串扰时信道噪声所引起的误码率。

设通信系统中发送 1 的概率为 $P(1)$,发送 0 的概率为 $P(0)=1-P(1)$。发送 1 时错判为 0 的条件概率为 $P(0/1)$,发送 0 时错判为 1 的条件概率为 $P(1/0)$,则总的误码率 P_e 为

$$P_e = P(1)P(0/1) + P(0)P(1/0)$$

若收到的信号加噪声的合成电压的采样幅度为 V,而判决门限为 b,即在采样时刻 $V \geqslant b$ 时判决为 1,$V < b$ 时判决为 0,则 P_e 又可写为

$$P_e = P(1)P[(V < b)/1] + P(0)P[(V > b)/0]$$

如果 $p_1(V)$ 为发送 1 时收到合成电压幅度 V（在判决时刻）的概率密度函数，$p_0(V)$ 为发送 0 时收到合成电压幅度 V 的概率密度函数，则有

$$P_e = P(1)\int_{-\infty}^{b} p_1(V)\mathrm{d}V + P(0)\int_{b}^{\infty} p_0(V)\mathrm{d}V$$

一般情况下，可假定发送 1 和 0 的概率相等，即

$$P(1) = P(0) = \frac{1}{2}$$

于是有

$$P_e = \frac{1}{2}\left[\int_{-\infty}^{b} p_1(V)\mathrm{d}V + \int_{b}^{\infty} p_0(V)\mathrm{d}V\right]$$

可见，总误码率与接收到的信号加噪声的合成幅度的概率密度函数以及判决门限 b 有关。当 $p_1(V)$ 及 $p_0(V)$ 给定时，最优判决门限值 b_0 须满足

$$\frac{\mathrm{d}P_e}{\mathrm{d}b} = \frac{1}{2}[p_1(b) - p_0(b)] = 0$$

即应有

$$p_1(b_0) = p_0(b_0)$$

这说明在二进制等概率的情况下，最佳门限值就是 $p_1(V)$ 和 $p_0(V)$ 曲线交点所对应的 V 值。

为研究方便，通常认为信道噪声是零均值的平稳白高斯噪声。由于接收匹配滤波器是一个线性系统，它的输出 $n_R(t)$（即判决电路的输入噪声）是一个零均值的低频高斯噪声。若其方差记为 σ_n^2，则它的概率密度函数为

$$p_n(V) = \frac{1}{\sqrt{2\pi}\,\sigma_n}\exp\left(-\frac{V^2}{2\sigma_n^2}\right)$$

对于单极性信号，在无噪声时，发送 1 时其采样时刻得到的值为 A，则信号加噪声的表示式为

$$V = \begin{cases} A + n_R(t), & \text{发送 1 时} \\ n_R(t), & \text{发送 0 时} \end{cases}$$

于是有

$$p_1(V) = \frac{1}{\sqrt{2\pi}\,\sigma_n}\exp\left[-\frac{(V-A)^2}{2\sigma_n^2}\right]$$

$$p_0(V) = \frac{1}{\sqrt{2\pi}\,\sigma_n}\exp\left(-\frac{V^2}{2\sigma_n^2}\right)$$

图 8-26 给出了 $p_1(V)$ 和 $p_0(V)$ 概率密度函数曲线。由于高斯分布的对称性，两条曲线交点位于 $V = A/2$ 处，即最佳判决电平 $b_0 = A/2$。相应地，总误码率为

$$P_e = \frac{1}{2}\left[\int_{-\infty}^{A/2} p_1(V)\mathrm{d}V + \int_{A/2}^{\infty} p_0(V)\mathrm{d}V\right]$$

图 8-26 中阴影部分的面积就表示两种误码的条件概率 $P(0/1)$ 和 $P(1/0)$。在最佳门限 $b_0 = A/2$ 下，由于高斯分布的对称性，所以有 $P(0/1) = P(1/0)$，可进一步推导得

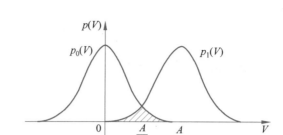

图 8-26 接收信号幅度的概率分布

$$P_e = \frac{1}{2}P(0/1) + \frac{1}{2}P(1/0) = P(0/1) = P(1/0)$$

$$= \int_{A/2}^{\infty} p_0(V)\mathrm{d}V = \int_0^{\infty} p_0(V)\mathrm{d}V - \int_0^{A/2} p_0(V)\mathrm{d}V$$

$$= \frac{1}{2} - \int_0^{A/2} \frac{1}{\sqrt{2\pi}\sigma_n}\exp\left(-\frac{V^2}{2\sigma_n^2}\right)\mathrm{d}V = \frac{1}{2}\left[1 - \frac{2}{\sqrt{\pi}}\int_0^{\frac{A}{2\sqrt{2}\sigma_n}}\exp(-u^2)\mathrm{d}u\right]$$

$$= \frac{1}{2}\left[1 - \mathrm{Erf}\left(\frac{A}{2\sqrt{2}\sigma_n}\right)\right] = \frac{1}{2}\mathrm{Erfc}\left(\frac{A}{2\sqrt{2}\sigma_n}\right) \tag{8-75}$$

其中，$u = \dfrac{V}{\sqrt{2}\sigma_n}$；$\mathrm{Erf}(x) = \dfrac{2}{\sqrt{\pi}}\displaystyle\int_0^x \exp(-u^2)\mathrm{d}u$，称为误差函数；$\mathrm{Erfc}(x) = 1 - \mathrm{Erf}(x)$，为互补误差函数。由于 1 码和 0 码的概率相等，且采样时刻 1 码的幅值为 A 而 0 码的幅值为 0，信号的平均功率为 $A^2/2$。判决电路的输入噪声 $n_R(t)$ 为零均值高斯噪声，其平均功率为 σ_n^2，因此平均信噪比为 $\mathrm{SNR} = \dfrac{A^2}{2\sigma_n^2}$。

式(8-75)又可表示为

$$P_e = \frac{1}{2}\mathrm{Erfc}\left(\frac{\sqrt{\mathrm{SNR}}}{2}\right) \tag{8-76}$$

考虑加性白噪声信道，噪声的功率谱密度 $P_n(\omega) = N_0/2$。设发送 1 码时的信号波形能量为 E_1，则由前面推导可知，接收端匹配滤波器在判决时刻输出的幅值为 $A = E_1$（取 $c = 1$ 时），而噪声功率为 $\sigma_n^2 = \dfrac{N_0}{2}E_1$，此时的信噪比为 $\dfrac{2E_1}{N_0}$。发送 0 码时的信噪比显然为 0。因此，当 1 码和 0 码的发送概率相等时，平均信号能量为 $E = \dfrac{E_1}{2}$，而平均信噪比为

$$\mathrm{SNR} = \frac{1}{2} \cdot \frac{2E_1}{N_0} = \frac{2E}{N_0}$$

在通信教科书中，通常把 $\gamma = \dfrac{E}{N_0}$ 称为参考信噪比（Reference SNR），则式(8-76)也可写为

$$P_e = \frac{1}{2}\mathrm{Erfc}\left(\sqrt{\frac{\gamma}{2}}\right) \tag{8-77}$$

由式(8-77)可画出 P_e 与参考信噪比 γ 的关系曲线，如图 8-27 所示。

从图 8-27 可见,当 $\gamma=11.4\text{dB}$ 时,$P_e=10^{-4}$。这意味着平均传输 10^4 个码元将有一个判决错误。如果每秒传输 10^5 个码元,则表示平均每 0.1s 产生一个错码。这个结果可能还是不够令人满意的。如果将信号功率增大至 $\gamma=15\text{dB}$,则 P_e 减小到 10^{-8}。对于同样每秒传输 10^5 个码元的情况,这表示平均每 1000s(约 16min)才产生一个错误,已可以满足大部分应用的要求了。在 γ 为 10dB 以上时,误码率会随着信号功率的少量增加而迅速下降。于是存在着这样一个狭窄的范围;在这个信噪比以上,误码率很小;而在其下时,误码频繁发送。这种现象称为门限效应。导致出现门限效应的这个信噪比称为门限值。对于二进制码传输,门限值一般为 $10\sim12\text{dB}$。

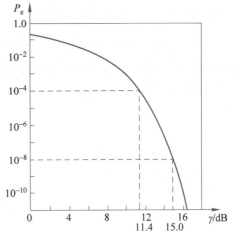

图 8-27   单极性二进制码检测的误码率

8.5   数字信号的正弦调制

基带信号具有较低频率的频谱分量,一般不宜在远距离通信的信道直接传输。为了有效地传输信息,最普遍的方法是将基带信号移到较高的频率上进行传输。因此,通信系统的发信变换器通常(在基带脉冲调制后)还需要有正弦调制过程,而在收信端则有相应的反调制(即解调)过程。如第 7 章所述,所谓正弦调制,就是用基带信号的变化规律去改变正弦载波信号某些参数的过程。通过正弦调制,即可实现将基带信号频谱搬移到较高频率上。此频谱搬移过程不仅可以将已调制信号更有效地通过传播媒质辐射出去,而且还能实现在给定的频带上进行频分多路复用(参见 7.6 节)。

数字信号和模拟信号的正弦调制原理上是一致的。一般来说,数字正弦调制技术可分为以下两种类型。

(1) 利用模拟调制方法实现数字调制。数字符号序列 $\{a_n\}$ 经发送滤波(也称脉冲调制)后的基带信号,本质上已重新变为连续时间和连续幅度的模拟电信号,再对其进行正弦调制实际上就是一个模拟调制过程。

(2) 利用数字信号离散取值的特点键控载波从而实现数字调制。这种方法通常称为键控法。例如,对正弦载波的幅度、频率及相位进行二进制键控,即可获得二元幅度键控(Binary Amplitude Shift-Keying,BASK)、二元移频键控(Binary Frequency Shift-Keying,BFSK)以及二元移相键控(Binary Phase Shift-Keying,BPSK)方式。

使用键控法实现的数字调制设备一般可由数字电路来完成,它具有调制速度快、调整与测试方便、体积小、设备可靠性高等特点,因而在一些数字通信系统中获得广泛应用。由于模拟正弦调制方法在第 7 章已详细叙述,下面重点介绍 BASK、BFSK 和 BPSK 3 种键控方式的工作原理。

8.5.1 二元幅度键控

假设发送滤波器的冲激响应 $g_{tx}(t)$ 为矩形脉冲。如图 8-28(a)所示,基带信号 $s(t)$ 采用单极性不归零码表示 1 和 0 构成的发送符号序列。二元幅度键控(BASK)的输出信号 $s_c(t)$ 的表达式为

$$s_c(t)=A\cos\theta(t)=As(t)\cos\omega_c t \tag{8-78}$$

它可直接以 $s(t)$ 通过乘法器与载波 $A\cos\omega_c t$ 相乘得到,如图 8-28(b)所示。此外,可以让载波 $A\cos\omega_c t$ 通过一个受 $s(t)$ 脉冲序列控制的开关来得到,如图 8-28(c)所示。后者也常称为启闭键控(On-Off Keying,OOK)。

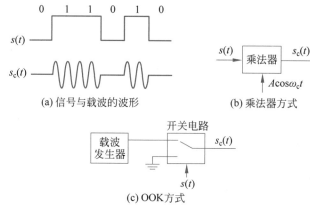

图 8-28　BASK 信号形式及产生方式

第 87 集
微课视频

对图 8-28(a)中持续时间为 $(0,T_s)$、幅度为 1 的矩形脉冲,其频谱为 $G(\omega)=\dfrac{2}{\omega}\sin\dfrac{\omega T_s}{2}e^{-j\frac{\omega T_s}{2}}$。假设 1 和 0 以等概率发送,由 8.4.2 节的频谱分析,基带信号 $s(t)$ 的功率谱密度为

$$p_s(\omega)=\frac{\pi}{2T_s}\delta(\omega)+\frac{1}{4T_s}|G(\omega)|^2$$

由于 BASK 基带信号有直流分量,其功率谱包含离散谱线。而由于矩形脉冲的频谱 $G(\omega)$ 理论上具有无穷大的带宽,因此基带信号 $s(t)$ 的带宽为无穷大。如前面所述,实际系统往往采用升余弦滚降脉冲波形。当采用其他形式的脉冲波形时,键控法略作调整后仍可适用。相应的信号可以通过对基带脉冲整形滤波,也可以对高频已调脉冲整形滤波来获得。

若码元宽度为 T_s,滚降因子为 r,则 $G(\omega)$ 的带宽为 $B=\dfrac{1}{2T_s}(1+r)$。由第 2 章的傅里叶分析可知,$s(t)$ 与 $\cos\omega_c t$ 相乘,可使 $s(t)$ 的基带频谱移到以载波频率 $\pm\omega_c$ 为中心的高频率处,而已调信号的带宽是基带信号带宽的 2 倍(2B)。该频谱搬移过程如图 8-29 所示。

BASK 信号有两种检测方法,即相干检测与非相干检测,相应的接收系统框图如图 8-30 所示。相干检测是将接收到的信号通过带通滤波器后再乘以本地产生的高频载波信号 $\cos\omega_c t$,然后经低通滤波、采样判决得到二进制码信息。不考虑加性噪声的影响,设接收端经带通滤波的信号为

$$s_R(t)=u(t)\cos\omega_c t$$

这里 $u(t)$ 为信号的包络,一般与 $s(t)$ 不尽相同。将 $s_R(t)$ 乘以本地载波信号,可得

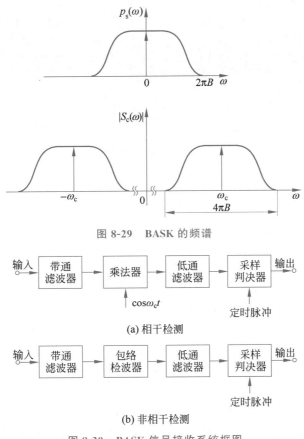

图 8-29 BASK 的频谱

(a) 相干检测

(b) 非相干检测

图 8-30 BASK 信号接收系统框图

$$g(t) = u(t)\cos\omega_c t \cdot \cos\omega_c t = \frac{1}{2}\left[u(t)\cos 2\omega_c t + u(t)\right]$$

用低通滤波器滤去高频成分 $u(t)\cos 2\omega_c t$,即得到包含二进制码信息的 $u(t)$。相干检测需要在接信端产生一个本地高频载波信号,其频率和相位必须与发信端的载波相同,故要求设备较复杂。

更简单的是 BASK 的非相干检测。由式(8-77)可知,当发送 0(无噪声情况下)时,收信端收到信号为 0;而发送 1 时,经带通滤波器的输出具有非零正包络。因此可用第 7 章中图 7-4 的包络检波器对 $u(t)$ 判定二进制码信息。如第 7 章所述,包络检波器的最简单形式如图 8-31 所示,是一个二极管后面接一个 RC 滤波器,其时间常数 RC 要比载波周期 $T_c = 2\pi/\omega_c$ 大得多,以使输出保持在包络值上;但同时又要比二进制码基带信号的持续时间 T_s 小很多,以保证信号从 1 码转变为 0 码时,能使输出很快减小到 0。

BASK 是数字调制中出现最早的,也是最简单的。这种方法最初用于电报系统,但由于它抗噪声的能力较差,故除了光纤通信以外,在其他数字通信系统中用得不多。不过,它常常作为学习其他数字调制方式的基础,因此仍然有必要熟悉它。

8.5.2 二元移频键控

所谓二元移频键控(BFSK),是指发送 1 时,载波频率为 ω_1;而发送 0 时,载波频率为

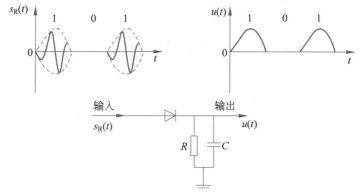

图 8-31　包络检波器

ω_2。BFSK 信号的表达式为

$$s_c(t) = \begin{cases} A\cos(\omega_1 t + \theta_1), 发送\ 1 \\ A\cos(\omega_2 t + \theta_2), 发送\ 0 \end{cases} \qquad (8\text{-}79)$$

其中，θ_1 和 θ_2 分别为发送 1 和 0 时的载波初相位。

实际应用中，常令 $\omega_1 = \omega_c - \Delta\omega$ 和 $\omega_2 = \omega_c + \Delta\omega$，称 $\Delta\omega$ 为频偏。相对于载频 ω_c，两个频率的频偏为 $\pm\Delta\omega$，于是 ω_1 和 ω_2 相差 $2\Delta\omega$。若令 $\theta_1 = \theta_2 = 0$，式(8-79)又可写为

$$s_c(t) = A\cos(\omega_c \pm \Delta\omega)t$$

1. BFSK 信号的产生

如图 8-32 所示，若用一个矩形脉冲序列对一个载波进行调频，称为直接调频法。这样得到的是连续相位的 BFSK 信号。利用键控开关控制一个 LC 振荡回路两端的并联电容 ΔC。当发送 0 时，开关不通，此时 LC 振荡器的振荡频率为

$$\omega_2 = \frac{1}{\sqrt{LC}}$$

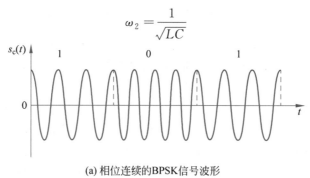

(a) 相位连续的BPSK信号波形

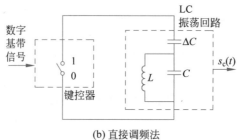

(b) 直接调频法

图 8-32　相位连续的 BFSK 信号和直接调频法

当发送 1 时,开关接通,则回路的电容变为 $C+\Delta C$,于是有

$$\omega_1 = \frac{1}{\sqrt{L(C+\Delta C)}}$$

另一种产生 BFSK 信号的方法是利用两个独立的振荡器和键控电路。它输出相位不一定连续的 BFSK 信号,如图 8-33 所示。其中,频率 ω_1 和 ω_2 的振荡器可以由晶体稳频的频率合成器提供。目前,集成开关电路控制速度可以做到很高,这种方法输出波形好,电路简单,因而得到广泛应用。

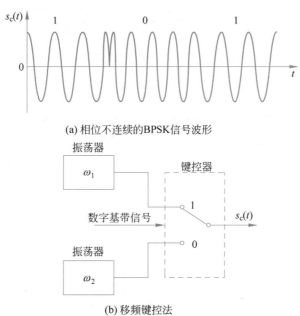

(a) 相位不连续的BPSK信号波形

(b) 移频键控法

图 8-33　相位不连续的 BFSK 信号和移频键控法

2. BFSK 信号的频谱

由于频率调制属于非线性调制,直接的频谱分析比较困难,还没有通用的方法。但可以把 BFSK 看作两个载频分别为 ω_1 和 ω_2,而输入符号序列分别为 $\{a_n\}$ 和 $\{\bar{a}_n\}$ 的 BASK 信号相叠加而成,其中 $\bar{a}_n$ 表示 a_n 的取反,即当 $a_n=1$ 时 $\bar{a}_n=0$,而当 $a_n=0$ 时 $\bar{a}_n=1$。

若不考虑离散频谱,相位不连续的 BFSK 信号的功率谱密度如图 8-34 所示(单边)。图中,$\omega_s=2\pi/T_s$,T_s 为二进制码元的宽度。令调制系数 $h=\frac{2\Delta\omega}{\omega_s}=\frac{\omega_2-\omega_1}{\omega_s}$,则曲线 1 对应于 $h=0.8$,即调制系数小的情况;而曲线 2 对应于 $h=2$ 的情况。分析表明:

(1) BFSK 的频谱由连续谱和离散谱组成,其中连续谱由两个双边谱叠加而成,而离散谱出现在两个载频位置上;

(2) 当 $\Delta\omega<\omega_s$ 时,连续谱出现单峰,而随着 $\Delta\omega$ 的加大,ω_1 与 ω_2 的距离增加,连续谱出现双峰;

(3) 对于滚降因子为 r 的基带信号,其 BFSK 信号的带宽约为

$$2\pi B = |\omega_2-\omega_1|+\omega_s(1+r)=2\Delta\omega+\omega_s(1+r)$$

相位连续 BFSK 信号功率谱的带宽在 $h>2$ 时,与上面的讨论一致;在 $h<0.7$ 时,相位

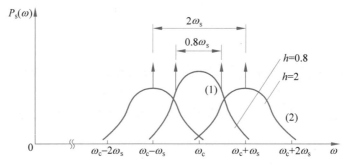

图 8-34　相位不连续 BFSK 信号的功率谱示意图

连续 BFSK 信号的带宽比 BASK 信号的带宽还要窄，特别适用于窄带传输系统，如用于移动传输数据的无线数传电台。

3. BFSK 信号的检测

如图 8-35 所示，BFSK 信号的检测有相干检测和非相干检测两种。

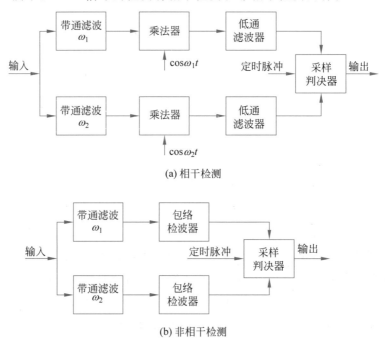

图 8-35　BFSK 信号接收框图

1）相干检测

当发送 1 时，$s_c(t) = A\cos\omega_1 t$，经过图 8-35（a）上面的一路，其输出与 BASK 相干检测类似，可得低频包络为

$$g_1(t) = \frac{1}{2}u(t)$$

而此信号经下面一路，乘法器的输出为

$$g_2(t) = u(t)\cos\omega_1 t\cos\omega_2 t = \frac{1}{2}u(t)\left[\cos(\omega_1+\omega_2)t + \cos(\omega_1-\omega_2)t\right]$$

如果低通截止频率足够低，那么 $g_2(t)$ 经低通滤波后的输出是很小的，即 $g_2(t) \approx 0$。于

是可以通过比较 $g_1(t)$ 和 $g_2(t)$ 的大小进行判决。同理,接收 0 码的过程与上述过程类似,此时 $g_1(t) \approx 0$ 而 $g_2(t) \gg 0$。

2）非相干检测

如图 8-35(b)所示,两个带通滤波器的中心频率分别为 ω_1 和 ω_2,当发送为 1 时,中心频率为 ω_1 的带通滤波器输出 $u(t)\cos\omega_1 t$,而中心频率为 ω_2 的带通滤波器输出很小。经过包络检波器后,对两路输出信号加以比较就可以检测出发送的信息。

对于这两种检测方法,采样判决均是判定哪一路的输出大,因此无须专门设置门限电平,这样可以不受信道衰落或信道变化的影响。非相关检测由于设备简单,在 BFSK 检测中得到了较多的应用。CCITT 推荐在 1200b/s 或低于 1200b/s 的数据率时,在电话信道中使用 BFSK 方式传输。此时 $f_1 = \dfrac{\omega_1}{2\pi} = 1300\,\text{Hz}$,$f_2 = \dfrac{\omega_2}{2\pi} = 2100\,\text{Hz}$。对应滚降因子 $r=1$ 的基带信号,由前面讨论,其 BFSK 信号所占带宽为 $B = |f_2 - f_1| + 2f_s = 3200\,\text{Hz}$,可以在电话信道中传输。

8.5.3　二元移相键控

二元移相键控（BPSK）信号的表达式为

$$s_c(t) = \begin{cases} A\cos\omega_c t, & \text{发送 1} \\ A\cos(\omega_c t + \pi) = -A\cos\omega_c t, & \text{发送 0} \end{cases} \tag{8-80}$$

BPSK 波形如图 8-36(a)所示。它可以通过直接调相法或相位选择法产生,如图 8-36(b)和图 8-36(c)所示。

第 89 集
微课视频

直接调相法需要一个环形调制器,用双极性数字基带信号来控制,而相位选择法用数字基带信号控制选择两个相位相差 π 的载波信号之一得到 BPSK 信号。这种以载波信号相位的不同直接表示相应数字信息的相位键控称为绝对移相方式。绝对移相方式要求在解调时产生一个与调制载波振荡器相位绝对一致的本地振荡器作为相位基准,这在技术上比较复杂。如果基准参考相位发送变化,则解调输出的数字信息就会从发送 0 变为 1,或 1 变为 0 的情况,从而造成误判决。考虑到实际通信时,基准参考相位的随机跳动是可能的,而且在通信过程中不易被发觉。例如,由于某种突然的扰动,系统中的分频器可能发送状态的转移,锁相环路的稳定状态也可能发送转移等,这样 BPSK 就会在收信端发送错误;这种现象称为"倒 π"现象。为此,实际通信系统中常采用相对移相方式,即差分移相键控（Differential Phase Shift-Keying,DPSK）。

所谓 DPSK,是利用载波信号的相位变化传输信息的,它是以相邻的前一个码元的载波相位为基准的数字调相。假设相对相位用相位偏移 $\Delta\phi$ 来表示,$\Delta\phi$ 定义为本码元的初相与前一码元初相之差,并设

$$\begin{cases} \Delta\phi = \pi, & \text{发送 1 码时} \\ \Delta\phi = 0, & \text{发送 0 码时} \end{cases}$$

则数字信息序列和 DPSK 信号的码元相位关系可列举如下。

数字信息　　　　0　0　1　1　1　0　0　1　0　1

DPSK 信号相位　0　0　0　π　0　π　π　π　0　0　π

（第 1 个码元相位是任意的,在此假设初始参考相位为 0）

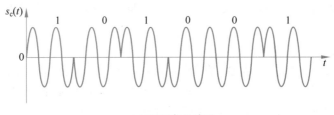

(a) BPSK信号波形

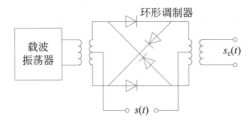

(b) 直接调相法

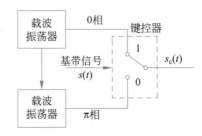

(c) 相位选择法

图 8-36　BPSK 信号波形及产生方法

从上面的关系可以看出，DPSK 实际上是对发送符号序列 $\{a_n\}$ 采用 8.4.1 节中的 1 差分码后，再进行 BPSK 调制得到。图 8-37(a)给出了 BPSK 信号与相应的 DPSK 信号波形，图 8-37(b)给出了 DPSK 信号的产生方法。

1. BPSK 信号的频谱

由式(8-80)，BPSK 信号可以看作用双极性不归零码序列(以正电平 A 与负电平 $-A$ 分别表示二进制符号 1 与 0)调制正弦波的 ASK(Amplitude Shift Keying)信号。假设 1 和 0 以等概率发送，则由 8.4.2 节的频谱分析可知，基带信号 $s(t)$ 的功率谱密度为

$$p_s(\omega) = \frac{1}{T_s} \mid G(\omega) \mid^2 \tag{8-81}$$

其中，$G(\omega)$ 为所采用基带脉冲波形的频谱。与 BASK 的基带信号不同，BPSK 的基带信号不存在直流分量。相应地，其功率谱密度中不存在离散谱。若脉冲波形的频谱 $G(\omega)$ 是带宽有限的，则基带信号 $s(t)$ 也是严格意义上带宽有限的。若采用码元宽度为 T_s、滚降因子为 r 的升余弦滚降脉冲，则 $G(\omega)$ 的带宽为 $B = \frac{1}{2T_s}(1+r)$。对 BPSK 信号 $s_c(t) = s(t) \cos\omega_c t$，其功率谱密度由基带频谱移到以载波频率 $\pm\omega_c$ 为中心的高频率处获得，即有

$$p_{\text{BPSK}}(\omega) = \frac{1}{2T_s} \mid G(\omega - \omega_c) \mid^2 + \frac{1}{2T_s} \mid G(\omega + \omega_c) \mid^2 \tag{8-82}$$

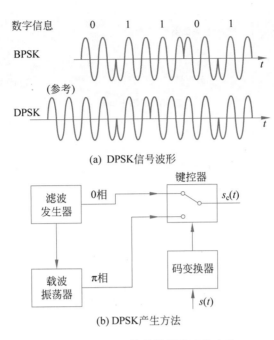

图 8-37　DPSK 信号波形及产生方法

一般总有 $\omega_c \gg 2\pi B$。则已调 BPSK 信号的带宽是基带信号带宽的 2 倍。

当 1 和 0 以等概率发送时，BPSK 信号没有直流分量，从而令其功率谱中不存在离散谱。这也令 BPSK 传输的能量效率比 BASK 要高。因为该优点，在带宽和能量受限的实际通信系统中，BPSK 被广泛应用。对于 BPSK 信号，当信息码元从 1 变为 0，或从 0 变为 1 时，其波形相位会有一个突变。在有限频带传输时，这个突变会被平滑，因而收信端的检测要定在码元中心点附近进行。

DPSK 信号的功率谱密度与 BPSK 是一样的。这是因为 DPSK 可以看作先对发送符号序列 $\{a_n\}$ 进行差分编码，然后再进行 BPSK 调制得到的。对 $\{a_n\}$ 进行差分编码并不会改变其统计特性，因而 DPSK 信号的功率谱密度仍由式(8-82)给出。

2. BPSK 信号的检测

BPSK 信号的检测需要频率和相位均十分精确的基准参考信号。换言之，它只能采用相干解调，其相干检测框图和波形如图 8-38 所示。

为简便起见，暂不考虑噪声的影响，设收信端收到的信号为

$$x(t) = A\cos(\omega_c t + \phi)$$

则其与本地参考信号相乘后的输出为

$$x(t)\cos\omega_c t = A\cos(\omega_c t + \phi)\cos\omega_c t = \frac{A}{2}\cos\phi + \frac{A}{2}\cos(2\omega_c t + \phi)$$

再经低通滤波后输出

$$r(t) = \frac{A}{2}\cos\phi$$

它与 $\cos\phi$ 成正比。当本地载波与发送端载波的频率和相位均严格相等时，$\phi = 0$ 或 π。采样判决时，以零电平为门限，采样值大于 0，判决为 1，反之判决为 0。这样就能正确检测出

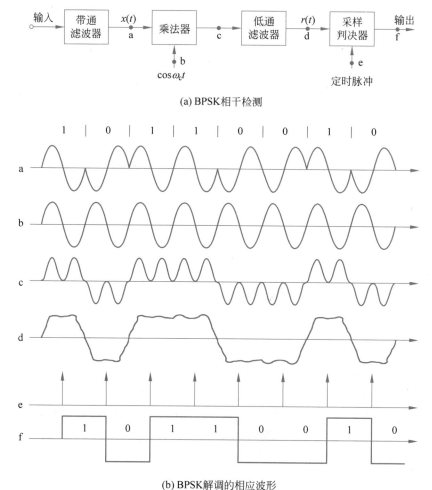

(a) BPSK相干检测

(b) BPSK解调的相应波形

图 8-38　BPSK 相干检测及波形

所传输的信息。

3. DPSK 信号的检测

如前所述,DPSK 可以看作对发送符号序列 $\{a_n\}$ 进行差分编码后,再进行 BPSK 调制得到的。因此,用图 8-38(a)的相干解调法也可以解调 DPSK 信号,但必须把输出从差分码序列再反变换成绝对码序列。实际上可采用如图 8-39(a)所示的方法,它直接比较前后码元的相位差。此时解调器同时完成码变换的作用。此法还不需要专门的相干载波,所以本质上属于非相干检测,是一种很实用的方法。图 8-39(b)给出了从差分编码到解调过程的波形。需要注意的是,判决时(依据 1 差分编码规则),采样值大于 0 时判决为 0,而小于 0 时判决为 1,这样就与原始基带信号相一致了。

BPSK 信号在抗噪声性能及频带利用率等方面比 BFSK 和 BASK 信号优越,因而被广泛应用于数字通信中。考虑到收发端不能严格同步时,BPSK 方式会有"倒 π"现象,所以 DPSK 方式受到了重视。例如,在语音信道内以中等速率(2400~4800b/s)传输数据时,CCITT 建议选用 DPSK 方式。

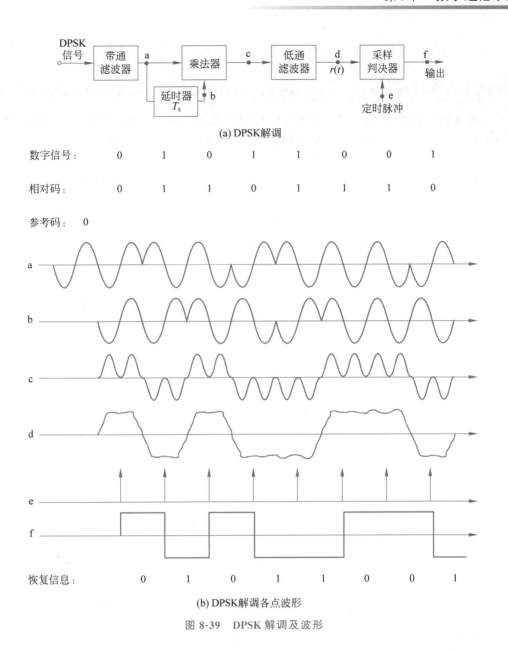

(a) DPSK解调

数字信号:　　0　　1　　0　　1　　1　　0　　0　　1

相对码:　　　0　　1　　1　　0　　1　　1　　1　　0

参考码:　　0

(b) DPSK解调各点波形

图 8-39　DPSK 解调及波形

第 90 集
微课视频

8.5.4　多进制数字信号的调制

为了在有限信道带宽内传输尽可能多的信息,在噪声条件允许的情况下,可以采用多进制数字信号传输。在数字信号调制中,幅度、频率与相位每种参量的调制(变化)不是只能有两种状态,而是可以取多种状态。不过,多进制移频键控方式会使信号的带宽加大,所以不太被采用。已得到广泛应用的是多相制信号,以及幅度、相位同时受调制的复合调制信号。下面就介绍实际应用的几种多进制数字信号形式。

1. 四相与八相 PSK 信号

四相移相键控常称为 4PSK 或 QPSK(Quadrature Phase Shift-Keying),其中一个码元载波的相位可以有 4 种情况。4PSK 信号的表示式为

$$s_c(t) = \cos(\omega_c t + \theta_i) \quad i=1,2,3,4, \quad -\frac{T_s}{2} \leqslant t \leqslant \frac{T_s}{2} \tag{8-83}$$

其中，θ_i 可取 $\left\{0,\frac{\pi}{2},\pi,\frac{3}{2}\pi\right\}$ 或 $\left\{\frac{\pi}{4},\frac{3}{4}\pi,\frac{5}{4}\pi,\frac{7}{4}\pi\right\}$ 两种集合，常用的是后者。输入的二进制码序列通过码变换器，每两个二进制码(2b)控制码元载波的一个相位状态。如果输出码元速率不变，那么输入二进制码序列的数据比特速度可以提高一倍，即相对于 BPSK，4PSK 在相同传输带宽下可提高信息传输速率。可以用矢量图表示不同的相位，每个相位上标记相应的二进制码，如图 8-40(a)和图 8-40(b)所示。图 8-40(a)是用自然二进制码表示，而图 8-40(b)是用格雷码表示。通过格雷编码，可以令相邻码元只有一个位不同。在解调时，最可能出现的是相邻码元的错判，此时格雷码只会造成一位信息的差错。因此，在相同的传输误码率情况下，格雷码可使误比特率最低。由于在解调时，本地解调基准参考信号的相位跳变可能导致"倒 π"现象而引起判决错误，所以实际中常使用的是 4DPSK，即用前后码元的相对相位表示信息。

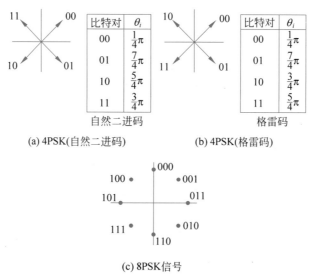

(a) 4PSK(自然二进码)   (b) 4PSK(格雷码)

(c) 8PSK信号

图 8-40　4PSK 和 8PSK 信号矢量图

CCITT 推荐在 2400b/s 的中速传输时使用此种编码方式。这时载波频率为 1800Hz，在电话信道 600～3000Hz 内采用 $r=1$ 的升余弦滚降波形(实际传输 1200Baud)。

产生 QPSK 或 4PSK 信号有相位选择法和正交调制法两种，如图 8-41 所示。在图 8-41(b)中，每两位信元构成一个双比特组合进入串/并变换器，在一定时延后分为 I 和 Q 两路同时并行输出，每路的信号速率降低一半。I、Q 路的速率为 $f_s=f_b/2$，其中 f_b 为输入的二进制数据信号速率。I 路信号与 Q 路信号受正交载波调制。在每路信号都是 $f_s=f_b/2$ 速率的 DPSK 情况下，两个调制器的输出为 $\pm\cos\omega_c t$ 及 $\pm\sin\omega_c t$。两路信号相加后可以有 4 种结果，于是就产生了 QPSK 信号。

如果用相继的 3 个二进制比特数字信号控制一个码元载波的相位，则称为八相移相键控，记为 8PSK，其信号矢量图与相应格雷码关系如图 8-40(c)所示。实际中也采用 8DPSK方式。CCITT 推荐在 4800b/s 的二进制数据传输速率时采用该种方式。这时载波频率为 1800Hz。在电话信道 600～3000Hz 内，采用滚降因子 $r=0.5$ 的升余弦滚降波形。由于一

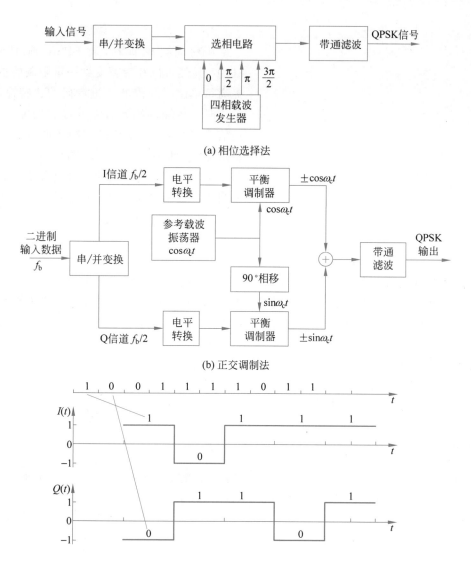

(a) 相位选择法

(b) 正交调制法

(c) 串/并变换及电平产生后的波形

图 8-41　4PSK 信号的产生

个 8DPSK 的码元可以表示 3 比特信息,所以码元符号速率为 1600Baud 时,可达到 4800b/s 的数据传输速率。由于各载波的相位误差最小为 π/4,因此对接收波形的要求比较高,不仅要求信道中噪声小,而且在收信端需装置性能良好的自适应均衡器。

2. 幅度-相位复合调制的 16APK

在早期的电话信道中进行数据传输的最高速率为 9600b/s。它是用 4 个二进制码数字信号控制载波的幅度与相位,称为 16APK(Amplitude Phase Shift-Keying)信号,其矢量图如图 8-42 所示。信号的幅度为 ±1、±3、±5 单位,相位为 8 个。该信号为 CCITT 推荐的国际通信标准。它要求通信线路的带宽为 300~3000Hz,载波频率为 1650Hz,采用滚降因子 $r=0.1$ 的升余弦滚降波形。它不仅要求在收信端装置自适应均衡器改善接收波形,而且要求信道中具有更低的噪声。

3. QAM 正交幅度调制

从前面讨论看到,从 BPSK 到 4PSK 和 8PSK,显然可以在带宽受到一定限制的情况下提高每单位时间内的二进制码的比特速率(而单位时间传输的码元符号并没有增加)。随着通信发展的需要,在高速调制解调器中及在大容量无线通信中,都要求能提高频谱效率,也就是一个码元符号能携带更多比特数据信息。这相当于在矢量星座图中有更多的点。各个点表示信号矢量的不同幅度与相位。相应地,各个点之间的距离变小,要求在传输中受到噪声干

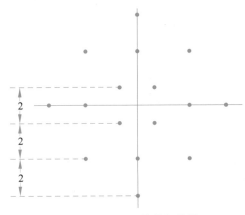

图 8-42　16APK 信号矢量图

扰要小,不至于在接收解调中误判。

从 4PSK 中已介绍的正交调制方法进一步发展,就是在调制器前不再是正负电平的改变,而是更多的电平级数。这样一路是 2^L 电平数的 ASK 信号,并与另一路正交调制的 ASK 信号相加而成为多种幅度和多种相位的调制。我们称这种多进制数字调制为正交幅度调制(Quadrature Amplitude Modulation,QAM)。为了说明有 $M=2^{L+1}$ 个点,记为 MQAM,通常令 $M=4,16,64,\cdots$,它的调制解调框图如图 8-43 所示。

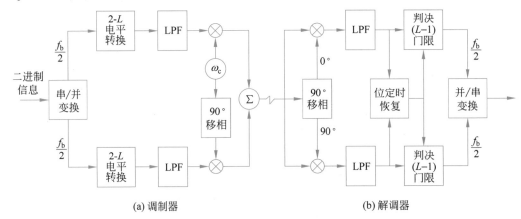

(a) 调制器　　　　　　　　　　　　(b) 解调器

图 8-43　QAM 系统框图

设二进制比特信息速率为 f_b,串/并变换器将速率为 f_b 的输入二进制比特序列变成两路 $f_b/2$ 的二电平序列,而 $2-L(L=2^{\mathrm{lb}M/2})$ 电平变换器将每个速率为 $f_b/2$ 的二电平序列变成速率为 $f_b/\mathrm{lb}M$ 的 L 电平信号,然后分别与两个正交的载波相乘再相加后形成 QAM 信号。

例如,对 $M=64=2^6$,每个 QAM 信号携带 6b 的信息,也就是每路分得 3b,即每路变换成 $L=2^3=8$ 的电平。这样新的信号速率为 $\dfrac{f_b}{2}\cdot\dfrac{1}{3}=\dfrac{f_b}{\mathrm{lb}M}$,其信号的矢量星座图如图 8-44 所示。

MQAM 信号的解调同样可以用正交相干解调方法,如图 8-43(b)所示。同相支路与正交支路的 L 电平基带信号需有 $L-1$ 个门限电平判决器,判决器分别恢复出速率为 $f_b/2$ 的

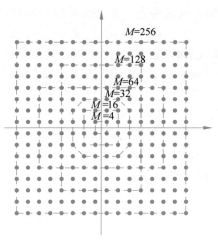

图 8-44 MQAM 矢量星座图

二进制比特序列。最后经并/串变换器,将两路二进制比特序列合成一个速率为 f_b 的二进制比特序列。对 MQAM 实际上有多种调制解调方法,都需要解决多电平判决及相位校正的问题。这将涉及更多的内容,这里就不再展开。

8.6 数字正弦调制的抗噪声性能

在 8.4.5 节讨论过,二进制码元的基带信号在信道中传输时,由于噪声的影响,在输出端采样判决时会产生误码,误码率的大小与信噪比有关。对于单极性、幅度为 A 的矩形脉冲码元,若 1 码和 0 码的发送概率相等,则由式(8-76)可知,误码率为

$$P_e = \frac{1}{2} \text{Erfc}\left(\frac{\sqrt{\text{SNR}}}{2}\right)$$

当 SNR≫1 时,P_e 与 SNR 之间满足指数衰减关系。本节讨论二进制码元采用 8.5 节所述的不同的正弦调制方式传输,经加性高斯噪声信道后接收端采样判决时的误码率。

8.6.1 噪声对相干检测二元键控系统的影响

首先推导在采用相干检测的情况下,前述 BASK、BFSK 和 BPSK 系统的误码率性能。

1. 相干检测 BASK 系统

图 8-45 给出了 BASK 相干检测系统的框图。信号先经过带通滤波器(BPF),然后乘以本地相干载波信号,再经低通滤波器(LPF)送采样判决电路,最后判定输出码元信息。

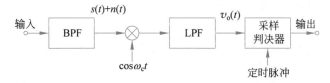

图 8-45 BASK 相干检测

信道的高斯噪声通过 BPF 后,称为窄带高斯噪声,它可以表示为

$$n(t) = n_c(t)\cos\omega_c t - n_s(t)\sin\omega_c t$$

其中，$n_c(t)$ 和 $n_s(t)$ 均为低通型高斯噪声。在乘法器输入端的信号 $v(t)$ 为

$$v(t) = s(t) + n(t) = u(t)\cos\omega_c t + n_c(t)\cos\omega_c t - n_s(t)\sin\omega_c t$$

将 $v(t)$ 乘以本地相干载波，再经过 LPF 滤去 $2\omega_c$ 处的高频分量，得到 $v_o(t)$ 为

$$v_o(t) = \frac{1}{2}[u(t) + n_c(t)]$$

对 $v_o(t)$ 进行匹配滤波、采样判决，以确定发送的二进制码。在第 4 章已讨论过，$n_c(t)$ 与 $n(t)$ 具有相同的统计特性，都为零均值高斯噪声，方差也相同。由于因子 $1/2$ 对 $u(t)$ 和 $n_c(t)$ 具有相同的影响，以下讨论信噪比时可以忽略其影响。

当传输 0 时，输出 $v_o(t)$ 仅为噪声，即

$$v_o(t) = n_c(t)$$

经匹配滤波后，这是一个方差为 σ_n^2 的零均值高斯噪声，其概率密度函数为

$$p_0(V) = \frac{1}{\sqrt{2\pi}\sigma_n}\exp\left(-\frac{V^2}{2\sigma_n^2}\right)$$

其中，V 为 $t = t_0$ 时的采样值。当传输 1 时，输出为

$$v_o(t) = u(t) + n_c(t)$$

经匹配滤波后，采样值是一个均值为 $A > 0$ 的高斯变量，其概率密度函数为

$$p_1(V) = \frac{1}{\sqrt{2\pi}\sigma_n}\exp\left[-\frac{(V-A)^2}{2\sigma_n^2}\right]$$

这里，A 是传输 1 时 $u(t)$ 经匹配滤波后在 $t = t_0$ 的采样值。

上面两个概率密度函数如图 8-46 所示。将输出的采样值 V 与一个门限值 b 比较，便可判定发送的二进制码元。令将 1 码错判为 0 码的概率为 $P(0/1)$，将 0 码错判为 1 码的概率为 $P(1/0)$，$P(1)$ 和 $P(0)$ 分别表示发送 1 码和 0 码的概率，则总的误码率为

$$P_e = P(1)P(0/1) + P(0)P(1/0) = P(1)\int_{-\infty}^{b} p_1(V)dV + P(0)\int_{b}^{\infty} p_0(V)dV$$

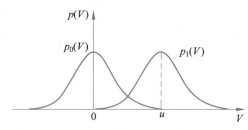

图 8-46　BASK 相干解调时的概率密度函数

令 $r = \dfrac{V}{\sqrt{2}\sigma_n}$，则 $P(0/1)$ 可表示为

$$P(0/1) = \int_{-\infty}^{b} \frac{1}{\sqrt{2\pi}\sigma_n}\exp\left[-\frac{(V-A)^2}{2\sigma_n^2}\right]dV = \frac{1}{\sqrt{\pi}}\int_{-\infty}^{\frac{b}{\sqrt{2}\sigma_n}} e^{-\left(r-\frac{A}{\sqrt{2}\sigma_n}\right)^2} dr$$

$$= 1 - \frac{1}{2}\mathrm{Erfc}\left(\frac{b}{\sqrt{2}\sigma_n} - \frac{A}{\sqrt{2}\sigma_n}\right)$$

同样地，$P(1/0)$ 可表示为

$$P(1/0)=\int_b^\infty \frac{1}{\sqrt{2\pi}\sigma_n}\exp\left(-\frac{V^2}{2\sigma_n^2}\right)\mathrm{d}V=\frac{1}{\sqrt{\pi}}\int_{\frac{b}{\sqrt{2}\sigma_n}}^\infty \mathrm{e}^{-r^2}\mathrm{d}r=\frac{1}{2}\mathrm{Erfc}\left(\frac{b}{\sqrt{2}\sigma_n}\right)$$

当考虑 $P(1)=P(0)=1/2$ 时,即 1 码和 0 码等概率发送时,有

$$P_e=\frac{1}{2}\left[1-\frac{1}{2}\mathrm{Erfc}\left(\frac{b}{\sqrt{2}\sigma_n}-\frac{A}{\sqrt{2}\sigma_n}\right)\right]+\frac{1}{2}\cdot\frac{1}{2}\mathrm{Erfc}\left(\frac{b}{\sqrt{2}\sigma_n}\right) \tag{8-84}$$

显然,P_e 与门限值 b 有关。对式(8-84)求导并令 $\frac{\mathrm{d}P_e}{\mathrm{d}b}=0$,可得最佳门限值

$$b_0=\frac{A}{2}$$

这就是图 8-46 中两个概率密度函数的交点,此时总误码率最小。当 $P(1)=P(0)=1/2$ 时,信号的平均功率为 $A^2/2$。如 8.4.5 节所述,经匹配滤波后,发送 1 时判决时刻输出的幅值为 $A=E_1$(即码元波形能量),噪声功率为 $\sigma_n^2=\frac{N_0}{2}E_1$,信噪比为 $\frac{2E_1}{N_0}$;发送 0 时信噪比为 0。平均信号能量为 $E=\frac{E_1}{2}$,平均信噪比为 $\frac{2E}{N_0}$。定义参考信噪比 $\gamma=\frac{E}{N_0}=\frac{A^2}{4\sigma_n^2}$。如采用最佳门限值 $b_0=\frac{A}{2}$,有 $\frac{b_0}{\sqrt{2}\sigma_n}=\sqrt{\frac{\gamma}{2}}$。此时由式(8-84)可得

$$P_e=\frac{1}{2}\left[1-\frac{1}{2}\mathrm{Erfc}\left(-\sqrt{\frac{\gamma}{2}}\right)+\frac{1}{2}\mathrm{Erfc}\left(\sqrt{\frac{\gamma}{2}}\right)\right]=\frac{1}{2}\mathrm{Erfc}\left(\sqrt{\frac{\gamma}{2}}\right) \tag{8-85}$$

式(8-85)利用了互补误差函数的性质:$\mathrm{Erfc}(-x)=2-\mathrm{Erfc}(x)$。

当 $\gamma\gg1$ 时,有近似公式

$$P_e\approx\frac{1}{\sqrt{2\pi\gamma}}\mathrm{e}^{-\frac{\gamma}{2}} \tag{8-86}$$

不难看出,以上推导与 8.4.5 节中的一致。换言之,二进制单极性不归零码经基带(脉冲)调制传输或带通正弦调制传输后,误码率与信噪比的关系是一致的。前面介绍过,接收端的输出信噪比只与码元波形的能量及噪声的功率谱密度有关,而与具体的码元波形无关。因此,不论是采用矩形脉冲的基带调制,还是用正弦波的低通调制,对应的单极性二进制码传输的误码率是一样的。

2. 相干检测 BFSK 系统

图 8-47 所示为 BFSK 相干检测框图,它相当于由两路载波频率分别为 ω_1 和 ω_2 的 BASK 相干检测组成。第 1 路仅检测 ω_1 承载的码元信号,第 2 路仅检测 ω_2 承载的码元信号。最后的判决是直接比较两路的采样值,而不需要判决门限。这在信道中有衰落时是很有好处的。

图 8-47 中带通滤波器的中心频率分别为 ω_1 和 ω_2,并假设两载波间隔 $|\omega_1-\omega_2|$ 大于 2 倍基带信号带宽,从而可设计带通滤波器恰好令相应信号通过而不存在串扰。可以看出,当发送 1 码时,两路带通滤波器的输出分别为

$$v_1(t)=s_1(t)+n_1(t)$$
$$v_2(t)=n_2(t)$$

经相干检测和低通滤波后,并忽略 1/2 因子,可得

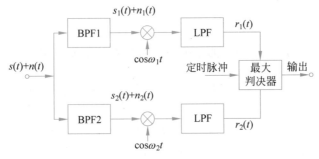

图 8-47 BFSK 相干检测

$$v_{o1}(t) = u_1(t) + n_{c1}(t)$$

$$v_{o2}(t) = n_{c2}(t)$$

经匹配滤波及采样判决后,设上一路的输出为 $v_{o1} = A + n_{c1}$,下一路的输出为 $v_{o2} = n_{c2}$。这里,n_{c1} 和 n_{c2} 都是方差为 σ_n^2 且互不相关的零均值高斯变量。在 $t = t_0$ 时采样判决,如果 $v_{o1} < v_{o2}$,则出现错判。令

$$h = v_{o1} - v_{o2} = A + n_{c1} - n_{c2}$$

当 $h < 0$ 时,出现误码,因此有

$$P(0/1) = P(h < 0)$$

由于 n_{c1} 和 n_{c2} 是互不相关的高斯噪声,所以 h 也是高斯分布的,其均值为 A,方差 $\sigma_h^2 = 2\sigma_n^2$。换言之,h 的概率密度函数为

$$p(h) = \frac{1}{\sqrt{2\pi}\sigma_h}\exp\left[-\frac{(h-A)^2}{2\sigma_h^2}\right]$$

相应地,误码率为

$$P(0/1) = \int_{-\infty}^{0} \frac{1}{\sqrt{2\pi}\sigma_h}\exp\left[-\frac{(h-A)^2}{2\sigma_h^2}\right]dh$$

对于 BFSK 信号,发送 1 码和 0 码时,经匹配滤波后判决时刻输出的幅值均为 $A = E_1$ (即码元波形能量),因此平均信号能量为 $E = E_1$;而这里噪声功率为 $2\sigma_n^2 = N_0 E_1$,所以信噪比为 $\frac{E_1}{2\sigma_n^2} = \frac{E}{N_0}$。同样,定义参考信噪比 $\gamma = \frac{E}{N_0} = \frac{A^2}{2\sigma_n^2}$。令 $r = \frac{h-A}{2\sigma_n}$,则 $P(0/1)$ 可表示为

$$P(0/1) = \int_{-\infty}^{-\frac{A}{2\sigma_n}} \frac{1}{\sqrt{\pi}}e^{-r^2}dr = \frac{1}{2} \cdot \frac{2}{\sqrt{\pi}}\int_{\frac{A}{2\sigma_n}}^{\infty} e^{-r^2}dr = \frac{1}{2}\mathrm{Erfc}\left(\sqrt{\frac{\gamma}{2}}\right) \tag{8-87}$$

不难看出,发送 0 码时的误码率与发送 1 码时完全类似。因而总误码率仍为

$$P_e = \frac{1}{2}\mathrm{Erfc}\left(\sqrt{\frac{\gamma}{2}}\right) \tag{8-88}$$

对于大信噪比情况,$\gamma \gg 1$,则误码率可近似为式(8-86)。

当两载波间隔 $|\omega_1 - \omega_2|$ 大于 2 倍基带信号带宽时,BFSK 本质上与 BASK 一样,均为正交传输方式,因此两者的误码率与信噪比的关系式均为式(8-88)。需要注意,对于 BASK,仅当 $P(1) = P(0) = 1/2$,且采用最优判决门限 b_0 时,其误码率由式(8-88)给出。而对于 BFSK,不论 $P(1)$ 和 $P(0)$ 取何值,采用图 8-47 中的相干检测方法,其误码率均为式(8-88)。另

外,当满足两载波间隔$|\omega_1 - \omega_2|$大于2倍基带信号带宽的条件时,BFSK传输所需的带宽要比BASK传输更大。

3. BPSK系统

BPSK信号只能采用相干检测。与BASK相干检测类似,输入检测器的信号为

$$v(t) = s(t) + n(t) = \begin{cases} [u(t) + n_c(t)]\cos\omega_c t - n_s(t)\sin\omega_c t, & \text{发送1码} \\ [-u(t) + n_c(t)]\cos\omega_c t - n_s(t)\sin\omega_c t, & \text{发送0码} \end{cases}$$

与本地载频信号相乘,并忽略1/2因子,经匹配滤波后在采样时得

$$v_o = \begin{cases} A + n, & \text{发送1码} \\ -A + n, & \text{发送0码} \end{cases}$$

相应采样值的概率密度函数为

$$\begin{cases} p_1(V) = \dfrac{1}{\sqrt{2\pi}\,\sigma_n}\exp\left[-\dfrac{(V-A)^2}{2\sigma_n^2}\right], & \text{发送1码} \\[4mm] p_0(V) = \dfrac{1}{\sqrt{2\pi}\,\sigma_n}\exp\left[-\dfrac{(V+A)^2}{2\sigma_n^2}\right], & \text{发送0码} \end{cases}$$

其中,$A = E_1$(即码元波形能量),而$\sigma_n^2 = \dfrac{N_0}{2}E_1$。当1码和0码等概率发送时,可以推出最佳门限值为$b_0 = 0$。在发送1码时,在采样值$v_o$小于0的情况下出现错码,即有

$$P(0/1) = P(v_o < 0) = \int_{-\infty}^{0} p_1(V)\mathrm{d}V$$

BPSK的平均信号能量显然为$E = E_1$,则参考信噪比$\gamma = \dfrac{E}{N_0} = \dfrac{A^2}{2\sigma_n^2}$。与式(8-86)的推导相似,可以得到

$$P(0/1) = \int_{-\infty}^{0} \frac{1}{\sqrt{2\pi}\,\sigma_n}\exp\left[-\frac{(V-A)^2}{2\sigma_n^2}\right]\mathrm{d}V = \frac{1}{2}\cdot\frac{2}{\sqrt{\pi}}\int_{\frac{A}{\sqrt{2}\sigma_n}}^{\infty} e^{-r^2}\mathrm{d}r = \frac{1}{2}\mathrm{Erfc}(\sqrt{\gamma})$$

同样地,发送0码时的误码率与发送1码时完全类似。因此,总误码率仍为

$$P_e = \frac{1}{2}\mathrm{Erfc}(\sqrt{\gamma}) \tag{8-89}$$

对于大信噪比情况,$\gamma \gg 1$,则误码率可近似为

$$P_e \approx \frac{1}{2\sqrt{\pi\gamma}}e^{-\gamma} \tag{8-90}$$

与式(8-85)和式(8-88)比较可知,在有相同的误码率时,BPSK系统所需的信噪比可以比BASK及BFSK相干检测系统低3dB。由于BPSK信号的相干解调并不比BFSK复杂,所需带宽更小且误码率性能更好,因此相干检测BFSK系统应用很少。

由于BPSK系统在接收端可能存在"倒π"现象而导致误码率大幅上升,实际系统中常用DPSK。此时可用前一码元的载波相位作为后一码元的参考相位,这称为差分相干解调。其实质上是非相干检测,因此对其误码率的分析将放在后面与其他非相干检测方法一起讨论。

8.6.2　噪声对非相干检测二元键控系统的影响

8.6.1节讨论了3种二元键控传输系统在相干检测时噪声对其误码率的影响,现在进一步讨论非相干检测中噪声对这些系统性能的影响。

1. 非相干检测 BASK 系统

对于 BASK 信号,也可采用包络检波法进行非相干检测。如前所述,接收端经过带通滤波器的输出可写为

$$v(t) = s(t) + n(t) = [u(t) + n_c(t)]\cos\omega_c t - n_s(t)\sin\omega_c t$$

写成包络形式,即

$$v(t) = s(t) + n(t) = r(t)\cos[\omega_c t + \theta(t)]$$

包络为

$$r(t) = \sqrt{[u(t) + n_c(t)]^2 + n_s^2(t)}$$

相角为

$$\theta(t) = \arctan\frac{n_s(t)}{u(t) + n_c(t)}$$

则包络检波器的输出为 $r(t)$。在采样时刻 t_0 对 $r(t)$ 进行采样,并与门限值 b 比较判定发送的二进制码。

先考虑发送 0 码的情况。此时有 $u(t) = 0$,带通滤波器的输出为窄带高斯噪声,其包络为

$$r(t_0) = \sqrt{n_c^2(t_0) + n_s^2(t_0)}$$

它的概率密度函数服从瑞利分布,即

$$p_0(r) = \frac{r}{\sigma_n^2}e^{-\frac{r^2}{2\sigma_n^2}}$$

其中,σ_n^2 为零均值高斯噪声 $n_c(t)$ 和 $n_s(t)$ 的方差。

当发送 1 码时,设在 t_0 时信号的采样值为 A,则包络检波器的输出为

$$r = \sqrt{[A + n_c(t_0)]^2 + n_s^2(t_0)}$$

此时,包络的分布是莱斯分布(也称为广义瑞利分布),即

$$p_1(r) = \frac{r}{\sigma_n^2}e^{-\frac{r^2 + A^2}{2\sigma_n^2}} \cdot I_0\left(\frac{Ar}{\sigma_n^2}\right)$$

其中,$I_0(x)$ 表示第 0 阶修正的贝塞尔函数。

采样后,把采样值 r 与门限 b 比较。如果 $r > b$,则判为 1 码;如果 $r < b$,则判为 0 码。与 BASK 相干检测类似,选择门限值 b 与判决的正确程度(即误码率)密切相关。门限值 b 的选择不同,误码率也不同。

若发送 0 码,则在 $r > b$ 时发送错判,即有

$$P(1/0) = P(r > b) = \int_b^\infty p_0(r)\mathrm{d}r = \int_b^\infty \frac{r}{\sigma_n^2}e^{-\frac{r^2}{2\sigma_n^2}}\mathrm{d}r = e^{-\frac{b^2}{2\sigma_n^2}} \tag{8-91}$$

这相当于图 8-48 中图形 *DBE* 的面积。

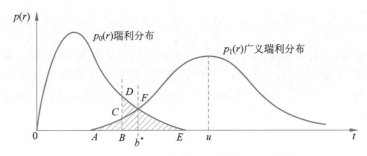

图 8-48　BASK 非相干检测的概率密度函数

若发送 1 码,则在 $r < b$ 时发送错判,即有

$$P(0/1) = P(r < b) = 1 - \int_b^\infty p_1(r)\mathrm{d}r = 1 - \int_b^\infty \frac{r}{\sigma_n^2} I_0\left(\frac{Ar}{\sigma_n^2}\right) \mathrm{e}^{-\frac{r^2+A^2}{2\sigma_n^2}} \mathrm{d}r \qquad (8\text{-}92)$$

这相当于图 8-48 中图形 ABC 的面积。式(8-92)中的积分可以用马库姆 Q(Marcum Q)函数计算。该函数定义为

$$Q(\alpha, \beta) = \int_\beta^\infty t I_0(\alpha t) \mathrm{e}^{-\frac{t^2+a^2}{2}} \mathrm{d}t \qquad (8\text{-}93)$$

这种函数在雷达信号检测性能分析中经常使用。具体而言,$Q(\alpha, \beta)$ 表示峰值为 α 的正弦波与单位功率的加性高斯噪声的合成信号的包络超过某个值 β 的概率。该函数的值可查表获得,其有以下特性。

$$Q(\alpha, 0) = \int_0^\infty t I_0(\alpha t) \mathrm{e}^{-\frac{t^2+a^2}{2}} \mathrm{d}t = 1$$

$$Q(0, \beta) = \int_\beta^\infty t \mathrm{e}^{-\frac{t^2}{2}} \mathrm{d}t = \mathrm{e}^{-\frac{\beta^2}{2}}$$

比较式(8-92)与式(8-93),并令式(8-93)中

$$\begin{cases} \alpha = \dfrac{A}{\sigma_n} \\[2mm] \beta = \dfrac{b}{\sigma_n} \\[2mm] t = \dfrac{r}{\sigma_n} \end{cases}$$

则可将式(8-92)改写为

$$P(0/1) = 1 - Q\left(\frac{A}{\sigma_n}, \frac{b}{\sigma_n}\right) \qquad (8\text{-}94)$$

如 8.6.1 节所述,当 $P(1) = P(0) = 1/2$,即 1 码和 0 码等概率发送时,信号的平均功率为 $A^2/2$。定义参考信噪比 $\gamma = \dfrac{E}{N_0} = \dfrac{A^2}{4\sigma_n^2}$,并定义 $\beta = \dfrac{b}{\sigma_n}$ 为归一化门限值,则式(8-94)可改写为

$$P(0/1) = 1 - Q(2\sqrt{\gamma}, \beta)$$

此时,总的误码率为

$$P_e = P(1)P(0/1) + P(0)P(1/0) = \frac{1}{2}[1 - Q(2\sqrt{\gamma}, \beta)] + \frac{1}{2}e^{-\frac{\beta^2}{2}} \qquad (8\text{-}95)$$

由图 8-48 可知，总误码率 P_e 对应于两个三角形状的阴影面积之和。如果判决电平从 b 移到两个概率密度曲线 $p_1(r)$ 和 $p_0(r)$ 的交点 b_0，两个阴影面积之和将取最小值。这意味着，当门限值选择 b_0 时，系统将有最小的误码率，这个门限值为最佳门限值。

最佳门限值可由式(8-96)确定。

$$p_1(b_0) = p_0(b_0) \qquad (8\text{-}96)$$

即

$$\frac{b_0}{\sigma_n^2}e^{-\frac{b_0^2}{2\sigma_n^2}} = \frac{b_0}{\sigma_n^2}e^{-\frac{b_0^2 + A^2}{2\sigma_n^2}} \cdot I_0\left(\frac{Ab_0}{\sigma_n^2}\right) \Rightarrow e^{\frac{A^2}{2\sigma_n^2}} = I_0\left(\frac{Ab_0}{\sigma_n^2}\right)$$

这是一个关于 b_0 的超越方程。最佳门限值 b_0 可以通过一维搜索法数值求解该方程来获得。下面分别讨论两种极限情况。

(1) $\gamma \gg 1$（大信噪比）时，修正贝塞尔函数 $I_0(x)$ 在 $|x| \gg 1$ 时有展开式

$$I_0(x) = \frac{e^x}{\sqrt{2\pi x}}\left(1 + \frac{1}{8x} + \cdots\right) \approx \frac{e^x}{\sqrt{2\pi x}}$$

所以有

$$\frac{A^2}{2\sigma_n^2} \approx \frac{Ab_0}{\sigma_n^2} - \frac{1}{2}\ln\left(2\pi \frac{Ab_0}{\sigma_n^2}\right) \approx \frac{Ab_0}{\sigma_n^2}$$

即有

$$b_0 = \frac{A}{2}$$

(2) $\gamma \ll 1$（小信噪比）时，$I_0(x)$ 有近似式

$$I_0(x) \approx e^{-\frac{x^2}{4}}$$

所以有

$$\frac{A^2}{2\sigma_n^2} \approx \frac{1}{4}\left(\frac{Ab_0}{\sigma_n^2}\right)^2$$

从而可以得到

$$b_0 = \sqrt{2}\,\sigma_n$$

对于任意 γ 值，最佳门限的取值为 $\sqrt{2}\,\sigma_n \sim A/2$。

实际上采用包络检波法的非相干解调系统总是工作在大信噪比的情况，因而最佳门限值通常取 $A/2$，即这时的门限恰好是接收信号在无噪声时包络峰值的一半。当 $\gamma \gg 1$ 并取最佳门限值时，式(8-95)可化简为

$$P_e \approx \frac{1}{4}\text{Erfc}\left(\sqrt{\frac{\gamma}{2}}\right) + \frac{1}{2}e^{-\frac{\gamma}{2}} \approx \frac{1}{2}\left(\frac{1}{\sqrt{2\pi\gamma}} + 1\right)e^{-\frac{\gamma}{2}} \qquad (8\text{-}97)$$

式(8-97)中第一项为 1 码误判为 0 码的概率，它总小于 0 码误判为 1 码的概率，所以总的误码率下界为

$$P_e \approx \frac{1}{2}e^{-\frac{\gamma}{2}} \qquad (8\text{-}98)$$

将式(8-98)与式(8-86)比较可知,对于 $\gamma \gg 1$ 的大信噪比情况,指数项 $e^{-\frac{\gamma}{2}}$ 起主要作用,非相干检测的性能比起相干检测要差一些。

2. 非相干检测 BFSK 系统

对 BFSK 信号进行非相干检测时,两路带通滤波器的输出均需进行包络检波。对一个 BFSK 信号码元输入,只有一路有输出信号。对输出进行采样后,得到的 r_1 应满足莱斯分布,即

$$p(r_1) = \frac{r_1}{\sigma_n^2} I_0\left(\frac{Ar_1}{\sigma_n^2}\right) e^{-\frac{r_1^2 + A^2}{2\sigma_n^2}}$$

而另一路只含有噪声包络的采样值 r_2 服从瑞利分布,即

$$p(r_2) = \frac{r_2}{\sigma_n^2} e^{-\frac{r_2^2}{2\sigma_n^2}}$$

这里 r_1 与 r_2 是统计独立的。当 $r_1 < r_2$ 时便出现误码,所以有

$$P_e = P(r_1 < r_2) = \int_{r_1=0}^{\infty} p(r_1)\left[\int_{r_2=r_1}^{\infty} p(r_2) dr_2\right] dr_1$$

$$= \int_{r_1=0}^{\infty} p(r_1) \int_{r_2=r_1}^{\infty} \frac{r_2}{\sigma_n^2} e^{-\frac{r_2^2}{2\sigma_n^2}} dr_2 dr_1 = \int_0^{\infty} \frac{r_1}{\sigma_n^2} I_0\left(\frac{Ar_1}{\sigma_n^2}\right) e^{-\frac{2r_1^2 + A^2}{2\sigma_n^2}} dr_1$$

如前所述,定义 BFSK 的参考信噪比 $\gamma = \dfrac{E}{N_0} = \dfrac{A^2}{2\sigma_n^2}$。令 $t = \dfrac{\sqrt{2}\, r_1}{\sigma_n}$,$x = \sqrt{\gamma} = \dfrac{A}{\sqrt{2}\,\sigma_n}$,则 P_e 可改写为

$$P_e = \frac{1}{2}\int_0^{\infty} t I_0(xt) e^{-\frac{t^2}{2}} e^{-x^2} dt = \frac{1}{2} e^{-\frac{x^2}{2}} \int_0^{\infty} t I_0(xt) e^{-\frac{t^2+x^2}{2}} dt$$

根据 Q 函数的性质,$\displaystyle\int_0^{\infty} t I_0(xt) e^{-\frac{t^2+x^2}{2}} dt = 1$,所以有

$$P_e = \frac{1}{2} e^{-\frac{x^2}{2}} = \frac{1}{2} e^{-\frac{\gamma}{2}} \tag{8-99}$$

另一路有信号时,也有同样的误码率。因此,式(8-99)就是非相干检测 BFSK 系统的总误码率。与相干检测相比,非相干检测 BFSK 的性能要差一些。而与非相干检测 BASK 相比,非相干检测 BFSK 可以同样的平均信噪比(平均发送功率)达到相同的误码率。但 BASK 信号的误码率是在最佳门限值时获得的,而其最佳门限值又和接收信噪比有关。在有衰落的信道中,BASK 系统的门限电平不可能总保持最佳。而 BFSK 系统则不存在门限选取的问题,因此在低速率数字信息传输中,更多地采用非相干检测 BFSK 系统。

3. DPSK 系统

如前面所述,DPSK 信号的检测本质上是非相干检测。图 8-49 给出了 DPSK 系统的检测框图。在信道中存在高斯噪声时,假设前后两个码元的相位差 $\Delta\phi = 0$ 时发送 0 码,这时输入乘法器两输入端的信号 $y_1(t)$ 与 $y_2(t)$ 有相同的初相,则

$$\begin{cases} y_1(t) = [u(t) + n_{c1}(t)]\cos\omega_c t - n_{s1}(t)\sin\omega_c t \\ y_2(t) = [u(t) + n_{c2}(t)]\cos\omega_c t - n_{s2}(t)\sin\omega_c t \end{cases}$$

其中，$y_1(t)$ 表示无延迟支路的输入波形；而 $y_2(t)$ 表示有延迟支路的输入波形，即前一码元经延迟后的波形；$n_{c1}(t)\cos\omega_c t - n_{s1}(t)\sin\omega_c t$ 为无延迟支路的窄带高斯噪声，而 $n_{c2}(t)\cos\omega_c t - n_{s2}(t)\sin\omega_c t$ 为通过延迟支路后的窄带高斯噪声。这里两路输入噪声 $n_1(t)$ 和 $n_2(t)$ 来自同一随机过程 $n(t)$，两者相隔一个码元的持续时间。选择输入带通滤波器的带宽，使噪声的自相关函数在码元持续时间 T_s 时刻为零，即 $n_1(t)$ 和 $n_2(t)$ 彼此统计独立。不难看出，$u(t) + n_{c1}(t)$ 和 $u(t) + n_{c2}(t)$ 都是方差为 σ_n^2 的高斯随机过程。将两者相乘，再通过低通滤波器，其输出为

$$x(t) = \frac{1}{2}\{[u(t) + n_{c1}(t)][u(t) + n_{c2}(t)] + n_{s1}(t)n_{s2}(t)\}$$

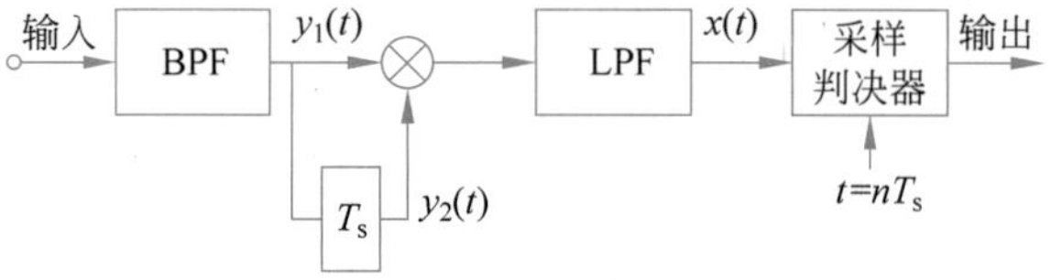

图 8-49　DPSK 系统的检测框图

在采样时刻 t_0，根据 $x(t_0)$ 的极性判定 1 或 0。在发送相继相位相同的码元时，$x(t_0) > 0$ 判为 0，这是正确判决；$x(t_0) < 0$ 时则出现误判。

利用恒等式

$$x_1 x_2 + y_1 y_2 = \frac{1}{4}\{(x_1 + x_2)^2 + (y_1 + y_2)^2 - (x_1 - x_2)^2 - (y_1 - y_2)^2\}$$

设信号在 $t = t_0$ 的采样值为 A，$n_{c1}(t_0) = n_{c1}$，$n_{c2}(t_0) = n_{c2}$，$n_{s1}(t_0) = n_{s1}$，$n_{s2}(t_0) = n_{s2}$。则错误判决的概率为

$$P(1/0) = P\{[A + n_{c1}][A + n_{c2}] + n_{s1}n_{s2} < 0\}$$

$$= P\{[(2A + n_{c1} + n_{c2})^2 + (n_{s1} + n_{s2})^2 - (n_{c1} - n_{c2})^2 - (n_{s1} - n_{s2})^2] < 0\}$$

令

$$r_1 = [(2A + n_{c1} + n_{c2})^2 + (n_{s1} + n_{s2})^2]^{\frac{1}{2}}$$

$$r_2 = [(n_{c1} - n_{c2})^2 + (n_{s1} - n_{s2})^2]^{\frac{1}{2}}$$

则错误判决概率可写为

$$P(1/0) = P(r_1 < r_2) \tag{8-100}$$

因为 n_{c1}、n_{c2}、n_{s1}、n_{s2} 是相互独立的高斯随机变量。由前面非相干检测讨论可知，r_1 的概率密度函数服从莱斯分布，而 r_2 的概率密度函数服从瑞利分布，即有

$$\begin{cases} p(r_1) = \dfrac{r_1}{2\sigma_n^2} I_0\left(\dfrac{Ar_1}{\sigma_n^2}\right) \mathrm{e}^{-\frac{r_1^2 + 4A^2}{4\sigma_n^2}} \\[3mm] p(r_2) = \dfrac{r_2}{2\sigma_n^2} \mathrm{e}^{-\frac{r_2^2}{4\sigma_n^2}} \end{cases} \tag{8-101}$$

将式(8-101)代入式(8-100)，可得

$$P(1/0) = \int_{r_1=0}^{\infty} p(r_1) \left[\int_{r_2=r_1}^{\infty} p(r_2) \mathrm{d}r_2 \right] \mathrm{d}r_1 = \int_{0}^{\infty} \frac{r_1}{2\sigma_n^2} I_0\left(\frac{Ar_1}{\sigma_n^2}\right) \mathrm{e}^{-\frac{2r_1^2+4A^2}{4\sigma_n^2}} \mathrm{d}r_1$$

定义 BPSK 的参考信噪比 $\gamma = \dfrac{E}{N_0} = \dfrac{A^2}{2\sigma_n^2}$。类似于非相干检测 BFSK 的情况，令 $t = \dfrac{r_1}{\sigma_n}$，

$x = \sqrt{2\gamma} = \dfrac{A}{\sigma_n}$，则有

$$P(1/0) = \frac{1}{2}\mathrm{e}^{-\frac{x^2}{2}} = \frac{1}{2}\mathrm{e}^{-\gamma}$$

同理，可以求得将 1 码（前后码元的相位差 $\Delta\phi = \pi$）错判为 0 码的概率。因此，DPSK 差分相干检测系统的总误码率为

$$P_e = \frac{1}{2}\mathrm{e}^{-\gamma} \qquad\qquad (8\text{-}102)$$

与 BPSK 相干检测的性能比较可知，DPSK 检测的性能要差一些。

8.6.3 二进制数字调制系统的性能比较

综合上面的讨论，表 8-2 列出了 6 种情况的误码率公式。

表 8-2 二元键控系统误码率公式

系统名称	误码率 P_e 与参考信噪比 γ 的关系
相干 BASK	$P_e = \dfrac{1}{2}\mathrm{Erfc}\left(\sqrt{\dfrac{\gamma}{2}}\right) \approx \dfrac{1}{\sqrt{2\pi\gamma}}\mathrm{e}^{-\frac{\gamma}{2}}$
非相干 BASK	$P_e \approx \dfrac{1}{2}\mathrm{e}^{-\frac{\gamma}{2}}$
相干 BFSK	$P_e = \dfrac{1}{2}\mathrm{Erfc}\left(\sqrt{\dfrac{\gamma}{2}}\right) \approx \dfrac{1}{\sqrt{2\pi\gamma}}\mathrm{e}^{-\frac{\gamma}{2}}$
非相干 BFSK	$P_e \approx \dfrac{1}{2}\mathrm{e}^{-\frac{\gamma}{2}}$
BPSK	$P_e = \dfrac{1}{2}\mathrm{Erfc}(\sqrt{\gamma}) \approx \dfrac{1}{2\sqrt{\pi\gamma}}\mathrm{e}^{-\gamma}$
DPSK	$P_e = \dfrac{1}{2}\mathrm{e}^{-\gamma}$

从表 8-2 可以看出，在每对相干和非相干检测键控系统中，相干检测方式的误码率性能优于非相干检测方式。它们基本是 $\mathrm{Erfc}(x)$ 和 e^{-x^2} 之间的关系，而随着 $x \to \infty$，误码率将趋于同一极限。另外，3 种相干（或非相干）检测方式中，若在相同的误码率条件下，对信噪比的要求是 BPSK 系统最优（比 BASK 和 BFSK 系统小 3dB），而 BASK 和 BFSK 系统所需的信噪比相同。图 8-50 给出了 6 种情况下的误码率 P_e 与参考信噪比 γ 的关系曲线。

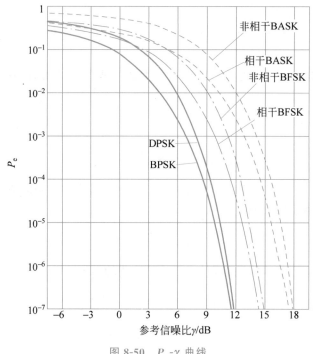

图 8-50 P_e-γ 曲线

习题 8

8-1   对 5 路 PAM 信号采用相同的采样频率,并进行时分多路复用,再令复用后的信号通过一个低通滤波器。其中 3 路信号的频率范围为 300~3000Hz,其余两路信号的频率范围为 50Hz~10kHz,另外还包括一路同步信号。

(1)求可用的最小采样频率;

(2)对于这样的采样频率,求低通滤波器的最小带宽。

8-2   设以 8kHz 的采样频率对 23 个 PAM 信号和一个同步(标识脉冲)信号进行采样,并按时分组合。各信号的频带限于 3300Hz 以下,试计算该 PAM 系统传输这个多路复用信号所需的最小带宽。

8-3   考虑对一个 6 路 PAM 信号进行时分多路复用,其中各路所携带信息信号的最大频率分别为 12kHz、4kHz、800Hz、700Hz、600Hz、500Hz。

(1)若对所有信号使用同样的采样频率 25kHz,设计一个时分多路复用系统,并画出相应的系统框图;

(2)在上述系统中,若考虑邻路防护,令矩形脉冲宽度为时隙持续时间的 50%,为使脉冲的时域波形尽量少失真,求系统所需的传输带宽;

(3)试选用不同的采样频率,设计一个更有效的时分多路复用系统,并画出相应的系统框图。在该系统中,若仍令矩形脉冲宽带为时隙持续时间的 50%,求系统所需的传输带宽。

8-4   一个时分多路复用 PCM 系统,传输 3 路信号,其最高频率为 3kHz、6kHz 和 12kHz。采用均匀量化编码,量化级为 $M=128$。帧同步码组与信息码组等长。

（1）若各路信号均按奈奎斯特速率采样，试提出采样方案；

（2）画出帧信号结构示意图；

（3）求系统码速率和最小带宽；

（4）若 3 路信号均按同一采样速率采样，求最低采样速率，并重做（2）和（3）。

8-5 考虑如图 8-51 所示的 PCM 系统，有 10 路信号时分复用。

（1）求最小采样速率；

（2）采样速率为 30000 样本值/秒时，求在 PCM 输出端的比特率及在①、②、③点处所需的最小带宽。

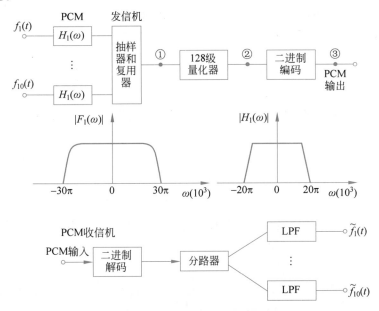

图 8-51 习题 8-5 的 PCM 系统示意图

8-6 设二进制符号序列为 110110100101。以矩形脉冲为例，分别画出相应的单极性、双极性不归零码波形，单极性、双极性归零码波形，二进制 0 差分码、1 差分码波形，交替传号反转码波形，以及 8 电平码波形。

8-7 设二进制随机脉冲序列由 $g_1(t)$ 和 $g_2(t)$ 组成，它们出现的概率分别为 P 和 $1-P$。试证明：如果

$$P = \frac{1}{1-\dfrac{g_1(t)}{g_2(t)}} = k \quad （与 t 无关）$$

且 $0 \leqslant k \leqslant 1$，则该随机脉冲序列的功率谱密度中无离散频谱分量。

8-8 二进制基带传输系统中，假定 1 码和 0 码出现的概率均为 $P=1/2$，考虑 8.4.1 节中的基本码型。

（1）求单极性归零码的功率谱密度（设脉冲宽度为码元持续时间 T_s 的一半）；

（2）求双极性归零码的功率谱密度（设脉冲宽度为码元持续时间 T_s 的一半）；

（3）求交替传号反转码的功率谱密度（设脉冲宽度为码元持续时间 T_s 的一半）；

（4）求二进制 0 差分码的功率谱密度。

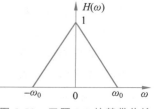

8-9 假设基带传输系统具有如图 8-52 所示的三角形传输频响 $H(\omega)$。

（1）求出该系统的冲激响应 $h(t)$；

（2）当数字信号的传码率为 $R_b = \omega_0/\pi$ 时，该系统能否实现无码间串扰传输？

图 8-52 习题 8-9 的基带传输系统频响

8-10 设基带系统从发送滤波器、信道到接收滤波器的总传输特性为 $H(\omega)$。若要以 $2/T_s$Baud 的速率进行数据传输，试验证图 8-53 中的各种 $H(\omega)$ 是否满足消除采样点上码间串扰的条件。

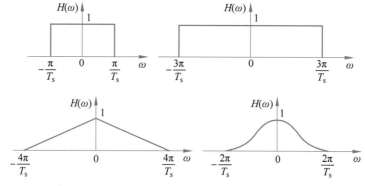

图 8-53 习题 8-10 的基带传输系统

8-11 设某数字基带传输系统的频响 $H(\omega)$ 如图 8-54 所示。其中 α 为某个常数（$0 \leqslant \alpha \leqslant 1$）。

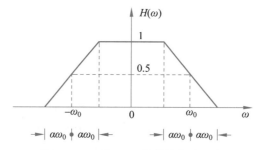

图 8-54 习题 8-11 的基带传输系统

（1）该系统能否实现无码间串扰传输？

（2）该系统的最大码元传输速率为多少？这时的系统频谱利用率为多大？

8-12 欲以 $R_b = 10^3$Baud 的速率传输数字基带信号，试问采用图 8-55 中的哪种传输特性较好？并简要说明理由。

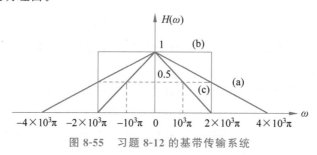

图 8-55 习题 8-12 的基带传输系统

8-13 已知某信道的截止频率为 1MHz，信道中传输 8 电平数字基带信号，若总传输特性采用滚降因子的 $r=0.5$ 升余弦滚降滤波器，试求其最高信息传输速率。

8-14 设二进制基带传输系统中，$C(\omega)=1$，而 $G_{tx}(\omega)=G_{rx}(\omega)=\sqrt{H(\omega)}$，现已知

$$H(\omega)=\begin{cases}\tau_0(1+\cos\omega\tau_0), & |\omega|\leqslant\dfrac{\pi}{\tau_0}\\ 0, & |\omega|>\dfrac{\pi}{\tau_0}\end{cases}$$

（1）若噪声的双边带功率谱密度为 $N_0/2$，试确定 $G_{rx}(\omega)$ 的输出噪声功率；

（2）若在采样时刻 kT_s（k 为任意整数）上，接收滤波器输出信号以相同的概率取 0 电平和 A 电平，而输出噪声取值 V 的概率密度函数为 $P(V)=\dfrac{1}{2\lambda}e^{-\frac{|V|}{\lambda}}$，$\lambda>0$（常数），试求系统的最小误码率。

8-15 信号的波形如图 8-56 所示。

（1）求对该信号的匹配滤波器的冲激响应，并画出其时间域波形；

（2）求无噪声情况下，此匹配滤波器的输出波形；

（3）求匹配滤波器输出的峰值及其对应的时刻。

8-16 设信号是一个三角形脉冲，其表达式为

$$s(t)=\begin{cases}at, & 0\leqslant t\leqslant T, a\text{ 为常数}\\ 0, & \text{其他}\end{cases}$$

（1）求对该信号的匹配滤波器的冲激响应，以及在无噪声情况下匹配滤波器的输出波形；

（2）若在信号上附加了零均值、双边带功率谱密度为 $N_0/2$ 的白噪声，求在匹配滤波器输出端的最大信噪比。

8-17 在二进制 PCM 系统中，曼彻斯特码也是常用的码型。其 1 码采用图 8-57 中的 $s_1(t)$ 波形，0 码采用图 8-57 中的 $s_0(t)$ 波形。在接收端有零均值、双边带功率谱密度为 $N_0/2$ 的白高斯噪声。

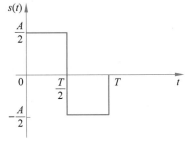 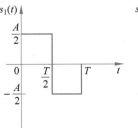 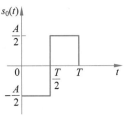

图 8-56　习题 8-15 的信号波形　　　　图 8-57　习题 8-17 的信号波形

（1）试画出用匹配滤波器来接收该码的框图；

（2）假定等概率发送 1 码和 0 码，求输出端的最佳判决电平；

（3）在（2）的条件下，求系统的平均误码率。

8-18 用傅里叶逆变换计算证明，式(8-67)中的根升余弦频响函数对应的冲激响应为

式(8-68)。

8-19 设发送数字信息为 1001000111101,试分别画出 BASK、BFSK、BPSK 及 DPSK 波形的示意图。

8-20 试判断并给出理由:

(1) BASK 系统是线性系统吗? 是时不变系统吗?

(2) BFSK 系统是线性系统吗? 是时不变系统吗?

(3) BPSK 系统是线性系统吗? 是时不变系统吗?

8-21 假设基带信号采用码元宽度为 T_s、滚降因子为 $r=0.5$ 的升余弦滚降脉冲,且 1 码和 0 码以等概率发送。

(1) 求 BASK 信号的功率谱密度;

(2) 求 BFSK 信号的功率谱密度;

(3) 求 BPSK 信号的功率谱密度。

8-22 设 BFSK 系统的码元速率为 1000Baud,已调信号载波为 1000Hz 或 2000Hz。

(1) 若发送数字信息序列为 10010,画出 BFSK 信号波形;

(2) 讨论 BFSK 信号应采用怎样的解调方式;

(3) 若发送 1 码和 0 码的概率相等,求 BFSK 信号的功率谱密度。

8-23 假设基带信号采用码元宽度为 T_s、滚降因子为 $r=0.5$ 的升余弦滚降脉冲,且 1 码和 0 码以等概率发送。

(1) 若采用 BASK 传输,求所需的传输带宽 B;

(2) 若采用 BFSK,求所需的传输带宽 B,并比较 BFSK 与 BASK 的优缺点;

(3) 若采用 BPSK,求所需的传输带宽 B,并比较 BPSK 与 BASK 的优缺点。

8-24 对于 8.5.3 节中的 DPSK 例子,若数字信息序列仍为 0011100101,但采用 0 差分编码,列出此时 DPSK 信号的码元相位关系表(初始参考相位仍为 0)。

8-25 若 DPSK 系统框图如图 8-58 所示,设 a 点的数字信息为 1011001000110,码元速率为 2400Baud,载频为 4800Hz,分别给出 $b \sim h$ 各点的信号形式并画出其近似波形。

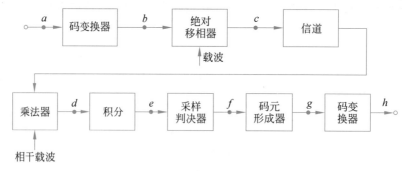

图 8-58 习题 8-25 的 DPSK 系统

8-26 已知 BPSK 系统的传输速率为 2400b/s。

(1) 若基带信号采用双极性不归零码,求 BPSK 信号的主瓣带宽和频谱利用率;

(2) 若对基带信号采用 $r=0.4$ 升余弦滚降滤波处理,再进行 BPSK 调制,求这时占用的信道带宽和频谱利用率;

(3) 若传输带宽不变,而传输速率增至 7200b/s,则调制方式应作何改变?

8-27 设 MPSK 系统的比特率为 4800b/s,且基带信号采用 $r=1$ 升余弦滚降滤波处理。

(1) 求 4PSK 占用的信道带宽和频谱利用率;

(2) 求 8PSK 占用的信道带宽和频谱利用率。

8-28 对于式(8-83)中的 QPSK 信号形式,设 θ_i 在 $\left\{\dfrac{\pi}{4},\dfrac{3}{4}\pi,\dfrac{5}{4}\pi,\dfrac{7}{4}\pi\right\}$ 集合中取值。在此情况下,QPSK 也可视为 4QAM。基于图 8-43 中的 QAM 系统框图,推导验证 QPSK 信号调制解调的全过程,在此基础上讨论 QPSK 信号生成及接收的复杂度是否比 BPSK 更高,并比较 QPSK 与 BPSK 的频谱利用率。

8-29 对 BASK 进行相干检测,已知发送 1(有信号)的概率为 P,发送 0(无信号)的概率为 $1-P$;发送有信号的幅度为 5V,解调器输入端的零均值高斯噪声功率为 3×10^{-12} W。

(1) 若 $P=1/2$,而采用最佳门限值时误码率 $P_e=10^{-4}$,则发送信号传输到解调器输入端时共衰减多少分贝? 这时的最佳门限值是多少?

(2) 当 $P>1/2$ 时最佳门限值比 $P=1/2$ 时大还是小? 试说明。

(3) 若 $P=1/2$,接收端参考信噪比为 10dB,求此时的误码率 P_e。

8-30 用匹配滤波器接收二进制码,若零均值噪声的功率谱密度为 $N_0/2$,在码元结束时刻 $t=T_s$ 进行采样判决,试证明匹配滤波器输出端噪声的功率为 $\sigma_n^2=\dfrac{N_0}{2}E$。其中 $E=\displaystyle\int_0^{T_s}s^2(t)\mathrm{d}t=\dfrac{1}{2\pi}\int_{-\infty}^{\infty}|S(\omega)|^2\mathrm{d}\omega$ 为码元信号能量。

8-31 在相干 BFSK 系统中,表示 0 和 1 的信号波形 $s_0(t)$ 和 $s_1(t)$ 分别为

$$\begin{cases} s_0(t)=A\cos\left[2\pi\left(f_c+\dfrac{\Delta f}{2}\right)t\right] \\[2mm] s_1(t)=A\cos\left[2\pi\left(f_c-\dfrac{\Delta f}{2}\right)t\right] \end{cases},0\leqslant t\leqslant T_s$$

若 $f_c\gg\Delta f$,求证:

(1) $s_0(t)$ 与 $s_1(t)$ 的相干系数近似为 $\rho=\mathrm{Sa}(2\pi\Delta fT_s)$;

(2) 求使 $s_0(t)$ 与 $s_1(t)$ 正交的最小频偏 Δf;

(3) 在 ρ 最小时,可得最小的误码率 P_e,求此时的 Δf。

8-32 一个 BFSK 系统,每秒传输 2×10^6 b 信息,在传输过程混入了高斯白噪声。在接收端,各信号幅度为 0.45μV,而在同一点白噪声功率谱密度为 $\dfrac{N_0}{2}=\dfrac{1}{2}\times10^{-20}$ V^2/Hz。

(1) 试计算并比较相干检测的误码率与包络检波的误码率;

(2) 若收到的信号幅度为 0.9μV,再求此时相干检测的误码率与包络检波的误码率。

8-33 重新考虑 8.6.1 节中关于相干检测 BASK 和相干检测 BPSK 系统误码率的推导。

(1) 若相干检测 BASK 系统中,发送 1 码的概率 $P(1)=1/3$,发送 0 码的概率 $P(0)=2/3$,求此时的最佳判决门限值;

(2) 若相干检测 BASK 系统中,发送 1 码和 0 码的概率与(1)相同,但仍采用门限值 $b=A/2$,给出此时的误码率与参考信噪比的关系式;

(3) 对于相干检测 BPSK 系统,重做(1)和(2)。

参 考 文 献

[1] OPPENHEIM A V,WILLSKY A S,NAWAB S H.信号与系统[M].刘树棠,译.2 版.北京:电子工业出版社,2013.

[2] 郑君里,应启珩,杨为理.信号与系统[M].3 版.北京:高等教育出版社,2011.

[3] 陈明.信息与通信工程中的随机过程[M].4 版.北京:科学出版社,2020.

[4] 盛骤,谢式千,潘承毅.概率论与数理统计[M].5 版.北京:高等教育出版社,2019.

[5] 曹志刚,钱亚生.现代通信原理[M].北京:清华大学出版社,1994.

[6] 樊昌信,曹丽娜.通信原理[M].7 版.北京:国防工业出版社,2013.

[7] PROAKIS J G,SALEHI M.通信系统原理[M].郭宇春,张立军,李磊,译.2 版.北京:机械工业出版社,2016.